Strom rationell nutzen - RAVEL-Handbuch

Strom
rationell nutzen

Umfassendes Grundlagenwissen und praktischer Leitfaden zur rationellen Verwendung von Elektrizität

Herausgegeben vom
Bundesamt für Konjunkturfragen, Bern
Impulsprogramm RAVEL

Verlag der Fachvereine Zürich

Arbeitsgruppe RAVEL-Handbuch:	Roland Walthert (Leitung), Eric Bush, Othmar Humm, Eric Mosimann, Ernst Schärer, Ruedi Spalinger, Daniel Spreng, Charles Weinmann
Koordinatoren der Kapitel:	Jean Marc Chuard, Hans Rudolf Gabathuler, Reto P. Miloni, Jürg Nipkow, Ruedi Spalinger, Daniel Spreng, Christian Vogt, Charles Weinmann
Redaktion, Lektorat:	Othmar Humm, Buch-Koordinator und verantwortlicher Redaktor; Markus Kunz, Heinz Villa, Lektoren; Reto P. Miloni, Redaktor und Übersetzer Kapitel 1 (Adressen am Schluss des Autorenverzeichnisses)
Layout, Einbandgestaltung:	Fred Gächter, CH-9413 Oberegg
Satz, Illustrationen:	Satzcentrum Jung GmbH, D-W-6335 Lahnau
Druck, Ausrüstung:	AVD Druck, CH-9403 Goldach

ISBN 3 7281 1830 3

Der Verlag dankt dem Schweizerischen Bankverein für die Unterstützung zur Verwirklichung seiner Verlagsziele

Vorwort

Strom wird sehr vielfältig genutzt. Alle Untersuchungen zeigen, dass in den vergangenen Jahren der Verbrauch von fossilen Energien – nicht aber von Elektrizität – reduziert werden konnte. Die Gründe für diesen Unterschied sind zahlreich. Ein wesentlicher Grund liegt im unzureichenden Wissensstand über den rationellen Einsatz von Strom. Ähnlich wie seinerzeit im Bereich der Wärme soll dieser Rückstand nun aber auf breiter Front aufgeholt werden.

Diesem Zweck dient das RAVEL-Handbuch. (RAVEL steht für Rationelle Verwendung von Elektrizität.) Es vermittelt eine Übersicht über den Stand des Wissens in dieser noch neuen Disziplin. Gleichzeitig steckt es den begrifflichen Rahmen für die Publikationen des RAVEL-Programms ab. Der Inhalt wurde von einer grossen Zahl von Autoren erarbeitet und zusammengetragen. Die Programmleitung hat das Projekt begleitet und die Beiträge begutachtet. Ein Team aus Redaktor, Lektor, Testleser und Verleger fertigte aus den Autorenbeiträgen diesen Band. Interessierte Kreise nahmen im Rahmen einer Vernehmlassung Stellung zu den einzelnen Texten. Programmleitung und Redaktor hatten indes freie Hand, unterschiedliche Ansichten über einzelne Fragen nach eigenem Ermessen zu werten und zu berücksichtigen. Sie tragen denn auch die alleinige Verantwortung für die Texte. Wir danken allen Beteiligten für die wertvolle Mitarbeit.

Die Veröffentlichung im Verlag der Fachvereine (vdf) soll zu einer möglichst breiten Streuung dieses Nachschlagewerkes beitragen. Wir hoffen, dass dieses von den Praktikern rege gebraucht wird und seinen Platz unter den einschlägigen Fachbüchern findet.

Mai 1992

Heinz Kneubühler
Stellvertretender Direktor
Bundesamt für Konjunkturfragen

Hinweise zur Benutzung

Die 8 Kapitel des Bandes sind nach zwei Prinzipien geordnet: Die verbrauchsorientierten Kapitel 1 bis 4 behandeln Gebäude mit ihren drei wichtigsten Nutzungen Dienstleistung und Gewerbe (2), Industrie (3) und Haushalt (4). Das Kapitel 1 ist als Übersicht des ganzen Bandes, insbesondere aber der drei folgenden verbrauchsorientierten Kapitel 2, 3 und 4 zu verstehen. Die fachspezifischen Kapitel «Motoren und Medienförderung» (5), «Beleuchtung» (6), «Geräte» (7) und «Wärme» (8) liefern konkrete und detaillierte Informationen zu Nutzungstechniken, Systemen und Komponenten. Besonderes Merkmal dieses zweiten Buchteiles ist die stärkere technische Ausrichtung der Beiträge.

Die Struktur des Buches ist als Feld zu sehen, dessen zwei Dimensionen die jeweiligen Themen präzis zuordnen. Beispiel: Hinweise zur rationellen Verwendung von Elektrizität in industriellen Prozessen sind einerseits in Kapitel 3 «Industrie», andererseits, je nach Technik, in einem der fachspezifischen Kapiteln 5 (Motoren und Medienförderung), 6 (Beleuchtung), 7 (Geräte) oder 8 (Wärme) zu suchen. Das Stichwortverzeichnis am Schluss des Buches hilft bei der Ortung. Beispiele sind in Kästen gesetzt.

Struktur des Handbuches: Verbrauchsorientierte Kapitel (vertikal) und fachorientierte Kapitel (horizontal).

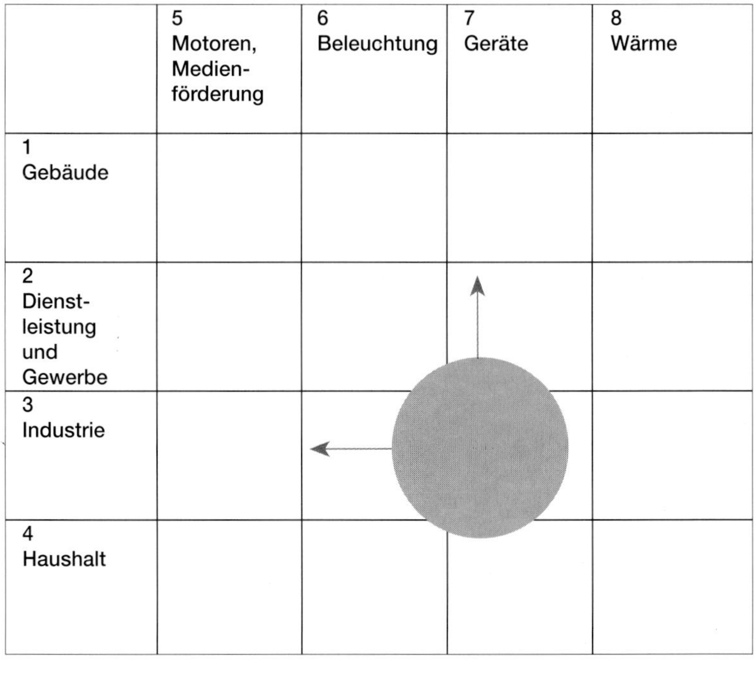

	5 Motoren, Medienförderung	6 Beleuchtung	7 Geräte	8 Wärme
1 Gebäude				
2 Dienstleistung und Gewerbe				
3 Industrie				
4 Haushalt				

Inhalt

Impulsprogramm RAVEL

ROLAND WALTHERT, PROGRAMMLEITER RAVEL

Handlungsspielraum schaffen

Neue Aufgaben und Techniken werden für unsere Volkswirtschaft in absehbarer Zukunft von besonderer Bedeutung sein: Die konsequente Informatisierung von Industrie und Dienstleistungen, die Automatisierung von Prozessen in Industrie und Gewerbe, die ökologischen Entsorgungstechniken und die neue Mobilität mit öffentlichen Transportangeboten und elektrifiziertem Privatverkehr. Eines haben diese neuen Aufgaben gemeinsam: Sie basieren zwingend auf elektrischer Energie. Gleichzeitig ist jedoch ein Wachstum der Stromproduktion über lange Zeit hinweg nur in engen Grenzen möglich. Notwendig ist aber ein Handlungsspielraum, der uns für die Bewältigung der neuen Aufgaben neue Reserven und Kapazitäten an elektrischer Energie sichert. Und diese Reserven sind vorhanden im Umfang des heute verschwendeten Stroms. RAVEL wird die Grundlagen und das Wissen liefern, um diese Reserven aufzulösen und nutzbar zu machen.

Langfristig werden neue Techniken für die Gewinnung von Elektrizität aus regenerierbaren Energien an Bedeutung gewinnen. Die Verwendung dieses vergleichsweise teuren Stromes muss auf einer sorgfältigen Nutzung basieren können – und RAVEL versteht sich von dieser pragmatischen Seite her auch als Wegbereiter für neue, zukunftsweisende Technologien der Stromproduktion.

Die energietechnische Flexibilität einer Industriebranche oder einer ganzen Volkswirtschaft ist von einschneidender Wichtigkeit in Zeiten von Knappheit oder von unerwarteten Preisschüben auf den Energiemärkten. Wo Energie verschwendet wird, sei es bei der Erzeugung eines Produktes oder einer Dienstleistung, treffen Brüche in der Energiepreisentwicklung deshalb überaus hart, weil Anpassungen in der Regel zeit- und kostenintensive Investitionen erfordern. RAVEL wird die wirtschaftlichen Massnahmen einer rationellen Stromnutzung frühzeitig auslösen und damit einen Beitrag leisten zur energietechnischen Fitness unserer Wirtschaft.

Hier liegen die wesentlichen übergeordneten Ziele von RAVEL: Mit einer neuen beruflichen Kompetenz neue Handlungsspielräume im Bereich der Stromversorgung zu schaffen und die energetische Fitness der Unternehmen und der Volkswirtschaft zu fördern.

Eine neue berufliche Kompetenz schaffen

Das sogenannte RAVEL-Prinzip ist einfach: In einem bestimmten Bereich der Stromverwendung erzeugt RAVEL mit einem kleinen Team von Fachleuten einen Wissensvorsprung und stellt anschliessend ein Vehikel zur Verfügung, um dieses Wissen in ein möglichst breites Publikum von Fachleuten zurückfliessen zu lassen. RAVEL hat damit gewissermassen eine Verstärkerfunktion, die neue berufliche Kompetenz erzeugt.

Die Analyse der Stromverbräuche zeigt Aktionsfelder der Stromanwendung auf, wo grössere Stromrationalisierungspotentiale vermutet werden können. Anschliessend führt das Aufspüren der dazugehörenden Wissens- und Entscheidungsträger zu den Zielpublika, die in einem bestimmten Aktionsfeld von RAVEL angesprochen werden müssen. Nun setzt das RAVEL-Prinzip ein: Ein ausgewähltes Team übernimmt die systematische Sichtung und Aufarbeitung des Grundwissens über technische und organisatorische Rationalisierungsmassnahmen im definierten Aktionsfeld. Erkannte Wissenslücken werden mit einem sorgfältig formulierten und begrenzten Forschungsauftrag geschlossen. Das zusammengetragene Wissen wird zu einer Weiterbildungsform aufbereitet, die dem Zielpublikum entspricht und die besten Umsetzungs- und Erfolgsaussichten verspricht; das Spektrum von Umsetzungsformen ist sehr breit und reicht vom traditionellen Kurs von zwei Tagen über die Form von Fallstudien bis zur attraktiven Besichtigung von zwei Stunden Dauer und «getarnten» thematischen Motivationspaketen. Das neue Wissen wird zudem jeweils kursspezifisch und sorgfältig dokumentiert, wobei die Dokumentationen jedermann zugänglich sind. Ein derart aufbereitetes Weiterbildungsprojekt wird nun Berufs- oder Fachverbänden angeboten und von diesen als Trägerschaft in allen Landesteilen für ihre breite Mitgliedschaft von Fachleuten mehrmalig durchgeführt. Es ist offensichtlich, dass die Berufs- und Fachverbände einen entscheidenden Einfluss auf den Erfolg von RAVEL haben.

Grundlagen für die Praxis schaffen

RAVEL findet ein Umfeld vor, wo das Wissen und der Wissensbedarf über die Möglichkeiten der rationellen Stromnutzung rasant zunimmt. Und RAVEL wird zu beiden, der Wissensproduktion und der Wissensnachfrage, selber tatkräftig beitragen. Für die Umsetzung, die konkrete Tat in der Berufspraxis, wirkt allerdings der Umstand erschwerend, dass das Wissen heute noch verzettelt und inhomogen vorliegt; der rasche Zugang wird damit erschwert.

Das RAVEL-Handbuch mit dem Titel «Strom rationell nutzen» ist der Versuch, hier einen wesentlichen Schritt weiterzukommen: Den aktuellen Wissensstand übersichtlich zu bündeln und einem breiten interessierten Publikum zugänglich zu machen; Transparenz zu schaffen in der Flut von neuen Methoden, Techniken und Statistiken. Das RAVEL-Handbuch ist auch ein Basislehrmittel für das Weiterbildungsprogramm, das zum weitgesteckten Thema «Strom rationell nutzen» durch das Impulsprogramm RAVEL angeboten wird. Von Fachleuten für Fachleute: Das RAVEL-Handbuch ist ein Vademekum für eine neue berufliche Kompetenz mit Namen RAVEL.

Energieversorgung und Energiepolitik

HANS-LUZIUS SCHMID

Die Wasserkraft ist die einzige quantitativ bedeutende einheimische Energiequelle der Schweiz. Daneben tragen Holz, Müll und industrielle Abfälle sowie ein geringer Anteil an neuen erneuerbaren Energien zur einheimischen Energieversorgung bei. Alle anderen Energieträger müssen importiert werden. Den weitaus grössten Anteil deckt nach wie vor das Erdöl, welches seit den fünfziger Jahren die bis dahin dominierende Kohle weitgehend ersetzt hat. Seit Anfang der siebziger Jahre steigt der Verbrauch an Erdgas stetig an. Es deckte 1990 9 % des Endverbrauches. Auch die Elektrizität trug zur Substitution von Erdöl bei. Ihr Anteil am Endverbrauch hat sich von 15,4 % 1973 auf 21,5 % im Jahre 1990 erhöht. Die einheimische Elektrizitätserzeugung konnte bisher die zunehmende Nachfrage weitgehend decken: bis Ende der sechziger Jahre mit Wasserkraft, seither vor allem mit Kernenergie (Anteile an der Elektrizitätserzeugung 1990: 56,7 % Wasserkraft, 41,2 % Kernenergie). Infolge Schwierigkeiten beim Bau neuer Kraftwerke und der weiterhin wachsenden Nachfrage hat die schweizerische Elektrizitätswirtschaft im Hinblick auf die kommenden Jahre bedeutende Bezugsrechte vor allem an französischen Kernkraftwerken erworben. Diese Bezugsrechte werden bis zum Jahr 2000 einer Leistung von zweieinhalb grossen Kernkraftwerken entsprechen. Im Sommer konnte die Schweiz bisher aufgrund der hohen Wasserführung der Flüsse und der geringeren Nachfrage einen nicht unwesentlichen Teil der erzeugten Elektrizität ins Ausland liefern (1990: 3,269 Milliarden kWh). Im Winter aber wird die Erzeugungsmöglichkeit der Wasserkraftwerke zusammen mit den Kernkraftwerken nicht mehr genügen, um einen weiterhin steigenden Eigenbedarf zu decken. Deshalb muss Elektrizität importiert werden (Winter 1989/90: 1,910 Milliarden kWh).

Ausblick

Gemäss Energieleitbild «Energie 2000» des Bundesrats liegen die CO_2-Emissionen und der Gesamtverbrauch der fossilen Energien im Jahre 2000 bei einer wesentlich verstärkten Energiesparpolitik etwa auf dem Niveau von 1990, während der Elektrizitätsverbrauch wegen der bisherigen Verbrauchsdynamik (fast 3 % pro Jahr durchschnittliches Wachstum während der achtziger Jahre) im Laufe der neunziger Jahre weiter – wenn auch gedämpft – zunimmt und erst ab der Jahrhundertwende stabilisiert werden kann.

Der Beitrag der neuen erneuerbaren Energien im Jahre 2000 bleibt trotz

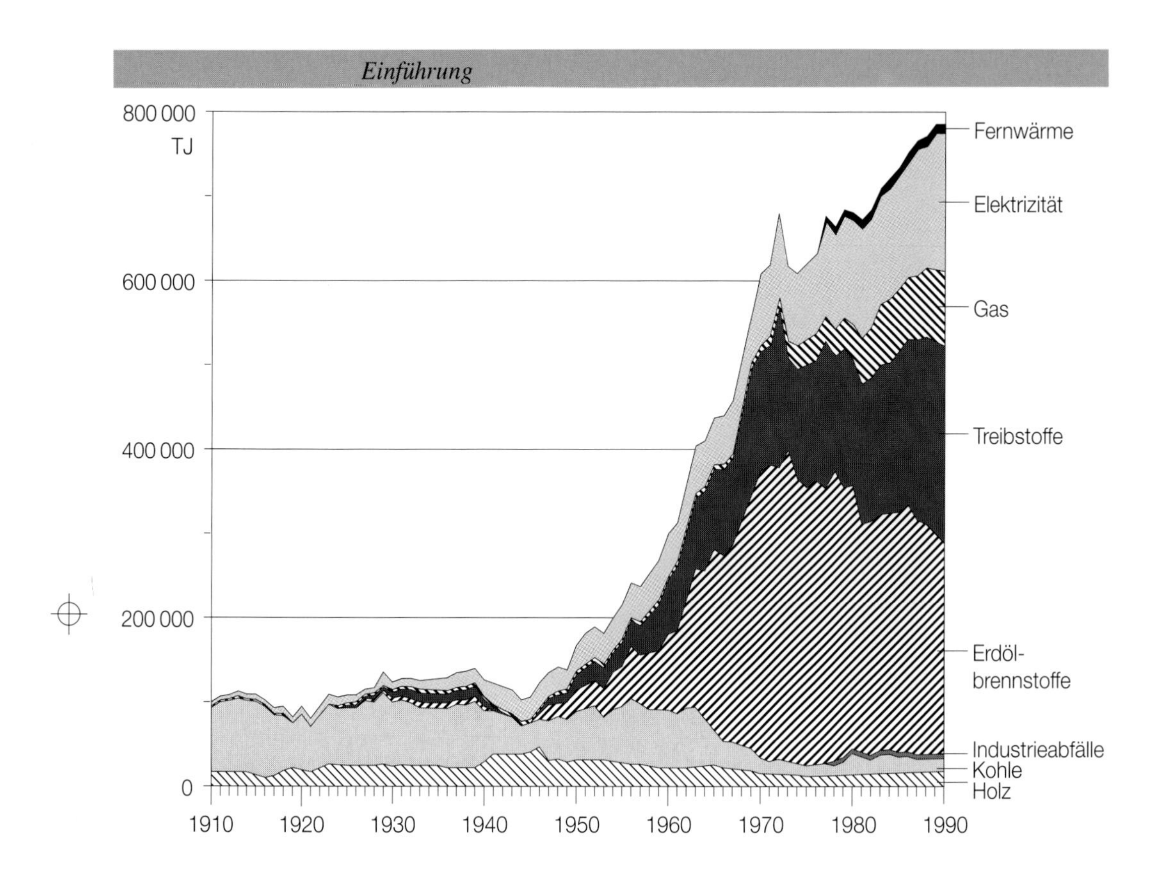

Abb. 1: Endenergieverbrauch 1910 bis 1990 nach Energieträgern.

wesentlich verstärkter Anstrengungen vor allem bei der Elektrizitätserzeugung bescheiden. Im Vordergrund steht die Nutzung des preisgünstigen Potentials für die Stromerzeugung aus Klärgas und Klärschlamm in grösseren Abwasserreinigungsanlagen. Etwas höhere Beiträge sind für die Wärmeerzeugung zu erwarten. Dabei kann kurz- und mittelfristig das Holz bei einer konsequenten Förderung die grössten Beiträge liefern, gefolgt von der Umgebungswärme. Für die übrigen erneuerbaren Energien (Wind, Biogas, Geothermie) sind falsche Erwartungen bezüglich der bis zum Jahre 2000 möglichen Beiträge zu vermeiden. Zur Nutzung der bedeutenden technischen Potentiale, welche diese Energien aufweisen, braucht es viel Zeit, schon heute erhebliche Anstrengungen und – da sie vielfach noch nicht wirtschaftlich sind – eine substantielle finanzielle Unterstützung, vor allem von Pilot- und Demonstrationsanlagen. Bei der Wasserkraft besteht noch ein erhebliches technisch realisierbares Potential. Eine Ausschöpfung dieses Potentials kommt nicht in Frage, doch sollen umweltschonende Ausbaumöglichkeiten realisiert werden. Im Vordergrund stehen Sanierungs- und Optimierungsprogramme für bestehende Werke sowie der Bau und die Wiederherstellung von Kleinwasserkraftwerken. Bei den nicht erneuerbaren Energien sind die Möglichkeiten ebenfalls beschränkt. Die fossilen Energien (Erdöl, Erdgas, Kohle) stehen auf dem Weltmarkt reichlich zur Verfügung, doch soll ihr Verbrauch insgesamt vor allem aus Gründen der CO_2-Emissionen möglichst rasch stabilisiert und anschliessend reduziert werden. Dafür sprechen auch Gründe der Versorgungssicherheit und der – allerdings unterschiedlich hohen – Schad-

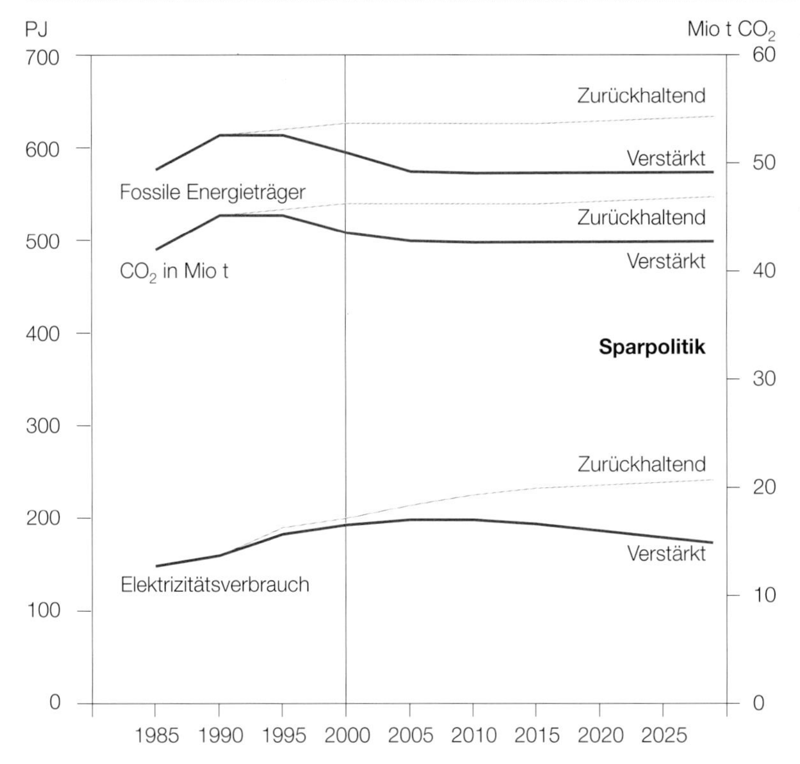

Abb. 2: Perspektiven der Energieverbrauchs- und CO_2-Entwicklung. Obere Kurven: Zurückhaltende Sparpolitik; untere Kurven: Verstärkte Sparpolitik (Botschaft des Bundesrates zur Moratoriums- und Ausstiegsinitiative vom 12.4.89).

stoffemissionen. Der Anteil des Gases dürfte aufgrund der Marktkräfte bis 2000 noch etwas zunehmen. Demgegenüber dürfte die Kohle auch in Zukunft in unserem Land insgesamt eine geringe Rolle spielen. Nach dem Moratoriumsentscheid können in der Schweiz während zehn Jahren keine Bewilligungen für neue Kernkraftwerke erteilt werden. Dies bedeutet, dass angesichts der langen Vorlaufzeiten auch nach der Jahrhundertwende noch einige Jahre

ELEMENTE VON «ENERGIE 2000»

Ziel und Zweck

- Mindestens Stabilisierung des Gesamtverbrauches von fossilen Energien und der CO_2-Emissionen im Jahre 2000 auf dem Niveau von 1990 und anschliessende Reduktion.
- Zunehmende Dämpfung der Verbrauchszunahme von Elektrizität während der neunziger Jahre und Stabilisierung der Nachfrage ab 2000.
- Zusätzliche Beiträge der erneuerbaren Energien im Jahre 2000: 0,5 % zur Stromerzeugung und 3 % des Verbrauches fossiler Energien als Wärme.
- Ausbau der Wasserkraft um 5 % und der Leistung der bestehenden KKW um 10 %.

kein neues Kernkraftwerk in Betrieb genommen werden kann. Hingegen ist eine Leistungserhöhung bei den bestehenden Werken um durchschnittlich 10 % geplant und aufgrund des Moratoriumsentscheides auch möglich. Die seit der ersten Erdölkrise mit Erfolg praktizierte Substitution von Erdöl durch Elektrizität wird aufgrund dieser Möglichkeiten auf einige erwünschte Gebiete (öffentlicher Verkehr, kleine Elektromobile, Wärmepumpen) konzentriert. Da sowohl die fossilen Energien wie die Kernenergie Risiken und Akzeptanzprobleme aufweisen, ist aber auch eine Resubstitution von Elektrizität durch Erdöl nicht erwünscht. Um Wettbewerbsverzerrungen zu vermeiden, ist daher auf eine ausgewogene Energie und Abgabepolitik zu achten. Nachdem seit der ersten Erdölkrise vor allem Massnahmen zum Sparen und Substituieren von Erdöl ergriffen worden sind, gilt es nun, auch bei den übrigen Energieträgern nachzuziehen. Eindeutige Priorität hat die rationelle Verwendung aller Energien.

1. Gebäude

1.1 Komfort und Energie

CARL-HEINZ HERBST, RETO P. MILONI, CLAUDE-ALAIN ROULET, CHARLES WEINMANN

Der Beitrag listet Komfortmerkmale auf, gewichtet sie und stellt den Zusammenhang zum Energieverbrauch von Gebäuden her. Nicht nur der Verzicht auf allzu hohe Komfortansprüche, auch intelligente Lösungen, welche die an die jeweilige Nutzung präzis angepassten Anforderungen erfüllen, erbringen beachtliche Einsparungen. Stichworte: Hygrothermischer Komfort, Lüftungskomfort, Sehkomfort.

→
1.5 Raumkonditionierung, Seite 34
1.7 Gebäudeplanung, Seite 42
5.4 Luftförderung, Seite 182
6. Beleuchtung, Seite 201 ff.

Merkmale des Komfortes

Ein Gebäude soll ein Innenraumklima aufweisen, das die klimatischen Bedingungen für die vorgesehenen Tätigkeiten bietet: Wohnen, Arbeiten, Produzieren, Essen oder Sichvergnügen. Die Raumaufteilung, die Wärmespeicherfähigkeit einer Gebäudekonstruktion, die Dichtigkeit und Wärmedämmung der Gebäudehülle sowie die Anordnung der Fensteröffnungen und schliesslich die Wahl des Sonnenschutzsystems sind bestimmende Faktoren für dieses Innenraumklima, welches sich ebenso nach den Benutzerbedürfnissen wie nach den herrschenden Aussenbedingungen zu richten hat. Zudem wird dieses Innenraumklima durch die Benutzer stark beeinflusst (Personenabwärme, EDV). Wichtige Komfortmerkmale wie Beleuchtungsgüte, Farbgebung und Kontrastwiedergabe, Luftqualität, Temperaturen der Raumluft und der Umschliessungsflächen sowie Wegfall von störenden Strahlungen, Gerüchen, Durchzug oder Lärm sind je nach Nutzung und Standort eines Baus verschieden. Sie können und sollen vom Benutzer im Gespräch mit den Planern frühzeitig definiert werden. Die Aufgabe der haustechnischen Installationen ist es, das natürliche Innenraumklima in Richtung des gewünschten Komforts zu modifizieren. Dabei wird der Eingriff mittels haustechnischer Installationen wie Heizung, Lüftung, Klima und Beleuchtung umso geringer sein, als die natürlichen Innenraumverhältnisse dem gewünschten Komfort bereits entsprechen. Entsprechend niedriger wird der Energieverbrauch ausfallen. Viele Bauten und gebäudetechnologische Entwicklungen haben sichtbar gemacht, dass mit einer intelligenten Gebäudekonzeption, mit besserer Tageslichtnutzung, mit geeigneten Sonnenschutzsystemen, ohne oder mit einfachen Lüftungssystemen, und nicht zuletzt mit einer standort- und benutzergerechten Haustechnikregulierung ein akzeptabler Komfort gewährleistet und gleichzeitig Energie rationell verwendet werden kann.

Hygrothermischer Komfort

Komfort basiert als subjektives Empfinden auf der Wahrnehmung von Umgebungsbedingungen wie Temperaturen, Luftbewegungen, Feuchtigkeit, Strahlungsgleichgewicht, Luftqualität, Beleuchtung oder Lärm und wird gleichzeitig durch individuelle Faktoren wie persönliche Kleidung, Aktivität oder den Gesundheitszustand beeinflusst. Aufgrund seines Empfindens wird sich ein Benutzer eines Raumes mehr oder weniger zufrieden oder unzufrieden bezüglich des Raumkomfortes erklären. Komfort kann deshalb durch einen Prozentsatz von «Unzufriedenen» in einem Raum ausgedrückt werden.

Tabelle 1: Komfortbestimmende Parameter der Umgebung und des Individuums.

Umgebungsfaktoren	Individuelle Faktoren
• Lufttemperatur	• Bekleidung
• Oberflächentemperatur	• Gesundheitszustand
• Sonneneinstrahlung	• Körperliche Aktivität
• Luftgeschwindigkeit	• Stoffwechsel
• Luftfeuchtigkeit	
• Beleuchtung	

Raumtemperaturen und Oberflächenstrahlung

Raumtemperaturen werden vom Individuum in Abhängigkeit der vorherrschenden Luftgeschwindigkeiten und Oberflächentemperaturen unterschiedlich wahrgenommen. So lässt sich beispielsweise im Winter eine zu tiefe Oberflächentemperatur durch eine etwas erhöhte Raumtemperatur kompensieren. Demgegenüber kann die Raumlufttemperatur etwas abgesenkt werden, sofern die Oberflächentemperaturen höher sind als die Raumlufttemperatur (z. B. bei Bodenheizung und sonnenbestrahlten Wänden). Umgekehrt lässt sich im Sommer eine zu hohe Raumlufttemperatur durch Kühldecken kompensieren. Diese Technik der «sanften Klimatisierung» durch eine Absenkung der Oberflächentemperatur wird erst seit einigen Jahren angewandt. Beispiel: Kühldecken in Büroräumen mit hohem Anteil an EDV-Installationen.

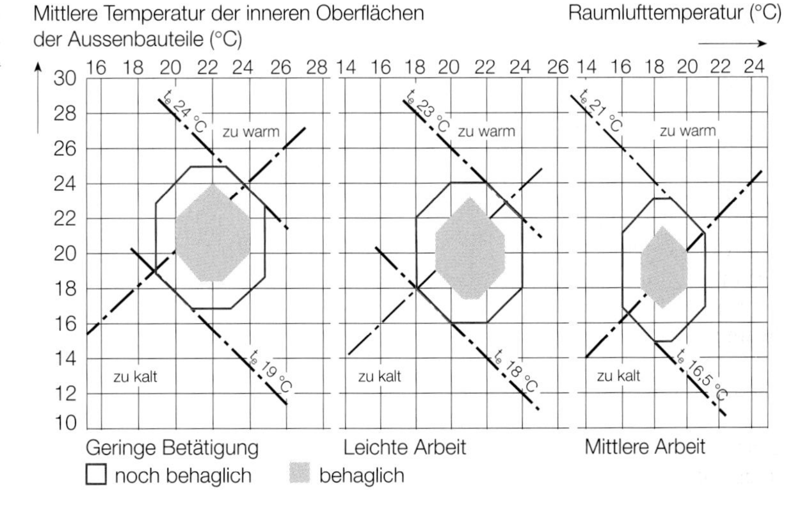

Abb. 1: Behaglichkeitsfelder bei unterschiedlicher Aktivität der Raumnutzer (t_e = empfundene Temperatur); nach H. Hebgen.

Relative Luftfeuchtigkeit

Bei sauberer Luft und normalen Oberflächen und Raumtemperaturen kann die relative Luftfeuchtigkeit in einem Raum zwischen 30 und 70 % variieren, ohne dass die Benutzer einen Unterschied bemerken. In derartigen Räumen ist eine Luftbefeuchtung deshalb völlig unnötig. Eine Entfeuchtung ist, abgesehen von Ausnahmen, ebenfalls nicht vorzusehen, da diese im Sommer nur durch energieintensives Abkühlen und anschliessendes Erwärmen der Luft zu bewerkstelligen ist.

Operative Temperatur: Charakteristische Grösse für den thermischen Komfort, in der Literatur auch als «empfundene Temperatur» bezeichnet; die operative Temperatur ist das Mittel aus der Lufttemperatur des Raumes und der Temperatur der inneren Oberflächen der umhüllenden Wände.

KOMFORTMERKMALE «LEICHTE BÜROTÄTIGKEIT»

Während der Heizperiode
- Operative Temperatur zwischen 20° und 24° C (z. B. erreichbar mit 20° Raumtemperatur und 24° Oberflächentemperatur)
- Temperaturunterschied der Raumluft zwischen Kopf und Knöcheln nicht grösser als 3 K
- Oberflächentemperatur des Fussbodens zwischen 19° und 26° C (maximal 29° C bei Bodenheizungen)
- Mittlere Luftgeschwindigkeiten geringer als 0,15 m/s
- Relative Luftfeuchtigkeit zwischen 30 und 70 %

Im Sommer
- Operative Temperatur zwischen 23° und 26° C (z. B. 24° erreichbar mit 26° Raumtemperatur und 22° Oberflächentemperatur)
- Mittlere Luftgeschwindigkeiten geringer als 0,25 m/s
- Relative Luftfeuchtigkeit zwischen 30 und 70 %

Benutzerbedürfnisse bereits im Raumprogramm definieren

- Die Anpassung der Raumprogramme und der haustechnischen Installationen an die Art der Nutzung garantiert, dass nur der tatsächlich benötigte Komfort bereitgestellt wird.
- Über die Regulierungen der Heizungen und Klimaanlagen sind möglichst ideale Temperaturen für die in einem einzelnen Raum erforderliche Tätigkeit und entsprechend der tatsächlich vorhandenen Personenzahl einzustellen.

Wärmedämmung der Gebäudehülle

Eine ausreichende Wärmedämmung ermöglicht auf der Wandinnenseite eine höhere Oberflächentemperatur. Dadurch entfällt im Winter die Notwendigkeit, die Raumtemperatur unnötig anzuheben, um kühle Umschliessungsflächen zu kompensieren. Dank besserer Wärmedämmung ergeben sich geringere Transmissionswärmeverluste sowie kleinere, durch den Luftwechsel bedingte Wärmeverluste aufgrund tieferer Raumtemperaturen.

Verzicht auf Komfortexzesse

Eine zurückhaltende Klimatisierung und präzise Einstellung der Raumlufttemperaturen (24° bis 26° C) spart im Sommer Energie, steigert den Komfort und ist zudem gesünder. Nicht selten beklagen sich Benutzer in klimatisierten Räumen über zu tiefe Raumtemperaturen im Sommer (zu starke Kühlung), da ein im Sommer nur leicht bekleideter Angestellter bei gleicher Tätigkeit eine höhere Raumtemperatur verlangt als im Winter.

Regulierbarkeit der Installationen

- Häufig sind die haustechnischen Einrichtungen in Gebäuden trotz intelligenter Grundkonzeption ganz einfach schlecht einreguliert. Dadurch werden einzelne Räume überheizt bzw. zu stark gekühlt, um benachbarte Räume wenigstens zu «temperieren».
- Die systemtechnische Auslegung der Heizgruppen, der Lüftungskanalnetze und anderer Installationen soll ermöglichen, dass unterschiedlich orientierte und benutzte Gebäudeteile entsprechend den räumlichen, zeitlichen und thermischen Erfordernissen differenziert geheizt bzw. klimatisiert werden können.
- Die regeltechnische Auslegung (Fühler, Klappen, Ventile, Steuerprogramme etc.) sollte eine individuelle Regulierbarkeit des Raumklimas ermöglichen. Die verschiedenen Systeme müssen dabei in Sequenz arbeiten. Beispiel: Ein motorisch gesteuertes Heizkörperventil visiert im regeltechnischen Verbund mit einer volumenstromgesteuerten Klimaanlage denselben Sollwert an. Dadurch wird verhindert, dass das eine System kühlt, während das andere heizt!
- Benutzer müssen die Möglichkeit haben, über entsprechende Bedienmodule oder über Regulierungsänderungen mit Hilfe des für den Unterhalt und Betrieb zuständigen Dienstes (Hauswart, Betriebsdienst) die raumklimatischen Grundeinstellungen innerhalb bestimmter Grenzen zu modifizieren – und sie sollten über die vorhandenen Eingriffsmöglichkeiten auch instruiert sein.

Lüftungskomfort

Luftverdünnung kontra Schadstoffemission

Wenn in einem Gebäude relativ konstante Luftverunreinigungsquellen vorhanden sind (z. B. aus Baumaterialien entweichende Gase, Körpergerüche, Zigarettenrauch, Radon etc.), dann ist die Volumenkonzentration dieser Schadstoffe in der Raumluft proportional zur Intensität ihrer Quelle bzw. umgekehrt proportional zur Frischluftrate. Bei konstantem Luftwechsel in Gebäuden (Luftwechselrate zwischen einem Faktor 10 und 20) wird die Lüftungsanlage einen permanenten Schadstoffausstoss bloss mit dem entsprechenden Faktor verdünnen. Banalerweise besteht darum die wirksamste Massnahme für eine gute Luftqualität zuerst darin, eine Schadstoffbelastung der Raumluft zu vermeiden. Danach wird es in zweiter Linie darum gehen, noch verbleibende Schadstoffemissionen direkt abzusaugen (z. B. Schweisshauben in Industriebetrieben, CO-Absaugung in Garagen, Dunsthauben in Restaurantküchen, Spritzkapellen in Lackierbetrieben etc.). Die restlichen in der Raumluft verbleibenden Schadstoffe müssen über die Lüftung extrahiert werden, wobei die Ersatzluft immer so direkt und so sauber wie möglich zugeführt werden soll (keine verschmutzten Kanäle, keine Frischluftansaugöffnungen in der Nähe von Abluftöffnungen etc.).

Luftwechsel

Die Gesundheit der Benutzer ist die bestimmende Leitgrösse für die Festlegung der Luftwechselraten. In bestimmten Fällen wird eine maximal zulässige Konzentration eines Schadstoffes in der Luft gesetzlich festgelegt. Die Luftwechselrate kann aber auch durch die überschüssige Abwärme der Apparate diktiert werden. Eine starke Lüftung verursacht innerhalb eines beschränkten Raumvolumens mehr oder weniger störende Luftströmungen, die Ursache für schlechten Komfort sein können.

Fensterlüftung: Individuell «gesteuerte», einfachste und – bei richtiger Anwendung – energiesparende Art des Luftwechsels.

Natürliche Lüftung: Bei natürlicher Lüftung ist eine schwache Druckdifferenz «Antrieb», wie sie durch Wind oder Temperaturunterschiede zwischen innen und aussen bzw. unterschiedlich besonnte Fassadenflächen entstehen können. Über regulierbare Öffnungen und Ventilationskanäle im Gebäude wird bei natürlichen Lüftungen ein Luftaustausch gewährleistet. Fenster können in Ausnahmefällen zusätzlich geöffnet werden.

Mechanische Entlüftung: Die mechanische Lüftung wird durch Ventilatoren angetrieben. Entsprechend der Lage der Ventilatoren und dem sie durchströmenden Luftstrom unterscheidet man Unterdrucksysteme und Überdrucksysteme, jeweils mit oder ohne Lufterhitzung.

Lüftungstechnische Anlage: Sie besteht aus einer mechanischen Lüftung mit getrennten Zuluft- und Abluftkanalsystemen. Die Zuluftbehandlung enthält das Filtern und das Heizen sowie die Möglichkeit einer Kühlung und einer Befeuchtung.

MINDERUNG VON SCHADSTOFFEN: REIHENFOLGE DER MASSNAHMEN

1. Vermeidung der Schadstoffquelle
2. Reduktion des Schadstoffausstosses
3. Direkte Absaugung an der Schadstoffquelle
4. «Verdünnung» der Schadstoffe durch den Luftwechsel

Geeignete Massnahmen:

- «Luftverschmutzende» Aktivitäten in abgeschiedenen Räumen oder bestimmten Raumzonen zusammenfassen (Raucherecken!)
- Nach Möglichkeit baubiologisch unbedenkliche Materialien im Innenausbau verwenden (Verzicht auf schädliche oder übelriechende Materialien)
- Genügende Bauaustrocknungszeit im Bauprogramm einkalkulieren (vorzugsweise im Sommer)
- Aufenthaltsräume durch Hohl- oder Kellerräume vom Erdreich trennen, um eine hohe Konzentration von Radongasen zu vermeiden
- Abzugshauben über den Schadstoffquellen montieren (Kochflächen, Kopiergeräte, Schweisshauben etc.) oder, in Umkehrung des Prinzipes, Schadstoffquellen in der Nähe vorhandener Abzugsöffnungen plazieren
- Wärmequellen möglichst direkt (hydraulisch) kühlen
- Wenn nur der in einem Raum befindliche Mensch die verbleibende «Schadstoffquelle» ist, genügen 7 bis 10 l/s Ersatzluft

Luftersatz

Die Bestimmung der nötigen Ersatzluftmenge kann auf zwei Arten erfolgen:
- Durch Berechnung der benötigten Luftersatzmenge im Verhältnis zur zulässigen Schadstoffkonzentration und durch feste Auslegung der Lüftungsanlage auf diesen Sollwert.
- Durch Messen der effektiven Schadstoffkonzentration in der Raumluft und regeltechnische Anpassung der Ersatzluftmenge in Annäherung an einen bestimmten Sollwert. Die möglichen Schadstoffparameter (z. B. Wasserdampf- oder Kohlenstoff-Konzentrationen in der verbrauchten Raumluft) lassen sich mit Fühlern messen. Eine variabel gesteuerte Luftmengenregulierung ist daher kein Problem. Der regel- und systemtechnische Mehraufwand rechtfertigt sich insbesondere in Räumen mit unterschiedlicher, aber zeitweise hoher Personendichte (z. B. in Hörsälen, Grossraumbüros).

Sehkomfort

Der menschliche Gesichtssinn ist für Lichtverhältnisse optimiert, wie sie tagsüber im Freien herrschen. Charakteristische Merkmale sind:
- Grosse leuchtende Flächen (Himmelsgewölbe)
- Weiche Leuchtdichteübergänge
- Leuchtdichtegefälle von oben nach unten
- Gerichtetes Licht (Sonne) nur aus einer Richtung

Da sich Aktivität und Leistungsfähigkeit des arbeitenden Menschen nur unter diesen Bedingungen voll entwickeln können, muss auch die künstliche Beleuchtung so weit als möglich diesen Gegebenheiten angepasst werden. Das Streben nach ökonomischerem Energieeinsatz und besserer Tageslichtnutzung muss deshalb die Grundvoraussetzungen des Sehens ebenso berücksichtigen wie die allgemein akzeptierte Forderung, Arbeitsplätze im Interesse der Sicherheit, der Produktivität und des Wohlbefindens optimal auszuleuchten.

Licht ermöglicht es nicht nur, das Sehobjekt zu erkennen. Die Helligkeitsverteilung löst auch Assoziationen aus und beeinflusst damit die Stimmungslage und Motivation. Dabei ist zu beachten, dass diese aktivitätsfördernde energetische Wirkung vor allem durch das seitlich ins Auge einfallende Licht ausgelöst wird. Es ist also notwendig, nicht nur den eigentlichen Arbeitsplatz, sondern auch das Umfeld gut zu beleuchten.

OPTISCHE KRITERIEN DER BELEUCHTUNG

(in der Reihenfolge ihrer Bedeutung)
- Schutz vor störendem Glanz und Reflexblendung
- Schutz vor Direktblendung
- Angemessene Beleuchtungsstärke
- Harmonische Leuchtdichteverteilung
- Natürliche Schattigkeit
- Geeignete Lichtfarbe
- Befriedigende Farbwiedergabe
- Flimmerfreiheit

Schutz vor störendem Glanz

Hauptgrund für Augenbeschwerden sind störender Glanz oder Lichtreflexe auf dem Arbeitsgut. Sie sind die Folge der mehr oder weniger scharfen Spiegelbilder von Leuchten bzw. Lampen an der Decke. Lichtreflexe sind meist streifig, weil in Arbeitsräumen in der Regel Leuchtstofflampen in langgestreckten Leuchten eingebaut und allenfalls zu Leuchtenbändern zusammengefasst sind. In diesem Fall stören solche Erscheinungen nicht so sehr deshalb, weil sie die Schrift oder das Bild überstrahlen, sondern weil bei beidäugigem Sehen dann Doppelbilder wahrgenommen werden, welche das Anpassungsvermögen des Auges überfordern. Folgende Massnahmen mildern oder beseitigen diese Beeinträchtigungen:
- Matte Oberflächen im Sichtbereich (kein Kunstdruckpapier, keine glänzenden Klarsichthüllen, Tastaturen, Glasabdeckungen).
- Geeignete Leuchtenanordnung in bezug auf das Arbeitsgut. Einfallendes Licht soll nicht ins Auge reflektiert werden. Bei Arbeitsplätzen mit unterschiedlichen Blickrichtungen und Flächenneigungen sowie in Räumen mit freier und variabler Möblierung (Grossraum- und Gruppenbüros) ist die Wirkung dieser Massnahme begrenzt.
- Beleuchtung mit hohem Indirektanteil. Indirektlicht hellt die Decke auf und beleuchtet dank Lichtstreuungen die Sehaufgabe auch aus Zonen, die keinen Glanz erzeugen. Helligkeitsunterschiede zwischen glänzenden und nichtglänzenden Teilen im Sichtbereich werden dadurch vermindert.
- Grosse, möglichst quadratische oder runde leuchtende Flächen (grossflächige Leuchten oder Indirektbeleuchtung). Hierdurch wird streifiger Glanz vermieden, und die Glanzbilder beider Augen überlappen sich weitgehend. Bei beidäugigem Sehen entstehen wenig oder gar keine Doppelbilder.

Ausgewogene Leuchtdichteverteilung

Arbeitsräume werden dann als angenehm empfunden, wenn sie in ihrer Helligkeitsverteilung dem natürlichen Tageslicht im Freien entsprechen. Dies wird erreicht durch grossflächigen Lichteinfall, helle Decke und hohe Vertikal-Beleuchtungsstärken. Die Anforderungen werden mit hohen Reflexionsgraden der inneren Umschliessungsflächen (helle Böden, Decken, Wände) am ehesten erfüllt. Bei Leuchtdichteunterschieden im Blickfeld ändert sich beim Blickwechsel der Adaptationszustand, also die Helligkeitsanpassung des Auges. Während dieser Anpassung ist die Sehleistung reduziert. Solche unnötigen Adaptationsvorgänge sind zu vermeiden. Die Leuchtdichte-Unterschiede sollten im engeren Arbeitsbereich nicht grösser sein als etwa 1 zu 3 bis 1 zu 5, im weiteren Blickbereich nicht grösser als etwa 1 zu 10 bis 1 zu 20. Die heute praktizierte Methode, zur Energieeinsparung die Allgemeinbeleuchtung zu reduzieren und stattdessen zusätzliche Arbeitsplatzleuchten zu verwenden (2-Komponenten-Beleuchtung), ist während der Tagesstunden darum problematisch, weil sie speziell an fensterfernen Arbeitsplätzen im Grossraum oder in tieferen Gruppenbüros eine sehr unausgewogene Leuchtdichteverteilung auf dem Arbeitsplatz zwischen Innenzone und Fensterbereich zur Folge haben kann. Sie lässt sich rechtfertigen, wenn die Allgemeinbeleuchtung einen hohen Indirektanteil besitzt, so dass Decke und Wände hell werden.

Literatur

[1] Fanger, O.: Thermal Comfort. R.E. Krieger, Malabar, Florida USA 1982.
[2] Fanger, O. u. a.: Air Turbulence and Sensation of Draught. Energy and Buildings, 12/1988.
[3] Alder u. a.: Economie d'énergie et confort thermique. 4ème Symposium sur la R & D en énergie solaire. Ecole Polytechnique Fédérale de Lausanne 1983.
[4] Faist, A.: Approche quantitative du confort. Chantiers 6/1985.
[5] OFQC: Cours d'amélioration thermique des bâtiments existants. Manuel études et Projets (No. 724.500 f). Eidgenössische Drucksachen- und Materialzentrale, Bern.
[6] Roulet, C. A.: Energétique du Bâtiment (insbesondere Band 2). Presses Polytechniques Romandes, Lausanne 1987.
[7] Roulet, C. A.; u. a.: Aération des Bâtiments (No. 724.715 f). Eidgenössische Drucksachen- und Materialzentrale, Bern 1989.
[8] Liddament, W.: Air Infiltration Calculation Techniques. AIVC 1987. Erhältlich bei EMPA Dübendorf, Abt. 176, 8600 Dübendorf.
[9] Recknagel & Sprenger: Taschenbuch für Heizung und Klimatechnik. Verlag Oldenbourg, München 1991.
[10] Planungshilfsmittel zur Kontrolle des Luftaustausches in Gebäuden. EMPA, BEW, Dübendorf und Bern 1984.
[11] LiTG, SLG, LTAG (Hrsg.): Handbuch für Beleuchtung; 5. Auflage. Eucomed Verlags-Gesellschaft mbH, Landsberg/Lech 1992.
[12] ISO 7730: Gemässigtes Umgebungsklima. Ermittlung des PMV und des PPD und Beschreibung der Bedingungen für thermische Behaglichkeit. ISO, Berlin 1987.
[13] ASHRAE: Standard 55–81: Thermal environmental conditions for human occupancy. ASHRAE, Atlanta 1981.
[14] SIA-Norm 180: Wärmeschutz im Hochbau. Schweizerischer Ingenieur- und Architekten-Verein, Zürich 1989.

1.2 Tageslichtnutzung

JEAN-LOUIS SCARTEZZINI

→
1.3 Sonnenschutz, Seite 22
6. Beleuchtung, Seite 201 ff.

Tageslichtnutzung ist ein anspruchsvolles, aber attraktives Mittel zur Reduktion des Stromverbrauches. Beleuchtungsaufwand und Wärmelasten sind geringer. Besonderes Gewicht haben die Faktoren Lichtangebot (Bewölkung), Orientierung und Grösse der Fenster sowie die Beschaffenheit der Innenwände (Reflexion). Hochliegende Seitenfenster oder Oberlichtöffnungen bringen auch bei grossen Raumtiefen gute Resultate.

Bedeutung

Im Laufe seiner Entwicklung hat sich der Mensch den Charakteristiken des natürlichen Lichtes bestens angepasst: Die Wellenlängen, die der Mensch am besten wahrnimmt, machen innerhalb des Emissionsspektrums der Sonne den grössten Anteil aus. Tageslicht, in unseren Breitengraden in genügendem Masse und erst noch kostenlos zur Verfügung stehend, ist am Arbeitsplatz, in der Wohnung und auch während der Freizeit als Lichtquelle in Gebäuden von erstrangiger Bedeutung.

VORTEILE DER TAGESLICHTNUTZUNG

- Reduktion des Stromverbrauches für die Raumbeleuchtung.
- Verminderung innerer Wärmelasten (Abwärme der Lampen) als Folge der nicht eingeschalteten Beleuchtung und damit indirekt des Stromverbrauches für Lüftung, Klimatisierung und allfällige technische Kälteerzeugung.
- Steigerung des Wohlbefindens und der Produktivität der Menschen. (Blendeffekte begrenzen, gute Beleuchtungsverteilung)

Die Tageslichtnutzung in Gebäuden wird allerdings durch verschiedene Faktoren eingeschränkt. Gründe:

- Das Lichtangebot variiert während des Tages.
- Die Unterschiede zwischen direkter Sonnenstrahlung oder diffuser Himmelsstrahlung (bedeckter Himmel) sind relativ gross.
- Störende Reflexionen und Effekte durch benachbarte Gebäude, helle oder spiegelnde Flächen beeinträchtigen die Tageslichtnutzung.

• Die Fensteranordnung hat einen grossen Einfluss (Orientierung, Grösse).
• Fotometrische Gegebenheiten im Raum beeinflussen die Tageslichtnutzung ebenfalls (Reflexionsfaktoren der Umschliessungsflächen wie Boden, Wände, Decken etc.).

Methodische Grundlagen

Horizontale Globalstrahlung

Zwei Quellen sind für die im Freien auf einer horizontalen Fläche messbare Globalstrahlung massgebend: die Sonne (direkte Sonnenstrahlung) und der Himmel (diffuse Himmelsstrahlung). Die Beleuchtungsverhältnisse, welche dem natürlichen Tageslichtvorkommen entsprechen, verändern sich (Tabelle 1) im saisonalen und tageszeitlichen Verlauf (Stellung der Sonne) sowie in Abhängigkeit vom Himmelszustand (Bewölkungsgrad, Nebel, Dunst).

Tabelle 1: Maximale horizontale Globalstrahlung in Abhängigkeit von Jahreszeit und Himmelszustand.

Himmelszustand	Sommer (Lux)	Frühling und Herbst (Lux)	Winter (Lux)
Klarer Himmel mit Sonne	100 000	65 000	25 000
Bedeckter Himmel	20 000	15 000	7 000

Leuchtdichteverteilung des Himmels

Der Beitrag des natürlichen Tageslichtes wird durch die Leuchtdichteverteilung des Himmels stark beeinflusst. Dieser Einfluss ist bei bedecktem Himmel umso grösser, als der normalerweise beachtliche Anteil direkter Sonnenstrahlung entfällt. Ein bedeckter Himmel entsteht durch die Umlenkung von Sonnenstrahlen an Feuchtigkeits- und anderen Schwebeteilen (Gase, Russ etc.) der Atmosphäre. Es entsteht diffuses Himmelslicht, dessen Leuchtdichteverteilung oft symmetrisch zum Zenit ist. Beim «Standardhimmel» nach CIE (Commission Internationale de l'Eclairage) ist die Leuchtdichte im Zenit dreimal höher als jene am Horizont. Die Leuchtdichteverteilung des klaren Himmels unterscheidet sich von jener des bedeckten Himmels durch folgende Merkmale:
• Maximale Leuchtdichte im Umfeld der direkten Sonnenstrahlung
• Minimale Leuchtdichte im rechten Winkel zur Sonneneinstrahlung (im Bereich des dunkelsten Himmelsblaus)
• Auf Horizontebene ein weisses Leuchtdichteband (kombinierte Diffusion)

Tageslichtquotient

Der Tageslichtquotient ist ein Hilfsmittel für die annäherungsweise Beurteilung der Beleuchtungszustände an Arbeitsplätzen in Innenräumen (unter Ausklammerung des Kunstlichteinflusses). Zur quantitativen Bewertung des Tageslichtes wird, wie bei der künstlichen Beleuchtung, die Beleuchtungsstärke verwendet. Sie hängt in diesem Fall vom Sonnenstand und der Bewölkung ab, ändert sich also dauernd. Deshalb werden Beleuchtungsstärken durch Tageslicht im Innenraum nicht als Absolutwerte angegeben, sondern nur relativ zur vorhandenen Horizontalbeleuchtungsstärke E_h im Freien bei unverbautem Horizont, wobei das Verhältnis der Beleuchtungsstärke Ei an einem Punkt im Innenraum zur gleichzeitig gemessenen Aussenbeleuchtungsstärke Eh als Tageslichtquotient D bezeichnet wird ($D = E_i/E_h$). Allerdings wird nur das diffuse Licht des gleichmässig bedeckten Himmels berücksichtigt, d. h. kein direktes Sonnenlicht. Dies hat den Vorteil, dass für die Mehrheit der Himmelszustände, insbesondere bei bedecktem Himmel, unabhängig von den Tageslichtzuständen im Freien ein brauchbares Mass für den Beleuchtungszustand im Rauminnern anwendbar ist.

Zenitalbeleuchtung: Durch horizontale (Decken-) Fenster ermögliches Tageslicht im Raum.
Lateralbeleuchtung: Durch vertikale (Seiten-) Fenster ermöglichtes Tageslicht im Raum.

Für eine sinnvolle Nutzung des Tageslichtes beträgt der Tageslichtquotient an den Arbeitsplätzen möglichst mehr als 2 % (Tabelle 2). Diese Forderung wird in der Regel nur bis zu einer Raumtiefe von maximal der doppelten Fensterhöhe erfüllt, weil bei seitlicher Befensterung und mittlerer Verbauung der Tageslichtquotient mit zunehmendem Abstand vom Fenster annähernd exponentiell abnimmt. Seitlich befensterte Räume mit Tageslichtquotienten unter 2 % wirken subjektiv eher dunkel und abgeschlossen, über 10 % hell und nach aussen geöffnet. Helle Wände erhöhen den Reflexionsgrad und lassen das Tageslicht in der Raumtiefe besser nutzen. Die subjektive Raumwirkung hängt bei seitlicher Befensterung, unabhängig vom Tageslichtquotienten, in starkem Masse von der Leuchtdichte der Decke und der Vertikalflächen ab. Die Raumwirkung wird auch bei ungünstigen Tages-

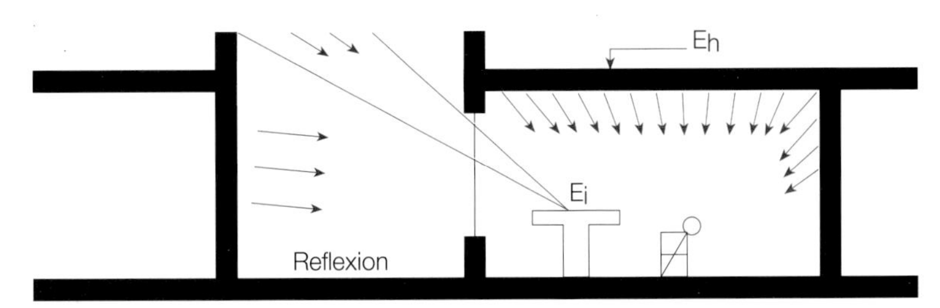

Abb. 1: Definition des Tageslichtquotienten. E_h = Horizontalbeleuchtungsstärke im Freien bei bedecktem Himmel; E_i = Beleuchtungsstärke auf der Nutzebene.

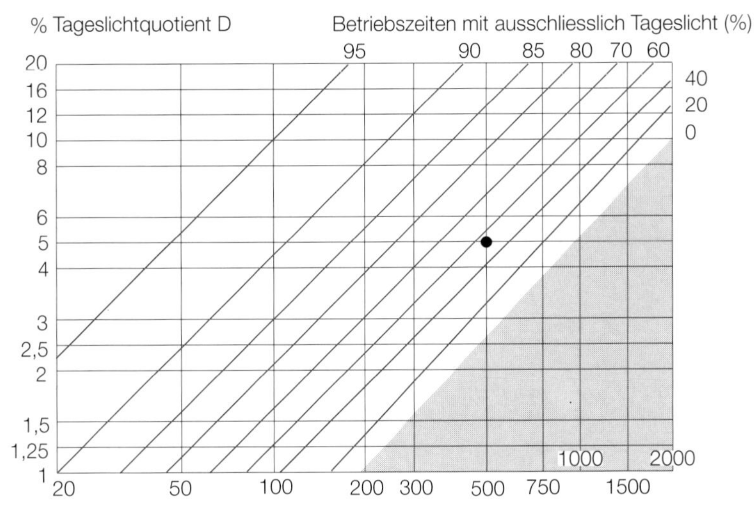

Abb. 2: Betriebszeiten mit ausschliesslichem Tageslicht in Abhängigkeit vom Tageslichtquotienten D (Arbeitszeit im Sommer von 7 bis 17 Uhr, im Winter von 8 bis 18 Uhr).

lichtquotienten deutlich verbessert, wenn man Decken und Rückwände hell gestaltet.

Tabelle 2: Wahrgenommene Beleuchtungszustände in Innenräumen und Beziehung zum Aussenraum in Funktion des Tageslichtquotienten.

Tageslichtquotient	Einschätzung	Wahrnehmung	Aussenbeziehung
kleiner als 1 % 1 bis 2 %	sehr schwach bis schwach	dunkel bis düster	in sich geschlossen bis isoliert
2 bis 4 % 4 bis 7 %	mittel bis hoch	düster bis klar	örtlich nach aussen offen
7 bis 12 % grösser als 12 %	hoch bis sehr hoch	klar bis sehr klar	nach aussen gross- zügig offen

Berechnungsmethoden

Mittels experimenteller Techniken können anhand von physischen Modellversuchen die natürlichen Beleuchtungsverhältnisse simuliert werden. Die Fotometrie der Hauptflächen muss im Modell mit der Realität übereinstimmen (Reflexionsgrade der Begrenzungsflächen, Transmissionswerte der Verglasungen etc.). Der Massstab des Modells ergibt sich aus dem Untersuchungsziel. Es sind zwei Methoden zu unterscheiden:

- Quantitative Untersuchung, basierend auf mehreren fotometrischen Messungen und anschliessender rechnerischer Bestimmung des in Wirklichkeit zu erwartenden Tageslichtquotienten.

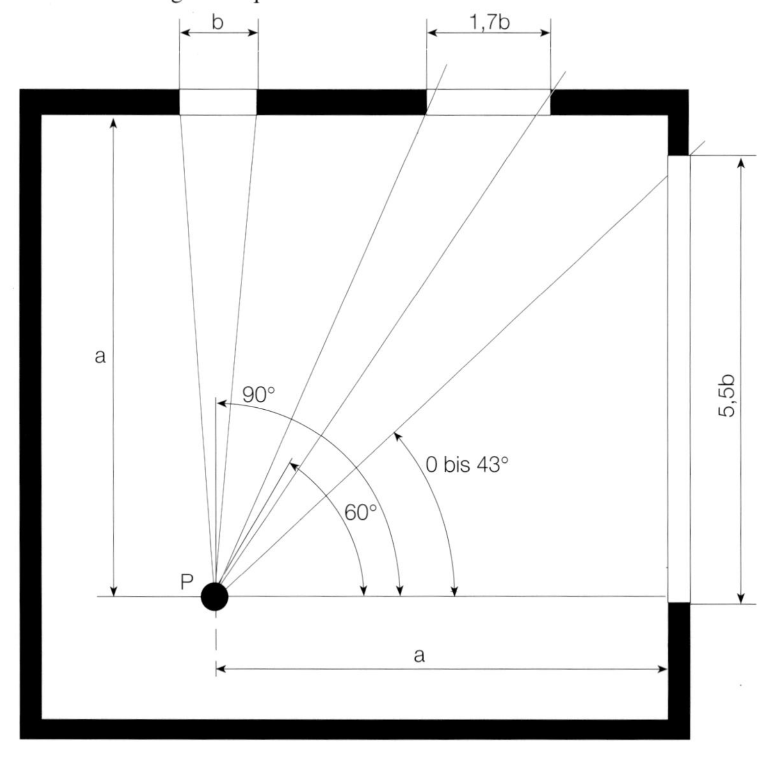

Abb. 3: Zenitalbeleuchtung ist im Vergleich der Lichtausbeute zur Öffnungsgrösse um ein Mehrfaches wirksamer als Lateralbeleuchtung. (Die Öffnungen ermöglichen die gleiche Beleuchtungsstärke auf der Nutzebene in Punkt P.)

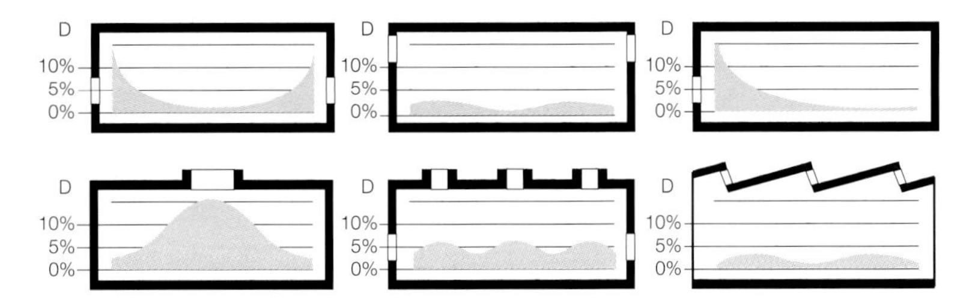

Abb. 4: Veränderung der Tageslichtquotienten (D) in Funktion der Fensteranordnung (Zenital- und Lateralbeleuchtung).

• Qualitative Untersuchungen, welche die tatsächlichen Beleuchtungsverhältnisse im Innern durch realitätsähnliche Fotos oder Videos darstellen.
Vorteil numerischer Rechenprogramme:
• Rechenprogramme sind unabhängig von Raumformen und Raumgrössen möglich
• Die fotometrischen Gegebenheiten können genau simuliert, vorhandene Hindernisse im Raum realistisch berücksichtigt werden
• Varianten sind schnell gerechnet
• Resultate können anschaulich dargestellt werden
• Vertretbarer Rechenaufwand

Seitenfenster

Vorteile

• Sie garantieren den aus psychologischen Gründen notwendigen visuellen Kontakt zur Aussenwelt (Himmel, Wolken, Wetter).
• Sie sind für Lüftungs- und Reinigungszwecke öffenbar.
• Sie erlauben eine vorteilhafte und gängige Kombination mit dem Sonnenschutz im Fensterbereich.
• Sie sind in der Regel dauerhaft dicht und garantieren damit genügenden Wetterschutz.
• Sie bieten konstruktiv und gestalterisch vielfältige Lösungsmöglichkeiten.

Nachteile

• Die Beleuchtungsverteilung auf der Nutzebene am Arbeitsplatz ist ungleichmässig.
• In der Regel resultieren zu hohe Leuchtdichten bei den fensternahen – den beliebtesten! – Arbeitsplätzen.
• Normalerweise ist die Grundrissnutzung in der Raumtiefe in der Grössenordnung von etwa der zweifachen Fensterhöhe beschränkt.

Gestaltungshinweise

• Seitenfenster sollten möglichst hoch sein, was die Lichtverhältnisse in der Raumtiefe verbessert.
• Heruntergehängte Decken sollen so hoch wie möglich sein oder zweckmässigerweise zum Fenster hin abgeschrägt nach oben verlaufen.
• Will man aus thermischen, architektonischen oder Kostengründen Fenster-

flächen einsparen, muss man darauf achten, dass für den Benutzer der Kontakt mit der Aussenwelt erhalten bleibt. Versuche haben gezeigt, dass dies der Fall ist, wenn die Fensterfläche mindestens 30 % der Fassadenfläche und 18 % der Bodenfläche beträgt.
• Angenehm für den Benutzer ist ein horizontal in Augenhöhe verlaufendes Fensterband. Effizienter in bezug auf die Raumausleuchtung sind jedoch horizontale Bänder unter der Decke oder senkrechte Bänder. Ein guter Kompromiss ist eine Fensteraufteilung in ein Sichtband und in zusätzliche Öffnungen.
• Im Hinblick auf gute visuelle Verhältnisse am Bildschirm sollte die Fensterbrüstung nicht zu tief sein (mindestens 80 cm), damit sich Fensterspiegelungen durch Neigen des Bildschirmes nach vorne eliminieren lassen.
• In Räumen mit Bildschirmarbeitsplätzen sollten darum Fensteranordnungen «über Eck» vermieden werden.
• Häufig benutzte Bildschirmarbeitsplätze sollten immer auf der fensterferneren Seite des Arbeitsplatzes und quer zur Fensterfront stehen. Steht das Gerät vor dem Fenster, ergeben sich meist zu hohe Leuchtdichte-Unterschiede zwischen dem Bildschirm und dem Fenster als Hintergrund. Befindet sich das Fenster im Rücken des Arbeitenden, können sehr störende Spiegelbilder des hellen Fensters entstehen.
CAD-Arbeitsplätze sind oft mit Bildspeicherröhren ausgestattet, bei denen die Zeichenleuchtdichte niedrig und die Detailgrösse klein ist. Solche Arbeitsplätze gehören in fensterfernere Zonen und müssen gegebenenfalls durch zusätzliche Stellwände abgeschirmt werden, wenn man vermeiden will, dass der ganze Raum permanent verdunkelt werden soll.

Zenitalbeleuchtung

Vorteile

• Grosse Wirkung bei kleiner Öffnungsgrösse auch in der Tiefe des Raumes (höhere Leuchtdichte bei kleineren Fenstern).
• Gute Ausnutzung des Himmelslichtes, gerade auch bei kritischen Aussenlichtverhältnissen (bedeckter Himmel), dank Ausrichtung zur hellsten Himmelspartie, dem Zenit.
• Gleichmässige Leuchtdichteverteilung im Raum während des ganzen Tages und damit angenehme visuelle Verhältnisse.
• Durch nordorientierte Verglasungen von Sheds kann kein direktes Sonnenlicht eintreten. Besonders geeignet ist diese Beleuchtungsart für Industriebetriebe mit grossen Maschinen und glänzendem oder spiegelndem Arbeitsgut.
• Der grossflächige, diffuse Lichteinfall ergibt eine gute dreidimensionale Ausleuchtung ohne prägnante Schattenzonen und fördert das Erkennen von Details selbst auf polierten und glänzenden Flächen.

Nachteile

• Die Transmissionswärmeverluste über Oberlichtöffnungen (z. B. bei Nordoberlichtern) im Winter sind erheblich, ohne dass ein entsprechender Wärmegewinn durch Sonneneinstrahlung während des Tages vorhanden wäre.
• Bei Anordnung nach Süden erhöhtes Blendrisiko und starke Aufheizung im Sommer, was aufwendige Sonnen- und Blendschutz-Vorkehrungen bedingt.

• Bedeutendes Risiko für Wasserundichtigkeiten.
• Erhöhtes Verschmutzungs- und Verstaubungsrisiko innen wie aussen.
Oberlichtlösungen – seit Jahrzehnten bei niedrigen Industriebauten, Ateliers, Bahnhöfen bekannt – erleben in neuerer Zeit bei Zentralhöfen von Dienstleistungsbauten, Shopping-Malls etc. eine Renaissance.

Deviatoren

Lichtumlenkmechanismen haben die Eigenheit, das Licht über spiegelnde oder stark reflektierende Flächen umzulenken. Aus praktischen Gründen sind diese Flächen oft aus Aluminium gefertigt und wenig verschmutzungsanfällig. Diffusoren, die das Tageslicht beispielsweise über die Decke umlenken, können selbst in bestehenden Bauten bei Sanierungsprogrammen nachträglich eingebaut werden. Sie stellen indessen, je nach Orientierung und Anordnung, ein nicht zu vernachlässigendes Blendrisiko für den Innenraum dar.

Literatur

[1] Falk, D.; u. a.: Seeing the Light. Optics in nature, photography, color, vision and holography. J. Wiley, New York 1985.
[2] Norme Suisse SNV 418911: Innenraumbeleuchtung mit Tageslicht. ASE/UCS, Zürich 1989.
[3] Moore, F.: Concepts and practice of architectural daylighting. Van Nostrand Reinhold, New York 1985.
[4] Commission Internationale de l'Eclairage: Daylight. Publication CIE No 16 (E-3.2), Paris 1970.
[5] Docu SIA D 056: Chaleur et lumière dans le bâtiment. Société suisse des Ingénieurs et Architectes, Zürich 1990.
[6] Handbuch für Beleuchtung. LiTG-SLG-LTAG. W. Girardet, Essen 1975.
[7] Lumière du jour: contribution à la théorie et à la pratique de l'éclairage naturel des locaux. Schweizerische Technische Zeitschrift No. 38/39, Zürich 1966.
[8] IES Lighting Handbook. Application and reference volume. Illuminating Eng. Society of North America, New York 1984.
[9] Littlefair, P.: Innovative daylight systems. Proc. of National Lighting Conference, Cambridge 1988.
[10] DIN 5034: Innenraumbeleuchtung mit Tageslicht. Deutsche Normen, Berlin 1963.
[11] Lumière du jour. Schweizerische Technische Zeitschrift No. 38/39, Zürich 1966.

1.3 Sonnenschutz

RETO P. MILONI

→
1.2 Tageslichtnutzung, Seite 15

Die architektonische Gestaltung einerseits und die im Haus anfallenden (externen) Wärmelasten andererseits sind Randbedingungen von Sonnenschutzsystemen. Sie reduzieren zudem in unterschiedlichem Grad die Tageslichtnutzung und beeinflussen das Raumerlebnis. Ein guter Sonnenschutz erfüllt diese Anforderungen, zumindest teilweise, und trägt damit zu einer besseren Energiebilanz bei.

Grundlagen

Fassadengestaltung ist mehr als die «Kunst», Öffnungen in einer Gebäudehülle ästhetisch ansprechend zu plazieren und dabei in der Wahl von Formen, Materialien und Öffnungselementen den Zeitgeist einer Epoche sowie die Funktion eines Gebäudes innerhalb eines städtebaulichen Kontextes zum Ausdruck zu bringen. Die Architekten beeinflussen durch die Wahl der Gestaltungsmittel im Fassadenbereich den Strahlungs- und Energiehaushalt des Gebäudes erheblich. Die Wahl des Sonnenschutzes kann wesentliches dazu beitragen, unter Ausnutzung physikalischer Gesetze ein angenehmes Raumklima zu unterstützen, visuellen Komfort zu steigern und den Energieverbrauch zu senken. Dies ist eine Herausforderung für jene, die den Sonnenschutz nicht additiv einem fertigen Gebäudeentwurf verpassen wollen und sich nicht damit begnügen, dass die Folgen misslungener Gebäudehüllen durch energiefressenden Haustechnikeinsatz für vermeidbare Lüftungs-, Klima-, Beleuchtungs- oder Kälteinstallationen «kurierbar» sind.

Anforderungen an den Sonnenschutz

- Reduzierung der Kühllast im Sommer
- Nutzung der Sonnenenergie im Winter
- Streifenfreie Abschattung der Fensterflächen gegenüber direkter Sonnenstrahlung zur Vermeidung von Blendung und Direktbestrahlung der im Gebäude befindlichen Personen
- Gleichmässige Nutzung des Tageslichtes bei allen Himmelszuständen
- Sicherstellung einer spektral neutralen Transmission für Tageslicht (Farbneutralität)
- Sicherstellung eines visuellen Kontaktes zur Aussenwelt

Durch geeignete Konstruktionen und geschickte Steuerungen der Sonnen-

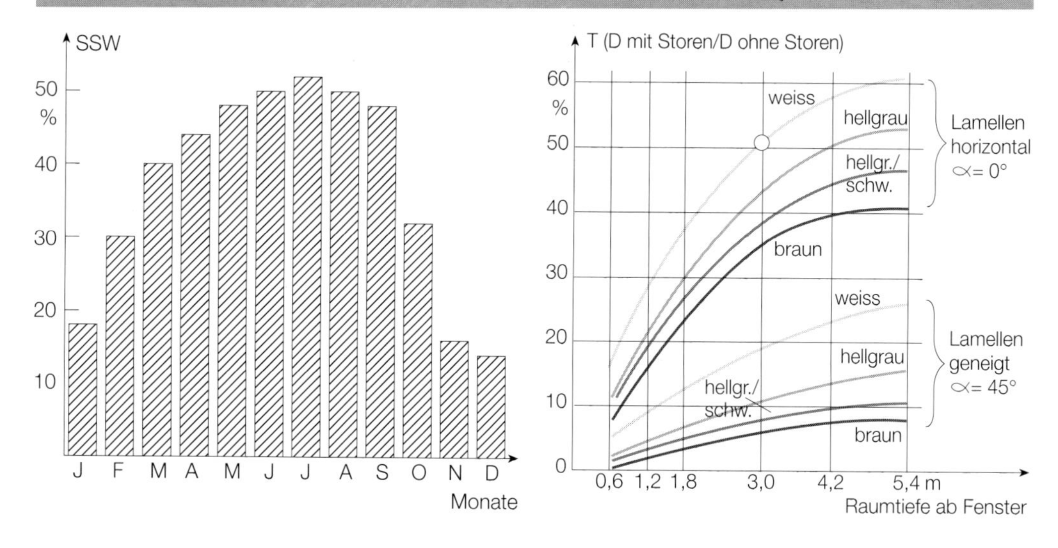

Abb. 1: Sonnenscheinwahrscheinlichkeit (SSW, Sonnentage pro Monat).

Abb. 2: Raumausleuchtung mit und ohne Lamellenstoren in Funktion der Lamellenstellung, der Storenfarbe und der Raumtiefe (T ist das Verhältnis der Tageslichtquotienten D mit und ohne Storen).

schutzvorrichtungen können diese sich zum Teil widersprechenden Anforderungen in Einklang gebracht werden. Dies ist möglich, sofern die Wärme-, Strahlungs- und Lichtdurchlässigkeit des Sonnenschutzes, in Abhängigkeit des Sonneneinfallswinkels, des Himmelszustandes und der Benutzerbedürfnisse, gezielt angepasst werden kann.

In unseren Breitengraden kann man mit einer Sonnenscheinwahrscheinlichkeit von 20 % im Winter bzw. 50 % im Sommer rechnen. Für eine Sonnenschutzvorkehrung besteht in der Schweiz jeden zweiten Sommer bzw. fünften Wintertag ein Bedarf. Über das ganze Jahr gesehen ist ein Sonnenschutz während weniger als der Hälfte aller Tage notwendig. Fix montierte Sonnenschutzsysteme (z. B. Sonnenschutzgläser) sind darum in unseren Breitengraden nicht empfehlenswert (Tabelle 1).

Zeit MEZ	Sommer 21. Juni	Frühling 21. März Herbst 23. Sept.	Winter 21. Dezember
04.15/20.34	Auf-/Untergang der Sonne		
05.00/20.00	09° 59′		
06.00/19.00	18° 22′		
06.28/18.28		Auf-/Untergang der Sonne	
07.00/18.00	27° 16′	09° 11′	
08.00/17.00	36° 38′	18° 16′	
08.41/16.13			Auf-/Untergang der Sonne
09.00/16.00	45° 49′	26° 49′	06° 27′
10.00/15.00	54° 16′	34° 01′	12° 31′
11.00/14.00	61° 01′	39° 31′	16° 39′
12.00/13.00	65° 10′	42° 18′	18° 59′
12.28	66° 26′	43° 01′	19° 37′

Tabelle 1: Sonneneinfallswinkel für das Schweizer Mittelland (Sommerzeit nicht berücksichtigt).

Sonneneinfallswinkel und Variabilität des Sonnenschutzes

Der Sonneneinfallswinkel ist je nach Lage auf der Erdhalbkugel, Saison und Tageszeit verschieden. In der Schweiz variiert nach mitteleuropäischer Zeit der Sonnenhöchststand mittags um mehr als 45° zwischen Winter (19° 37′) und Sommer (66° 26′). Zweckmässig konzipierte Sonnenschutzvorkehrungen sollten in der Lage sein, auf Schwankungen der Sonnenstandshöhe tageszeitlich und saisonal zu reagieren, was heute, aufgrund fehlender Automatikregulierungen, noch bei wenigen Systemen der Fall ist.

Vorteile und Nachteile

Gebräuchlichen Sonnenschutzsystemen wie Aussenjalousien, Sonnenstoren, Reflexions- und Absorptionsgläsern sowie auskragenden Bauteilen zur Fassadenbeschattung (Vordächer) ist eigen, dass Strahlungsenergie auf Kosten der Tagesbelichtung von der schützenden Fassade abgehalten wird. So werden zwar die durch Sonneneinstrahlung wirksamen Wärmemengen (Kühllasten) reduziert, aber gleichzeitig der Lichteinfall herabgesetzt. Sonnenschutzmassnahmen verhindern, proportional zu ihrer wärmetechnischen Wirksamkeit, den Tageslichteinfall, wobei insbesondere waagrecht angeordnete Jalousien, Sonnenstoren und Vordächer den besonders lichtreichen Zenitanteil des Himmelslichtes ausblenden und somit den in den Raum fallenden Lichtstromanteil unerwünschtermassen sogar progressiv reduzieren. Entgegen dieser Wirkungsweise sollte an einen geeigneten Blend- und Sonnenschutz die Forderung gestellt werden, dass dieser möglichst viel Tageslicht in richtig verteilter Form in den Raum gelangen lässt.

Spektrale Lichtdurchlässigkeit und Farbneutralität

Viele aus klimatechnischer Sicht ideale Sonnenschutzgläser und andere gängige Storensysteme verändern die spektrale Zusammensetzung des eintretenden Tageslichtes. Sie führen zu Farb- und Kontrastverschiebungen bei der Durchsicht nach draussen, was unerwünschte Informationsveränderungen bewirkt. So täuschen z. B. effiziente Sonnenschutzgläser nicht vorhandene «Schlechtwetterverhältnisse» vor, während Sonnenstoren in warmer Tönung selbst bei schlechtem Wetter noch eine warme Lichtstimmung suggerieren. Vom Standpunkt der optischen Wahrnehmung aus, wie auch aus psychologischen Gründen, ist es wünschbar, dass das Tageslicht möglichst ohne Veränderung seiner spektralen Zusammensetzung in den Innenraum gelangt. Die Farbneutralität muss im Tageslichtdurchgang mit hoher Priorität erhalten bleiben.

Visuellen Aussenkontakt beibehalten

Sonnenschutzsysteme schränken, je nach System, Anordnung und Farbgebung, den visuellen Kontakt zur Aussenwelt mehr oder weniger ein und vermitteln so dem Benutzer im Gebäudeinnern das Gefühl der Abgeschiedenheit. Während beispielsweise die etwas aus der Mode gekommenen grossen Vordächer einen fast uneingeschänkten Aussenbezug gewährleisten, kapseln viele teilweise oder gänzlich geschlossene, direkt vor dem Fenster montierte Storensysteme (z. B. Lamellenstoren) den Innenraum praktisch vollständig von der Aussenwelt ab. Deshalb: Der Tagesablauf muss im Innenraum rhythmisch und informativ richtig miterlebt werden können.

Gesamtenergiedurchlass

Die Wirksamkeit eines Sonnenschutzes wird charakterisiert durch den Sonnenschutzfaktor bzw. durch den Gesamtenergiedurchlassgrad (g), welcher den Prozentsatz der durch ein System strömenden Solarstrahlung quantifiziert. Ein Gesamtenergiedurchlassgrad von 0,15 gilt in der Regel als minimale Anforderung, beispielsweise im Kanton Zürich, sofern eine Raumklimatisierung vorgesehen ist (g wird dabei durch den Korrekturfaktor r ergänzt, der Fensterrahmen und aussenliegende Sonnenschutzeinrichtungen berücksichtigt).

Tabelle 2: Gesamtenergiedurchlassgrade.

Sonnenschutzsysteme	Sonnenschutzfaktoren/ Gesamtenergiedurchlass
Stoffstoren	0,05 bis 0,2
Lamellenstoren	0,15 bis 0,25
Gitterstoffstoren (z. B. Screen)	0,24 bis 0,3
Rohrgittersysteme	0,15 bis 0,26
Retroreflektierende Prismensysteme	0,33
Reflexionsfolien	0,13 bis 0,25
Reflexionsgläser (z. B. Calorex A 1)	0,4
Innenvorhänge	0,64 bis 0,72

Farbgebung

Die Farbe eines Sonnenschutzes hat auf die Wärmespiegelung und den Lichtdurchlass einen grossen Einfluss:

- Helle Storen geben weniger Wärme an die Luft zwischen Storen und Fenster ab, womit die Temperatur der Fensterglasoberfläche weniger stark ansteigt und die Behaglichkeit im Raum erhöht wird.
- Helle Storen reflektieren die Infrarotstrahlung besser (direktes Sonnenlicht) und transformieren diese in diffuse Strahlung, was eine gleichmässigere Raumausleuchtung bewirkt.
- Bei gleicher Aussenbeleuchtungsstärke ergeben weisse und geöffnete Lamellenstoren die beste Tageslichtnutzung. Bezogen auf die Raumtiefe können dunkle Storen den Tageslichtquotienten gegenüber hellen Storen um mehr als 50 % verschlechtern (Abb. 2).
- Dunkle verschliessbare Lamellenstoren ergeben zwar bessere Verdunkelungswerte (z. B. in Schulzimmern und Schlafzimmern wichtig), werden jedoch wegen starker Helligkeitskontraste bei Sonnenlicht vom Auge als störend empfunden.
- Bei aussenliegenden Stoffstoren, welche sinnvollerweise ebenfalls hell gewählt werden, muss aufgrund der Witterungsexposition mit erhöhtem Unterhalts- und Reinigungsaufwand gerechnet werden.

Fazit: Helle, reflektierende Farben sind bei der Wahl eines Sonnenschutzes zu bevorzugen.

Sonnenschutzsysteme

Lamellenstoren

Helle Rafflamellenstoren mit horizontaler Lamellenstellung ergeben eine gute Raumausleuchtung auch in der Raumtiefe. Lamellenstellungen von 30° und mehr sind theoretisch höchstens bei ganz tief stehender Wintersonne kurzzeitig nötig. In der Regel sind Lamellenstellungen von 0° (für eine Sonnenstandshöhe bis 40°) für optimale Tageslichtnutzung genügend. In der Praxis stellt sich allerdings oft heraus, dass wegen Blendungserscheinungen oder Streifeneffekten auf Bildschirmen die Lamellenstoren an schönsten Sommertagen voll geschlossen werden und das Kunstlicht eingeschaltet werden muss. Der Beitrag an eine optimale Tageslichtnutzung ist bei Lamellenstoren ohne automatische Steuerung dementsprechend fraglich.

Bewegliche Grosslamellen

Bei Bauten mit Flucht- oder Wartungsbalkonen (Verwaltungsbauten, Industrie, Labors, Schul- und Krankenhäuser, Universitäten), aber auch über Lichthöfen setzen sich schwenkbare Aluminiumlamellen aus Strangpressprofilen durch. Vorteile:

- Guter Sonnenschutz, hohe Lichtreflexion
- Einfache Regulierbarkeit für ganze Fassaden
- Grosse Spannweiten ohne aufwendige Unterkonstruktionen bei guter Windsicherheit möglich
- Gestalterisches Element von hoher Funktionalität (Klima-Servicefassade), einfache Reinigung
- Durch Abtrennung der äusseren Sonnenschutzebene von der Fassadenhaut entsteht ein moderates Mikroklima mit reduzierten Oberflächentemperaturen
- Die Lamellen können auch über Innenhöfen in einer parallelen Ebene in Ost/Westrichtung schwenkbar angeordnet werden
- Durch die übergrosse Lamellenbreite kann der vom Sonneneinfallswinkel abhängige Neigungswinkel im Vergleich zu herkömmlichen Systemen geringer gehalten werden. Dadurch wird die direkte Sonnenstrahlung ausgeblendet, diffuse Himmelsstrahlung kann genügend eintreten, und der Sichtkontakt mit der Aussenwelt bleibt erhalten.

Abb. 3: Tageslichtunterstützende Wirkung von Reflexionslamellen im Vergleich zu Klarglas, Stoffrollos und halbgeöffneten Lamellenstoren. Links: vollständig bedeckter Himmel; rechts: klarer Himmel, Fassade zur Sonne.

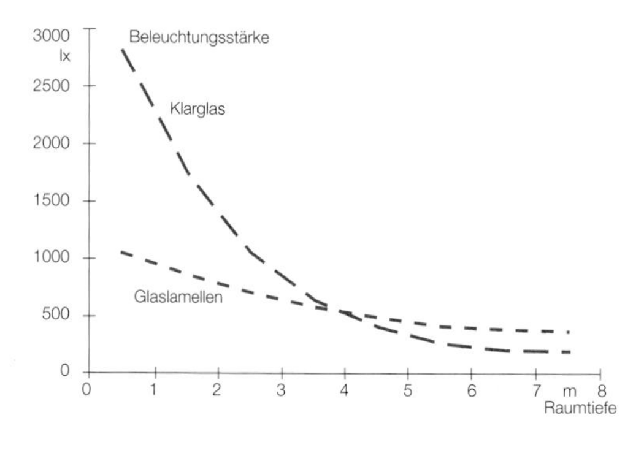

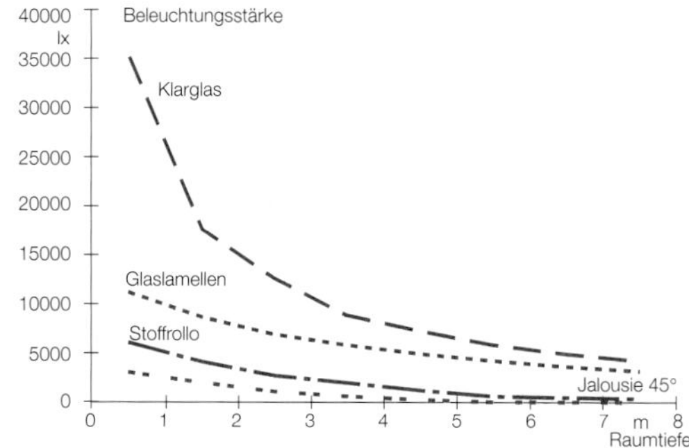

- Dank schlanken Lamellenquerschnitten (in der Regel maximale Dicke ca. 60 mm) liegt der Lichttransmissionsgrad der Konstruktion bei etwa 50 bis 70 %. Prinzipiell wäre es bei entsprechender Anordnung möglich, die Lamellen vollständig zu schliessen (z. B. bei Museen zum besseren Objektschutz ausserhalb der Besuchszeiten).
- Bei klarem Himmel kann in Verbindung mit einer Dreifach-Wärmeschutzverglasung ein Gesamtenergiedurchlassgrad von 0,15 erreicht werden.

Rohrgitter

Im Zusammenhang mit der Abschattungsproblematik bei besonders «lichtergiebigen» Oberlichtern wurde beim Neubau der Schrägverglasungen des Zentralgebäudes und des Terminals am Flughafen München II ein aussenliegender Rohrgitter-Sonnenschutz entwickelt. Dieser konstruktiv aufwendige, aber für optimale Tageslichtnutzung und variable Wärmespiegelung sehr ergiebige Rohrgitter-Sonnenschutz weist von keinem anderen System erreichbare Leistungsmerkmale auf. Die mit weissem Pulverlack beschichtete Aluminiumkonstruktion, bestehend aus drei Ebenen von Rundrohren (Durchmesser 50 mm), über Passstücke mit Rechteckrohren zu starren Gitterrosten verschraubt, ist als Rostpaket als ganzes schwenkbar. Die inneren und äusseren Rostebenen sind dabei mit der mittleren, feststehenden Ebene gelenkig zu Gitterrostpaketen verbunden und können über einen mikroprozessorgesteuerten Antrieb dem jeweiligen Sonnenstand so koordiniert nachgeführt werden, dass das System, je nach Saison oder Benutzerwunsch, in eine optimale Beschattungsstellung, eine Lichtlenkungsstellung oder in die maximale Lichtdurchlässigkeitsstellung gefahren werden kann. Bedingt durch die weisse Rohrgeometrie (infrarot-schwarzer Lack) wird dabei die direkt auftreffende Sonnenstrahlung in unterschiedliche Richtungen reflektiert, womit sich die Wärmestrahlung in diffuses Himmelslicht umwandelt und unabhängig vom Himmelszustand und Sonnenstand für eine blendfreie, gleichmässige und farbneutrale Raumausleuchtung sorgt. Der Transmissionsgrad für Himmelsstrahlung bleibt, praktisch unabhängig von der jeweiligen Schwenkstellung, immer gleich hoch (16 bis 25 %). Über vorhandene Spalten wird der visuelle Aussenkontakt bei beliebigen Sonneneinfallswinkeln und Schwenkstellungen stets gleichbleibend aufrechterhalten (Abb. 4).

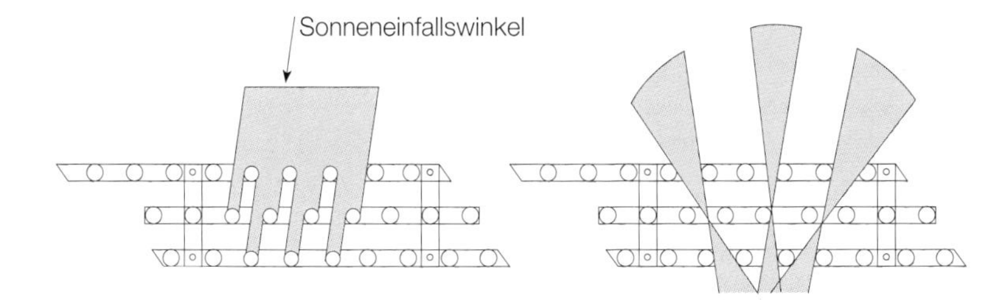

Abb. 4: Funktionsprinzip des Rohrgitter-Sonnenschutzes: geschlossen (links) und offen (rechts).

Gitterstoffstoren

Da es nur zwei Möglichkeiten gibt, die Wärmestrahlung der Sonne aufzuhalten (durch Absorption oder Reflexion der Sonnenstrahlung), erreichen Gitterstoffstoren (Screen-Storen) in ihrer einfachen Kombination dieser physikalischen Gesetzmässigkeiten einen genügenden Blend- und Wärmeschutz bei hinreichender Lichtdurchlässigkeit. Gitterstoffstoren sind in den verschiedensten Ausführungen erhältlich. Je nach gewünschtem Lichtstrahlungsgewinn oder geforderter Wärmespiegelung kommt ein anderes Gewebe zum Einsatz. Gegenüber Lamellenstoren haben die günstigen Gitterstoffstoren den Vorteil der absolut streifenfreien Abschattung. Ihre Sturmsicherheit, Lebensdauer und Einsatzbreite sind allerdings beschränkt.

Reflexionsfolien

Mit wenigen Ausnahmen sind innenliegende Systeme als Hitzeschutz untauglich, da die einfallende Infrarotstrahlung sich in langwellige Wärmestrahlung umwandelt und an der Fensterfläche reflektiert wird. Reflexionsfolien sind abrollbare und billige Sonnenschutzsysteme, die auf der Innenseite der Fenster angebracht werden können. Da Reflexionsfolien die Infrarotstrahlung reflektieren, bevor diese wärmewirksam wird, spielt dabei der sonst bei Innensystemen üblicherweise auftretende Wärmefalleneffekt nicht. Reflexionsfolien garantieren ebenso streifenfreien Blendschutz und hinreichende Abschattung wie Gitterstoffstoren und können abrollbar in speziellen oder auf normalen Fensterkonstruktionen montiert werden. Für den winterlichen Kälteschutz ist das System ebenfalls interessant.

Prismensysteme

Die Sonnenschutzwirkung von Prismensystemen basiert auf dem Prinzip der Totalreflexion von Strahlung an prismatischen, lichtdurchlässigen Plexiglasstäben. Prismensysteme sind hochgradig selektiv, d. h. sie gewähren hohen Lichtdurchlass bei totaler Wärmespiegelung:

- Die Wärmelast (Infrarotstrahlung) wird an der senkrecht zum Sonneneinfall nachgeführten Prismenlamelle (Nachführgenauigkeit ±5°) reflektiert.
- Die diffuse Himmelsstrahlung wird in den Raum durchgelassen.
- Die senkrecht hinter dem Fenster wie ein Streifenvorhang aus Plexiglas angebrachten Prismenlamellen (45°-Prismen) lenken das diffuse Tageslicht über reflektierende Decken in die Raumtiefe.
- Gegenüber feststehenden Sonnenschutzsystemen weist das Prismensystem eine bessere Transparenz und höhere Lichtdurchlässigkeit auf. Es ist punkto Abschattung beinahe so wirkungsvoll wie eine aussenliegende Jalousie (g = 33 %).
- Bei Nichtgebrauch (bedeckter Himmel etc.) können Prismenlamellen motorisch zur Seite gefahren werden, was eine ungehinderte Durchsicht durch das Fenster ermöglicht.
- Die innerhalb des Gebäudes angeordneten Prismensysteme sind nicht dem Wetter ausgesetzt und darum dauerhaft und wenig verschmutzungsanfällig.
- Noch sind die meist im Spritzgussverfahren hergestellten Formen sehr teuer.
- Das von aussen unauffällige System kann bei Sanierungen ohne grossen baulichen Aufwand auch nachträglich eingebaut werden.

Reflexions- und Absorptionsgläser

Die im Hochhausbau bei Vorhangfassaden seit etwa 20 Jahren eingesetzten Sonnenschutzgläser reduzieren, in Kombination mit Isolierverglasungen, den Wärme- und Lichtdurchlass bis zu einem Drittel. Allerdings lassen sich diese Gläser nicht beeinflussen. Permanente Farbverschiebungen, weniger Licht und Wärmestrahlung bei schlechten oder winterlichen Aussenverhältnissen sind die Folge. Die wirtschaftlichen und wetterfesten Lösungen werden aus diesen Gründen seltener angewendet.

Reflexionslamellen

Ein Fassaden-Sonnenschutz aus rahmenlosen, beweglichen Glaslamellen ermöglicht eine optimale Tageslichtnutzung:
• Glaslamellen (Querschnittmasse maximal 10/300/1700 mm) sind mit parallelen Schwenkachsen entlang einer sonnenbeschienenen Fassade angeordnet. Dank einer witterungsbeständigen Reflexionsschicht erzielen diese Lamellen Licht und Strahlungstransmissionswerte von 14 %.
• Damit wird bei geeigneter Lamellenstellung eine streifenfreie Abschattung der Fensterfläche gegenüber direkter Sonnenstrahlung sichergestellt.
• Wegen ihrer Teiltransparenz ermöglichen Glaslamellen, im Gegensatz zu nichttransparenten Systemen, die ungehinderte Sichtverbindung nach draussen.
• Bei vollständig bedecktem Himmel und hohem Sonnenstand sowie in Zeiträumen, in denen die jeweilige Fassade von direkter Sonnenstrahlung nicht getroffen wird, können die Lamellen in Horizontalstellung geschwenkt werden, in der sie maximale Durchsicht nach draussen ermöglichen. Dann wird das Tageslicht über die Reflexionsbeschichtung an die diffus reflektierende Raumdecke gelenkt, wodurch die Beleuchtungsstärke im fensternahen Bereich abgesenkt und in der Raumtiefe deutlich angehoben wird.

Gegenüber herkömmlichen Sonnenschutzsystemen ist die Wirkung von Reflexionslamellen frappant:
• Besserer Blendschutz im fensternahen Bereich bei klarem Himmel und zur Sonne gerichteter Fassade
• Gleichmässigere Beleuchtungsverteilung bis in die Raumtiefe bei bedecktem Himmel
• Ungehinderte Aussicht bei allen Betriebszuständen

Literatur

[1] Weber, R.: Wie Fenster wärmeundurchlässig werden. Elektrotechnik 3/1991.
[2] Geiger, W.: Bauphysikalisches Forschungsprojekt. Rolladen und Lamellenstoren – eine Zusammenfassung. VSR, Zürich 1976.
[3] Winkler, U.: Untersuchungen über wärme-, licht-, wind- und schalltechnisches Verhalten von Sonnen- und Wetterschutzanlagen. VSR, Zürich 1979.
[4] Braun, W.: Tageslichtprojekt MAHO Aktiengesellschaft in Pfronten, Licht 1/1991.
[5] Heusler, W.: Sonnenschutz und Tageslichttechnik. Gartner AG, Gundelfingen/Donau 1991.
[6] Grandjean, E.: Raumklimatische und Sonnenschutzuntersuchungen. Institut für Hygiene und Arbeitsphysiologie der ETH, Zürich 1966.

1.4 Wärmeerzeugung

HANS RUDOLF GABATHULER

→
2.6 WRG, WP und WKK, Seite 84
3.6 WRG, AWN, WP und WKK, Seite 121
8. Wärme, Seite 257 ff.

Energiesparende Techniken wie Wärmekraftkopplung, Wärmepumpen, Wärmerückgewinnung und Abwärmenutzung werden oft nicht realisiert, weil Wirtschaftlichkeit im engeren Sinn nicht gegeben ist. In einem sich verändernden Energiemarkt sollte in Zukunft vermehrt das Kriterium der «wirtschaftlichen Zumutbarkeit» berücksichtigt werden, was die Realisierung energieeffizienter Wärmeerzeugungsanlagen bei günstigen Voraussetzungen für diese «neuen» Techniken erlauben würde.

Jede Wärmeerzeugungsanlage braucht Strom – aber meist nur indirekt

Zur Komfortwärmeerzeugung in Neuanlagen wird heute elektrische Energie als Hauptenergieträger nur noch zum Antrieb von Wärmepumpen verwendet, weil damit die hohe Wertigkeit der Elektrizität gut genutzt wird. Neue ortsfeste Elektrowiderstandsheizungen sind aufgrund des Energienutzungsbeschlusses bewilligungspflichtig. In bestehenden Anlagen ist diese Art Heizung noch häufig. Auf dem gesamten Gebiet der Wärmeerzeugung spielt Elektrizität als Hilfsenergie indessen eine wichtige Rolle. Vor allem für den Transport von Luft und Wasser werden grosse Elektrizitätsmengen gebraucht. Da die notwendige Antriebsenergie für Ventilatoren und Pumpen theoretisch mit der dritten Potenz zur transportierten Luft- bzw. Wassermenge ansteigt, wird hier oft unnötig viel Strom eingesetzt. In Unkenntnis der energetischen Folgewirkung werden beispielsweise als «unproduktiv» erachtete Steigschächte und Deckenhohlräume häufig zu knapp ausgelegt und die Haustechnikzentrale in eine entfernte Gebäudeecke verbannt. Die Folge ist dann ein viel zu hoher Stromverbrauch wegen zu eng dimensionierter und unnötig langer Kanäle und Leitungen. Auch die Abwärme von Lampen, Computeranlagen, Kältemaschinen usw. macht je länger je mehr einen wesentlichen Anteil des Wärmehaushaltes eines Gebäudes aus. Bei diesen Abwärmequellen handelt es sich letztlich um eine Art «ungewollte Elektroheizung», deren sinnvolle Nutzung nicht immer einfach zu bewerkstelligen ist. Die Wärmekraftkopplungsanlagen stellen – genügende Wärmeabnehmer vorausgesetzt – die effizienteste Art der fossilen Wärmeerzeugung dar, wenn der produzierte Strom beispielsweise zum Antrieb von Wärmepumpen verwendet wird.

Energieeffiziente Techniken

Die Wärmeerzeugung erfolgt heute praktisch ausschliesslich durch die fossilen Energieträger Öl und Gas. Moderne Heizkessel erreichen dabei Jahresnutzungsgrade von 85 bis 95 %, welche durch Minimierung der Bereitschaftsverluste und durch Abgaskondensation noch auf maximal 95 bis 100 % gesteigert werden können. Wärmekraftkopplungsanlagen in Kombination mit sogenannten Elektro-Thermo-Verstärkern (z. B. Elektrowärmepumpen) erreichen demgegenüber aber Werte von 140 bis 150 % – das ist eine Effizienzsteigerung um das anderthalbfache! Entscheidend ist dabei die intelligente Verwendung des in Wärmekraftkopplungsanlagen produzierten Stromes: Mit einem Minimum an Strom soll ein Maximum an Heizwärme produziert werden. Das klassische Beispiel eines solchen Elektro-Thermo-Verstärkers ist die Elektrowärmepumpe, welche aus Strom etwa das dreifache an Heizwärme produziert. Daneben gibt es aber noch wesentlich effizientere Elektro-Thermo-Verstärker: Wärmerückgewinnungs- und Abwärmenutzungsanlagen «produzieren» beispielsweise mit Hilfe elektrischer Energie problemlos das sieben- bis zehnfache an Heizwärme.

Tabelle 1: Arbeiten und Abklärungen, die als Grundlage für die Systemwahl der Wärmeerzeugung notwendig sind.

Neuanlage	Sanierung
Gesamtkonzept Baukörper und Haustechnik ■ SIA 380/1 [4] ■ SIA/BEW-Dokumentation D 010 [8]	Massnahmen Betrieb, Gebäude, Geräte ■ Bedarf reduzieren ■ Verluste vermindern
Wärmeleistungsbedarf, Elektrizitätsbedarf ■ SIA 384/2 [7] ■ SIA384/1 [6] ■ SIA 380/4 [5]	Betriebsdatenerfassung (manuell/Datalogger) [2, 3] ■ Wärmeleistungsbedarf (Energiekennlinie) ■ Wärmeabgabe-Temperaturen (Heizkurven) ■ Elektrizitätsbedarf (Lastkurven)
Katalog der Wärmequellen und Wärmesenken (Wärmeabnehmer) im Gebäude und in der Umgebung ■ Ort ■ Zeit ■ Menge ■ Temperatur	Katalog der Wärmequellen und Wärmesenken (Wärmeabnehmer) im Gebäude und in der Umgebung ■ Ort ■ Zeit ■ Menge ■ Temperatur
Konzept für Wärmeverteilung und Wärmeabgabe ■ Steuerung, Regelung ■ Wärmeabgabesystem (möglichst «flink» bei möglichst niedriger Vorlauftemperatur)	Sanierungskonzept für Wärmeverteilung und Wärmeabgabe ■ Einzelraumregelung, Thermostatventil ■ Optimierung Pumpen und Ventilatoren ■ evtl. Vergrösserung der Heizflächen
Abklärung der verfügbaren Energieträger ■ Elektrizität ■ Gas (Erdgas, Flüssiggas, Biogas) ■ Heizöl ■ Energieholz (Stückholz, Schnitzel, Späne)	Abklärung der verfügbaren Energieträger ■ Elektrizität ■ Gas (Erdgas, Flüssiggas, Biogas) ■ Heizöl ■ Energieholz (Stückholz, Schnitzel, Späne)

Wärmeerzeugung	Wärmeleistungsbedarf, Strombedarf	Wärmequellen, Wärmesenken (Wärmeabnehmer)	Wärmeabgabesystem	Verfügbare Energieträger
Wärmerückgewinnung und Abwärmenutzung zur Entlastung der Haupt-Wärmeerzeugung		■ Günstige örtliche, zeitliche, mengen- und temperaturniveaumässige Verhältnisse (evtl. auch mit Wärmepumpe)		■ Elektrizität (Hilfsenergie)
Blockheizkraftwerk mit Industrie-Gasmotor	■ Wärmeleistungsbedarf über 350 kW ■ hoher Eigenstrombedarf ■ evtl. Notstrombedarf	■ evtl. weitere Wärmeabnehmer in der Umgebung	■ Vorlauftemperatur max. 80° C	■ Gas (Erdgas, Flüssiggas, Biogas) ■ Elektrizität (Hilfsenergie)
Klein-Blockheizkraftwerk mit Auto-Gasmotor	■ Wärmeleistungsbedarf über 75 kW ■ hoher Eigenstrombedarf ■ evtl. Notstrombedarf	■ evtl. weitere Wärmeabnehmer in der Umgebung	■ Vorlauftemperatur max. 80° C	■ Gas (Erdgas, Flüssiggas, Biogas) ■ Elektrizität (Hilfsenergie)
Wärmepumpe monovalent	■ Wärmeleistungsbedarf unter 50 kW	■ Wasser (Oberflächenwasser, Grundwasser, Abwasser) ■ Erdwärmesonden	■ Vorlauftemperatur max. 50° C	■ Elektrizität
Wärmepumpe bivalent		■ Wasser (Oberflächenwasser, Grundwasser, Abwasser) ■ Erdwärmesonden ■ Aussenluft	■ Vorlauftemperatur max. 65° C	■ Elektrizität ■ Heizöl oder Gas für den zweiten Wärmeerzeuger
Holzkessel				■ Energieholz aus der näheren Umgebung (Stückholz, Schnitzel, Späne) ■ Elektrizität (Hilfsenergie)

Was heisst wirtschaftlich?

Tabelle 2: Übersicht der bei der Systemwahl zu prüfenden Wärmeerzeugungstechniken.

Nach gängiger Praxis haben energieeffiziente Wärmeerzeugungstechniken nur dann eine Chance, wenn sie auch wirtschaftlich sind. Und «wirtschaftlich» wird dabei so definiert, dass die Mehrinvestitionen im Laufe der Lebensdauer der Anlage durch eingesparte oder zusätzlich produzierte Energie mindestens wettgemacht werden müssen. Die Forderung der Wirtschaftlichkeit wird in der Regel bereits bei der Systemwahl erhoben. Die Frage ist aber, womit verglichen wird: Kann ein gemessener «alter» Energieverbrauch mit einem berechneten «neuen» verglichen werden (Sanierung)? Oder muss eine fiktive konventionelle Anlage mit einer energiesparenden Variante verglichen werden (Neuanlage)? Das Kriterium der Wirtschaftlichkeit ist zweifelsohne ein dehnbarer Begriff! Hinzu kommt noch das Problem der Reihenfolge der Massnahmen. Beispielsweise kann eine Wärmekraftkopplungsanlage bei ungehemmtem Energieverbrauch durchaus wirtschaftlich sein, während sie nach Ausführung energiesparender Massnahmen anscheinend unwirtschaftlich wird, weil bei der gegebenen Anlagegrösse nicht mehr genügend Wärme und Strom gebraucht wird. Die Reihenfolge der Massnahmen hat also ebenfalls einen entscheidenden Einfluss! Für energieeffiziente Techniken sollte in Zukunft vermehrt das Kriterium der «wirtschaftlichen Zumutbarkeit» berücksichtigt werden. Manche Projekte mit günstigen Voraussetzungen für eine energiesparende Wärmeerzeugung könnten durchaus als «wirtschaftlich zumutbar» bezeichnet werden, wenn auch der Umweltnutzen, im Sinne einer gesamtwirtschaftlichen Betrachtung, berücksichtigt würde. Die Systemwahl soll zeigen, welche energieeffizienten Techniken wirtschaftlich nicht zumutbar sind. Dazu sind zuerst einmal verschiedene Arbeiten und Abklärungen notwendig, welche in Tabelle 1 zusammengestellt sind. Aufgrund dieser Grundlagen ist es dann möglich, mit Hilfe von Tabelle 2 jene Wärmeerzeugungstechniken zu eruieren, die unter den gegebenen Umständen günstige Voraussetzungen für einen wirtschaftlichen, oder doch wirtschaftlich zumutbaren, Betrieb aufweisen.

Literatur

[1] Gabathuler, Hans Rudolf, u. a.: Elektrizität im Wärmesektor. Wärmekraftkopplung, Wärmepumpen, Wärmerückgewinnung und Abwärmenutzung. Hrsg. Bundesamt für Konjunkturfragen, Impulsprogramm RAVEL, Bern 1991.

[2] Dimensionieren und Auswählen von Heizkesseln. Hrsg. Bundesamt für Konjunkturfragen, Impulsprogramm Haustechnik, Bern 1988.

[3] Kummer, Franco: Die Ersatzkessel-Leistungsbemessung für Raumheizung mit oder ohne Wassererwärmung in bestehenden Bauten auf der Basis des langjährigen Brennstoffverbrauchswertes. Hrsg. Vereinigung der Kessel- und Radiatorenwerke (KRW), Zürich 1990.

[4] SIA-Empfehlung 380/1: Energie im Hochbau. Hrsg. Schweizerischer Ingenieur- und Architekten-Verein (SIA), Zürich 1988.

[5] SIA-Empfehlung 380/4: Elektrizität im Hochbau. Hrsg. Schweizerischer Ingenieur- und Architekten-Verein (SIA), Zürich (in Vorbereitung).

[6] SIA-Empfehlung 384/1: Warmwasser-Zentralheizungen. Hrsg. Schweizerischer Ingenieur- und Architekten-Verein (SIA), Zürich 1982.

[7] SIA-Empfehlung 384/2: Wärmeleistungsbedarf von Gebäuden. Hrsg. Schweizerischer Ingenieur- und Architekten-Verein (SIA), Zürich 1982.

[8] SIA/BEW-Dokumentation D 010: Handbuch der passiven Sonnenenergienutzung. Hrsg. Schweizerischer Ingenieur- und Architekten-Verein (SIA), Zürich 1988.

1.5 Lufterneuerung und Raumkonditionierung

CHARLES WEINMANN

→ 5.4 Luftförderung, Seite 182

Angepasste Fensterlüftung ist naturgemäss eine besonders energiesparende Art der Lufterneuerung und sollte deshalb, wenn möglich, vorgesehen werden. Sprechen Gründe dagegen, wie Lärm, Sicherheitsanforderungen, ungünstige Gebäudedimensionen oder grosse interne Lasten, sollen vorerst Lösungen mit natürlicher Lüftung und Nachtkühlung gesucht werden. Erst bei zu grossen internen Wärmemengen kann eine mechanische Luftersatzanlage oder Raumkonditionierung nicht vermieden werden. In diesen Fällen wirken sich der Verzicht auf hohe Komfortanforderungen, eine präzise Dimensionierung und intelligente Konzeption der Lüftungs- oder Klimaanlagen (grosse Kanalquerschnitte und kurze Kanäle) sowie eine benutzerorientierte Regulierung energiesparend aus.

Systeme

Fensterlüftung

Die reine Fensterlüftung vermag zugfreien Luftwechsel mit ausreichendem Frischluftersatz und genügender Schadstoffextraktion in unserem Klima in der Regel ganzjährig zu gewährleisten. Dies ist trotz der seit den siebziger Jahren dichteren Gebäudehüllen und Fenster möglich. Die Benutzer sind angehalten, die Lüftung energiesparend vorzunehmen.

Abluftanlagen

Bei bescheidenen Abluftraten, periodischem Abluftanfall und nur mässig störender Geruchs- oder Schadstoffbelastung (z. B. Toiletten, Dunstabzüge in Küchen, Autoeinstellhallen etc.) kann eine reine mechanische Entlüftung den Forderungen nach Beseitigung schadstoffbelasteter Luft genügen. Dieses Abluftsystem ist besonders dort geeignet, wo über Türspalten oder Überströmöffnungen nachgesogene Luftmengen zu keinen merklichen Komfort- und Energieverlusten führen (Temperaturabfall, Durchzug, Luftwechselverluste in der Raumheizung). Das System besteht in der Regel aus einem auf das Abluftrohr aufgesetzten Ventilator.

Fortluftanlagen (Ventilationen mit mechanischer Zu- und Abluft)

Fortluftanlagen versorgen einen Raum mit Frischluft und befördern belastete Abluft nach draussen. Sie rechtfertigen sich bei störenden Geruchs- oder Schadstoffbelastungen und sind gebräuchlich in Restaurants, technischen Räumen der Industrie (z. B. Schweisshauben, Spritzkabinen) und zunehmend auch dort, wo – wie beispielsweise in Altersheimen – einerseits eine Abluftanlage erforderlich ist und andererseits der Luftersatz aus Gründen des Schall- oder Brandschutzes nicht unkontrolliert über Türen nachgesogen werden soll. Fortluftanlagen können mit einer Wärmerückgewinnung kombiniert werden.

Raumkonditionierung

Wird die Wärmelast im Raum durch zu intensive Personenbelegung, Schadstoffbelastung oder Wärmeabstrahlung von Geräten (EDV, Maschinen etc.) zu hoch, oder muss die Luft be- oder entfeuchtet, gekühlt, beziehungsweise filtriert werden, ist eine Raumkonditionierung unumgänglich (Teil- oder Vollklimatisierung). Raumkonditionierungen werden mit einer Wärmerückgewinnung ausgerüstet.

Geeignete Massnahmen

Der Mensch erträgt Raumtemperaturen von über 28° C nur ungern. In einem Gebäude des Schweizer Mittellandes kann im Sommer die Raumtemperatur im Laufe des Tages über die Aussenlufttemperatur ansteigen und während der Nacht auf hohem Niveau verharren. Bei ungenügender Nachtauskühlung wird die Raumtemperatur am darauffolgenden Tag weiterhin ansteigen. Nach einer Serie heisser Sommertage sind die Raumtemperaturen unerträglich.

REDUKTION DER RAUMTEMPERATUR: MASSNAHMEN

Orientierung: Bereits im Entwurf relevant
Sonnenschutz: Tageslichtnutzung und passive Nutzung von Solarenergie beachten
Wärmedämmung: Schützt im Sommer vor (zuviel) Wärmeeinstrahlung
Speicherfähigkeit: Dämpft den Temperaturanstieg
Transportverluste: Der Transport der Kälte braucht oft mehr Strom als ihre Erzeugung
Kälteleistung: Abwärme limitieren (Beleuchtung, Geräte)
Free cooling: Kühlt ohne technische Kälte
Verdunstungskühlung: Braucht weniger Strom

Orientierung

Durch eine geschickte Raum- und Gebäudeorientierung (mehrseitig orientierte Grossraumbüros, Gewerberäume, Schulzimmer, Wohnungen etc.) bzw. durch die gezielte Ausrichtung zur Sonne (Südorientierung) bzw. Abwendung von der Sonne (Oberlichter nach Norden für Ateliers, Produktion etc.) kann der Architekt das Innenraumklima bereits im Entwurf gezielt beeinflussen.

Sonnenschutz

In erster Linie wird ein tauglicher Sonnenschutz vor direkter Wärmestrahlung der Sommersonne schützen. Die Sonnen- und Blendschutzvorkehrungen sollten dabei genügend lichtdurchlässig sein, damit an schönen Sommertagen, bei abgesenktem Sonnenschutz, das Licht nicht eingeschaltet werden muss.

Wärmedämmung

Die Wärmedämmung reduziert nicht nur die Transmissionswärmeverluste (Senkung der Heizkosten), sie verringert auch im Sommer die Wärmeeinstrahlung und damit die Kühllast (zeit- und teilweise).

Speicherfähigkeit

Der Raumtemperaturanstieg während des Tages wird gedämpft durch eine genügende Wärmespeicherfähigkeit der Gebäudekonstruktion. Normalerweise sind Leichtbaukonstruktionen (Doppelboden, heruntergehängte Decken, beplankte Leichtbautrennwände, aber auch Sparrendächer etc.) diesbezüglich ungeeignet, da sie aufgrund ihrer thermischen Speicherkapazitäten bei Sonneneinstrahlung mit einem raschen Oberflächentemperaturanstieg reagieren.

Transportverluste

Der Stromverbrauch für die Verteilung der Kälte über das Lüftungsnetz ist manchmal höher als der Verbrauch für die eigentliche Kälteerzeugung. Darum sind die Zentralen in der Nähe von Nutzräumen zusammenzufassen und entsprechend ihrem Benutzungszyklus zu gruppieren. Nicht selten wird ein gesamter Bürobereich rund um die Uhr gelüftet und gekühlt, da es die nicht separat regulierbare Telefon- oder EDV-Zentrale nicht anders zulässt. Da der hydraulische Kältetransport aufgrund der spezifischen Wärme liquider Medien gegenüber Luft rund 10- bis 100mal weniger Energie braucht als eine Wärmeabfuhr über das Lüftungssystem, sind die Möglichkeiten hydraulischer Kühlung auszuschöpfen (Motoren und Aggregate, Kühldecken, Erdkälte).

Kälteleistung

Aufgabe des Architekten und der Fachingenieure ist es, frühzeitig mögliche Massnahmen zur Herabsetzung der bereitzustellenden Kälteleistung zu planen. Die inneren Abwärmen sind zu limitieren. Eine gute Beleuchtung wird in einem üblichen Bau rund 10 W/m^2 an Beleuchtungsabwärme liefern. Neuere Bildschirme und leistungsfähigere Computer werden die EDV-Abwärmen von heute ca. 25 W/m^2 am Arbeitsplatz der Zukunft eher senken. Nur wo am Arbeitsplatz hohe Personen- und Computerdichten, intensive Motoren- und Prozessabwärmen etc. nicht zu umgehen sind, bleibt Kälteerzeugung gerechtfertigt. Dies ist der Fall in EDV-Zentren, Verkaufsräumen mit verderblichen Gütern und in bestimmten Produktionsräumen.

Free cooling

Free cooling ermöglicht Kühlung, sobald die Aussentemperatur wesentlich unter die Raumtemperatur sinkt (beispielsweise 12° C). Besondere Bedeutung hat Free cooling als Nachtkühlung im Sommer. Bei Raumkonditionierung ist die Abstimmung zwischen Kältemaschinen und Free cooling sehr wichtig.

Wärmerückgewinnung

Bei grösseren mechanischen Entlüftungsanlagen mit bedeutenden Abluftraten ist eine Wärmerückgewinnung einzubauen. In der Regel wird diese ab Luftwechselraten von 3000 m^3/h verlangt (z. B. Kantone Fribourg und Vaud). Andere Kantone (z. B. Zürich) schreiben Wärmerückgewinnung bei jeder Art von Lüftungsanlagen über die kantonalen Energiegesetze zwingend vor. In jedem Fall sollte eine Wärmerückgewinnung mit hohem Wirkungsgrad (Rotationswärmetauscher) eingebaut werden.

Verdunstungskühlung

In unseren Breitengraden kann durch Verdunstungskühlung (Befeuchtung) die Zulufttemperatur ca. 5° bis 6° C gegenüber der Aussenlufttemperatur abgesenkt werden. Dies erfordert in den Monoblocks der Lüftungsanlagen Luftwäscher und eine Wasseraufbereitungsanlage. Der Bauherr sollte allerdings bereit sein, einen hohen Feuchtigkeitsgehalt der Raumluft in Kauf zu nehmen. Eine energiesparende und elegante Lösung bietet sich durch Verdunstungskühlung der Abluft an; die kühle und feuchte Abluft kühlt in einem Wärmetauscher die Zuluft. Der Nachteil des hohen Feuchtigkeitsgehaltes ist dadurch gebannt.

Quellüftung
Eine Luftkühlung beinhaltet das Risiko von Kaltluftströmungen, beispielsweise wenn die Zuluft erheblich kühler ist als die Raumtemperatur, oder wenn die Luftgeschwindigkeit bei hohen internen Wärmelasten hoch ist. In bezug auf die Zugproblematik liefern die verbesserten Schlitz- und Drallauslässe der Quellüftungen bessere Resultate. Das auf dem Prinzip der Verdrängungslüftung basierende System der Quellüftung ist besonders einfach, da die Frischluft mit niedrigen Temperaturdifferenzen in Bodennähe eingeblasen und die in jedem Raum herrschende Thermik ausgenutzt wird. Eine Zuluftführung über den Boden hat insbesondere bei Bürobauten mit Doppelbodenkonstruktionen entscheidende Systemvorteile gegenüber konventionellen Luftführungen über die Decke. Die verfügbaren Kanalquerschnitte sind im Interesse geringer Transportverluste genügend gross zu wählen.

Betrieb und Unterhalt

Benutzerverhalten

Bei der Fensterlüftung kann ein zielkonformes Benutzerverhalten das Raumklima günstig beeinflussen. In Sommernächten geöffnete Fenster begünstigen am frühen Morgen eine merkliche Raumauskühlung. Bei üblichen Fassadenkonstruktionen sollten tagsüber die Fenster geschlossen bleiben, da die an der Fassade erwärmte Aussenluft sonst leicht ins Gebäudeinnere gelangt.

Regulierung

Bei mechanischen Lüftungsanlagen können die Betriebsverluste durch Reduktion der Gleichzeitigkeit und funktionelle Regelprinzipien wesentlich minimiert werden:
- Einfache mechanische Entlüftungen können so installiert werden, dass sie für jedes Lokal und seine Benutzung unabhängig regulierbar sind (z. B. mit Timer über Raumbeleuchtung).
- Falls bei zentralen mechanischen Entlüftungsanlagen mehrere Raumgruppen einer Zentrale angeschlossen sind, sollte der unterschiedlichen Gleichzeitigkeit durch Stufenschaltung oder variable Luftmengenregulierung Rechnung getragen werden.

Bedarfsgesteuerte Lüftungsregulierung

Erkennbare regeltechnische Tendenzen zielen auf eine bedarfsgesteuerte Raumkonditionierung («demand controlled ventilation»), um unnötige Bereitschaftsverluste zu vermeiden. In grossen Räumen mit hoher Personenbelegung (Auditorien, Grossraumbüros) lassen sich mit CO-Fühlern die Luftraten steuern. In Funktionsbüros erlauben Infrarotfühler – eine Einzelraumanlage vorausgesetzt – eine Bedarfssteuerung der Lüftungsanlage, der Raumbeleuchtung und des Motorheizkörperventils, so dass die entsprechenden Anlagen nur im Präsenzfall des Benutzers in Funktion sind bzw. bei Absenz automatisch auf Standby gedrosselt werden.

Integriertes Hausleitsystem

In jeder Form von Lüftungsanlagen hilft eine intelligente Regel- und Hausleittechnik (ZLT) mit, durch genaue Einhaltung von Sollwerten unnötige Energieverluste zu vermeiden. Dazu gehört, dass die über ein ZLT kommunizierenden Systeme (Heizung, Lüftung, Kälte und in Zukunft auch Beleuchtung und Sonnenstoren) in Sequenz arbeiten. Es ist noch nicht lange her, dass Heizkörperventile, im Kühlbetrieb der Lüftung, entsprechend einem gemeinsamen Zielwert gedrosselt werden können. Mit moderner Regel- und Hausleittechnik (Gebäudeautomationssysteme) ist es auch möglich, den Klimakomfort der verfügbaren Kälteleistung anzupassen, indem in Grenzsituationen durch ein Lastabwurfprogramm sukzessive Kältebezüger vom Netz getrennt werden.

Beratung

Damit in der Lüftungsplanung die Weichen nicht frühzeitig in Richtung einer vielleicht unnötigen lüftungstechnischen Anlage gestellt werden, empfiehlt es sich, bereits im Vorprojektstadium einen Klimaingenieur mit der Ausarbeitung einer Vorstudie im Zeittarif zu beauftragen, welcher die Probleme des Sommerkomforts, der allfälligen Lüftung und Kühlung unabhängig abklärt. Bei der üblichen Honorierung nach SIA im sogenannten Kostentarif führt der Beizug eines Klimaingenieurs vielfach zur Planung (und damit zur Realisierung) einer an sich unnötigen lüftungstechnischen Anlage.

1.6 Wassererwärmung

PAUL SIMMLER

In vielen Bauten ist die Warmwasserversorgung, neben der Heizung, der grösste Energieverbraucher. Geeignete Massnahmen führen zu grossen Spareffekten. Bei der Gebäudeplanung haben die Disposition der Sanitärräume, die Anordnung der Zapfstellen und geeignete Armaturen einen beachtlichen Einfluss auf den Warmwasserverbrauch. Der Standort und das Konzept der Warmwasseraufbereitung sowie ihre Einbindung in die Haustechnik ist ebenfalls nach energetischen Gesichtspunkten zu evaluieren.

→
2.6 WRG, WP und WKK, Seite 84
3.6 WRG, AWN, WP und WKK, Seite 121
4.2 Einsatz von Haushaltgeräten, Seite 140
7.2 Wassererwärmung, Seite 237
8. Wärme, Seite 257 ff.

Anforderungen an die Warmwasserversorgung

Für den Besitzer und Benützer von Warmwasser-Versorgungs-Anlagen sind deren Wirtschaftlichkeit, Betriebssicherheit, Zweckmässigkeit und Verfügbarkeit von ausschlaggebender Bedeutung. Durch den verbesserten Wärmeschutz im Hochbau wird der notwendige Energieaufwand für die Warmwasseraufbereitung offensichtlicher und systembehaftete Verluste relevanter. Untersuchungen über den spezifischen Wasserverbrauch zeigen immer wieder, dass die individuellen Gewohnheiten im privaten Bereich sehr unterschiedlich sind. Dementsprechend variieren auch die Verbrauchszahlen stark.

Tabelle 1: Warmwasserverbrauch, differenziert nach Gebäudeart und Standard.

Gebäudeart	Standard	Verbrauch in l/Tag à 60° C pro Person/Sitzplatz/Bett Komfort		
		niedrig	mittel	erhöht
Einfamilienhaus		35	40	45
Eigentumswohnungen	Mittlerer Standard	40	45	55
	Gehobener Standard	45	50	65
Mehrfamilienhaus	Sozialer Wohnungsbau	30	35	40
	Allgemeiner Wohnungsbau	35	40	50
	Gehobener Standard	40	50	60
Restaurant		25	40	50
Passantenhotel		50	65	80

Tabelle 2: Warmwasser-Temperaturen.

An den Entnahmestellen sollen im allgemeinen folgende Warmwassertemperaturen nicht überschritten werden:

• Händewaschen, Duschen, Baden	43 bis 45° C
• Küche ohne Geschirrspülmaschine	55 bis 58° C
• Küche mit Geschirrspülmaschine	50 bis 52° C

Wärmeenergiequellen

Zur direkten oder indirekten Erwärmung des Warmwassers stehen verschiedene Energiequellen zur Verfügung. Konventionelle Energiequellen sind: Heizöl, (Kohle), elektrischer Strom, Stadtgas, Erdgas, Methangas, Flüssiggas. Als alternative Energiequellen können genutzt werden: Sonnenstrahlung, Erdwärme, Wasser, Umgebungsluft, Abwärme (Abluft, Prozessabwärme).

Tabelle 3: Alternative Energiequellen und Anlagen zu ihrer Nutzung für die Wassererwärmung.

Wärmequelle	Geeignete Anlage / Aggregat
Sonnenstrahlung	Kollektoranlage
Erdwärme	Wärmepumpe
Wasser	Wärmepumpe
Umgebungsluft	Wärmepumpe
Abwärme (Abluft aus Räumen und Abwärme aus Prozessen)	Wärmepumpe oder Wärmetauscher zur Vorwärmung des Wassers

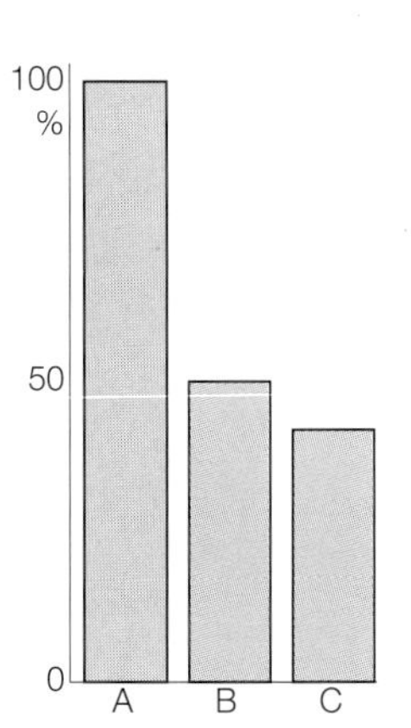

Abb. 1: Verbrauchswerte von Systemen zur Wassererwärmung. A: Elektrischer Heizeinsatz (100%); B: Wärmepumpe bis Ta ≥ 5 °C, darunter elektrischer Heizeinsatz (50%); C: Wärmepumpe, ganzjährig mit Aussenluft (40%). Annahmen: 200 l/Tag, Wassertemperatur 50 °C.

Grosser Effekt
Der Einsatz einer Wärmepumpe zur Wassererwärmung zeitigt einen grossen Stromspareffekt (Abb. 1). Bei einem (angenommenen) mittleren Warmwasserverbrauch von 200 l pro Tag, einer Wassertemperatur von 50° C und einer einheitlichen Wärmedämmung der Speicher kann mit einem WP-System rund die Hälfte des Stromes eingespart werden. Noch grösser ist die Verbrauchsreduktion, falls die Wärmepumpe ganzjährig mit Aussenluft betrieben wird.

Warmwasserverteilung

Einzelversorgung: Für nur eine Zapfstelle, pro Einheit oder für eine weit abgelegene Zapfstelle.

Gruppenversorgung: Für nahe beieinander liegende Zapfstellen pro Wohnung oder Einfamilienhaus.

Zentralversorgung: Für grössere Bauten (Hotels, Restaurants, Mehrfamilienhäuser, Bürokomplexe, Gebäude mit nutzbarem Abwärme-Angebot, etc.).

Die Einsatzgrenze für die Einzel- und Gruppenversorgung ist dann erreicht, wenn Komfort und Wirtschaftlichkeit nicht mehr gewährleistet sind. Als Beurteilungskriterium gilt die sogenannte Ausstosszeit. Bei ausgedehnteren Verteilsystemen muss die Bereitschaft durch geeignete Massnahmen sichergestellt werden. Dafür sind zwei hauptsächliche Systeme bekannt: Zwangs-Zirkulationssystem und elektrische Begleitheizung. Der mit diesen Systemen verbundene Energieaufwand kann durch optimale Anlageplanung und durch zeitweises Abschalten minimiert werden.

Entnahmestelle	Zulässige Ausstosszeit	Maximale Länge
Waschtisch, Bidet	8 bis 10 s	6 bis 10 m
Spültisch	5 bis 7 s	3 bis 6 m
Duschen	15 bis 20 s	10 bis 15 m
Badebatterie	15 bis 20 s	10 bis 15 m

Tabelle 4: Richtwerte für Ausstosszeiten.

SPARPOTENTIAL

Kriterien für günstige Planungsvorgaben einer energiesparenden Warmwasserversorgung:

- Alternative Energiequellen vorsehen (Wärmepumpen, Solarenergieanlagen, Abwärmenutzung aus Kälteanlagen oder aus Prozessen)
- Nur selten benutzte Zapfstellen vermeiden
- Konzentrierte Anordnung der Sanitärräume bzw. Zapfstellen
- Wassersparende Armaturen
- Wassererwärmer möglichst nahe bei den Zapfstellen
- Ausreichender Platz für genügende Wärmedämmung der Leitungen
- Individuelle Verbrauchsabrechnung
- Normierung der Armaturen-Ausflussmenge

Armaturentyp	Energie-verbrauch	Wasser-verbrauch	Kosten
Zweigriffmischer	hoch	hoch	klein/mittel
Eingriffmischer	niedrig	mittel	mittel
Thermostatischer Mischer	mittel	hoch	hoch
Elektrischer Mischer	gering	klein	sehr hoch

Tabelle 5: Vergleich des Energie- und Wasserverbrauches sowie der Kosten verschiedener Armaturen (vgl. 4.2 Einsatz von Haushaltgeräten, Tabelle 4).

Literatur

[1] Bösch, K. und Fux, O.: Warmwasserversorgung heute, 1984.
[2] Wasser- und Energieverbrauch von Mischarmaturen. Bundesamt für Energiewirtschaft, Bern 1990.
[3] Hediger, H.: ETH-Autographie, Zürich 1990.
[4] Haustechnik heute. Bundesamt für Konjunkturfragen, Bern 1984.
[5] Warmwasserversorgung für Trinkwasser im Gebäude. SIA 385/3, Schweizerischer Ingenieur- und Architekten-Verein, Zürich 1991.

1.7 Planung

PIERRE CHUARD, CHARLES WEINMANN

→
1.1 Komfort, Seite 7
2.1 Optimierung des Verbrauches, Seite 51

Die Bearbeitung grosser Projekte durch mehrere Fachplaner birgt die Gefahr überdimensionierter Anlagen in sich. Energieszenarien liefern bereits im Projektstadium fachübergreifende Übersicht und wirken damit derartigen Fehlentwicklungen entgegen. Der zweite Teil des Beitrages zeigt Aspekte der SIA-Empfehlung 380/4 ‹Elektrische Energie im Hochbau›. Die Checkliste ‹Planung› schliesst den Beitrag ab.

Energieszenarien

Bei einem traditionellen Planungsvorgehen wird die Spezialisierung der haustechnischen Fachingenieure und die Aufteilung der zu erbringenden Fachingenieurleistungen in einzelne Problembereiche eine frühzeitige Übersicht über die zu erwartenden Energiekosten und den Energieverbrauch nicht erleichtern. In der Regel wird dabei eine in einzelne Fachbereiche gesplittete Haustechnikplanung einen erhöhten Energieverbrauch durch überdimensionierte Anlagen nach sich ziehen. Dies ist nicht anders möglich, solange jeder Fachingenieur für seinen Teilbereich einzeln verantwortlich zeichnet (Heizung, Lüftung, Klima, Sanitär, Druckluft und Elektro) und die einzeln geplanten Anlageteile unabhängig voneinander mit Elektrizität versorgt werden müssen. Wenn ein Elektroplaner sich damit begnügen muss, Systeme und Anlagen ans Netz anzuschliessen, deren Planung und Funktionsverantwortung ihm entzogen sind, werden sein Interesse und seine Möglichkeiten, die Energiekosten ursächlich zu beeinflussen, bescheiden bleiben. Dieses Problem wird lösbar, wenn die Frage des Energieverbrauches umfassender, multidisziplinär und rechtzeitig angegangen wird. Eine Möglichkeit sind Energieszenarien, welche die Zweckbestimmung eines Gebäudes fachübergreifend analysieren und die energetische Ausnutzung aller haustechnischen Systeme eines Gebäudes im Zusammenwirken bereits im Projektstadium berücksichtigen.

Bearbeitungsstufen

Ausdehnung und Bedeutung der Teilfunktionen in einem Gebäude sind zu quantifizieren. Bei einem Bürogebäude sind das beispielsweise Fläche und Benutzungszyklus von Raumgruppen wie Büros, Cafeteria, Küche, Computerräume, Haustechnikzentralen, Archive, Parkgaragen. Für jede Zone wird die Ausdehnung und die Flexibilitätsgrenze kurz- und mittelfristig definiert.

MSR: Messen, steuern, regeln.
SPS: Speicherprogrammierbare Steuerung.

Detailstufe: Für jede dieser Zonen werden die installierte Leistung, die Benutzungsdauer, die Anschlussbedingungen und Abwärmen von Geräten bestimmt, ebenso wie die generelle Ausrüstung (z. B. künstliche Beleuchtung).

Simulation haustechnisch relevanter Anlageteile: Energieszenarien führen, gestützt auf relevante Daten aus der Praxis und normalerweise als Computersimulation durchgeführt, zu einer Übersicht der prinzipiellen Parameter, welche den elektrischen Energieverbrauch im Betrieb direkt beeinflussen (Apparate, Computer, Zentralen, zu beleuchtende Zonen) oder welche haustechnische Installationen erfordern, die ihrerseits Strom verbrauchen (Klimaanlagen, Lüftung, Kälteerzeugung). So werden beispielsweise bedeutende interne Wärmelasten eine Kühlung der Räumlichkeiten erfordern, was einen grossen Energieverbrauch für den Kältetransport bzw. die Kälteerzeugung nach sich zieht (Zirkulationspumpen, Ventilatormotoren, Kältemaschinen). Erst bei Klarheit über die Auslegung der haustechnisch relevanten Anlageteile und deren Ausnutzungscharakteristik im Betrieb können Aussagen über den zu erwartenden Energieverbrauch gemacht werden. Im Rahmen eines Optimierungsprozesses können dann verschiedene Ausrüstungs und Benutzungsszenarien simuliert werden.

Geeigneter Zeitpunkt

Energiewirksame Entscheide sollten am Anfang einer Projektierung und im Bewusstsein ihrer Folgewirkungen vollzogen werden. In einem fortgeschrittenen Planungsstadium wird jede Modifizierung technisch schwieriger durchsetzbar, teurer und letztlich auch weniger wirksam sein, da wichtige Projektbereiche dann bereits fixiert sind und aufgrund von Sachzwängen nicht mehr geändert werden können. Deshalb lohnt sich der Beizug eines Experten (z. B. im Pauschalauftrag oder nach Zeitaufwand) bereits im Stadium des Vorprojektes. Dieser Energieberater wird normalerweise das Projekt auch in der Ausführungsphase (Auslegung der Systemkomponenten) begleiten und insbesondere bei Qualitätssicherungsmassnahmen und der regeltechnischen Definition (MSR-Konzept, Funktionsbeschrieb der Anlagen) zu Rate gezogen werden können.

SIA-Empfehlung 380/4

Energieverbrauchsmatrix

Entgegen den sich einfachheitshalber auf einen einzigen Energieverbrauchsindex beschränkenden Empfehlungen SIA 180/4 und SIA 380/1, welche den Energieverbrauch für Raumheizung und Warmwassererzeugung in Gebäuden charakterisieren, führt die Energieverbrauchsanalyse demgegenüber eine Matrix mit verschiedenen charakteristischen Kennwerten ein. Jeder Wert dieser Matrix bezieht sich auf den spezifischen Energieverbrauch eines haustechnischen Teilbereiches (Beleuchtung, Lufterneuerung, Raumkonditionierung) und ist unterschiedlichen Nutzungsklassen zugeordnet (beispielsweise Büros, Verkaufsräume, Schulräume oder Verkehrsflächen). Im Interesse einer Feinklassierung der Nutzungen werden zudem verschiedene Klassen unterschieden. Der spezifische elektrische Energieverbrauch drückt sich in kWh/m^2a

aus, wobei dieser Wert sich aus einer mittleren Leistung P_m und einer durchschnittlichen Nutzungsdauer h_a zusammensetzt: $E = P_m \cdot h_a = P_{max} \cdot f_b \cdot h_a$. Die maximale Leistung P_{max} ist die Vollastleistung. Der Betriebsfaktor f_b gibt einen Hinweis über die Wirksamkeit der Regel und Steuerbefehle, welche eine Anpassung der Vollastleistung an die Benutzerbedürfnisse ermöglichen. Die spezifischen elektrischen Energieverbrauchsindizes sind mittlere Leistungen in W/m^2. Die mittleren Leistungen sind effektiv unabhängig von der Benutzungsdauer eines Objektes und darum untereinander vergleichbar.

Tabelle 1: Einteilung von Lufterneuerungsanlagen nach den Druckverlusten.

Klasse	Kriterium Druckverlust	Bemerkungen, Beispiele
1	0 bis 300 Pa	Geräteabsaugungen, Garagenabluft, Ventilation
2	300 bis 900 Pa	Niedriger Druckverlust
3	900 bis 1400 Pa	Höherer Druckverlust
4	über 1400 Pa	Hoher Druckverlust

Druckverluste für Filter, Heizregister und Wärmerückgewinnung: Pro Kälteregister und Nacherhitzer sind bei Klimatisierungen 150 Pa hinzuzufügen.

Lufterneuerung

Abb. 1 zeigt Messresultate für Lufterneuerungsanlagen in Bürogebäuden der Klasse 3, die um einen Faktor 4 streuen. Die Gründe:

- Häufig sind die entsprechenden Anlagen während 3000 Stunden im Jahr in Betrieb. Die versorgten Räume werden jedoch bloss während 2500 Stunden, manchmal sogar weniger als 1000 Stunden pro Jahr benutzt (z. B. Personalrestaurants, Konferenzsäle etc.). Im Spitzenfall wurden 8670 Betriebsstunden pro Jahr gemessen, da eine Zentralanlage den Lüftungsstandard für Büros gleichzeitig mit der rund um die Uhr belüfteten Telefonzentrale aufrechterhielt.

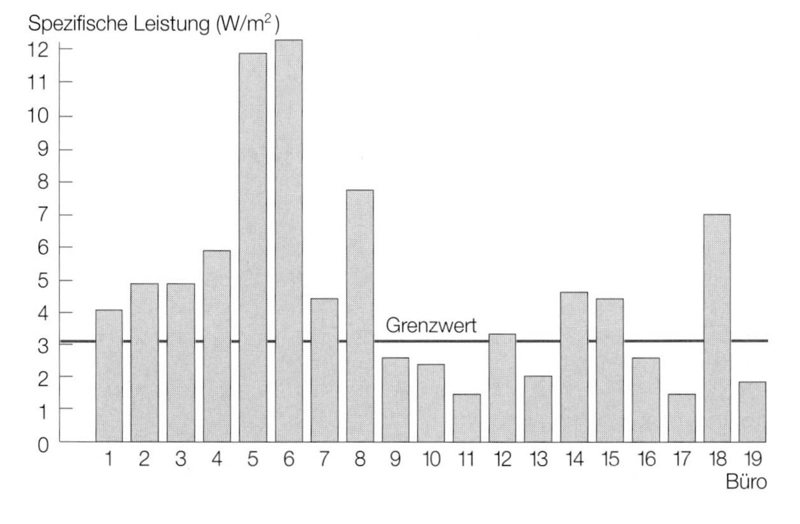

Abb. 1: Stromverbräuche von Lufterneuerungsanlagen, die bis 400 % streuen und damit Sparpotentiale quantifizieren.

• Hohe Druckverluste wurden dort gemessen, wo die Kanaldispositionen ungünstig waren (geringe Querschnitte, grosse Kanallängen).
• Anlagen mit drehzahlregulierbaren Ventilatorantrieben erreichten häufig kleinere Wirkungsgrade als Anlagen mit fixen Stufenschaltungen.
• Alle gemessenen Motoren waren mindestens um einen Faktor 1,5 überdimensioniert. Eine angepasste Motorenleistung führt zu einer massiven Verbrauchsreduktion.
• Einzelne Anlagen mit einer Pressostatregulierung (Dralldrosselregelung) weisen keine Stromverbrauchsreduktion bei kleinerem Luftvolumenstrom auf. Das Pressostatventil erhöht dann den Druckverlust künstlich, was bei überdimensionierten Motoren sogar einen höheren Elektrizitätsverbrauch nach sich zieht.
• Einzelne Anlagen waren mit hydraulischen Kupplungen zwischen Antriebsmotor und Ventilator ausgerüstet. Der Beitrag dieser Kupplungen ist aber bescheiden, weil der Motor mit konstanter Drehzahl weiterdreht und ein Teil der Energie durch die Kupplung vergeudet wird.

Tabelle 2: Einteilung von Büroräumen mit Raumkonditionierung aufgrund der Wärmelast.

Klasse	Interne Wärme Anteil Geräte (W/m^2)	Interne Wärme total (W/m^2)	Bemerkungen
1	0 bis 5	0 bis 20	Schwache Belastung
2	5 bis 15	20 bis 30	Mittlere Belastung
3	15 bis 35	30 bis 50	Hohe Belastung
4	über 35	über 50	Sehr hohe Belastung

Schwache Belastung: z. B. 1 Bildschirm pro Arbeitsplatz und 1 Drucker auf 3 Arbeitsplätze. Sehr hohe Belastung: hoher Technisierungsgrad.

Raumkonditionierung bei Büroflächen

Die für Büros der Klasse 2 gemessenen Resultate sind in Abb. 2 illustriert. Auch hier liegen die Leistungen wiederum bis zum Vierfachen auseinander. Die Gründe:
• Der elektrische Energieverbrauch für den Lufttransport und den Luftwechsel ist in der Regel höher als jener für die Kälteerzeugung. In vielen Büros wurde ein mittlerer Leistungsbedarf von 6 bis 10 W/m^2 für die Lüftung und von 2 bis 4 W/m^2 für die Kälteerzeugung und die Befeuchtung gemessen. Über das Medium Luft ist der Kältetransport bedeutend «energiefressender» als über das Medium Wasser.
• Innerhalb des Gesamtsystems Kälteanlage liegt der elektrische Energiebedarf für den Antrieb von Kühlventilatoren und Zirkulationspumpen in gleicher Grössenordnung oder ist sogar noch grösser als die Leistungsaufnahme für den Antrieb der Kältekompressoren.
• Der Bedarf an Befeuchtung ist je nach Situation gross, sollte jedoch im Sommer reduziert werden. Dies ist dann nicht der Fall, wenn eiskaltes Kühlwasser das Kälteregister durchströmt und im Luftstrom eine übertriebene Kondensation bewirkt, so dass die ausgetrocknete Luft nachträglich wieder befeuchtet werden muss. Aus diesem Grund sollte die Wassertemperatur (Vorlauf) in Kälteregistern nicht unter 12° C gewählt werden.
• In bezug auf den Lufttransport gelten dieselben Bemerkungen wie bei den Lufterneuerungsanlagen. Der Stromverbrauch nimmt mit den geförderten

Luftmengen, den Druckverlusten und mit sinkendem Wirkungsgrad des Ventilatorantriebes proportional zu.

Tabelle 3: Einteilung von Büroräumen aufgrund des Tageslichtanteils.

Klasse	Raumtiefe	Bemerkungen
1	unter 5 m	Aussenliegende Räume mit Fenstern
2	5 bis 12 m	Aussenliegende Räume, 5 bis 12 m tief
3	fensterlos	Kein Tageslicht, innenliegende Räume
S		Besondere Beleuchtungsansprüche

Beleuchtung von Büroflächen

Auch bei der Beleuchtung streuen die gemessenen Werte für den Stromverbrauch um das Vierfache:

- Die installierten Leistungen können vom einen zum anderen Bau erheblich differieren. Sie werden durch die Anzahl, den Typ und die Bedürfnisse nach Stimmungs- oder Dekorationsbeleuchtung erheblich beeinflusst.
- Die Beleuchtung variiert sehr stark: zwischen 200 und 700 Lux.
- Der Energieverbrauch ist stark vom Betriebsfaktor abhängig. Bei einer Personenbelegung von ein bis zwei Personen pro Raum beeinflusst die tatsächliche Bürobelegung den Energieverbrauch sichtbar, da in Einzelbüros das Licht beim Verlassen häufig ausgeschaltet wird. Ab einer Raumbelegung von mehr als drei Personen pro Raum ist bei manueller Lichtschaltung die Beleuchtung in der Regel während des ganzen Tages in Betrieb. Die Auswertung in einer Bank zeigte, dass die Beleuchtungsanlage durchgehend, sogar während des Sommers, von 7 bis 17 Uhr eingeschaltet war und zusätzlich von 18.30 bis 20 Uhr für die Raumreinigung in Betrieb genommen wurde.
- Lichtsteuersysteme, die das Beleuchtungsniveau in Abhängigkeit der Tageslichtverhältnisse zu regeln vermögen, beeinflussen den Betriebsfaktor merklich.
- Räume der sozialen oder technischen Infrastruktur (Versammlungsräume, Betriebskantinen, Lager oder technische Räume) weichen stark von den Standardwerten ab. Die entscheidenden Kriterien für mögliche Stromerspar-

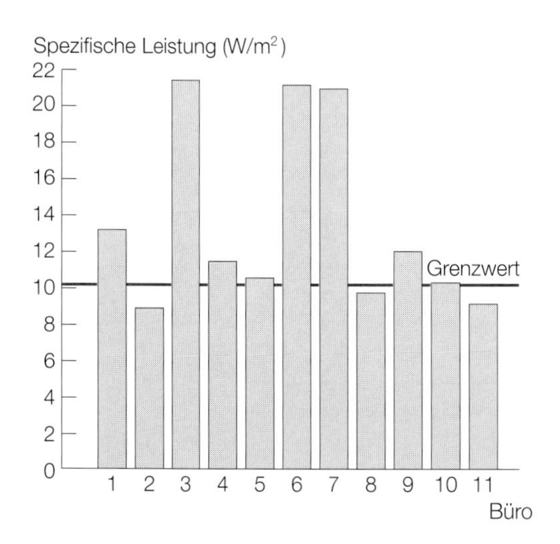

Abb. 2: Gemessene mittlere Leistungen für Luftkonditionierungen in Büros mit thermischen Lasten der Klasse 2 (tiefer als 5 m).

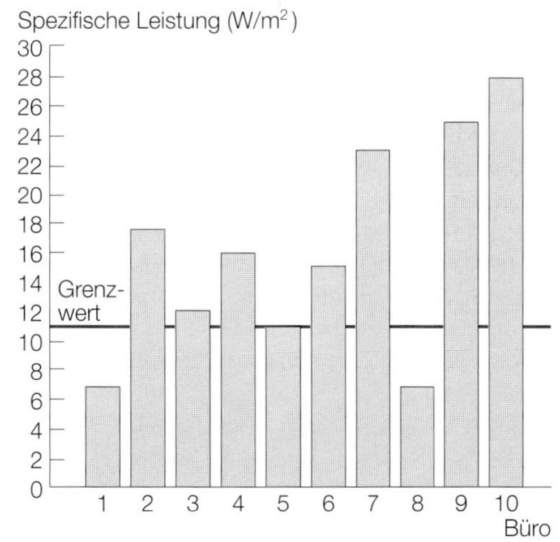

Abb. 3: Mittlere Beleuchtungsleistung in Büros der Klasse 2 (tiefer als 5 m).

nis ergeben sich hier durch eine Reduktion der installierten Leistung und der Einschaltdauer.
• Insgesamt genügen im Rahmen eines Pflichtenheftes für Beleuchtung Angaben über Beleuchtungsstärken nicht (z. B. 300 oder 500 Lux). Die Arbeit am Bildschirm erfordert für ermüdungsfreies Arbeiten weitere Vorgaben wie die Angabe der Vertikalbeleuchtungsstärken, der Kontrastwiedergabe oder der Blendungsbegrenzung. Gegebenenfalls empfiehlt sich die Einführung einer differenzierteren Klasseneinteilung auch für andere Nutzungsklassen.

Grenzwert und Bestwert

Grenzwert: Wert für energetisch gute Bauten und Anlagen, welche die Anforderungen des Bauherrn erfüllen und wirtschaftlich erstellt und betrieben werden können.

Bestwert: Wert, welcher durch die bestmögliche Kombination der besten, technisch ausgereiften Einzelkomponenten bzw. Systeme erreicht werden kann. Eine Mehrinvestition im Vergleich zum wirtschaftlichen Optimum kann erforderlich sein. (Mit dem Begriff Zielwert nicht zu verwechseln.)

Referenzindex für elektrischen Jahresenergieverbrauch

Der Jahresenergieverbrauch in einem Gebäude ist die resultierende Grösse für die einzelnen Teilbereiche. Durch Division durch die Energiebezugsflächen (wie in der Empfehlung SIA 380/1 werden keine Temperatur- und Teilzeitkorrekturen angewendet; es wird ebenfalls keine Höhenkorrektur angewendet) lässt sich die elektrische Energiekennzahl als Referenzindex E_{el} ableiten. Die Reduktion der Energieverbrauchswerte auf einen einzigen Index macht die Interpretation zwar schwieriger. Sie hat jedoch den grossen Vorteil der Einfachheit und damit der Vergleichbarkeit. Allerdings ist ein Vergleich im wesentlichen nur zwischen Gebäuden ähnlicher Konzeptionen und Nutzungsarten zulässig und sinnvoll. Dabei können immerhin jene Fälle herausgeschält werden, bei denen sich eine detaillierte Analyse rechtfertigt, beziehungsweise sich eine verbrauchsmindernde Sanierung aufdrängt.

Checkliste Planung

1. Phase: Objektdefinition

Verantwortlich: Bauherr, Gesamtleitung.
• Zielsetzungen
• Projektorganisation, Vorschlag
  Verantwortlich: Bauherr, Gesamtleitung. Mitarbeit: Projektierende.
• Bedürfnisse formulieren
• Pflichtenheft mit Zielvorgaben in bezug auf Energie erstellen

2. Phase: Konzept

Verantwortlich: Architekt. Mitarbeit: Haustechnik-Fachingenieure, Energiekonzept-Verantwortlicher.

Bauliche Voraussetzungen für rationelle Energienutzung in der Haustechnik schaffen (Tageslichtnutzung, Lufterneuerung und Raumkonditionierung):

*Tabelle 4: Grenzwerte und Bestwerte in W/m² (provisorische Fassung) für die SIA-Empfehlung 380/4. A: Fläche der untersuchten Nutzung (m²); ha: Nutzungszeit (h); Kl.: Klasse; Best: Bestwert (W/m²); Grenz: Grenzwert (W/m²); * Installierte Leistung. Divers: Diverse Technik, Lifte, Hilfsenergie für Heizung, Kommunikation; Luft: Aussenluftzufuhr, Lüftungsanlagen, welche nur der notwendigen Lufterneuerung dienen; Klima: Raumkonditionierung, Kälte, Befeuchtung, Lüftungsanlagen, welche der Klimatisierung dienen (Wärmeabfuhr); Licht: Beleuchtung, Leuchten; Geräte: Arbeitshilfen, meist steckbare Geräte; Zentrale: Zentrale Dienste, zentrale Anlagen (EDV, Küche).*

- Disposition und Tiefe der Räume, Anteil der Arbeitsplätze in der Zone mit natürlicher Beleuchtung (weniger als 5 Meter ab Fenster)
- Massnahmenliste zur Tageslichtnutzung (lateral und zenital)
- Massnahmenliste für den Blend- und sommerlichen Wärmeschutz
- Kontrolle der Abwärme von Betriebseinrichtungen des Benutzers, Studium der Abwärmenutzung und der Möglichkeiten der Direktkühlung sowie Reduktion der Einschaltzeiten
- Massnahmenliste zur Reduktion sommerlicher Raumtemperaturen (Sonnenschutz, Raumdisposition, Wärmespeicherfähigkeit, Nachtkühlung)
- Liste der Räume mit Direktabsaugungen
- Räume mit Lufterneuerungsbedarf oder Konditionierung festlegen
- Nachweisbegründung für gelüftete oder konditionierte Räume, allenfalls Be- und Entfeuchtung
- Bezeichnung und Gliederung von Räumen und Raumgruppen nach Klimazonen
- Günstige Standorte für Zentralen vorsehen (kurze Kanalnetze)
- Genügend Raum in Steigschächten und Kanalführungen vorsehen, um minimale Druckverluste zu ermöglichen

3. Phase: Systemwahl und Systemauslegung

Verantwortlich: Haustechnik-Fachingenieure. Mitarbeit: Architekt, Energiekonzept-Verantwortlicher.

- Optimierung der Beleuchtung, Wahl des Beleuchtungssystems, Wahl der Regelung (in Abhängigkeit des Tageslichtes und/oder der Benutzung)
- Optimierung der Aussenluftzufuhr nach den Kriterien Luftmenge, Druckverlust, Motor- und Ventilatorwirkungsgrade; bedarfsabhängige Regelungen
- Betriebseinrichtungen mit Bauherr überprüfen: Reduktion der Leistungen und der Betriebszeiten; nach Zonen getrennte Anordnung (klimatisierte Zone); Bestimmung der internen Lasten
- Optimierung der Raumkonditionierung nach den Kriterien Systemwahl und Wärmeabfuhr (mit Wasser oder mit Luft); Bestimmung der Energieanteile für Luftförderung und für Kühlung; im Bereich Kälte Optimierung der Vor- und Rücklauftemperaturen, der Leitungsführung und der Art der Kälteverteilung; Optimierung der Kältemaschine mit ihren Betriebsarten (Speicherbetrieb und Free cooling)
- Systemanforderungen: Vergleich der mittleren Leistungen für die Infrastrukturfunktion Aussenluftzufuhr, Raumkonditionierung und Beleuchtung für jede einzelne Betriebseinheit gemäss Projekt mit Grenz- und Bestwerten
- Energiebudget: Gesamtoptimierung der Bereiche Wärme, Licht, Kraft, Prozesse; Aufstellung und Nachführung des Energiebudgets
- Aufstellung Messkonzept und Erarbeitung einer technischen Lösung für die Umsetzung; Kontrollwerte festlegen
- Massnahmen für Nachkontrolle und energiegerechten Betrieb vorsehen
- MSR-Konzept für Betriebsphase (regeltechnisches Konzept mit SPS-Steuerung, integriertem Gebäudeautomationssystem)

4. Phase: Betrieb

Verantwortlich: Bauherr, Energiekonzept-Verantwortlicher, Zuständiger für Betrieb und Nachkontrollen.

- Nachkontrolle und Überprüfung des (energiegerechten) Betriebes

Infrastrukturfunktion / Betriebseinheit	A	ha	Divers	Haustechnik HT									Betriebseinrichtungen	
				Luft			Klima			Licht			Geräte	Zentrale
	(m^2)	(h/a)		Kl.	Best.	Grenz.	Kl.	Best.	Grenz.	Kl.	Best.	Grenz.		
Büro				1	0,3	1,0	1	1,0	3,0	1	3,0	7,0		
				2	1,0	3,0	2	3,0	10,0	2	6,0	11,0		
				3	1,0	3,0	3	5,0	15,0	3	10,0	15,0*		
Verkauf				1	0,5	1,5	1	1,5	5,0	1	7,0	10,0*		
				2	1,5	5,0	2	3,5	12,0	2	15,0	20,0*		
				3	1,5	5,0	3	5,5	17,0	3	25,0	35,0*		
Schulräume					1,5	5,0					5,0	10,0*		
Bettenzimmer					0,5	1,8					3,0	3,0*		
Sitzungszimmer					3,0	9,0		5,0	16,0		10,0	18,0*		
Hörsaal					2,0	6,0		6,0	18,0		15,0	20,0*		
Restaurant					3,0	9,0		5,0	16,0		10,0	20,0*		
EDV														
Küche														
Verkehrsfläche											3,0	5,0*		
Lager					1,0	9,0					5,0	10,0*		
Eingangshalle					0,5	1,5					10,0	20,0*		
Parking					0,6	3,6					1,0	2,0*		

- Leistungskontrolle sowie regel- und auslegungstechnische Korrekturen bei Inbetriebnahmen; Bestimmung der mittleren Leistungswerte und Vergleich mit den Grenzwerten und Zielvorgaben
- Kontrolle der Anlagewirkungsgrade bei der Abnahme; Überwachung der Inbetriebnahmen, des Unterhalts und der Garantiearbeiten
- Periodische Verbrauchskontrolle und Vergleich zum Budget
- Regeltechnische Anpassung an Benutzerwünsche im Betrieb
- Information im Fall von Mehrverbrauch
- Anpassungen bei Nutzungsänderungen
- Massnahmen zur Verhinderung betrieblicher Pannen

Literatur

[1] Brunner, C. U.; Müller, E. A.: Elektrosparstudien. PRESANZ Energiefachstelle, Zürich 1988.
[2] Lenzlinger, M.: Elektrosparstudien an Gebäuden der Stadt Zürich. 58 PRESANZ-Feinanalysen, Zürich seit 1988.
[3] Gasser, S.; Füglister, E.; ARGE Amstein + Walthert/INTEP: Sparpotentiale beim Stromverbrauch in 10 ausgewählten arttypischen Dienstleistungsbetrieben. BEW-Studie, Bern 1990.
[4] Weinmann, Ch.; Kiss, M.: Forschungs- und Grundlagenarbeiten des Schweizerischen Ingenieur- und Architekten-Vereins, SIA 380/4, Elektrische Energie im Hochbau, rapport final. Zürich 1991.
[5] Bush, E.; Gasser, S.; u. a.: Elektrische Energieanalysen. Methoden zur Senkung des Energieverbrauchs von Dienstleistungsbetrieben. Tagung des Verbandes Ostschweizer Bau- und Energiefachleute, Chur 1990.
[6] Energiesparen im Elektrobereich. Informationstagung. Amt für Bundesbauten, Bern 1990.
[7] Gugerli, H.; Sigg, R.; u. a.: Energieverbrauch neuartiger lüftungstechnischer Anlagen. Amt für Technische Anlagen und Lufthygiene, Zürich 1990.
[8] Brunner, C. U.; Brechbühl, B.; u. a.: Grobanalyse UNIKATZ. Verbrauch von Elektrizität, Wärme und Wasser der Universitätsgebäude des Kantons Zürich, Zürich 1990.
[9] RAVEL, Impulsprogramm Rationelle Verwendung von Elektrizität. Amstein + Walthert AG, Zürich 1991.
[10] Weinmann, Ch.: Elektrische Energie im Hochbau. Schweizer Ingenieur und Architekt Nr. 13, Zürich 1990.
[11] Weinmann, Ch.: L'énergie électrique dans les bâtiments. Mesures pilotes dans deux immeubles administratifs. Ingénieurs et architectes suisse No. 5, 1990.
[12] Pauli, H.; Ruch, R.; Sterkele, U.: Energiesparstudie der Verkaufszentren COOP Schweiz, Liestal 1990.
[13] Kiss, M.; u. a.: Berichte und Mitteilungen über Handelsbetriebe. Mitteilungen, 1991.

2. Dienstleistung und Gewerbe

2.1 Methode zur Optimierung des Energieverbrauches

STEFAN GASSER

Elektrische Energieanalysen an bestehenden Gebäuden mit einem jährlichen Stromverbrauch über 200 000 kWh sind Thema dieses Beitrages. Neben der Einbettung der Elektrizitätsanalyse ins Umfeld energetischer Sanierungen werden die einzelnen Schritte der Analyse dargestellt. Lastverlaufsmessung, Verbrauchserfassung, Massnahmeplanung und Energiebilanz sind die Stichworte dazu.

→
2.2 Beurteilung des Verbrauches, Seite 63
3.3 Analyse in der Industrie, Seite 101
4.1 Analyse im Haushalt, Seite 131

Energetische Sanierungen

Voraussetzung einer Elektroanalyse sind detaillierte Vorabklärungen sowie eine deutliche Sanierungsabsicht. Energetische Sanierungen lassen sich wie folgt darstellen:
• Gebäudeauswahl • Grobabklärung • Energieanalyse: Erfassung des Istzustandes, Massnahmenplanung, Energiebilanz des Sollzustandes • Sanierung • Erfolgskontrolle

Gebäudeauswahl

• Eine ohnehin geplante Gebäudesanierung ist meist die einzige Garantie, dass auch weitergehende Stromrationalisierungsmassnahmen in die Praxis umgesetzt werden.
• Die Wirtschaftlichkeit von Stromsparmassnahmen steht bei der Entscheidung über deren Realisierung oft nur vordergründig im Zentrum. Die persönliche Einstellung des Entscheidungsträgers zum Thema Energiesparen ist gewichtiger.
• Gebäude mit technischen Installationen aus den sechziger und siebziger Jahren haben praktisch durchwegs veraltete Beleuchtungsanlagen und überdimensionierte HLKS-Komponenten. Da sie oft ihr Lebensalter erreicht haben und daher ohnehin erneuert werden müssen, sind wirtschaftliche Sparpotentiale von 30 % realistisch.
• Falls von einem in Frage kommenden Gebäude statistische Zahlen vorhanden sind, können Energiekennzahl und Stromverbrauchszunahme während der letzten Jahre einen gewissen Anhaltspunkt über die Notwendigkeit einer Elektroanalyse geben.

Grobabklärung

Mit einer Grobabklärung soll die Entscheidung über die Durchführung einer Elektroanalyse gefällt und deren Umfang und Tiefe definiert werden. Im Vergleich zur wärmetechnischen Grobanalyse ist das Prozedere aufwendiger, da eine blosse Beurteilung aufgrund von Energiekennzahlen nicht zulässig ist. Eine Gebäudebegehung ist unumgänglich. Für eine umfassende Elektroanalyse kann als grober Richtwert die Hälfte der jährlichen Stromkosten als Analysekosten angenommen werden. Unabhängig von der Bearbeitungstiefe besteht eine Elektroanalyse immer aus den drei Schritten «Istzustandserfassung», «Massnahmenplanung» und «Energiebilanz».

RECHERCHEN AM GEBÄUDE

Benötigte Unterlagen:
- Grundrisspläne von allen Stockwerken und Gebäudeteilen (evtl. Flächen)
- Elektrohauptverteilschema
- Schemata der HLKS-Anlagen: Anlagebeschreibungen, Verteilstrukturen
- Energiebezugsrechnungen (Öl, Gas, Fernwärme, Elektro)
- Lokale Energietarife
- Angaben zum Gebäude: Baujahr, Zahl der Angestellten, Öffnungszeiten
- Allfällige früher gemachte energetische Untersuchungen,

Begehung des Gebäudes:
- Welches sind die Nutzungen des Gebäudes?
- Hauptverteilung Elektro: Transparenz der vorhandenen Verteilstruktur zur Beurteilung der messtechnischen Erfassung (separate Licht- und Klimaabgänge)? Zusätzliche Zähler (neben EW-Verrechnung)? Zugänglichkeit der Abgänge für Strommesszangen gegeben?
- Heizungs-, Lüftungs-, Kälteanlagen: Veraltete Typen? Funktionstüchtigkeit? Betriebsstundenzähler?
- Verschiedene typische Räume: Hauptsächlicher Leuchtentyp? Technisierungsgrad? Spezialapparate?
- Prozessräume: Zentrale Rechenanlagen, Kühlräume?

Elektroanalyse

Unterteilung des Gebäudes

Das Gebäude wird nach den verschiedenen Nutzungszonen (Betriebseinheiten) unterteilt.

Hauptflächen: Gebäudeflächen, die durch die hauptsächliche Nutzung des Gebäudes belegt sind (Arbeitsbereiche in Bürohäusern, Verkaufsflächen in Läden, Bettenzimmer in Spitälern).

Nebenflächen: Gebäudeflächen, welche die Hauptnutzung des Gebäudes indirekt unterstützen (Korridore, Treppenhäuser, Eingangshallen, Toiletten, Lager, Schaufenster).

Spezialflächen: Gebäudeflächen, welche eine spezielle, oft energieintensive Nutzung haben (Standorte zentraler EDV-Anlagen, Kühlräume, Personalrestaurant).

Nicht beheizte Flächen: Garagen, Technikräume, Aussenflächen.

Die einzelnen Bereiche werden zusätzlich unterteilt, falls sie einen unterschiedlichen Ausrüstungsstand haben (z. B. Büro-Aussenzone und Büro-Innenzone mit unterschiedlichem Bedarf an Beleuchtung und Lüftung). Von den definierten Betriebseinheiten werden die Bruttoflächen ermittelt. Die Struktur des Gebäudes bildet zudem den Raster der Elektrizitätsbilanz.

Divers: Diverse Technik, Lifte, Hilfsenergie für Heizung
Luft: Aussenluftzufuhr, Lüftungsanlagen
Klima: Raumkonditionierung, Kälte, Befeuchtung
Licht: Beleuchtung
Geräte: Arbeitshilfen, Geräte
Zentrale: Zentrale Dienste und Anlagen
HLKS: Heizung, Lüftung, Klima, Sanitär

Lastverlaufsmessungen

Nach einem vorgängig erarbeiteten Messkonzept werden an den wichtigsten Abgängen der Elektrohauptverteilung kontinuierlich die Wirkleistungen erfasst, vorteilhafterweise während mindestens einer Woche im Sommer und im Winter.

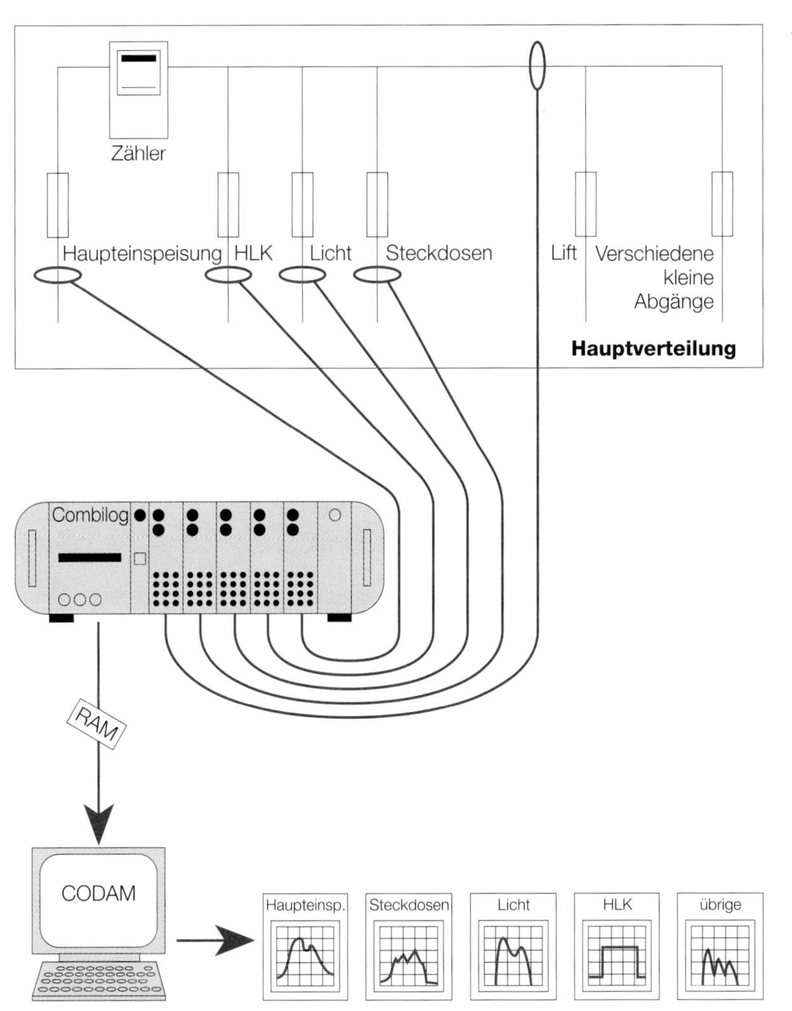

Abb. 1: Erfassung von Lastverläufen.

Verbrauchererfassung

Zur Verbrauchserfassung sind alle elektrischen Geräte und Anlagen mit ihrem Standort und der versorgten Fläche (Betriebseinheit), der Betriebsleistung und der jährlichen Betriebszeit aufzulisten. Daraus lässt sich für jeden einzelnen Verbraucher der Jahresenergieverbrauch errechnen.

• Haustechnik-Anlagen: Die Anlagen müssen einzeln aufgeführt und ihre Leistung mit Zangenwattmeter gemessen werden, sofern sie nicht explizit aus den Lastverlaufsmessungen hervorgeht. Oft sind diese Anlagen mit fest installierten Betriebsstundenzählern versehen; im übrigen ergeben die Lastverlaufsmessungen in diesen Bereichen meist gute Resultate, da die HLKS-Abgänge in der Regel getrennt geführt sind.

• Beleuchtung: Sie besteht meist aus einer Vielzahl identischer Leuchten. Die Leistungsangaben entsprechen (im Gegensatz zu Schildangaben bei Geräten und HLKS-Anlagen) den effektiven Leistungen. Zu beachten ist bei der Auszählung der Leuchten die Art bzw. Verlustleistung von Vorschaltgeräten. Die Jahresbetriebsstunden werden einerseits aus den Lastverläufen und anderseits aus Erfahrungswerten ermittelt.

• Betriebseinrichtungen: Es muss unterschieden werden zwischen Bürogeräten (Arbeitshilfen) und zentralen Diensten (zentrale EDV- Anlagen, gewerbliche Kälte, Personalrestaurant). Zentrale Anlagen sind stückzahlmässig meist gering und müssen separat erfasst und ausgemessen werden. Viele solcher zentraler Dienste sind ununterbrochen in Betrieb, d. h. 8760 Stunden pro Jahr. Falls der Ersatz von Geräten im Rahmen der Analyse von vornherein ausgeschlossen werden muss, kann bei der Erfassung der Arbeitshilfen mit Standardwerten gemäss Tabelle 1 gerechnet werden.

• Übrige Verbraucher: Zu den diversen übrigen Verbrauchern gehören insbesondere Beförderungsanlagen. Der Verbrauch eines Liftes beträgt ca. 3000 kWh/a (hydraulische Lifte rund 9000 kWh/a).

Tabelle 1: Mittlere Leistung, Betriebszeit und Stromverbrauch von Bürogeräten.

	Mittlere Leistung (W)	Jährliche Betriebszeit (h)	Jahresenergieverbrauch (kWh/a)
PC mit Bildschirm	110 (165)	1800	200 (300)
CAD-Station mit Grossbildschirm	250 (600)	1800	450 (1000)
Terminal	60	1800	100
Kopierer	200 (300)	2750	550 (800)
Laserdrucker	150	2750	400
Kühlschrank	40 (80)	8760	350 (700)
Automaten (Getränke, Verpflegung)	250	8760	2200

In Klammern: ältere Geräte, 5jährig und mehr.

• Die Zahlen beziehen sich nicht auf einzelne Geräte, sondern geben typische mittlere Verbräuche an.

• Die aufgeführten Geräte machen in üblichen Bürogebäuden über 90 % des Energieverbrauches für Arbeitshilfen aus.

• Übrige Geräte wie Schreibmaschinen, Telefax, Modem, Tischrechner, Radiogeräte fallen wegen geringer Stückzahl und kurzer Betriebszeiten nur wenig ins Gewicht: Mittlere Leistung der übrigen Geräte 0,5 bis 1 W/m^2 (Bürofläche).

Tabelle 2: Betriebsstunden von Beleuchtungsanlagen in Bürogebäuden.

	sehr hell	hell	wenig hell	innenliegend
Kleine Büros mit weniger als 4 Personen				
– Handabschaltung	1200	1700	2200	2750
– Automatische Abschaltung	1000	1400	1800	–
Grosse Büros mit mehr als 4 Personen				
– Handabschaltung	2200	2200	2200	2750
– Automatische Abschaltung	1000	1400	1800	–

- Die Bezeichnungen «sehr hell», «hell» und «wenig hell» beziehen sich auf die Tageslichtanteile in Büros bzw. Bürozonen mit einer Raumtiefe von weniger als 5 m.
- Mit «innenliegend» sind einerseits Räume ohne Tageslicht sowie Zonen von Grossraumbüros, die mehr als 5 m von den Fenstern entfernt liegen, bezeichnet.
- Mit automatischer Abschaltung sind tageslichtabhängige Ausschaltung oder kontinuierliche Regelung gemeint.
- Durch Bewegungssensoren in Beleuchtungsanlagen lassen sich in innenliegenden Räumen die Betriebsstunden reduzieren.

Darstellung des Istzustandes

Die verfügbaren Daten müssen nun in eine kompakte, übersichtliche Darstellung gebracht werden. Hierfür eignen sich die Matrixdarstellungen «Energiebudget» und «Mittlere Leistung». Die Matrix «Energiebudget» zeigt die Verbrauchsaufteilung im Gebäude nach Betriebseinheiten und Infrastrukturfunktionen. Die Bezeichnung meint im Grunde genommen Verbrauchergruppen, wobei hier der Bedarf an einer Nutzleistung, z. B. Klimatisierung, im Vordergrund steht und nicht der Apparat, der diese Nutzleistung bringt, die Klimaanlage.

Zuteilung der Verbraucher zu den Infrastrukturfunktionen

Haustechnik
Divers: Diverse Technik, Lifte, Hilfsenergie für Heizung, Kommunikation
Luft: Aussenluftzufuhr, Lüftungsanlagen, welche nur der notwendigen Lufterneuerung dienen
Klima: Raumkonditionierung, Kälte, Befeuchtung, Lüftungsanlagen, welche der Klimatisierung dienen (Wärmeabfuhr)
Licht: Beleuchtung, Leuchten
Betriebseinrichtungen
Geräte: Arbeitshilfen, meist steckbare Geräte
Zentrale: Zentrale Dienste, zentrale Anlagen (EDV, Küche)

Infrastrukturfunktion / Betriebseinheit	Haustechnik				Betriebseinrichtungen		Total	
	Divers	Luft	Klima	Licht	Geräte	Zentralen	Haus-technik	Haustechnik + Betriebseinrichtungen
	3	4	5	6	7	8	Σ 3–6	Σ 3–8
Büro Innenzone			28,6	45,8	17,2		74,4	91,6
Büro Aussenzone		64,8		331,0	170,6		395,8	566,4
Schulraum			58,5	46,2	19,2		104,7	123,9
Sitzungszimmer			9,5	4,4			13,9	13,9
Aula			20,5	0,8			21,3	21,3
Restaurant			102,1	8,6		296,0	110,7	406,7
EDV-Zentrale			516,0	46,6		1752,0	562,6	2314,6
Technikräume								
Verkehrsfläche				137,9			137,9	137,9
Lager				7,9			7,9	7,9
Eingangshalle			16,8	45,4			62,2	62,2
Total (ohne Parking)	96,0	64,8	752,0	674,6	207,0	2048,0	1587,4	3842,4
Parking		38,0		195,1			233,1	233,1
Total	96,0	102,8	752,0	869,7	207,0	2048,0	1820,5	4075,5

Energiebezugsfläche: 31 040 m^2 — Energiekennzahlen — E_{EHT} (3–6): 211 MJ/m^2a
Raumheizung (1): — MWh/a — E_E (3–8): 473 MJ/m^2a
Warmwasser (2): — MWh/a — E_W (1–2): — MJ/m^2a

Tabelle 3: Matrix Energiebudget eines Bürogebäudes (in 1000 kWh/a).

Für die energetische Beurteilung kommt die Matrix «Mittlere Leistung» (Tabelle 4) zur Anwendung: Indem man jeden Energiewert durch die Fläche und die Nutzungszeit der Betriebseinheit dividiert, erhält man spezifische mittlere Leistungen. Diese können mit definierten Best- und Grenzwerten [4] verglichen werden.

Tabelle 4 stellt den Ist-Zustand eines grösseren Bürogebäudes dar. Der Vergleich der Objektwerte mit den Best- und Grenzwerten (nach Klassen abgestuft) zeigt sofort, wo Anlagen stromverschwendend betrieben werden. Vor allem im Bereich der Raumkonditionierung (Klima) liegen die Werte massiv zu hoch. Die Beleuchtung bewegt sich in diesem Beispiel in einem akzeptierbaren Rahmen. Für diverse Technik (Divers), Arbeitshilfen (Geräte) und Zentrale Dienste (Zentrale) werden grundsätzlich keine Best- und Grenzwerte definiert. Speziell anzumerken ist, dass nicht die effektiven Betriebszeiten der Anlagen, sondern die Nutzungszeiten der Betriebseinheiten verwendet werden. Für Bürogebäude ergibt sich eine Standardnutzungszeit von 2750 Stunden, für Läden eine solche von 3600 Stunden im Jahr. Wenn die Nutzungszeit stark von dieser Standardzeit abweicht (z. B. Schichtbetrieb), wird die effektive Nutzungszeit eingesetzt.

Massnahmenplanung

- Sofortmassnahmen: Geringe Kosten, technisch nicht mit anderen Massnahmen verknüpft, günstiges Kosten-Nutzen-Verhältnis, oft betriebliche Massnahmen.

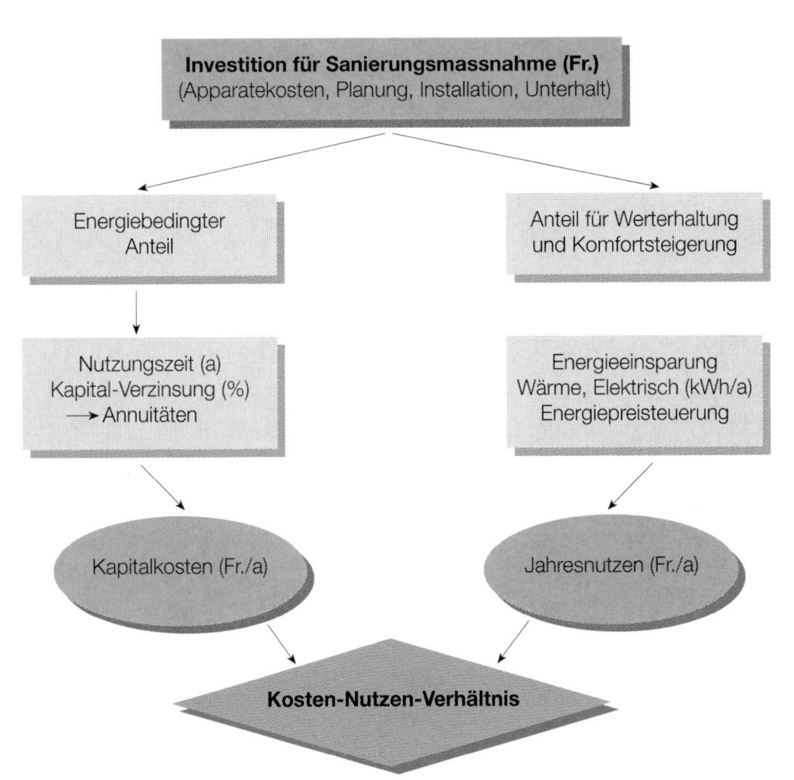

Abb. 2: Wirtschaftlichkeit von Energiesparmassnahmen.

Infrastrukturfunktion / Betriebseinheit	Fläche	Nutzungszeit	Haustechnik HT							Betriebseinrichtungen	
			Divers	Luft		Klima		Licht		Geräte	Zentralen
	(m^2)	(h/a)		Kl.	Objektwert	Kl.	Objektwert	Kl.	Objektwert		
Büro Innenzone	1 253	2750				1	8,3	3	13,3	5,0	
Büro Aussenzone	12 409	2750		2	1,9			1	9,7	5,0	
Schulraum	1 400	2750					15,2		12,0	5,0	
Sitzungszimmer	250	1375					27,6		12,8		
Aula	260	1200					65,7		2,6		
Restaurant	1 944	2750					19,1		1,6		
EDV-Zentrale	1 298	8760					45,4				
Technikräume	6 830										
Verkehrsfläche	10 028	2750							5,0		
Lager	1 698	2750							1,7		
Eingangshalle	500	2750					12,2		33,0		
Parking	16 500	2750			0,8				4,3		

BGF: 54'370 m^2 Kl.: Klasse

Tabelle 4: Matrix Mittlere Leistung eines Bürogebäudes in W/m².

• Kurzfristige Massnahmen: Massnahmen im Zusammenhang mit einer eigentlichen energetischen Sanierung, mehrheitlich wirtschaftlich, als Massnahmenpaket Kosten-Nutzen-Verhältnis kleiner als 1.
• Abhängige Massnahmen: Erst für später, z. B. im Zusammenhang mit einer allgemeinen Gebäudesanierung vorgesehen, allenfalls unter Berücksichtigung höherer Energiepreise und neuer Technologien, Kosten-Nutzen-Verhältnis meist grösser als 1.

Für die Beurteilung des wirtschaftlichen Nutzens einer Massnahme eignet sich die Annuitätenmethode: Die Investitionen werden mit Hilfe des Annuitätenfaktors in gleich hohe jährliche Raten (mittlere jährliche Kapitalkosten) umgerechnet. Der jährliche Nutzen ergibt sich als Differenz der Energiekosten mit oder ohne Realisierung der Massnahme. Wirtschaftliche Massnahmen haben Kosten-Nutzen-Verhältnisse unter 1,0. Die Mehrinvestition infolge zusätzlicher Energiesparanstrengungen zahlt sich durch die Minderausgaben bei den Energiebezugsrechnungen innerhalb der festgelegten Nutzungszeit, in der Regel 15 Jahre, zurück.

Energiebedingter Anteil: In den meisten Fällen gehen Investitionskosten für die Sanierung einer Anlage oder eines Gerätes nicht voll auf das Konto der Energieeinsparung; oft hat eine bestimmte Anlage bereits einen Teil ihrer

DIE WICHTIGSTEN MASSNAHMEN

Haustechnik
• Betriebszeiten der lüftungstechnischen Anlagen reduzieren bzw. den Nutzungszeiten anpassen
• Bedarf für lüftungstechnische Anlagen abklären und bei zu niedrigen internen Lasten ausser Betrieb setzen
• Bedarfsabhängige Belüftung über CO-, CO_2-Regelung, Handschalter mit Timer oder Präsenzschalter
• Verbraucherabhängige Volumenstromregelung
• Einsatz mehrstufiger Heizungspumpen
• Betriebsoptimierung von Kälteanlagen

Beleuchtung
• Alte «dicke» Standard-Fluoreszenzröhren durch neue 3-Banden-Lampen («dünne» Röhren) ersetzen
• Ersetzen von mehrflammigen Leuchten mit schlechtem Betriebswirkungsgrad (z. B. 3-flammige Leuchte mit opaler Wannenabdeckung)
• Verwendung von verlustarmen oder elektronischen Vorschaltgeräten bei Fluoreszenzröhren
• Einbau einer tageslichtabhängigen Beleuchtungsstärkeregelung
• Installation von Bewegungsmeldern in schwach frequentierten Räumen zur automatischen Abschaltung bei Nichtbenutzung des Raumes (z. B. in Lagern und Konferenzzimmern)

Betriebseinrichtungen
• Schaltuhren an Kopierern und Druckern, die nach Arbeitsschluss die Geräte automatisch abschalten
• Ersetzen von überalterten Geräten
• Einbauen von Nachtabdeckungen für Kühlvitrinen
• Geräte bei Nichtgebrauch ausschalten (z. B. PC während der Mittagspause)

Lebensdauer hinter sich, oder die gestiegenen Komfortansprüche erfordern ohnehin eine Erneuerung (z. B. zieht die Einführung von Bildschirmarbeitsplätzen meistens die Installation einer besseren Beleuchtung mit sich). Derartige Investitionsanteile werden nicht in die Wirtschaftlichkeitsberechnung für eine Energiesparmassnahme miteinbezogen. Der energiebedingte Anteil der Investition ist derjenige Betrag, welcher bei der Erneuerung einer Anlage gegenüber der konventionellen Lösung (dieselbe Anlage aber neu) zusätzlich aufgewendet werden muss. Beim Elektrizitätspreis kommen meist komplizierte Stromtarifstrukturen zur Anwendung: Hoch- und Niedertarife (für Sommer und Winter teilweise unterschiedlich), Leistungspreis oder Kosten für Blindenergiebezüge. Es muss bei der Berechnung des Jahresnutzens also darauf geachtet werden, wann der Strom eingespart wird, um wieviel die Spitzenleistung reduziert wird und ob der Blindenergiebezug gesenkt wird.

Darstellung des Sollzustandes und der Energiebilanz

Der Soll-Zustand wird wie der Ist-Zustand dargestellt. Die Matrizen «Energiebudget» (Tabelle 3) und «mittlere Leistung» (Tabelle 4) werden aufgestellt, jetzt unter Berücksichtigung der vorgeschlagenen Massnahmen. In vielen Fällen liegen die neuen Vergleichswerte zwischen Best- und Grenzwerten, wobei immer wieder begründete Ausnahmen gerechtfertigt sind. In der Elektrizitätsbilanz werden die Potentiale getrennt nach Infrastrukturfunktionen dargestellt.

Abb. 3: Tagesgang der Leistung zweier Büroetagen einer Bank.

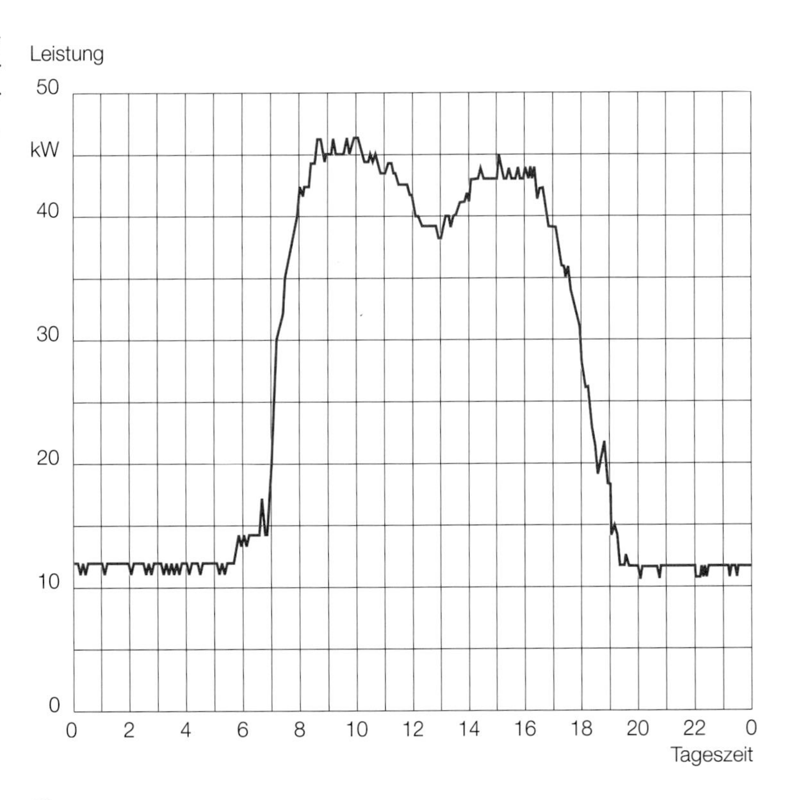

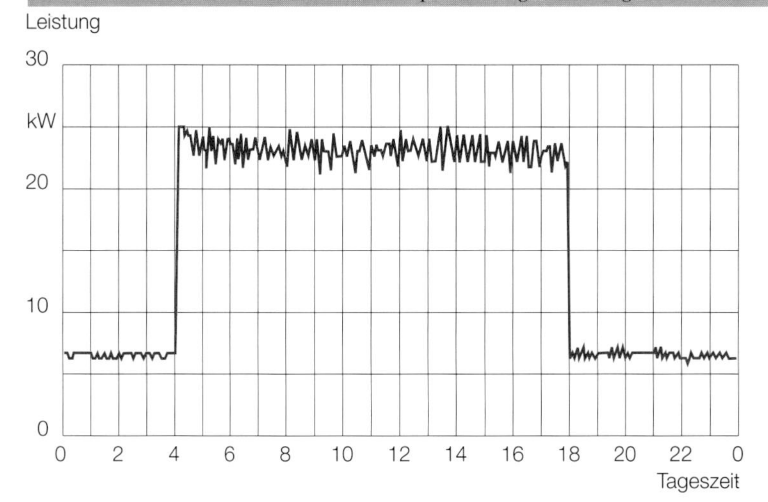

Abb. 4: Tagesgang der Leistung einer Lüftungsanlage in einer Bank.

Typische Lastverlaufskurven

Abb. 3 zeigt einen Tagesgang der Leistung zweier Büroetagen in einer Bank. An diesem gemessenen Elektroabgang sind die Arbeitsplatzgeräte, die Beleuchtung sowie eine rund um die Uhr betriebene zentrale EDV-Anlage angeschlossen. Der Energieverbrauch dieser EDV-Anlage lässt sich direkt ermitteln: ca. 288 kWh pro Tag. Von den restlichen 312 kWh gehen zwei Drittel auf das Konto der Beleuchtung, die praktisch den ganzen Tag brennt. Rund 100 kWh verbrauchen die Geräte. Während der Mittagszeit schalten 20 % der Angestellten die Beleuchtung bzw. den PC aus. Ein anderer typischer Verlauf zeigt Abb. 4. Die lüftungstechnischen Anlagen in dieser Bank arbeiten nur in zwei Betriebsarten. In der Nacht laufen sie reduziert mit ca. 6,5 kW. Bereits morgens um 4 Uhr wird die Anlage auf Vollbetrieb umgeschaltet (22 kW).

Wirtschaftlichkeit einer Beleuchtungssanierung

Am Beispiel eines Quartierladens mit 600 m^2 Verkaufsfläche werden Sparmassnahmen und ihre Wirtschaftlichkeit aufgezeigt.

Annahmen: Nutzungsdauer 15 Jahre, Kapitalzins 6 %, Energiepreis-Teuerung 5 %, Gesamtinvestition der Sanierung 18 400.– Fr., energiebedingter Anteil 3400.– Fr., Elektrizitätspreis 20 Rp./kWh (inkl. Anteil Leistung). Fazit: Es ergibt sich ein Kosten-Nutzen-Verhältnis von 0,05, oder anders ausgedrückt: die Erneuerung dieser Beleuchtungsanlage kann in nur 8 Monaten amortisiert werden.
Anmerkung zu «energiebedingter Anteil»: Die Beleuchtungsanlage ist 25jährig und hat somit ihr Lebensalter erreicht. Sie genügt den heutigen beleuchtungstechnischen Anforderungen nicht mehr und muss ersetzt werden. Als energiebedingter Anteil wird derjenige Betrag eingesetzt, den eine neue, energieoptimierte Anlage gegenüber einer anderen neuen, welche der alten entspricht, mehr kostet.

Tabelle 5: Sanierung der Beleuchtung in einem Quartierladen.

	Bestehende Anlage	Sanierungs-vorschlag
Leuchten	110 Aufbauleuchten, 2flammig, 40 Watt, konventionelles Vorschaltgerät: 11,8 kW oder 19,7 W/m^2	110 Aufbauleuchten mit weissem Reflektor, 1flammig, 36 Watt, verlustarmes Vorschaltgerät: 4,8 kW oder 8,1 W/m^2
Beleuchtungsstärke	600 Lux	450 Lux
Betriebszeit	3600 Stunden	3600 Stunden
Elektrizitätsverbrauch	42 800 kWh	17 400 kWh
Einsparung pro Jahr		25 100 kWh

Literatur

[1] Brunner, C. U.; Müller, E. A.: Elektrosparstudien. Hochbauinspektorat PRESANZ, Zürich 1988.

[2] ARGE Amstein + Walthert/INTEP: Sparpotential beim Elektrizitätsverbrauch von zehn ausgewählten arttypischen Dienstleistungsgebäuden. Bundesamt für Energiewirtschaft, Bern 1990.

[3] Gasser Stefan, u. a.: Elektrische Energieanalysen von Dienstleistungsgebäuden. SI + A 38/90, Zürich 1990.

[4] SIA 380/4: Elektrische Energie im Hochbau (provisorische Version). Schweizerischer Ingenieur- und Architekten-Verein, Zürich 1992.

[5] Bush, Eric; Gasser, Stefan: Ostschweiz spart Strom – Innovatives Umsetzungsprojekt zur rationellen Stromnutzung. Bulletin SEV/VSE 24/91.

[6] SIA 380/1: Energie im Hochbau – Empfehlung. Schweizerischer Ingenieur- und Architekten-Verein, Zürich 1988.

2.2 Erfassung und Beurteilung des Energieverbrauches

ANDREAS WYSS

Vergleichbare Grössen sind das Ziel einer Energieerfassung und die Grundlage der darauffolgenden Verbrauchsbeurteilung. Dabei können Systemabgrenzungen und die Wahl der geeigneten Bezugsgrösse einige Probleme aufwerfen. Erfahrungswerte aus anderen Betrieben sind hilfreich. Anbetrachts des grossen Aufwandes sind einfache Messkonzepte und Systemgrenzen vorzusehen.

→
3.1 Energiebewirtschaftung, Seite 93
3.2 Erfassung in der Industrie, Seite 97
3.3 Analyse in der Industrie, Seite 101
4.1 Analyse im Haushalt, Seite 131

Erhebung und Beurteilung

Analog der wärmetechnischen Gebäudesanierung ist folgender Ablauf zu empfehlen:

- Groberhebung des Energieverbrauchs und der Produktion
- Grobbeurteilung, Berechnung der Energiekennziffer
- Feinbeurteilung
- Laufende Energieerfassung
- Charakteristische Energiekennlinien
- Sanierungsmassnahmen der einzelnen Prozesse bzw. Prozessschritte
- Erfolgskontrolle und optimale Energiebewirtschaftung
- Integration der Energiebewirtschaftung in das Betriebsleitsystem

Im Unterschied zur wärmetechnischen Gebäudesanierung, bei der die Grobanalyse durch den Jahresenergieverbrauch pro m^2 Energiebezugsfläche (Energiekennzahl) hinreichend beschrieben ist, erfordert die Grobbeurteilung eines Gewerbebetriebes detailliertere Abgrenzungen des Energieverbrauchs und andere Bezugsgrössen. Um Verwechslungen vorzubeugen, wird der Ausdruck «Energiekennziffer» verwendet. Eine für jeden Gewerbezweig spezifische Datenbank, ähnlich wie diejenige der Energiekennzahlen, wäre wünschenswert. Eine aussagekräftige Energiekennlinie kann dagegen bei intelligenter Variation der Parameter aus Daten des eigenen Betriebes gewonnen werden. Damit trotz der wesentlich komplexeren Zusammenhänge eine Betriebsanalyse mit vertretbarem Aufwand möglich ist, soll jede Messkampagne auf einer sorgfältigen Analyse der einzelnen Schritte beruhen.

Energieverbrauch und Produktionsergebnisse

Die Energieverbräuche dienen als Basis für die Beurteilung der Prozesse bzw. Prozessschritte. Damit die Grobbeurteilung erfolgen kann, müssen auch die entsprechenden Prozessresultate erhoben werden. Eine klar definierte Systemabgrenzung ermöglicht später die vergleichende Beurteilung.

Tabelle 1: Beispiel gewerblicher Prozesse und ihrer Resultate.

	Prozess	Resultat
Bäckerei	Brotbacken	Brote in kg
Sägerei	Baumstamm aufsägen	Schnittfläche in m^2
Transport	Stückförderung über Höhendifferenz	Last mal Höhe

Energiekennziffer

Die Energiekennziffer kann für jeden Prozess bzw. Prozessschritt berechnet und mit entsprechenden Werten aus anderen Betrieben verglichen werden. Dabei ist darauf zu achten, dass auch die Systemabgrenzungen vergleichbar sind. Anhand dieses Vergleiches kann die energietechnische Qualität des Prozesses beurteilt und das entsprechende Sparpotential abgeschätzt werden. Naturgemäss ist die energietechnische Qualität von den Maschinen und Geräten, von der Zweckmässigkeit des eingesetzten Energieträgers sowie von Bedienung und Unterhalt abhängig.

Tabelle 2: Beispiele von Systemen und Energiekennziffern.

	System	Energiekennziffer
Bäckerei	Heissluftbackofen, 1-kg-Laibe	MJ/kg Brot
Sägerei	Bandsäge, Tannenholz	MJ/m^2 Schnittfläche
Transport	Förderband, Wandkies	MJ/kgm

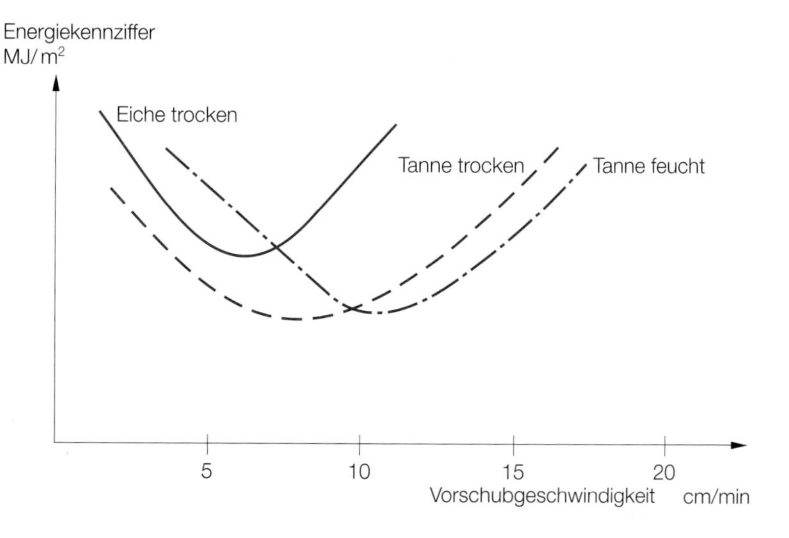

Abb. 1: Beispiel der Energiekennlinie einer Sägerei: Energiekennziffer in Funktion der Vorschubgeschwindigkeit.

Feinbeurteilung, Energiekennlinie

Aufgrund der Grobbeurteilung sind die energierelevanten Prozesse bzw. Prozessschritte innerhalb eines Betriebes erkennbar. Dabei dient sowohl der spezifische wie auch der absolute Energieverbrauch als Kriterium. Die Feinbeurteilung zeigt, wo die wesentlichen Anteile des Energieverbrauchs und demzufolge auch die wesentlichen Sparmöglichkeiten liegen. Sie dient als Grundlage für ein detailliertes Messprogramm. Beispiele:

Bäckerei: Energiekennziffer Strahlungsbackofen liegt 50 % höher als bei Heissluftbackofen

Sägerei: Energiekennziffer Rahmensäge liegt 70 % höher als bei Bandsäge. Energiekennziffer trockenes Holz liegt 40 % tiefer als bei nassem Holz

Transport: Energiekennziffer Förderband liegt 30 % höher als bei Paternoster.

Die meisten Prozesse beruhen auf verschiedenen Parametern, welche oft stufenlos veränderbar sind (z. B. Vorschubgeschwindigkeit, Feuchtigkeitsgehalt etc.). In der Regel bestimmt das Arbeitsresultat den einzustellenden Wert des Parameters, weil dies am leichtesten ersichtlich und zu beurteilen ist. Da der Energieverbrauch schwieriger zu ermitteln ist, wird er selten als Kriterium benutzt. Weil die Energiekennlinie den Zusammenhang zwischen Parameterwert und Energieverbrauch sichtbar macht, kann sie als taugliches Mittel für die optimale Wahl des Parameterwertes eingesetzt werden. Allerdings ist dazu die kontinuierliche Aufzeichnung des Energieverbrauchs während der Veränderung des Parameters erforderlich. Beispiele:

Bäckerei: Energiekennziffer in Funktion der Teigfeuchtigkeit

Sägerei: Energiekennziffer in Funktion der Vorschubgeschwindigkeit

Transport: Energiekennziffer in Funktion der Förderleistung.

Die Erfahrung zeigt, dass Energiekennlinien oft konkav sind mit einem Minimum, das nicht ohne weiteres selbstverständlich ist. In solchen Fällen ist eine experimentelle Bestimmung der Energiekennlinie angebracht.

Sanierung

Die vorgängig beschriebenen Analysen zeigen Schwachstellen und Sanierungspotentiale und geben bereits Hinweise auf konkrete Sanierungsmöglichkeiten. Diese lassen sich auf die folgenden drei Kategorien mit entsprechend unterschiedlichem Aufwand und Wirksamkeit aufteilen:

- Betrieb und Unterhalt (Sofortmassnahmen)
- Wahl des Prozessablaufs (mittelfristige Massnahmen)
- Qualität der Maschinen und Installationen (längerfristige Massnahmen).

Bei dieser Aufteilung fällt die Analogie zur wärmetechnischen Gebäudesanierung sofort auf. Besteht ein Gewerbebetrieb aus einer Anzahl unterschiedlicher Betriebszweige, so müssen anhand des Sparpotentials und der erforderlichen Investitionen Prioritäten festgelegt werden, um die verfügbaren Mittel mit dem grössten Nutzen einzusetzen. Damit dies möglich ist, kann eine vergleichende Darstellung gewählt werden, in der die Energiekennziffer und der totale Energieverbrauch gleichermassen erkennbar werden. Aus Abb. 2 ist sofort ersichtlich, dass der Ofen 3 der unwirtschaftlichste ist, weil er am meisten Energie pro kg Brot erfordert. Da aber der Ofen 5 eine wesentlich höhere Tagesproduktion und damit auch den bedeutend grösseren Totalenergieverbrauch aufweist, hat dessen Sanierung eine höhere Priorität.

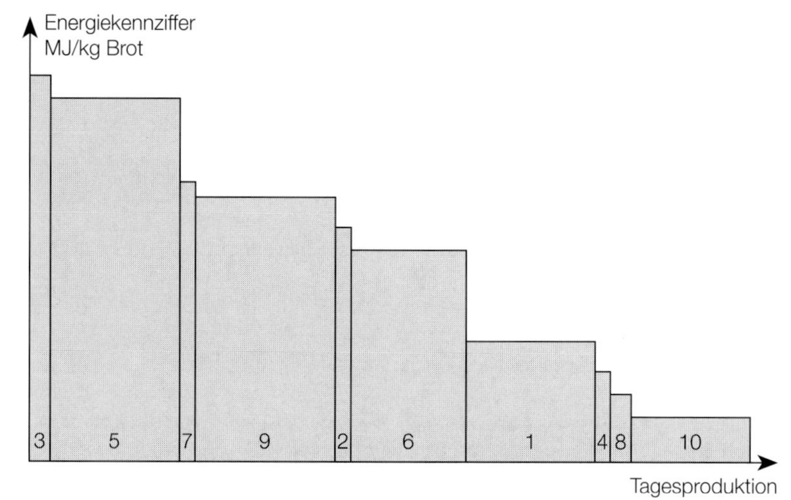

Abb. 2: Tagesproduktion und spezifischer Energieverbrauch von Brot in einer Grossbäckerei mit 10 Backöfen. (Die Ziffern bezeichnen die Öfen, die Fläche des Rechteckes zeigt den totalen Energieverbrauch, und die Höhe gibt die Energiekennziffer an.)

Erfolgskontrolle

Wenn ein Gewerbebetrieb mit einer zweckmässigen Energieüberwachungseinrichtung ausgerüstet ist und verlässliche Sollwerte vorliegen, sind alle Voraussetzungen für die Erfolgskontrolle und die optimale Energiebewirtschaftung erfüllt. Die Resultate müssen allerdings sichtbar gemacht und ausgewertet werden. Die wesentlichen Elemente der Energiebewirtschaftung werden, wie die Kriterien der Betriebssicherheit, Qualitätskontrolle etc., in das Betriebsleitsystem aufgenommen und entsprechend überwacht. Energieeinsparung ist indessen nicht der Hauptzweck eines Gewerbebetriebes. Vorteilhafterweise zielen Energiesparbemühungen in dieselbe Richtung wie Betriebsrationalisierung, Qualitätsverbesserung und Erhöhung der Betriebssicherheit.

2.3 Zentrale Rechenanlagen

BERNARD AEBISCHER

→
2.4 USV, Seite 73

Nur rund ein Viertel des Stromverbrauches wird bei Rechenanlagen für die Verarbeitung, die Speicherung und die Übermittlung von Information verwendet; die restlichen drei Viertel werden für den Betrieb der benötigten Infrastruktur und für die Gewährleistung der Stromversorgung eingesetzt. Der Elektrizitätsverbrauch hängt natürlich von der Rechenkapazität ab, aber auch ganz wesentlich vom Alter und Typ der Komponenten sowie vom Betriebssystem und anderer Software. Konzeption und Dimensionierung der Stromversorgung und der Infrastruktur basieren häufig auf sehr unsicheren Annahmen. Dieser Unsicherheit sollte aber nicht mit einer Überdimensionierung begegnet werden.

Funktionelle Einheiten

Unter einer zentralen Rechenanlage sind eine oder mehrere Rechner mit den üblichen Komponenten zu verstehen, die in einem speziellen Raum (Rechenzentrum) installiert sind. Die elektrische Leistung liegt im Bereich von wenigen kW bis mehreren 100 kW. Folgende funktionelle Einheiten können unterschieden werden: Rechner (Hauptprozessor), Speicher, Kommunikation (Input und Output) sowie Infrastruktur (Licht, Klima, Kälte, Stromversorgung). Alle diese Funktionseinheiten sind gleich wichtig: Fehlt eine dieser Komponenten, sind die andern nicht funktionsfähig. Einige dieser Einheiten sind physikalische Komponenten (Hardware) wie Plattenspeicher, Drucker oder USV-Anlage. Meistens ist eine solche Funktionseinheit jedoch komponentenübergreifend und wird auch durch die innere Architektur und die Organisation des Systems (Software) mitbestimmt. Bei Betrachtungen über die rationelle Verwendung von Energie in Rechenanlagen sollte deshalb nicht nur von der Typenwahl, von der Dimensionierung, von der Auslegung und vom Betrieb der «Hardware», sondern ebenso sehr von der Systemwahl und von der Programmiertechnik gesprochen werden.

Komponenten

Als Beispiel konkurrierender Technologien seien für die elektronischen Schaltelemente die NMOS- und die CMOS-Technologien und für die Speicherstrategie der dynamische (DRAM) und der statische Arbeitsspeicher (SRAM) erwähnt. Der Energieverbrauch von CMOS- und SRAM-Elementen ist um einen Faktor 10 bis 100 niedriger als die heute vor allem im PC-Bereich noch vorwiegend verwendeten Technologien [1]. Diese Entwicklungen sind typisch für den enorm raschen Fortschritt betreffend Leistung, Kosten und Energieverbrauch im Bereich der Rechner, Speicher und Netze. Sowohl die spezifischen Kosten wie der Energieverbrauch haben sich in der Vergangenheit etwa alle zwei bis drei Jahre um die Hälfte reduziert. Es gibt aber auch Entwicklungen, die eine qualitativ bessere, komfortablere oder gar eine neue Dienstleistung erbringen und so zu einem Mehrverbrauch an Energie beitragen. Als typische Beispiele können die farbigen, hochauflösenden Gross-Bildschirme oder die Laserdrucker erwähnt werden.

Lastverlauf und Energieverbrauch

Der Lastverlauf eines Rechenzentrums ist im allgemeinen ziemlich flach. Das ergibt sich aus der technisch bedingten Tatsache, dass der Strombezug der meisten Rechner fast unabhängig von der Auslastung der Rechenkapazität ist, und aus dem heute üblichen kontinuierlichen Betrieb der Rechenanlagen. Die Aufteilung des Elektrizitätsverbrauchs auf die verschiedenen Komponenten und Funktionseinheiten kann deshalb mit dem momentanen Lastfluss recht einfach in guter Annäherung bestimmt werden. In Abb. 1 ist ein Lastfluss für ein grosses Rechenzentrum von rund 4 MW elektrischer Leistung mit folgender Aufteilung dargestellt [2]: 25 % für Rechner, Speicher und Kommunikation; 25 % für Transformations-, Leitungs- und andere Verluste (inkl. USV); 50 % für Infrastruktur (im wesentlichen Raumkonditionierung). Diese relativen Anteile dürften in der Grössenordnung recht typisch sein. Bei drei kleineren Anlagen (zwischen 3 und 9 kW) wurde ein Anteil der Raumkonditionierung am totalen elektrischen Verbrauch von etwa einem Drittel gemessen; bei einer weiteren Anlage mit einer durchschnittlichen Leistung von 30 kW betrug dieser Anteil wenig über 50 %. Selbst bei der Benützung von Arbeitsplatzrechnern liegt der Anteil für die Infrastruktur etwa zwischen 40 % (nur Licht) und 70 % (klimatisierter Raum). Ein Vergleich des Energieverbrauchs von verschiedenen Rechenanlagen ist im allgemeinen kaum sinnvoll, da die erbrachten Dienstleistungen sehr vielfältig und meistens nur qualitativ bekannt sind. Für einzelne Komponenten können zwar Kennzahlen definiert werden, wie z. B. kW/MIPS für Rechner oder kW/GByte für Speichereinheiten; diese Werte werden jedoch jährlich bis zu 30 % verbessert und sind deshalb auch nur beschränkt verwendbar. Zwar gibt es in einem bestimmten Jahr signifikante Unterschiede im spezifischen Energieverbrauch von Rechnern verschiedener Fabrikanten (bis zu einem Faktor 2 oder 3), aber diese werden im allgemeinen mit der nächsten Generation, also innerhalb von zwei bis drei Jahren kompensiert.

Bestehende Anlagen

Es ist davon auszugehen, dass die Rechen-, Speicher- und Kommunikationseinheiten nicht ersetzt werden können. Grosse Einsparungen wären möglich, wenn die nicht benötigten Komponenten ausgeschaltet würden. Viele Rechner beziehen unabhängig vom Auslastungsgrad Strom; auch bei andern Geräten ist der Leistungsbezug im Stand-by-Betrieb nicht vernachlässigbar. Einsparungen bei diesen Komponenten wirken sich direkt auf die Verluste, vom Transformator bis zum Netzteil aus, und die elektrische Energie zur Abfuhr

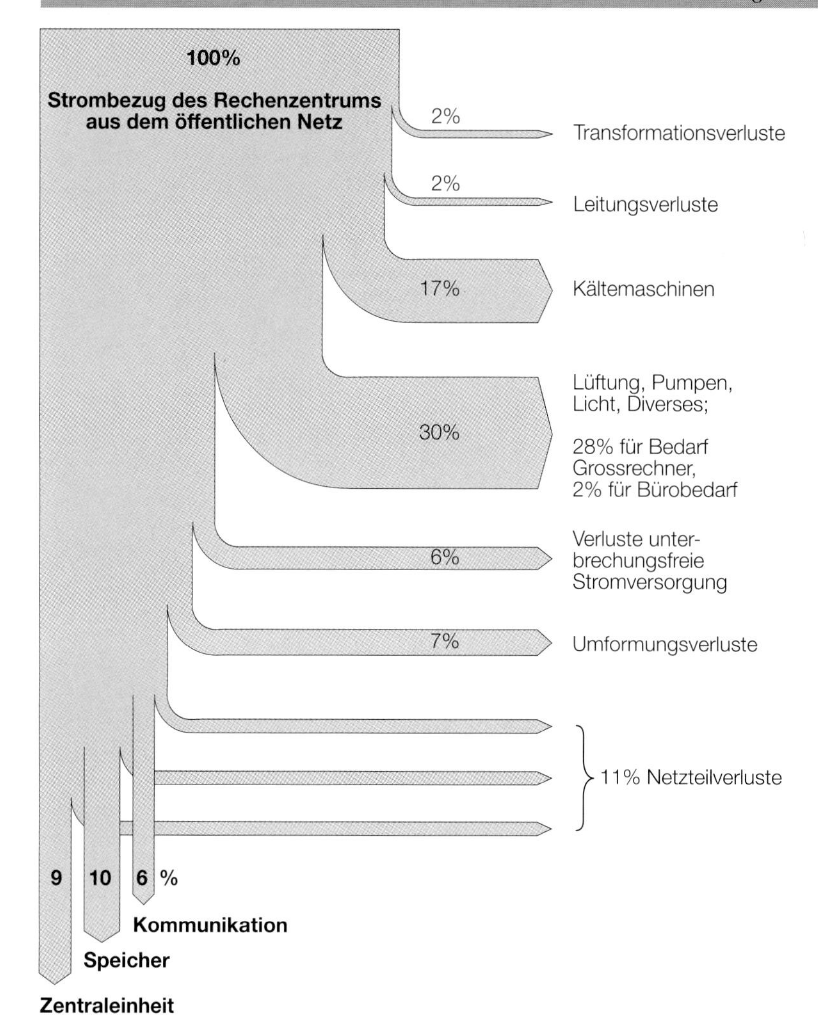

Abb. 1: Lastfluss eines Rechenzentrums mit 4 MW elektrischer Leistung.

der Wärme kann ebenfalls reduziert werden. Eine zweite Strategie besteht in der Reduktion der Verluste bei den verschiedenen Stufen der Stromversorgung [4]. Im Zentrum stehen hier die Auslegung und der Betrieb der USV-Anlage. Generell sollte die Möglichkeit bestehen, z. B. im Stand-by-Betrieb über Nacht die USV-Anlage zu umgehen. Eine dritte Gruppe von Massnahmen betrifft die Haustechnik und die Beleuchtung. Eine Lockerung der üblichen Anforderung an Niveau und Stabilität von Temperatur und Luftfeuchtigkeit bringt bedeutende Einsparungen. Die Toleranz der heutigen Elektronikkomponenten und Speichermedien gegenüber dem Temperaturniveau ist gross; die Anforderungen an die Luftfeuchtigkeit und insbesondere an die zeitlichen Variationen von Temperatur und Feuchtigkeit sind kritischer.

Neuanlagen

Die effizienteste Massnahme bei der Planung einer neuen Rechenanlage ist eine realistische Einschätzung der kurzfristigen Bedürfnisse. Eine spätere Erweiterung oder ein Ersatz ist nicht nur viel kostengünstiger und energiesparender, sondern ermöglicht auch, den gemachten Erfahrungen und neuen Bedürfnissen optimal Rechnung zu tragen und neu entwickelte Dienstleistungen benutzen zu können. Eine ganz wesentliche Frage in diesem Zusammenhang ist, wie zentral eine Anlage sein soll. Eine allgemeingültige Antwort ist kaum möglich, aber der Trend geht in Richtung von dezentralen, eng vernetzten Anlagen. In diesem Fall ist ein stufenweises, den Bedürfnissen angepasstes Wachsen viel eher realisierbar. Der modulare Aufbau hat auch den Vorteil, dass nicht benutzte Kapazitäten abgeschaltet werden können.

Nach der Spezifikation der Bedürfnisse, wozu auch fundierte Anforderungen an die Zuverlässigkeit gehören, sollen alternative Lösungsvorschläge mit Hard- und Software von verschiedenen Herstellern sehr genau untersucht werden. Für den elektrischen Leistungsbezug der einzelnen Komponenten sollen unter realistischen Bedingungen gemessene Werte verlangt werden. Die abgegebene Wärmelast kann bei verschiedenen Fabrikaten ohne weiteres um einen Faktor 2 und mehr variieren. Im Extremfall, der im allgemeinen nur für Arbeitsplatzrechner eintrifft, kann damit der Einbau einer Klimaanlage vermieden werden; Einsparungen an Infrastrukturinvestitionen von 20 000 Fr. pro eingespartem kW Wärmelast sind durchaus realistisch [5]. Für einen rationellen Betrieb sind die zulässigen örtlichen und zeitlichen Toleranzen der Komponenten betreffend Niveau und zeitliche Variation von Temperatur und Luftfeuchtigkeit wesentlich. Bei der Auslegung der Anlage und der zugehörigen Stromversorgung sollte ganz speziell darauf geachtet werden, dass keine unnötigen Spannungs- und Frequenztransformationen vorgenommen werden. Einfache Lösungen genügen den meisten elektrotechnischen Anforderungen, sind billiger, zuverlässiger und energiesparender.

Wärmelasten

Das vielleicht grösste Problem bei der Planung der Infrastruktur (insbesondere Stromversorgung und Wärmeabfuhr) stellt die ungewisse Zukunft dar. Die momentanen Wärmelasten mögen dank sorgfältigem Vorgehen genau bekannt sein, aber ein Rechenzentrum ist ein dynamisches Gebilde. Viele Komponenten haben, verglichen mit Infrastrukturanlagen, eine kurze Lebensdauer, und in einem grösseren Rechenzentrum vergeht kaum ein Jahr ohne neue oder zusätzliche Einheiten. Die neuen Geräte (als Ersatz) bringen eher eine Verminderung (trotz Kapazitätserhöhung), die zusätzlichen Einheiten naturgemäss eine Zunahme des Strombezugs (und der Wärmeabgabe). Stichworte für mögliche Lösungsansätze sind: Zonenbildung, modularer Aufbau, direkte Anspeisung und Kühlung, Ausnützen der Toleranzen. Mit Sicherheit gibt es intelligentere und wohl auch finanziell interessantere Konzepte als eine simple Überdimensionierung der Infrastrukturanlagen.

Die Besonderheiten beim Wärmeanfall in einem Rechenzentrum sind der über längere Perioden zeitlich konstante, örtlich aber sehr unterschiedliche Anfall von Wärme. Durch die Miniaturisierung der elektronischen Komponenten um rund ein Drittel pro Jahr hat zwar der Energieverbrauch pro Recheneinheit abgenommen, aber der Strombezug und damit die Wärmeabgabe pro Flächeneinheit hat sich bei den Rechen- und Speichereinheiten in den letzten 10 Jahren verdoppelt. Typische Werte für lokale Wärmelasten (in der Umgebung der Komponenten) liegen heute zwischen 400 und 800 W/m^2. Abgesehen von diesen Eigenheiten (örtlich konzentrierter, mittelfristig zeitlich konstanter, langfristig unsicherer Wärmeanfall) stellen sich in Rechenzentren dieselben Probleme wie in andern Bereichen: Ist freie Kühlung oder Wärmerückgewinnung die bessere Strategie? Wo kann die anfallende Wärme verwendet werden?

Verbrauchsreduktion: 6 Belege

Industrie. Mit der Abwärme des Rechenzentrums werden zwei Drittel des Wärmebedarfs des ganzen Gebäudes (fast zwanzigmal so gross wie das Rechenzentrum!) der SiemensAlbis AG abgedeckt. Als Rückzahlfrist für die Mehrinvestitionen von 350 000 Fr. für die Wärmerückgewinnungsanlage (mit einer maximalen Abgabe von 250 kW) wird mit 7 Jahren gerechnet [6].

Hochschule. Bereits 1979 wurde am Rechenzentrum der ETH kalte Aussenluft zur Kühlung eingesetzt. Die Einsparung an elektrischer Energie wurde mit 42 % bezüglich der Kälteproduktion und mit 16 % im Verhältnis zum totalen Strombezug des Rechenzentrums beziffert. Die Investitionskosten betrugen rund 100 000 Fr., die jährlich eingesparten Energiekosten liegen in der Grössenordnung von 30 000 Fr.; die zusätzlichen Kosten für Unterhalt u. a. sind nicht bekannt [7].

Hochschule. Im Rechenzentrum der Universität Zürich wurde die Steuerung für die Raumkonditionierung erneuert: Enthalpiesteuerung mit einer tolerierten Variation der Innentemperatur zwischen 21° und 27° C und der Luftfeuchtigkeit zwischen 43 und 62 %; die zugelassene stündliche Temperaturänderung beträgt maximal 0,5° C. Etwa ein Viertel der für die Raumkonditionierung eingesetzten Energie wird so eingespart. Die Rückzahlfrist beträgt 4 bis 5 Jahre [8].

Wärmelastmanagement. Das Beispiel der Elektra Birseck zeigt, dass das Rechenzentrum für ein optimales Wärmelastmanagement nicht isoliert betrachtet werden kann. In diesem Fall handelt es sich um eine interessante Lösung mit einer Massivabsorber-Wärmepumpenanlage. Trotz Vergrösserung des Rechenzentrums wurde eine Reduktion des Stromverbrauchs der Klimaanlage von 75 % erreicht [9].

Bank. Für das Rechenzentrum im Verwaltungsgebäude Werd der Schweizerischen Bankgesellschaft wird der Ersatz einer USV-Anlage mit einem Wirkungsgrad von 75 % durch eine Neuanlage mit einem Wirkungsgrad von mehr als 90 % und der Einbau einer Wärmerückgewinnung erwähnt [10].

Telefonzentralen. Erwähnenswert ist auch das Forschungsprojekt EVENT der PTT, wo für unbesetzte Telefonzentralen mit etwa 10 kW Verlustleistung u. a. auch Energiesparmassnahmen untersucht werden. Durch den Einsatz indirekter freier Kühlung werden Energieeinsparungen bis 40 % erwartet. Im Nachfolgeprojekt TREND soll demonstriert werden, dass bei Verzicht auf Raumluftbefeuchtung und dank direkter freier Kühlung die Kühlleistung von 3,5 kW auf rund 0,5 kW und der Gesamtenergieverbrauch um rund 25 bis 30 % reduziert werden kann [11].

Technische Begriffe

Bit: Binärziffer, hat den Wert 0 oder 1.
Byte: Gruppe von 8 Bits; übliche Einheit zur Darstellung eines Zeichens.
1 MByte = 1MB = 2^{20} Bytes = 1048 567 Bytes.
RAM (Random Access Memory): Hauptspeicher, Arbeitsspeicher; die Kapazität wird in Bytes gemessen.
ROM (Read Only Memory): Speicher mit nicht löschbarer Information, die ohne Stromversorgung erhalten bleibt.
MIPS (Millions of Instructions per Second): Ein Mass für die Rechengeschwindigkeit.
MFLOPS (Millions of Floating Point Operations per Second): Ein anderes Mass für die Rechengeschwindigkeit.
TTL: Digitale Schaltung, die durch die Schaltschnelligkeit ausgezeichnet ist, aber hohe statische Energieverluste hat.
NMOS: Digitale Schaltung, die langsamer ist als TTL, aber kleinere statische Verluste aufweist.
CMOS: Digitale Schaltung mit praktisch keinen statischen Verlusten; die dynamischen Verluste sind proportional zur Geschwindigkeit.
DRAM (dynamisches RAM): Preisgünstiger Speicher, der zum «Halten» der Information viel Energie braucht.
SRAM (statisches RAM): Verbraucht weniger Energie, ist aber bedeutend grösser und teurer als DRAM.
USV = Unterbrechungsfreie Stromversorgung.

Literatur

[1] Moser, R.; Weber, L: Energieverbrauchsanalyse von PC-Zentraleinheiten. Diplomarbeit ETH, Zürich 1990/91. Und L. Weber: Energiesparen bei PC-Zentraleinheiten. Bulletin SEV/VSE 82/16, Zürich 1991.

[2] Spreng, D.; Aebischer, B.: Computer als Stromverbraucher. Schweizer Ingenieur und Architekt Nr. 50, Zürich 1990.

[3] ARGE Amstein + Walthert/INTEP: Sparpotential beim Elektrizitätsverbrauch von zehn ausgewählten arttypischen Dienstleistungsgebäuden. Bundesamt für Energiewirtschaft, Bern 1990.

[4] Künzler, B.: Stromsparmassnahmen in einem grossen Rechenzentrum. Diplomarbeit ETH, Zürich 1989/90.

[5] Bänninger, M., Schweizerische Bankgesellschaft: Praxisseminar von Bauherren für Bauherren.

[6] Abwärmenutzung in Industrie und Gewerbe, Nr. 28. Eine Dokumentation der Kantonalen Energiefachstellen und des Bundesamtes für Energiewirtschaft, Bern 1988.

[7] Kiser, M.: Trends in der Entwicklung des Stromverbrauchs beim Einsatz von Grossrechnern. Semesterarbeit ETH, Zürich 1988.

[8] Brechbühl, B., Amt für technische Anlagen und Lufthygiene des Kantons Zürich: Mitteilung vom 15. Oktober, Zürich 1991.

[9] Längin, E.: Wärme und Kühlverbund der Elektra Birseck, Münchenstein: Infel-info vom März 1990, und Heizung/Klima Nr. 3, Zürich 1990.

[10] Kostensenkung durch Energiesparen: Schweizerische Bankgesellschaft Werd. Schweizer Energiefachbuch, St. Gallen 1990.

[11] Beiträge der PTT: Aktionsprogramm «Energie 2000», 1. Jahresbericht 1991. Und «Ein Jahr danach»: Bericht des EVED, Bern 1991.

2.4 Unterbrechungsfreie Stromversorgung

KARL HEINZ BECKER

→
2.3 Rechenanlagen, Seite 67

Zu hoch veranschlagte Gerätelasten führen zu überdimensionierten Anlagen der unterbrechungsfreien Stromversorgung (USV). Dadurch arbeiten die Anlagen mit einem schlechten Wirkungsgrad. Einsparungen von Energie lassen sich auch mit lokalen Gleichspannungsnetzen erzielen. Im Zentrum dieses Beitrages stehen statische USV-Anlagen mittlerer Leistung für den Betrieb von EDV-Zentraleinheiten mit den dazugehörenden Kommunikations-Komponenten.

Zur Technik von USV-Anlagen

Die primäre Funktion einer USV-Anlage besteht darin, bei Netzunterbrüchen die Stromversorgung der EDV-Einheiten sicherzustellen. Zusätzlich sorgt die USV-Anlage geräteseitig für stabile Netzverhältnisse. In der Regel befinden sich im Lastpfad ein Transformator (galvanische Trennung), Drosseln zur Dämpfung von energiereichen Netztransienten und Filter zur Beherrschung der Oberwellen, die durch die getakteten Netzgeräte, den Gleich- und den

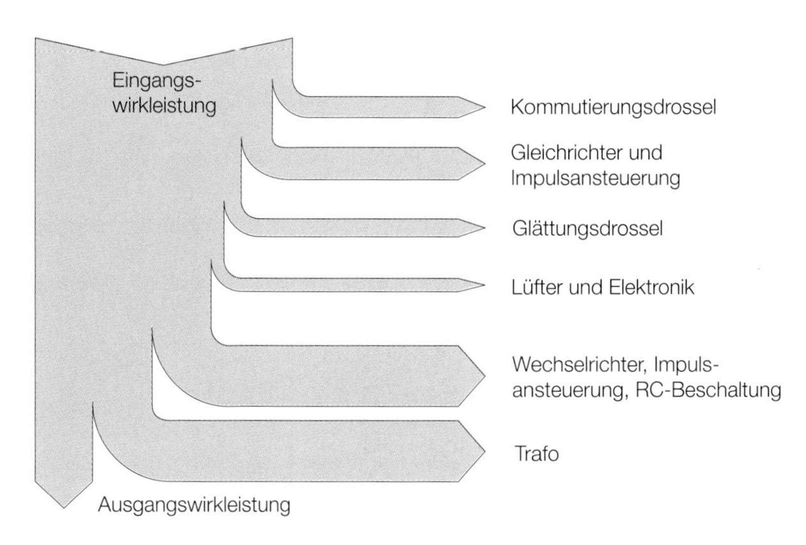

Abb. 1: Energieverluste von USV-Anlagen-Komponenten. Die Breite der Pfeile gibt qualitativ die relative Bedeutung der einzelnen Verlustquellen an. [1]

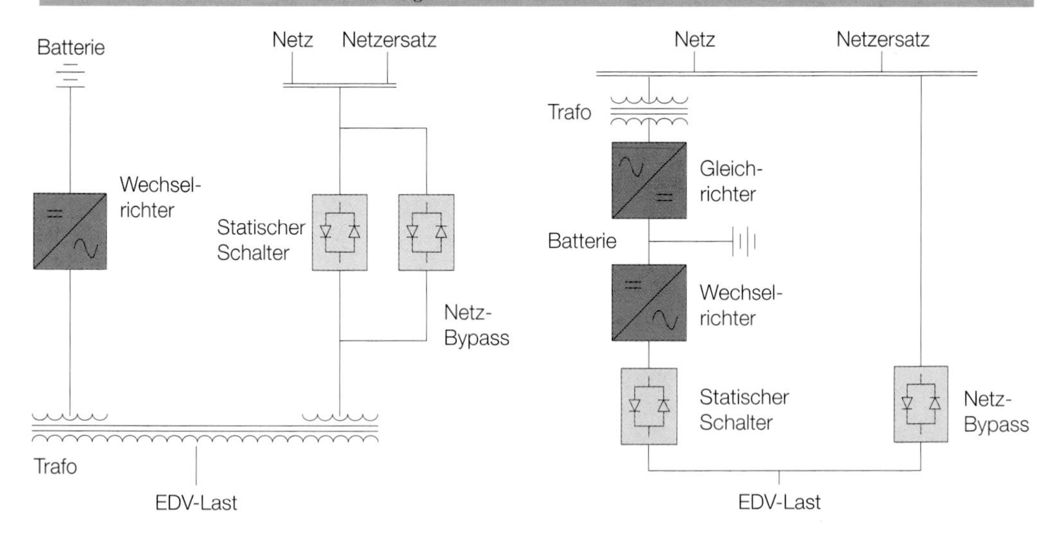

Abb. 2: Energielieferung bei Netzausfall von Batterie über Wechselrichter (Variante 1).

Abb. 3: Schaltbild für USV (Variante 2).

Wechselrichter verursacht werden. Eine Batterie, ausgelegt für eine definierte Zeitspanne, liefert bei Netzausfall die Energie. Ein manueller Bypass erlaubt, bei Service-Arbeiten die USV-Anlage zu isolieren. Grundsätzlich bietet der heutige Markt zwei USV-Anlagekonzepte an.

Variante 1

Bei vorhandenem Netz oder Netzersatz, also dem Normalfall, findet die Energieversorgung der EDV-Last direkt über den eingeschalteten statischen Schalter und den Transformator statt. Der zum Netz synchron geschaltete Wechselrichter arbeitet einerseits als Gleichrichter (Batterieladung) und andererseits als Wechselrichter (Ausgleich von Netzschwankungen). Bei Netzausfall oder bei einer Netzspannung ausserhalb der erlaubten Spannungstoleranz öffnet sich der statische Schalter, der Wechselrichter wird dann von der Batterie gespeist und liefert die Energie für die EDV-Last. Dies erfolgt unterbrechungslos und ohne Änderung der Ausgangsspannung. Nach Netzrückkehr (Netzersatz) synchronisiert sich der Wechselrichter, und der statische Schalter wird wieder geschlossen.

Variante 2

Im Unterschied zur Variante 1 fliesst bei der Variante 2 im Normalfall, also praktisch während des ganzen Jahres, die EDV-Last durch den Gleich- und Wechselrichter. Ein Netzbypass (statischer Schalter) erlaubt eine unterbrechungsfreie Umschaltung der Last vom Wechselrichter an das Netz (Netzersatz) und umgekehrt. Um eine Überdimensionierung der USV-Anlage zu vermeiden, wird der Netzbypass für die benötigte Kurzschlussleistung zu Hilfe genommen.

Wirkungsgrad

Wirkungsgradvergleich von Variante 1 und Variante 2: Der Wirkungsgrad ist desto schlechter, je kleiner eine USV-Anlage und je kleiner das Verhältnis von

Verbraucherlast und USV-Nennlast sind. Bei der Gegenüberstellung der Wirkungsgrade der beiden Varianten wird netzseitig bei der Variante 2 ein Transformator miteinbezogen. Bei modernen 12pulsigen USV-Gleichrichtern sollte dieser Transformator in jedem Fall vorgesehen werden. Die Zahlen der Tabelle 1 zeigen deutlich, dass bei der Variante 2 im Normalfall (Netz vorhanden) durch den Gleich- und Wechselrichter zusätzliche Energieverluste entstehen.

BBU: Battery-Back-up-Unit
DC: Gleichstrom
HLK: Heizung, Lüftung, Klima
NEA: Netzersatzanlage
PV: Photovoltaik
USV: Unterbrechungsfreie Stromversorgung

	η (1/2-Last)		η (3/4-Last)		η (4/4-Last)	
kVA	Variante 1	Variante 2	Variante 1	Variante 2	Variante 1	Variante 2
20	90,8	88	92,6	89	93,6	89,5
40	92,3	89	94,2	90,5	95,2	90,5
80	93,5	89,5	95,4	90,5	96,4	90,5

Tabelle 1: Vergleich der Wirkungsgrade η für Variante 1 und Variante 2.

Checkliste: Planung und Auslegung von USV-Anlagen

Benützeranforderungen

- Ist eine USV-Anlage überhaupt notwendig? Das schweizerische Mittelland verfügt über eine im Vergleich zu den Nachbarländern hohe Verfügbarkeit der elektrischen Energieversorgung.
- Das lokale Elektrizitätswerk oder der Verband Schweizerischer Elektrizitätswerke liefern Netzausfallstatistiken. Kurzunterbrüche ereignen sich bedeutend häufiger als Langzeitunterbrüche. In der Regel decken Netzgeräte bei Nennspannung einen Kurzunterbruch bis 50 ms (zweieinhalb Perioden) ab. Nur ungefähr 10 % der in einer EDV-Anlage auftretenden Fehler beruhen auf elektrischen Ursachen.
- EDV-Applikationen und EDV-Hardware so konzipieren, dass bei einem Kurzunterbruch kein Schaden entsteht.
- Risiko-Analyse mit Kosten-Nutzen-Berechnung durchführen (mehr Einsatz von Technik bedeutet nicht unbedingt höhere Verfügbarkeit).

Gesamtheitliche Lösungen

- Hard- und Software-Konzepte von EDV-Anlagen mit dem Energieversorgungskonzept in Übereinstimmung bringen.
- Planer von EDV-Anlagen und Energieversorgung sollten frühzeitig miteinander kommunizieren, um in einer späteren Phase Sachzwänge zu vermeiden.
- Die Wattleistung der Verbraucher (EDV- und zugehörige Kommunikations-Komponenten) in einer Verbraucherliste erfassen.
- Nur gemessene Werte der Komponenten und nicht Angaben auf dem Typenschild übernehmen. Werte von EDV-Zentraleinheiten und Arbeitsplatzgeräten von den Lieferanten verlangen, aus der INFEL-Gerätedatenbank beziehen oder selbst ermitteln.
- Für das USV-Netz spezielle Anschlusssteckdosen verwenden (gilt für Arbeitsplatzgeräte), z. B. Steckdosen-Typ 13, waagrecht, flach.
- Die in der Verbraucherliste aufgeführte Geräteleistung (kW), welche im Normalfall eine Grundlast darstellt, sollte ca. 90 % der USV-Anlagenleistung

(kW) betragen. Zukünftige Zentraleinheiten werden, bei grösserer Rechenleistung, eher weniger Energie benötigen.
• Zusätzliche Kapazität der USV-Anlage aus übertriebenem Sicherheitsdenken (Parallelbetrieb von zwei 100-%- oder drei 50-%-Anlagen) nicht zulassen. Dies bedingt, dass jede USV-Anlage bei z. B. zweimal 100 % höchstens mit Halblast fährt. Als Alternative bietet sich ein 2-Strang-Konzept (zweimal 50 %) für die EDV- und die USV-Anlage an. Bei Ausfall eines Stranges übernehmen die vernetzten EDV-Komponenten des verbleibenden Stranges teilweise die Funktion des ausgefallenen Stranges.
• Die Kapazität der Batterie in USV-Anlagen so klein wie möglich halten. Prüfen, ob eine Wärmekraftkopplung (Gasmotor) als Netzersatz eingesetzt werden kann.

Ausschreibung

Wichtige Daten, die bei der Ausschreibung zu erfragen sind:
• Der Wirkungsgrad bei 4/4-, 3/4- und 1/2-Last.
• Die prozentuale Spannungsausgangsstabilität bei symmetrischer und unsymmetrischer Phasenlast sowie Lastzuschaltung inklusive Zeitspanne bis zur vollen Lastübernahme, jeweils zwischen 0 und 100 %.
• Die prozentuale Überlast und Dauer auf der Ausgangsseite des Wechselrichters.
• Die Netzrückwirkungen, verursacht durch den Gleichrichter (Stromharmonische in % des Nennstroms, oder anders gesagt: genügend sinus-förmiger Netzstrom, entsprechend SEV-Norm 3600).
• Die Verträglichkeit des Wechselrichters bezüglich unlinearer Last (EDV-Last = 100 % unlineare Last). Der Wechselrichter sollte nicht überdimensioniert werden (Wirkungsgradeinbusse).

Evaluation der USV-Anlagen

• Gleiches mit Gleichem vergleichen.
• Die Energiekosten (Differenz der Wirkungsgrade der USV-Anlage inklusive die zusätzlich benötigte Energie für die Kühlung) über die Lebensdauer der USV-Anlage in der Evaluation berücksichtigen. Zudem sollten die zusätzlichen HLK-Kosten miteinbezogen werden.

Kontrolle

• Bei der Auslegung der HKL-Anlagen ständig überprüfen, ob von den HKL-Planern die vorgegebenen Verlustleistungen der USV-Anlage richtig interpretiert und keine Zuschläge gemacht werden.
• Nach der Inbetriebsetzung muss eine Kontrollmessung verbraucherseitig über die Belastung der USV-Anlage durchgeführt werden. Verlässliche Messresultate (± 2 %) erhält man mit herkömmlichen kWh-Zählern.

Sparpotential

Jede Stromumrichtung verursacht Verluste. Ziel sollte es daher sein, die Stromumrichtungen auf ein Minimum zu reduzieren. In Zukunft könnte daher vermehrt eine Lösung, die sogenannte «Battery-Back-up-Unit» (BBU), in Abb. 4 dargestellt, in Frage kommen. In 1. Priorität liefert die Photovoltaik-

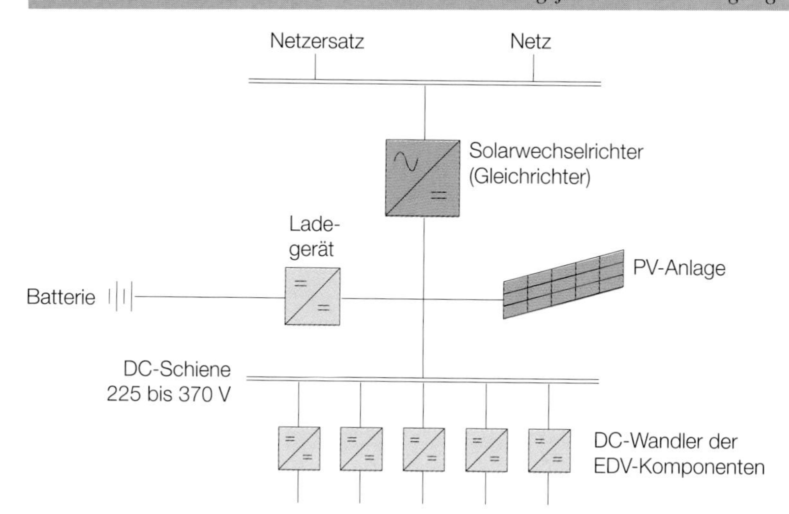

Abb. 4: Prinzip der «Battery-Back-up-Unit» (BBU) in Kombination mit Photovoltaik.

Anlage, in 2. Priorität das Netz (NEA) die Energie für die EDV-Komponenten. Diese sind mit einer DC-Schiene, Schienenspannung zwischen 225 V bis 370 V, verbunden. Die DC/DC-Wandler liefern somit direkt von dieser Schiene die von den EDV-Komponenten benötigten Spannungen. Der Wirkungsgradvergleich in Tabelle 2 zeigt auf, welche Verbesserungen im Gesamtwirkungsgrad bei der Anwendung der BBU-Variante zur Versorgung von EDV-Anlagen vorhanden sind. Es müssen nur noch die Verluste des Umrichters, des Ladegerätes und der DC/DC-Wandler der EDV-Komponenten abgeführt werden. Bei Einsatz von Photovoltaik übernimmt der Umrichter bei Überschussproduktion der PV-Anlage die Funktion eines Solarwechselrichters, bei Unterproduktion diejenige eines Gleichrichters.

	USV-Anlage η	Gleich-richter BBU η	Getaktetes Netzgerät η	Durchschnittlicher DC/DC-Wandler η	Total η
Variante 1	95,2 %	--	90 %	75 %	64 %
Variante 2	90,5 %	--	90 %	75 %	60 %
Variante BBU	--	99 %	--	75 %	74 %

Tabelle 2: Wirkungsgradvergleich, 40 kVA und 4/4-Last.

Literatur

[1] Erzberger, Wilhelm. Siemens-Albis AG. Technische Rundschau 17/91, Zürich 1991.

2.5 Kühlmöbel und Kälteanlagen

HANS PAULI

→
2.6 WRG, WP und WKK, Seite 84
3.6 WRG, AWN, WP und WKK, Seite 121
8. Wärme, Seite 257 ff.

Fast drei Fünftel, 59 %, beträgt das Stromsparpotential bei gewerblichen Kälteanlagen und Kühlmöbeln. Eine ganze Palette möglicher Massnahmen könnte helfen, dieses riesige Potential auszuschöpfen, beispielsweise Verbesserung der Luftführung, Reduktion der Kaltluftflucht sowie konstruktive Massnahmen am Kühlaggregat. Im Detailhandel ist die Präsentation der Verkaufsgüter ein gewichtigeres Argument als Energiesparen. Erfolgreiche Sparmassnahmen berücksichtigen diesen Umstand.

Die Kühlkette und deren Glieder

In den vergangenen 20 Jahren hat sich der Konsum von Kühlkost verdoppelt, was eine Zunahme der Kühl- und Tiefkühlmöbel um eine Zehnerpotenz zur Folge hatte. Bis das Kühlgut beim Konsumenten ist, durchläuft es eine Reihe von Stationen, die sogenannte Kühlkette: Produktion und Verpackung, Lagerung, Transport, Zwischenlagerung, Transport zum Lebensmittelhändler, Lager und Präsentation beim Lebensmittelhändler sowie die Aufbewahrung beim Verbraucher. Durch den ansteigenden Konsum von Kühl- und Tiefkühlprodukten ist ein grösserer Verbrauch an Strom sozusagen programmiert. Gerade bei neuen Geräten liessen sich erhebliche Sparpotentiale realisieren. Für erhöhte Anforderungen sind die Umstände günstig, weil durch das Verbot einiger weit verbreiteter Kältemittel, die die Ozonschicht schädigen, bedeutende Innovationen im Kühl- und Kältegerätemarkt zu erwarten sind.

Zu einer Kälteanlage gehört das Kühl- oder Tiefkühlmöbel, eine Kältemaschine (der Verdichter), eine Wärmeabgabeeinrichtung (Kondensator, Wärmerückgewinnungsanlage), Rohrleitungen mit Armaturen und Regelorganen, eine Steuerung sowie das Betriebsmittel (Kältemittel).

Kühl- und Tiefkühlmöbel

Das Kühl- oder Tiefkühlmöbel dient in erster Linie dem Verkauf der gekühlten bzw. tiefgekühlten Ware. Daher ist eine attraktive Präsentation besonders wichtig (z. B. kein Schwitzwasser). In der Rückwand oder im Doppelboden wärmegedämmter Kästen oder Wannen von Kühlmöbeln sind Luftkühler eingebaut. Zwei bis drei Ventilatoren blasen die gekühlte Luft über das Ausströmgitter über die Produkte. Die gleiche Luft wird am anderen Ende des Kühlgerätes wieder angesaugt und zum Luftkühler geleitet. Kühlmöbel ent-

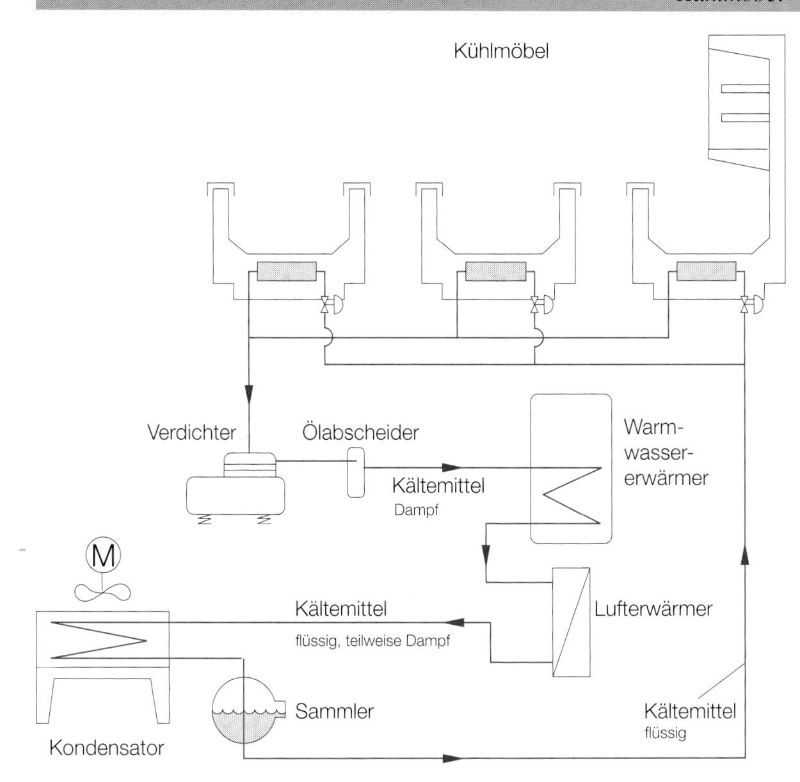

Abb. 1: Vereinfachte Darstellung Kühlmöbel mit Kälteanlage und Wärmerückgewinnung.

halten verschiedene Wärmeerzeuger: Beleuchtungskörper, Ventilatormotoren, Rahmen- und Scheibenheizungen sowie die Abtauheizung am Luftkühler. Für eine Kilowattstunde eingebrachter Wärme muss wieder gleichviel elektrische Energie beim Verdichter aufgewandt werden, um diese abzuführen. Die internen Wärmeerzeuger sind auszugliedern oder zu minimieren. Weitere Einflüsse: Raumluftbedingungen wie Temperatur, Luftfeuchte und Luftströmung; auch der Strahlungsanteil aus der Umgebung kann einen grossen Wärmeeintrag ins Kühlmöbel verursachen.

Kälteanlagen

Die Kälteanlage besteht aus zwei oder mehreren Kältemittelverdichtern, einem oder mehreren Kondensatoren, Rohrleitungen, Hilfseinrichtungen und einer Steuerautomatik, in der Regel aus ausgereiften Einzelkomponenten. Diese werden jedoch vor Ort im Kellergeschoss montiert und mit mehr oder weniger langen Leitungen zwischen Kühlmöbeln, Verdichter, Wärmerückgewinnung und Kondensator verbunden. Wichtig ist auch die Frage, ob Verbundanlagen (meist zwei Verdichter) oder Einzelverdichter (10 bis 30 Verdichter) weniger Energie benötigen. Verbundanlagen schneiden besser ab. Bei vielen Kühlstellen fährt die Verbundanlage nie im untersten Teillastbereich, was bei Einzelanlagen häufig der Fall ist. Ein weiterer Schwachpunkt ist die Installationstechnik, die exakte Dimensionierung der Leitungen sowie das Abstimmen der Kondensatoren und WRG-Anlagen. Eine gute Steuer- und Regeltechnik ist notwendig, um die Anlage automatisch zu betreiben. Stromverbraucher

Carterheizung: Heizt vor dem Warmlaufen des Kühlaggregates das Öl-Kältemittel-Gemisch.

in der Kälteanlage sind die Kältemittelverdichter, Carterheizungen, Kondensatorenventilatoren und die Steuereinheit. Ein grosser Schwachpunkt ist der unbefriedigende Wirkungsgrad der Kältemittelverdichter. Der praktische Wert liegt bei 50 bis 60 % des theoretisch möglichen.

Wärmerückgewinnung und Hilfseinrichtungen

Die dem Kühlgut entzogene Wärme wird auf unterschiedlichen Wegen abgeführt, allerdings immer seltener über Kaltwasser oder Luftkühler, weil Bewilligungen nicht erteilt werden. Mit der entzogenen Abwärme kann Warmwasser aufbereitet werden. Sinnvollerweise sollte die Überhitzungswärme (aus dem Heissgas des Kompressors) für Warmwasser (ca. 60°C) sowie die Kondensationswärme (auf möglichst tiefem Temperaturniveau) zur Heizung (Luftregister) verwendet werden.

Betriebsmittel

Betriebsmittel sind im wesentlichen Kältemittel, Schmieröle und Reinigungsmittel. Es müssen dringend Ersatzstoffe für FCKW (Fluorchlorkohlenwasserstoffe) gefunden werden, da in verschiedenen europäischen Ländern ein Verbot für R12 ab 1995 sowie für R22 ab 2000 bereits verhängt wurde. Als Alternativen stehen aber nur das altbewährte Ammoniak sowie das neuentwickelte R134 zur Verfügung.

Stromsparende Massnahmen

Verbesserung der Luftführung

Mit den aufgeführten Massnahmen können, je nach Kühlmöbeltyp, bis zu 16 % Elektrizität eingespart werden.

- Durch eine verbesserte Anströmung des Verdampfers kann eine Verringerung der Temperaturdifferenz zwischen Umluft und Luftkühler erreicht werden.
- Der konvektive Wärmeeintrag wird um rund 10 % verringert, wenn bei offenen Kühlmöbeln der Kaltluftvorhang verbessert wird.
- Die Ventilatorleistung wird um rund 10 % verringert, wenn der Luftkanal gute Strömungsverhältnisse («runde Ecken») bietet.
- Die Umluftmenge kann um geschätzte 25 % verringert werden, wenn die Kühlprodukte direkter angeströmt werden (weniger «Kaltluftverluste»).

Vermindern der Kaltluftflucht

Eine Kombination dieser Massnahmen (Vermindern der Kaltluftflucht sowie Verbesserungen am Kühlaggregat) bringt, je nach Kühlmöbeltyp, eine Einsparung von 10 bis 45 %.

- Bei Tiefkühlschränken ist eine horizontale Unterteilung in Einzeltürme möglich.
- Vermeiden schräger Tablare.
- Kaltluftvorhang: Einsatz eines weiteren, abschirmenden, gleichlaufenden Luftvorhanges (bei offenen Geräten). Mit einem weiteren Ventilator wird ein zweiter, warmer Vorhang vor den Kaltluftvorhang gelegt. Folge: geringerer

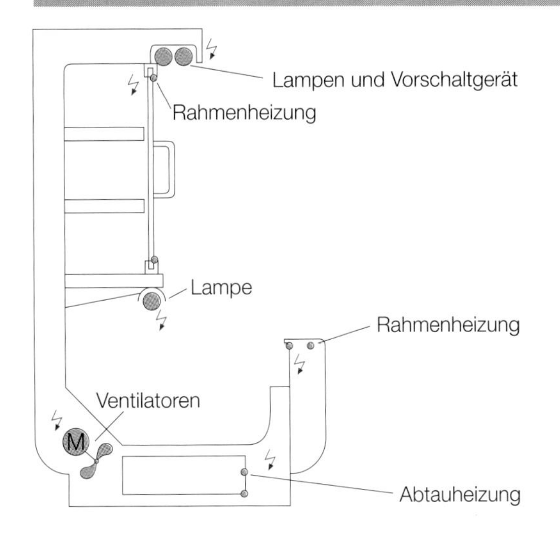

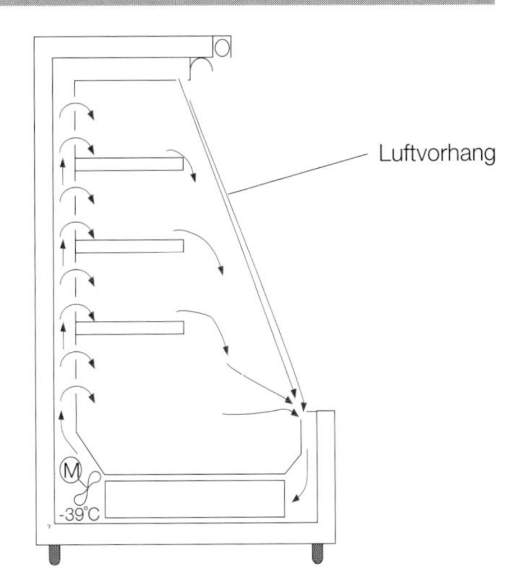

Abb. 2: Wärmeerzeuger im Kühlmöbel.

Abb. 3: Luftführung bei einem Plusmöbel.

konvektiver Warmlufteintrag. Konstruktive Anpassungen sind allerdings notwendig.
• Einsatz von Nachtabdeckungen, angepasste Kühlmöbelinnentemperatur während der Nacht, gesteuerte Abtauung.
• Wärmestrahlung abweisende Schichten auf Türglas: Einsatz von infrarotreflektierenden Schichten (Indrium-Oxid dotierte Kunststoffolie). Die Folien reflektieren 50% der Infrarotstrahlung.
• Wärmestrahlung abweisen: Einsatz von aussenliegenden, infrarot-reflektierenden Schirmen oder Baldachinen.
• Wärmestrahlung absorbierendes Glas: Der elektrische Aufwand für die Scheibenheizung kann verringert werden, indem infrarot-absorbierende Schichten auf der Aussenseite der äusseren Scheibe angebracht werden. Zusätzlich wird der Einfall von Infrarotstrahlung vermindert.
• Höhere Wärmedämmung: Diese Massnahme hat allerdings nur ein geringes Sparpotential, besonders bei offenen Geräten.
• Oberfläche-Volumen: Einsparungen durch ein besseres Oberflächen-Volumen-Verhältnis, d. h. möglichst kompakte zylindrische Formen (Idealform: Kugel).

Kühlaggregat

• Bedarfsabtauung: Die Abtauung sollte sich bei einem gewissen Eisansatz einschalten lassen. Allerdings: Die Eisdetektion ist in der Praxis noch zuwenig zuverlässig, um ein automatisches Abschalten des Vorgangs zu ermöglichen.
• Grössere Verdampferoberflächen bedeuten höhere Verdampfungstemperaturen, also kleinere Temperaturdifferenzen, was eine bessere Kältezahl ergibt. Es sollte möglich sein, den Verdampfer um 25 % zu vergrössern.
• Der Wirkungsgrad der Ventilatoren ist zu verbessern.
• Beleuchtung: Einsatz von Leuchtstofflampen mit höherem Wirkungsgrad, Reduktion der Beleuchtungsleistung sowie Montage der Vorschaltgeräte ausserhalb des Kühlmöbels.

Kälteanlagen

Vorsichtige Schätzungen beziffern das Sparpotential für Massnahmen an Kälteanlagen auf mindestens 15 %.
- Verbundanlagen sind Einzelanlagen vorzuziehen.
- Drehzahlregulierte Verdichter sind besser geeignet.
- Optimierungsregelung: Geringere Druckdifferenz zwischen Kondensator und Verdampfer (gleitende Regelung).
- Maximale Unterkühlung des flüssigen Kältemittels anstreben.
- Optimale Dimensionierung der Anlagekomponenten sowie der Rohrleitungsquerschnitte.
- Kondensatoren mit mehreren Leistungsstufen und Ventilatoren einsetzen.
- Nach dem Verdichter Ölabscheider einsetzen.
- Verhindern von Wärmestaus im Bereich der Kondensatoren.

Betriebliche Massnahmen

Mit den aufgeführten Massnahmen lassen sich ohne Investitionen 10 % der elektrischen Energie einsparen. Bei schlechten Anlagen bringen betriebliche Massnahmen grössere Einsparungen.
- Kühlgut nicht im Bereich der Luftabsaugegitter einlagern.
- Kontrolle der Raumtemperatur, Nachtabsenkung vorsehen.
- Reduzierung der Lüftung in Schwachlastzeiten und ausserhalb der Geschäftszeiten.
- Ausserhalb der Öffnungszeiten Beleuchtung reduzieren oder abschalten.
- Jährliche Wartung: Kühlmöbel ausräumen, reinigen und Verdampfer kontrollieren.

Umsetzung

Im Detailhandel kommt Präsentation vor Energiesparen. Zudem zählt in der Regel das Investitionskapital als Entscheidungsgrundlage und nicht eine detaillierte Jahreskostenrechnung. Bessere Kühlmöbel sind teurer, jedoch zahlen sich die Mehrinvestitionen nach wenigen Jahren aus. Was jedoch mit

Sparpotential: 59 %

Auf rund 59 % veranschlagen Fachleute das Sparpotential Strom von gewerblichen Kälteanlagen und Kühlmöbeln. Mit betrieblichen Massnahmen könnten 10 %, mit Massnahmen an den Kühlmöbeln 34 % und durch Verbesserung an der Technik der Kälteanlagen 15 % des Elektrizitätsverbrauches eingespart werden. Auf den absoluten Verbrauch umgerechnet, ergeben sich folgende Zahlen: 274 GWh pro Jahr fliessen gegenwärtig in diese gewerblich genutzten Geräte, mit 113 GWh könnte die gleiche Dienstleistung erbracht werden. Durch das geschätzte Wachstum von jährlich 2 % an Kühlmöbeln ergibt sich im Jahre 2000 ein Verbrauch von 228 GWh. In dieser Zahl sind Energiesparmassnahmen bereits berücksichtigt. Das dannzumal unausgeschöpfte Energiesparpotential beträgt 90 GWh.

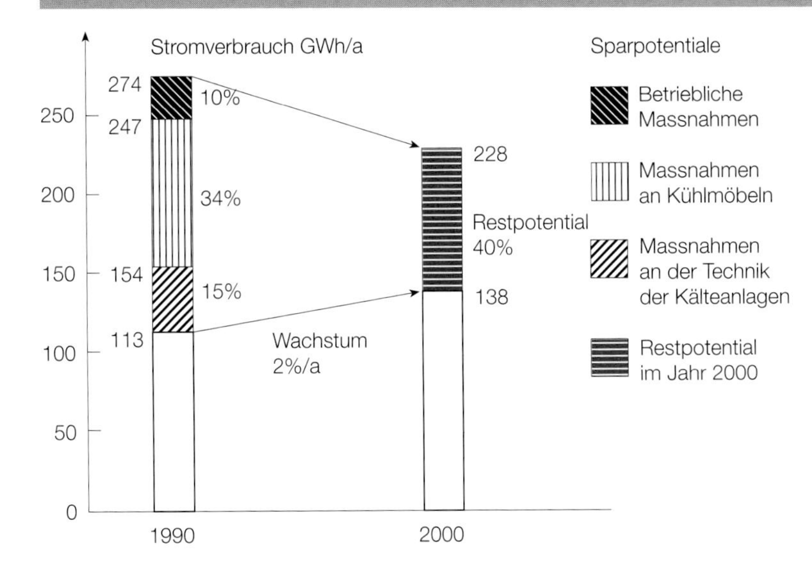

Abb. 4: Verbrauch und Sparpotential gewerblicher Kälteanlagen und Kühlmöbel, 1990 und 2000, in GWh/a.

Sicherheit geringere Investitionen zur Folge hat, sind kompetente Planung, exakte Dimensionierung sowie Kälte- und Überwachungskonzepte. Wassererwärmung und Ladenheizung mit der Abwärme der Kälteanlagen zu kombinieren – eine besonders wirksame Wärmerückgewinnung – ist ebenfalls wirtschaftlich. Um schlechten Produkten den Marktzugang zu erschweren, sollten bei steckerfertigen Kühlmöbeln Typenprüfungen vorgenommen werden.

Literatur

[1] Gac, A.; Gautherin, W.: Le froid dans les magasins de vente de denrées périssables. Pyc édition, Paris 1987.

[2] Rigot, G.: Meubles et Vitrines Frigorifiques, technologie, utilisation, critères de choix. Pyc édition, Paris 1990.

[3] Arbeitsgemeinschaft Weinmann-Energies & Elektrowatt AG: Elektrischer Energiebedarf in Handelsbetrieben. Forschungsprojekt SIA 380/4, Elektrische Energie im Hochbau, Bericht B-14. Echallens 1991.

[4] Kümin, A.: Die schweizerische Tiefkühl-Wirtschaft 1990. Schweizerisches Tiefkühl-Institut, Zürich 1991.

[5] Vermeulen, P. E. J.: Energieverbrauch von Kühlmöbeln. Koude & Klimaat 82, 1989.

[6] Von der Sluis, S. M.: Energiesparmassnahmen bei Kühl- und Tiefkühlmöbeln. Institut für Umwelt- und Energietechnologie. TNO-Bericht 91-153. Apeldoorn-NL, 1991.

2.6 Wärmerückgewinnung, Wärmepumpen, Wärmekraftkopplung

HANSPETER EICHER

→
3.6 WRG, AWN, WP und WKK, Seite 121
8. Wärme, Seite 257 ff.

Wärmerückgewinnung und Wärmepumpen sind für den rationellen Einsatz von Strom besonders geeignet: Bis zu zehnmal mehr Wärme lässt sich mit diesen Techniken gewinnen als Elektrizität eingesetzt wird. Wärmepumpen können auch in Verbindung mit Kälteproduktion sehr effizient betrieben werden. Blockheizkraftwerke bieten sich als Strom-Wärme-Erzeuger in Spitälern, Schulen, Einkaufszentren oder grossen Bürogebäuden an, insbesondere bei einem Wärmebedarf von über 500 kW beziehungsweise einem Notstrombedarf.

Wärmerückgewinnung und Abwärmenutzung

Die Wärmerückgewinnung (WRG) und Abwärmenutzung (AWN) in Gewerbe und Dienstleistung ist seit vielen Jahren eine standardisierte Technologie. Die Nutzungsgebiete können wie folgt eingeteilt werden:
- Wärmerückgewinnung aus Fortluft von mechanischen Lüftungs- und Klimaanlagen.
- Wärmerückgewinnung aus Prozessabwärme.

Lüftungs- und Klimaanlagen

Die Wärmerückgewinnung aus der Fortluft von Lüftungs- und Klimaanlagen wird heute praktisch ausnahmslos in allen Anlagen eingesetzt, da diese Anwendung auch bei den heutigen tiefen Preisen für fossile Energieträger wirtschaftlich ist. Als Technologien werden bei Neubauten oder grösseren Umbauten wenn immer möglich rotierende Wärmetauscher verwendet. Diese Technologie erlaubt neben einem hohen Wärmeaustauschgrad auch die Übertragung von Feuchtigkeit. Systeme mit einem Zwischenkreislauf kommen zum Einsatz, wenn die luftführenden Kanäle zu weit auseinanderliegen oder die Luftströme aus hygienischen Gründen getrennt werden müssen.

Prozessabwärme

Bei Prozessen stellt sich die Hauptfrage, ob die Prozessabwärme durch WRG grundsätzlich in den Prozess zurückgeführt wird oder allenfalls für eine andere

Wärmenutzung eingesetzt werden kann. Die Rückführung in den Prozess ist vor allem in offenen Prozessen mit hohen Luft- oder Wasserdurchsätzen möglich. Beispiele: Trocknungsaufgaben (Lebensmittel) und Waschprozesse (Geschirrwäscher). Viele Prozesse geben jedoch Wärme ab und müssen gekühlt werden. Die anfallende Abwärme kann nicht in den Prozess zurückgeführt werden. Ein Einsatz kommt aber für die Raumheizung oder die Warmwasseraufbereitung im eigenen Betrieb oder für externe Nutzer in Frage (Abwärmenutzung).

Staatliche Unterstützung

Für die Abwärmenutzung und den Einsatz von Umweltwärme stehen gemäss Energienutzungsbeschluss auch Bundesbeiträge zur Verfügung. Gesuche können beim Bundesamt für Energiewirtschaft und bei der Energiefachstelle des Standort-Kantons eingegeben werden.

Wärmepumpen

Einsatzbereiche von Wärmepumpen: Erzeugung von Kälte für Raumklimatisierung und Prozesskühlung • Wärmerückgewinnung aus Abwärme • Raumheizung und Prozesswärmeerzeugung.

Die hauptsächlich eingesetzte Technologie bei diesen Anwendungen ist die elektrisch angetriebene Wärmepumpe. Gasmotorwärmepumpen kommen bei grösseren Anlagen, z. B. bei der Abwärmenutzung aus Kläranlagen, in Frage.

Kälteerzeugung und Luftentfeuchtung

Primärer Zweck dieser Anlagen ist die Erzeugung von Kälte; z. B. für:

- Luftentfeuchtung, z. B. in Schwimmhallen
- Raumklimatisierung in Büro- und Gewerberäumen
- Kälteerzeugung für die Kühlhaltung von Lebensmitteln
- Erzeugung von Kälte für die Kühlung bei der Herstellung von Produkten aller Art (Kunststoffe, Arzneimittel, Lebensmittel etc.)

Diese Wärmepumpen zeichnen sich gegenüber reinen Kälteanlagen dadurch aus, dass die im Kondensator anfallende Abwärme z. B. für die Warmwasserbereitung oder Raumheizung genutzt wird. Diese Art des Wärmepumpeneinsatzes ist finanziell vielfach sehr interessant, da eine Kälteerzeugung auf jeden Fall notwendig ist, und die Zusatzinvestitionen für die Nutzung der Wärme recht tief sind, wenn ein geeignetes Netz zur Wärmeabgabe vorhanden ist.

Wärmerückgewinnung aus Abwärme

Wärmepumpen werden in der Abwärmenutzung immer dann eingesetzt, wenn das Temperaturniveau der Abwärme zu tief für den Einsatz einer reinen Wärmerückgewinnung liegt. Vielfach ist es nicht möglich, mit konventionellen Wärmepumpen die für die Prozesswärmeerzeugung notwendige Temperatur zu erreichen. Bei Prozessen mit Temperaturen unter 70° C können jedoch konventionelle Wärmepumpen mit dem umweltverträglichen Kältemittel R134a eingesetzt werden. Falls die Wärme nicht für den Prozess selbst brauchbar ist, kann ein Einsatz für Raumheizung innerhalb des Objektes oder bei grossem Abwärmeanfall für die Beheizung externer Objekte verwendet

werden. Beispiele von WRG-Anwendungen:
- Kläranlagen, Wärmeabgabe über einen Nahwärmeverbund
- Abwasser in Schwimmbädern
- Gewerbliche Prozesse (z. B. Kunststoffverarbeitung, Ölmühlen, Härtereien usw.) zur Beheizung eigener und/oder fremder Objekte

Raumheizung oder Prozesswärmeerzeugung

Für Temperaturen bis zu 70° C können Wärmepumpen auch als reine Heizmaschinen, in Konkurrenz zu gas- oder ölbefeuerten Anlagen, eingesetzt werden. Die Wirtschaftlichkeit solcher Anlagen hängt jedoch sehr stark von den Preisen für fossile Energieträger und den Elektrizitätstarifen ab. Gasmotorwärmepumpen können im allgemeinen mit Gaspreisen von ca. 5,5 bis 6 Rp. pro kWh wirtschaftlich betrieben werden. Elektromotorwärmepumpen erreichen ihre Wirtschaftlichkeitsgrenze, wenn die Kosten für eine kWh Elektrizität nicht mehr als zwei- bis dreimal so hoch sind wie diejenigen von Öl oder Gas. Eine Verbesserung der Wirtschaftlichkeit wäre durch die Berücksichtigung der externen Kosten fossiler Energieträger oder durch die Gewährung von Tarifen für unterbrechbare Elektrizitätsbezüge (analog Gastarife) zu erreichen.

Wärmekraftkopplung

Im Dienstleistungsbereich können mit Erd- und Flüssiggas betriebene Blockheizkraftwerke in vielen Fällen bereits bei einem Wärmeleistungsbedarf ab 500 kW wirtschaftlich eingesetzt werden. Besonders vorteilhaft ist es, wenn das Blockheizkraftwerk gleichzeitig als Notstromgruppe eingesetzt werden kann. Wahlweise kann in diesem Fall auch Propan anstelle von Erdgas als Betriebsstoff verwendet werden. Typische Einsatzgebiete im Dienstleistungsbereich sind: Schulhäuser, Schwimmbäder, Verwaltungsgebäude aller Art, Spitäler, Heime, Hotels, Banken und Versicherungen. Ein wirtschaftlicher Betrieb ist dann möglich, wenn die Tarife für Strombezug im Winterhalbjahr (unter Berücksichtigung des Leistungsanteils) mehr als 12 bis 16 Rp. pro kWh betragen, oder wenn entsprechend hohe Vergütungen für Rücklieferungen in das elektrische Netz bezahlt werden. Vor allem die Bezugstarife erfüllen diese Vorgabe schon heute in vielen Gebieten. In Gewerbebetrieben gelten ähnliche Überlegungen wie im Dienstleistungsbereich. Die Wirtschaftlichkeit von Blockheizkraftwerken ist vor allem von einer hohen jährlichen Betriebsstundenzahl (mehr als 3500 h/a) sowie allfälligen Kosten für den Bau von Wärmeverteilnetzen abhängig. Neben der Wärmeerzeugung für die Raumheizung können gasmotorbetriebene Blockheizkraftwerke auch für die Prozesswärmeerzeugung bis 115° C eingesetzt werden. Als Einsatzobjekte können genannt werden: Betriebe der Nahrungsmittelverarbeitung, pharmazeutische Betriebe und Maschinenbau.

Blockheizkraftwerk

Blockheizkraftwerk in der Lista AG in Degersheim. Die bestehende Notstromanlage genügte den wachsenden Anforderungen nicht mehr und sollte erneuert werden. In dieser Situation entschied die Firma Lista, ein

Blockheizkraftwerk zu installieren, welches einerseits Elektrizität und Wärme für den Eigenbedarf produziert und andererseits als Notstromanlage betrieben werden kann.

Daten:
- Industriebetrieb (Stahlbüromöbelproduktion)
- Anzahl Beschäftigte: 270 Personen
- Beheizte Bruttogeschossfläche: Fabrikationsräume 16 000 m^2, andere Räume 5000 m^2

Installierte thermische Leistungen:
- Gas-/Ölkessel 930 und 1450 kW
- Blockheizkraftwerk 310 kW

Wärmekraftkopplungsanlage:
- Stromgeführtes Gasmotor-Blockheizkraftwerk
- Inbetriebnahme: August 1989
- Nennleistungen: thermisch 310 kW; elektrisch 160 kW; Gasanschluss 540 kW

Tarife (August 1990):
- Elektrizität. Bezug im Winter: HT 10,8 Rp./kWh; NT 7,7 Rp./kWh; Bezug im Sommer: HT 8,7 Rp./kWh; NT 5,8 Rp./kWh; Leistung: 111,2 Fr./a kW
- Erdgas: 2,8 Rp./kWh Ho
- Wärmeverkaufspreis: ca. 4,9 Rp./kWh
- Tarifumschaltung entsprechend Winter-/Sommerzeitwechsel

Konzept: Parallel zu den bestehenden zwei Öl-Gas-Heizkesseln wurde ein Standard-Blockheizkraftwerk mit zwei 5000-l-Speichern ins Wärmeversorgungssystem eingebaut. Knapp 60 % der benötigten Wärme werden für die ganzjährige Beheizung der Entfettungs- und Vorbehandlungsbäder eingesetzt. Aufgrund der Revision der Bezugstarife und der Möglichkeit von Rücklieferungen von Stromüberschüssen ins Netz werden zukünftig statt 3400 Vollaststunden jährlich 4700 Stunden erreicht werden.

Wirtschaftlichkeit: Da die Notstromanlage ohnehin benötigt worden wäre, konnten diese Investitionskosten (125 000 Fr.) von den Gesamtkosten von 514 000 Fr. abgezogen werden. Die effektiven Mehrkosten von 389 000 Fr. bedeuten einen spezifischen Anlagepreis von 2400 Fr. pro kW installierter elektrischer Leistung.

Einsparung durch elektrische Eigenerzeugung	68 000 Fr.	
Vergütung Wärmeenergie, nach Einbezug der Kapitalkosten	50 200 Fr.	
Kapitalkosten (Zinssatz 5 %, Nutzungsdauer 15 Jahre)		37 300 Fr.
Erdgasbezug inkl. Grundgebühr		64 500 Fr.
Unterhaltskosten		7 500 Fr.
Heutige Kosteneinsparungen		8 900 Fr.

Tabelle 1: Jahreskostenrechnung für die Blockheizkraftanlage. Angaben in Fr. pro Jahr.

Die Anlage ist also bereits heute, bei relativ tiefen Elektrizitätstarifen, wirtschaftlich. Nach Realisierung der geplanten Laufzeiterhöhung des Blockheizkraftwerkes werden die Kosteneinsparungen steigen.

2.7 Integrale Gebäudeautomation

FELIX GRAF

Mit integraler Gebäudeautomation, die auf Elektronik- und Softwarekomponenten aufbaut, können zunehmend Energiesparpotentiale genutzt werden, die bisher nicht zugänglich waren. Zuvorderst stehen die Möglichkeiten, die sich aufgrund der Vernetzung aller haustechnischen Einrichtungen ergeben. Die integrale Gebäudeautomation ist das Werkzeug zur Ausschöpfung dieser Potentiale. Vorteilhafterweise sind Automationssysteme offen und lassen sich an neue Bedürfnisse anpassen.

Systeme und Komponenten

Ganzheitliche Automationskonzepte erschöpfen sich nicht mehr in der Verbindung der klassischen Haustechnikanlagen, sie vernetzen zunehmend alle technischen Einrichtungen innerhalb des Gebäudekomplexes. Stromversorgung, Beleuchtung, Aufzugsanlagen, Sicherheitsanlagen werden gekoppelt mit der Büroautomation, und in der Industrie werden auch die Anlagen der Produktion und der Logistik miteinbezogen.

Anlage- und Feldgeräte

Für die Lösung der immer anforderungsreicheren Mess-, Steuer- und Regelaufgaben der einzelnen betriebstechnischen Anlagen bieten sich heute immer genauere In-line-Komponenten an. Bei den Gebern (Temperatur, Druck, Feuchte etc.) kommen aktive Bausteine mit Standard-Ausgangssignalen (z. B. 0 bis 10 V oder 4 bis 20 mA) und direkter Anschaltmöglichkeit an eine Unterstation oder an ein Automatisierungsgerät zur Anwendung. Stellgeräte (Ventile, Frequenzumformer etc.) sind mit Antrieben ausgerüstet, die Stellbefehle als Standardsignale von einer Unterstation oder einem Automatisierungsgerät direkt übernehmen und verarbeiten können.

Unterzentralen, Automatisierungsgeräte

Für die Realisierung von modernen komplexen Automationskonzepten hat das Prinzip der dezentralen Intelligenz eine grosse Bedeutung. Die Mess-, Steuer- und Regelaufgabe soll möglichst da gelöst werden, wo sie anfällt, nämlich in der einzelnen betriebstechnischen Anlage. Während Systeme mit zentraler Datenverarbeitung die einzelnen betriebstechnischen Anlagen über

Unterzentralen anschalten, lösen bei dezentralen Konzepten Automatisierungsgeräte die Mess-, Steuer- und Regelaufgaben vorort durch DDC-Technik mit freiprogrammierbaren Systemen. Alle zentralen Funktionen werden über Bus-Systeme mit der zentralen Leittechnik verbunden und übergeordnet gesteuert.

Bus-Systeme

Bus-Systeme verbinden Automatisierungsgeräte, Unterzentralen und zentrale Leitsysteme miteinander. Durch die Wahl des geeigneten Bus-Systems lassen sich offene Architekturen realisieren, welche auch herstellerspezifische Systeme, die häufig nicht kompatibel sind, miteinander verbinden. Dadurch erreicht man zugleich eine Lieferantenunabhängigkeit und damit die beste Voraussetzung für die Erweiterung der Systemlebensdauer.

Leitzentralen

Die Leitzentralen kommunizieren mit den Unterzentralen oder mit den dezentralen Automatisierungsgeräten über das Bus-System. Sie bearbeiten, visualisieren, speichern und stellen dem Benützer die Daten zur systemunabhängigen Nutzung bereit. Immer häufiger werden die Leitzentralen den funktionsbezogenen Benützerbedürfnissen entsprechend aufgeteilt und in Netzwerke eingebunden. Durch frei konfigurierbare Standard-Software für die klassischen Gebäudeautomationsfunktionen werden die wachsenden Anforderungen an die Benützeroberfläche abgedeckt. Mit der heute üblichen Schnittstelle zur DOS-Welt ergeben sich auch auf dieser Ebene individuelle Erweiterungsmöglichkeiten.

Regionalsysteme, HOST-Anschaltungen

Moderne Kommunikationsmittel können einzelne Leitzentralen mit HOST-Rechnern übergeordnet koordinieren. Dadurch ergeben sich neue konzeptionelle Möglichkeiten zur Erschliessung bedeutender Potentiale, wie im zentralen Energiemanagement, im externen Betrieb, Unterhalt und anderswo.

Gebäudeautomationsfunktionen

- Steuern und Regeln der gebäudetechnischen Anlagen mit:
  - logischen Verknüpfungen
  - Zeit- und Zählerfunktionen
  - Grundrechenoperationen
  - PID-Regelalgorithmen
  - Datenverarbeitungsfunktionen
- Messkreisüberwachung
- Aufbereiten der für den Betrieb und die Überwachung aller Anlagen notwendigen Informationen
- Bedienen und Überwachen der Anlagen mit geführtem Zugriff
- Anzeige und Ausdruck von Störmeldungen mit Echtzeit und nach Priorität
- Weitergabe der Störmeldungen an externe Stellen
- Zeitschaltprogramme für tägliches, wöchentliches Ein- und Ausschalten oder Ausnahmeschaltprogramme
- Optimiertes Zeitschalten. Mit Hilfe von Raum- und Aussentemperatur

Abb. 1: Projektablaufschema gemäss SIA 108/1.

MSR: Messen, steuern, regeln.

werden die Ein- und Ausschaltzeiten der Anlagen laufend optimiert

- Betriebsstundenerfassung
- Energiebewirtschaftung (Energie-Management-System) für einen optimierten bedarfsabhängigen Einsatz der vorhandenen Produktionsmittel Wärme, Kälte und Strom
- Vorbeugende Instandhaltung durch ein Instandhaltungs-Management. Über Instandhaltungsprogramme werden anhand von Betriebsdaten Auftragspapiere für die Service- und Unterhalts-Organisation ausgelöst
- Energie- und Unterhaltskosten-Abrechnung
- Energieverbrauchsstatistik
- Trendmeldungen zur Erfassung von Betriebsgrössen über längere Zeit, damit Rückschlüsse für eventuelle energetische oder betriebstechnische Optimierungen gezogen werden können
- Freie Programmierung mit Hilfe einer leicht verständlichen Programmiersprache wie z. B. Funktionsplan, Kontaktplan, Anweisungsliste usw.
- Selbstdokumentation der Anwenderprogramme
- Datenschnittstellen für übergeordnete Systeme für den freien Informationsaustausch via betriebsinternes EDV-Netz
- Datenschnittstelle zu Datenbanken für die Auswertung von Betriebsdaten
- Anschaltung von externen Serviceorganisationen über Telefon-Modem

Nutzung der integralen Gebäudeautomation

Bei Betrachtung des Automatisierungsproblems für ein bestimmtes Objekt lässt sich über eine Energiebuchhaltung feststellen, welche Potentiale z. B. im Bereich der Elektrizität genutzt werden könnten. Leider ist es so, dass aufgrund dieser Potentiale im allgemeinen ein Leitsystem nicht begründbar ist. Werden aber bei einem Neubau oder Umbau eines Objektes die Potentiale aller Ressourcen ermittelt und die Konzepte unter einem ganzheitlichen Aspekt entwickelt, so amortisieren sich solche integralen Systeme in einer Zeitspanne, die weit unter ihrer Lebensdauer liegt.

Vorgehen

Vorstudienphase: Grundlagenzusammenstellung, Problemanalyse, Variantenabklärung. Zielsetzungen für Mess-, Steuer-, Regel- und Überwachungseinrichtungen.

Vorprojektphase: Vorprojekt der festgelegten integralen Gebäudeautomationsvariante, Kostenschätzung, Koordination Haustechnik-Ingenieure gemäss Schnittstellendefinition.

Projektphase: Ausarbeitung der Projekte für die zentrale Leittechnik, die MSR-Technik für die einzelnen betriebstechnischen Anlagen, die Schaltschränke, die Elektroinstallation sowie ein detaillierter Kostenvoranschlag.

Vorbereitungsphase der Ausführung: Ausschreibungsunterlagen für die Projekte erstellen, Vergebensanträge und Terminplanung.

Ausführungsphase: Ausarbeiten der abschlussreifen Verträge, Koordination der Erstellung der Unterlagen durch die Unternehmer für die Ausführung, Überwachung der vertragskonformen Ausführung bezüglich Qualität, Kosten und Termine.

Abschlussphase: Schlussabrechnung, Dokumentation, Schlussabnahme.

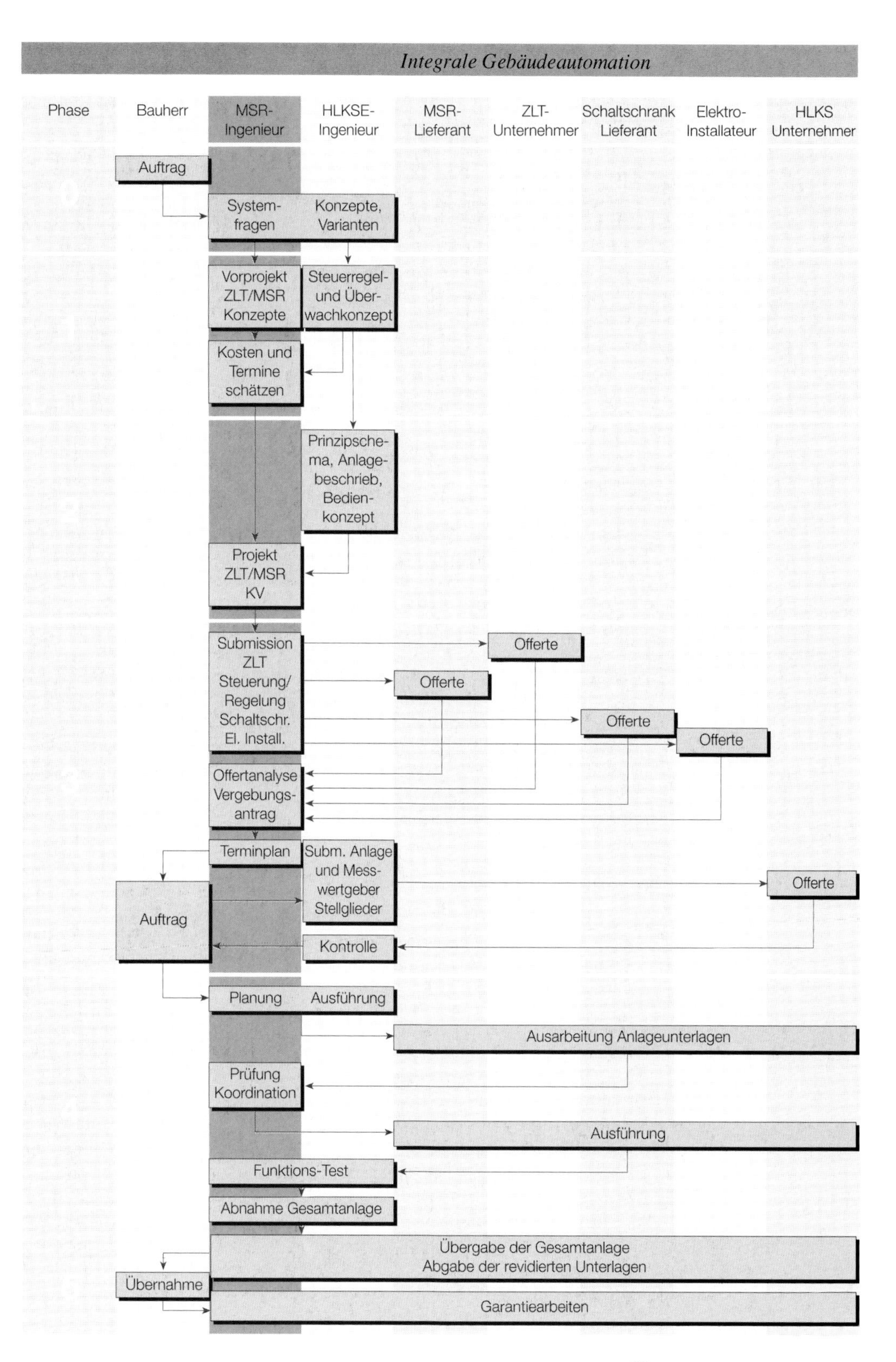
Phase
Bauherr
MSR-Ingenieur
HLKSE-Ingenieur
MSR-Lieferant
ZLT-Unternehmer
Schaltschrank Lieferant
Elektro-Installateur
HLKS Unternehmer
Auftrag
Systemfragen
Konzepte, Varianten
Vorprojekt ZLT/MSR Konzepte
Steuerregel- und Überwachkonzept
Kosten und Termine schätzen
Prinzipschema, Anlagebeschrieb, Bedienkonzept
Projekt ZLT/MSR KV
Submission ZLT Steuerung/ Regelung Schaltschr. El. Install.
Offerte
Offerte
Offerte
Offerte
Offertanalyse Vergebungsantrag
Terminplan
Subm. Anlage und Messwertgeber Stellglieder
Offerte
Auftrag
Kontrolle
Planung
Ausführung
Ausarbeitung Anlageunterlagen
Prüfung Koordination
Ausführung
Funktions-Test
Abnahme Gesamtanlage
Übergabe der Gesamtanlage
Abgabe der revidierten Unterlagen
Übernahme
Garantiearbeiten

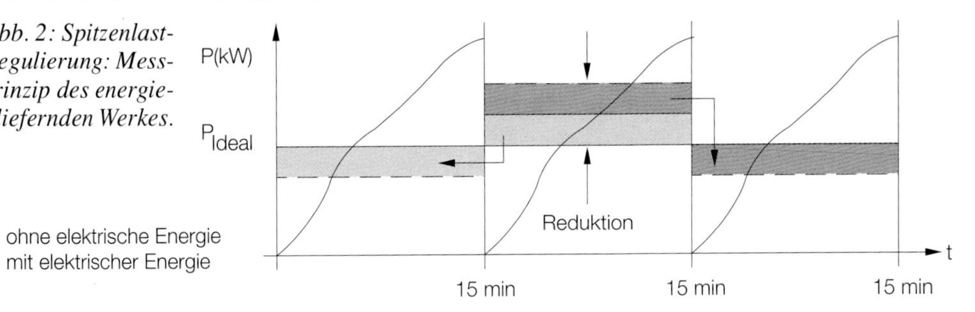

Abb. 2: Spitzenlastregulierung: Messprinzip des energieliefernden Werkes.

Wirtschaftlichkeit

Ausgangslage für integrale Gebäudeautomationssysteme ist eine Energiebuchhaltung, eventuell erweitert auf alle Ressourcen, auf der Basis der Konzepte der einzelnen betriebstechnischen Anlagen sowie die Beschreibung der vorgesehenen Betriebsorganisation. Mit diesen Unterlagen lassen sich Einsparungspotentiale ermitteln. Anhand der grossen Anzahl der Gebäudeautomationsfunktionen können in der Folge Strategien für die Nutzung der Potentiale entwickelt und die Kosten-Nutzen-Betrachtung angestellt werden. In der klassischen Projektorganisation wird meist zwischen Bauherr und Benützer unterschieden. Die betriebsbezogenen Daten werden daher den Investitionskosten untergeordnet und in der Investitionsentscheidung zuwenig berücksichtigt.

Elektronische Managementsysteme zur Spitzenlastregulierung übertreffen in ihrer Wirksamkeit alle anderen Sparbemühungen bei weitem. Sie sind flexibel, reagieren auf eine nahezu beliebige Anzahl von Parametern, können Alarme auslösen, Fehler melden und analysieren, Zusammenhänge aufdecken und Rapporte für Auswertungen liefern. Die dadurch erzielbaren Ersparnisse machen in der Regel die Investitionen schon nach kurzer Zeit bezahlt. Lösungen:

- Der Verbrauch wird wo immer möglich von der Hoch- in die Niedertarifzeit verschoben.
- Der jeweilige Verbrauch wird laufend für die nächsten 15 Minuten im voraus hochgerechnet. Steigt die Tendenz zu hoch an, können automatisch Verbraucher ausgeschaltet werden, welche bei der Sicherstellung eines kontinuierlichen Betriebes entbehrlich sind.

Tabelle 1: Nutzen der integralen Gebäudeautomation als Werkzeug für den Betrieb und Unterhalt.

- Energiebuchhaltung sowie verbraucherbezogene Abrechnung der Wärme-, Kälte- und elektrischen Energie
- Erkennen von Sparpotentialen
- Optimaler Betrieb durch Systempflege
- Aktualisierung der Anlagendokumentation
- Optimierung der Betriebsorganisation
- Optimierung des Personalbedarfs für den Betrieb und Unterhalt
- Werkzeug für die Betriebsführung
- Ersatzteil-Bewirtschaftung
- Vorbeugende Instandhaltung und damit hohe Betriebssicherheit
- Schnelle Analyse von technischen Störungen
- Bei Nutzungsänderung flexible Anpassung des Betriebes

3. Industrie

3.1 Energiebewirtschaftung

ROBERT LEEMANN

Elektrizität ist im industriellen Umfeld in erster Linie Produktions- und Komfortfaktor, in zunehmendem Masse berührt Strom aber auch Fragen der Kosten und des Umweltschutzes. Zudem stehen diese Erfordernisse in Konkurrenz zueinander, ein Umstand, der die Energiebewirtschaftung kompliziert. Die rationelle Verwendung von Elektrizität als Kriterium in dieses Problemfeld einzuführen, verleiht der Energiebewirtschaftung brisante Aspekte.

→
2.1 Optimierung des Verbrauches, Seite 51
2.2 Beurteilung des Verbrauches, Seite 63
3.2 Erfassung in der Industrie, Seite 97
3.3 Analyse in der Industrie, Seite 101
4.1 Analyse im Haushalt, Seite 131

Energiebewirtschaftung im weitesten Sinn – auch als betriebliches Energiemanagement bezeichnet – umfasst die Gesamtheit der Vorkehren und Tätigkeiten, welche sich mit der kostengünstigen Beschaffung, der betriebssicheren Bereitstellung in bedarfsgerechter Form und der rationellen und umweltschonenden Nutzung des Produktionsfaktors Energie im Betrieb befassen. Zu den wichtigsten Instrumenten bzw. Voraussetzungen für das Energiemanagement im allgemeinen und die Umsetzung von Massnahmen zur rationellen Energienutzung im besonderen gehört zunächst die detaillierte Kenntnis der innerbetrieblichen Energieeinsatz- und Energieverbrauchsstrukturen (Energieerfassung, Energiebuchhaltung, Energiekennzahlen, Energieanalysen).

Gesamtwirtschaftliche Sicht

Wesentliche Anforderungen an die betriebliche Energieversorgung:
- Ausreichende und sichere Versorgung mit Energieträgern
- Störungsfreie und bedarfsgerechte innerbetriebliche Energiebereitstellung
- Rationelle und energiewirtschaftlich sinnvolle Energienutzung
- Wirtschaftlichkeit, sowohl aus unternehmerischer wie auch aus volkswirtschaftlicher Sicht
- Umweltgerechte Energienutzung

Die Forderung nach einer gesamtwirtschaftlichen Sicht bedeutet, dass auch die sogenannten externen Kosten und Nutzen der betrieblichen Energieversorgung in die Wirtschaftlichkeitsbetrachtung einbezogen werden müssen. Darunter versteht man Kosten oder Nutzen, die als Folge einer betrieblichen Massnahme an anderer Stelle in der Volkswirtschaft, ausserhalb des Betriebes entstehen. Externe Kosten ergeben sich z. B. in Form der Umweltbelastung. Umgekehrt führen innerbetriebliche Rationalisierungsmassnahmen im Energiebereich zu einer Senkung der Umweltbelastung und damit zu einem

Abb. 1: Bestimmungsfaktoren und Struktur der betrieblichen Energiekosten.

externen Nutzen, welcher der Rationalisierungsmassnahme bei der wirtschaftlichen Bewertung gutgeschrieben werden muss.

Die verschiedenen Anforderungen stehen zum Teil in Konkurrenz zueinander. So führen z. B. ohne Anforderungen an die Versorgungs- und Betriebssicherheit oder das Gebot der umweltschonenden Energienutzung zu höheren Kosten im betrieblichen Energiebereich und damit zu einer Verminderung der Wirtschaftlichkeit. Grundsätzlich stellt die Energieversorgung also eine Optimierungsaufgabe dar, bei der es in der Regel darum geht, bei vorgegebenem Anforderungsstandard (Qualität der Energieversorgung, Umweltbelastung, etc.) möglichst geringe Energiekosten zu erzielen. Mit Ausnahme einiger weniger stromintensiver Branchen (z. B. Zement, Papier, Metallurgie) fällt der Anteil der Stromkosten an den gesamten Produktionskosten im Industriesektor im allgemeinen relativ wenig ins Gewicht (im Bereich Maschinen/Apparate beispielsweise 1 bis 2 %). Der wirtschaftliche Anreiz zur Durchführung von Massnahmen zur rationelleren Stromnutzung ist daher oft ungenügend, selbst wenn die wirtschaftlichen Voraussetzungen dazu an sich gegeben sind. Zur Durchsetzung von Rationalisierungsmassnahmen braucht es daher überdies eine Verstärkung des Energiebewusstseins in den Betrieben sowie die Schaffung der organisatorischen Voraussetzungen im Rahmen eines Energiemanagements.

Aufgaben der betrieblichen Energiebewirtschaftung

Die Sicherstellung einer effizienten Energieversorgung ist Aufgabe der betrieblichen Energiebewirtschaftung. Dazu gehören folgende Aufgaben:

- Beschaffungsfunktion: Kostengünstige Beschaffung der Energieträger über den Energiemarkt (Strom, Öl, Gas, Fernwärme, etc.). Bewirtschaftung der Brennstofflager im Betrieb. Dazu gehört allenfalls auch die Verwertung der Industrieabfälle als Energieträger.
- Bereitstellungsfunktion: Störungsfreie und effiziente Bereitstellung von Energie in der für Betrieb und Fabrikationsprozesse erforderlichen Form und Qualität (Strom, Prozessdampf, Heisswasser, Druckluft, etc.). Dazu gehören die entsprechenden Aufgaben der innerbetrieblichen Energieumwandlung und -verteilung.
- Verwendungsfunktion: Sicherstellung der rationellen Verwendung der Einsatz-Energie bei allen Energieverbrauchern im Betrieb. Planung und Durchführung von Massnahmen zur rationelleren Energienutzung.
- Entsorgungsfunktion: Sicherstellung der umweltgerechten Behandlung und Entsorgung aller «Abfallprodukte» der Energienutzung (Rauchgase, Abluft, Kühlwasser, Abwasser). Zu diesem Aufgabenbereich gehört auch die Untersuchung von Möglichkeiten der Rückgewinnung von Abwärme und die Realisierung der entsprechenden Massnahmen.

Zum Energiemanagement gehören ferner wichtige Hilfsfunktionen, welche der Durchsetzung der obigen Hauptfunktionen dienen:

- Energieplanung
- Koordination aller energietechnischen und energiewirtschaftlichen Belange im Betrieb
- Innerbetriebliche Beratung und Schulung im Energiebereich
- Kontrolle des innerbetrieblichen Energiebereiches (Energiekosten, Energieverbrauch und -entsorgung)

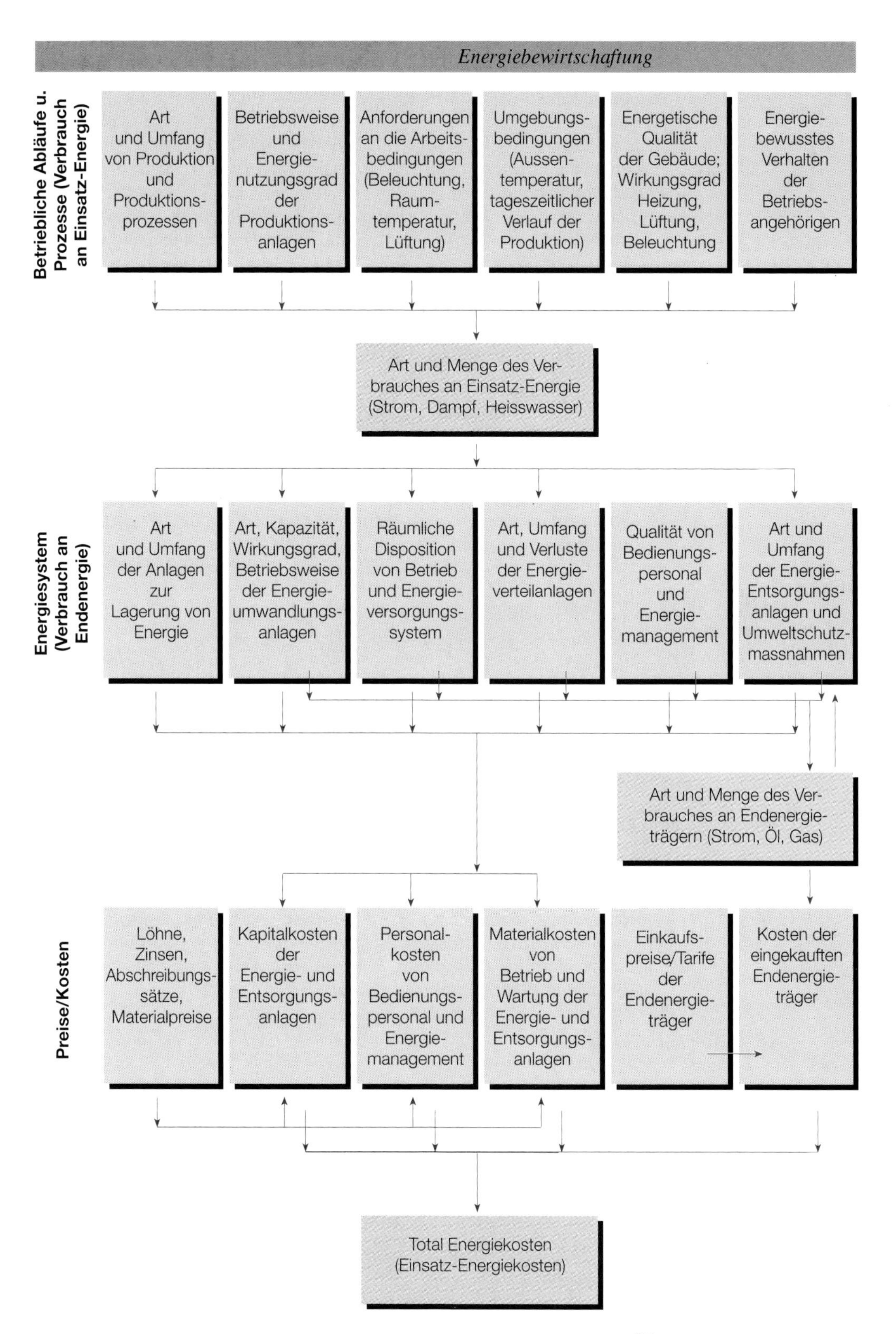
Betriebliche Abläufe u. Prozesse (Verbrauch an Einsatz-Energie)
Art und Umfang von Produktion und Produktions-prozessen
Betriebsweise und Energie-nutzungsgrad der Produktions-anlagen
Anforderungen an die Arbeits-bedingungen (Beleuchtung, Raum-temperatur, Lüftung)
Umgebungs-bedingungen (Aussen-temperatur, tageszeitlicher Verlauf der Produktion)
Energetische Qualität der Gebäude; Wirkungsgrad Heizung, Lüftung, Beleuchtung
Energie-bewusstes Verhalten der Betriebs-angehörigen
Art und Menge des Ver-brauches an Einsatz-Energie (Strom, Dampf, Heisswasser)
Energiesystem (Verbrauch an Endenergie)
Art und Umfang der Anlagen zur Lagerung von Energie
Art, Kapazität, Wirkungsgrad, Betriebsweise der Energie-umwandlungs-anlagen
Räumliche Disposition von Betrieb und Energie-versorgungs-system
Art, Umfang und Verluste der Energie-verteilanlagen
Qualität von Bedienungs-personal und Energie-management
Art und Umfang der Energie-Entsorgungs-anlagen und Umweltschutz-massnahmen
Art und Menge des Ver-brauches an Endenergie-trägern (Strom, Öl, Gas)
Preise/Kosten
Löhne, Zinsen, Abschreibungs-sätze, Materialpreise
Kapitalkosten der Energie- und Entsorgungs-anlagen
Personal-kosten von Bedienungs-personal und Energie-management
Materialkosten von Betrieb und Wartung der Energie- und Entsorgungs-anlagen
Einkaufs-preise/Tarife der Endenergie-träger
Kosten der eingekauften Endenergie-träger
Total Energiekosten (Einsatz-Energiekosten)

Instrumente des Energiemanagements

Als Arbeitsgrundlage benötigt das Energiemanagement detaillierte Kenntnisse über den Energieverbrauch, dessen Charakteristiken sowie über die Energiekosten. Instrumente:
• Die Energieerfassung (Energiemessung). Das betriebliche Energiemesswesen bildet die Basis der Verbrauchs- und Kostenkontrolle und aller energietechnischen Analysen.
• Die Energiebuchhaltung (Energiestatistik) als Grundlage für Planung und Bewirtschaftung des betrieblichen Energiebereiches. Das Energieflussdiagramm vermittelt dabei ein differenziertes Bild über den Zusammenhang zwischen dem Einsatz von Endenergieträgern und deren Nutzung in den verschiedenen Anwendungsbereichen.
• Die energietechnische Analyse als Grundlage für die Realisierung und Kontrolle von Massnahmen zur rationelleren Energienutzung.
• Die Ermittlung von Energiekennzahlen (z. B. Energieeinsatz oder Energiekosten bezogen auf Anzahl Produktionseinheiten, auf Produktionskosten oder auf Anzahl Beschäftigte, etc.) als Hilfsmittel für die Beurteilung der energietechnischen oder energiewirtschaftlichen Verhältnisse des Betriebes oder eines Fabrikationsprozesses.
• Die Energiekostenrechnung als Grundlage für alle betriebswirtschaftlichen Aufgaben im Energiebereich.
• Die Wirtschaftlichkeitsanalyse als Entscheidungsgrundlage für energietechnische Investitionen und Rationalisierungsmassnahmen.

Elemente und Bestimmungsfaktoren der betrieblichen Energiekosten

Die differenzierte Energiekostenrechnung dient nicht nur zur Ermittlung der Gesamtkostenbelastung des Betriebes mit dem Produktionsfaktor Energie, sondern ist auch Grundlage für die Bestimmung der Energiekostenanteile einzelner Betriebsbereiche oder Produktionsprozesse, d. h. für die innerbetriebliche Energiekostenverrechnung. Darüber hinaus ist die Energiekostenrechnung Basis für die wirtschaftliche Analyse und Kontrolle von energietechnischen Rationalisierungsmassnahmen. Betriebliche Energiekosten bedeuten nicht nur die Kosten der eingekauften Endenergieträger (aus dem Netz bezogene Elektrizität, Öl, Gas, Fernwärme etc.), sondern die gesamten Kosten (Kapitalkosten, Bedienungs-, Wartungs- und Instandhaltungskosten) der innerbetrieblichen Lagerung, Umwandlung, Verteilung, Rückgewinnung und Entsorgung der Energie.

Literatur

[1] Wohinz/Moor: Betriebliches Energiemanagement, Springer Verlag, Berlin 1989.
[2] Borch, u. a.: Energiemanagement. Handbuchreihe Energieberatung/Energiemanagement. Springer Verlag, Berlin 1986.
[3] Winje/Witt: Energiewirtschaft. Handbuchreihe Energieberatung/Energiemanagement. Springer Verlag, Berlin 1991.

3.2 Energieerfassung

ALOIS HUSER

→
2.1 Optimierung des Verbrauches, Seite 51
2.2 Beurteilung des Verbrauches, Seite 63
3.3 Analyse in der Industrie, Seite 101
4.1 Analyse im Haushalt, Seite 131

Die Industrie besteht aus vielen Klein- und Mittelbetrieben – beinahe 90 % der Betriebe haben unter 100 Beschäftigte. Diese Unternehmen wollen Energieflüsse und Energiekosten mit geringem Aufwand transparent machen: keine tiefgründigen Analysen, sondern einfache Kontrollinstrumente. Das Ziel sind einige wichtige Daten, welche von der Betriebsleitung auch verstanden und als Entscheidungsgrundlage benützt werden. Erst bei weitergehenden Untersuchungen sind grössere Aufwendungen an Investitionen und Zeit nötig und sinnvoll.

Vorgehen

Es muss spezielles Gewicht darauf gelegt werden, dass nur solche Daten erhoben werden, welche auch wirklich ausgewertet werden können. Die Auswertung sowie Darstellung der Resultate muss mit geringem Zeitaufwand möglich sein, was den Einsatz des Personal-Computers bedingt. Schwieriger ist die Erfassung und insbesondere die Messung der interessierenden Grössen. Die Energiegesamtbezüge können anhand von Rechnungen und Zähleinrichtungen der Energielieferanten erhoben werden. Bei einer weitergehenden Untersuchung der innerbetrieblichen Energieflüsse müssen die Energieversorgungsstruktur und die Betriebsmittel genau bekannt sein sowie weitere Messgeräte für die Erfassung der Flüsse installiert werden. Da viele fest installierte Messungen teuer sind, kann auch auf die periodische Überwachung ausgewählter Grössen mit Hilfe einer mobilen Messeinrichtung, welche keine Eingriffe in die Installationen benötigt (z. B. Stromzangen, Ultraschall- und Temperatursensoren), ausgewichen werden. Es ist sinnvoll, die Energieverbrauchserfassung in drei Stufen einzuführen.

1. Stufe: Mengen und Kosten

Erfassung der Mengen und Kosten der eingekauften Endenergieträger mit Hilfe von Rechnungen und Zählerablesungen:
- Elektrizität, Gas, Wasser: Zähler
- Öl: Eingekaufte Menge, Tankstand, Öldurchfluss

Betriebswirtschaftliche Kenngrössen aus der Buchhaltung:
- Anzahl Beschäftigte
- Betriebskosten (Fr.)

- Cash-flow (Fr.)
- Betriebsleistung (Anzahl Stücke, Mengen in Gewichts- oder Volumeneinheiten)
- Betriebszeit (Stunden)
- Betriebsfläche (m^2)

Eine weitere interessante Grösse zur Beurteilung des Aufwandes für die Raumluftkonditionierung ist die Anzahl Heizgradtage. Alle Verbrauchszahlen sollen monatlich erfasst und in einer Tabelle dargestellt werden. Die Abweichungen vom Vorjahr müssen aus der Tabelle hervorgehen. Weiter wären folgende Kennzahlen wünschenswert (mit Tabellenkalkulationsprogramm einfach zu berechnen):

- Energiekosten nach eingekauften Endenergieträgern pro Energieeinheit (Fr./MWh)
- Spezifischer Verbrauch und Kosten der Energie pro Betriebsleistung
- Verhältnis von eingekauftem Endenergiebezug und bezogener Spitzenleistung (kW/MWh) bei den leitungsgebundenen Energieträgern

Bei der Erfassung sollen die Originaleinheiten von den Rechnungen oder Zählerständen übernommen werden. Erst bei der Zusammenfassung und Kennzahlbildung sind Umrechnungen auf eine einheitliche Grösse (z. B. MJ für Energie) durch den Computer vorzunehmen. Die Genauigkeiten dürfen nicht übertrieben werden und müssen den Anforderungen angepasst sein.

ZIELE DER ENERGIEERFASSUNG

- Übersicht über die Energiesituation im Betrieb
- Erkennen von Verbrauchs- und Kostenabweichungen und deren Gründe
- Datengrundlagen für Kostenstellenrechnung und Budgetplanung
- Planungs- und Entscheidungsgrundlagen für: Sanierungen, Weiterausbau und Massnahmen zur Senkung von Energiekosten
- Erfolgskontrolle bei Investitionen im Energiebereich
- Überprüfung der Rechnungen von Energielieferanten

2. Stufe: Struktur der Verbraucher

Für eine Energieanalyse mit Evaluation von Massnahmen zur Energiekostensenkung gehört zuerst eine Übersicht über die Energieversorgungsstruktur und Betriebsmittel. Eine solche Anlagen- und Gebäudebuchhaltung ist in den meisten Betrieben bei der Buchhaltung schon vorhanden. Sie sollte, als Tabellenkalkulationsprogramm, auch der Energieverbrauchserfassung und Energieanalyse dienen.

Bei der Aufnahme der Gebäude in eine ähnliche Datenbank wie diejenige der Anlagen muss spezielles Gewicht auf die Art der Nutzung (Art der Produktion, Personenbelegung, spezifische Abwärmeleistung pro m^2, Nutzungszeit usw.) sowie die Beschreibung der Gebäudehülle gelegt werden. Der Aufwand zur Erstellung einer solchen Buchhaltung lohnt sich auf jeden Fall, denn sie ist auch ein Werkzeug für die verursachergerechte Kostenabrechnung und Wartung der Betriebsmittel. Ziel dieser 2. Stufe ist, die wichtigsten Verbraucher zu erkennen, sie zu beschreiben und sie damit optimal zu warten und bezüglich Einsatz zu optimieren. Die grössten Verbraucher können zum

Beispiel mit einer Liste, welche die Anlagen nach Grösse des Leistungsbezugs ordnet, einfach herausgefunden werden. Bei fehlenden Daten über die Leistung und den Energieverbrauch müssen temporäre Messungen im Zeitintervall von Sekunden bis zu maximal einer Woche durchgeführt werden.

Betriebskosten: Kosten für Personal, Material und Leistungen Dritter sowie Zinsen, Abschreibungen und Rückstellungen, Energie.

Cash-flow: Überschuss vor Steuern, der einem Unternehmen nach Abzug aller Unkosten (ohne Abschreibungen) verbleibt (Gewinn plus Abschreibungen).

Heizgradtage: Monatliche Summe der täglichen Differenzen zwischen Raumtemperatur (z. B. 20 °C) und der Tagesmitteltemperatur aller Heiztage (z. B. 12 °C).

Einsatz-Energieträger: Energieform, welche nach der innerbetrieblichen Umwandlung den Verbrauchern letztlich zur Verfügung steht: z. B. Strom an den Klemmen des Motors, Dampf, Heisswasser, Druckluft usw.

VERBRAUCHERSTRUKTUR: NOTWENDIGE DATEN

- Ortsbeschreibung: Bezeichnung, Inventar-Nummer, Gebäude, Raum, Anlagenbereich
- Aktuelle Raumkosten, Miete/Zins, Unterhalt
- Anlagebeschreibung: Lieferant, Lieferjahr, Art der benötigten Energieträger, Kostenstelle
- Betriebszeit: Betriebsstunden (Sommer/Winter: Montag bis Freitag, Samstag/Sonntag), Bereitschaftsstunden (Sommer/Winter: Montag bis Freitag, Samstag/Sonntag)
- Betriebsdaten Produktion: Art des Produktes, Menge, Qualität, Fertigungszeit, Produktionsausfallhäufigkeit, Produktionsausfallzeit
- Versorgungsstruktur: Verteiler-Nummer, Leitungsbezeichnung, Leitungstyp, Schutzart, Querschnitt, Steuerung/Regelung, Prioritätsstufe usw.
- Energiebezug für jeden Einsatz-Energieträger und Wasser: Zählernummer, Nennleistung, Höchstleistung, Bereitschaftsleistung, mittlere Betriebsleistung, Energiebezug, Kostenstelle
- Energieabgabe für jeden Einsatz-Energieträger und Wasser: Zählernummer, Nennleistung, Höchstleistung, Bereitschaftsleistung, mittlere Betriebsleistung, Energieproduktion, versorgte Verbraucher oder Abgabemedium, Verschmutzungsgrad, Kostenstelle
- Wartung: Wartungsintervall, Lebensdauer, Zeitpunkt letzte Wartung, Zeitpunkt nächste Wartung, Kostenstelle, Wartungsfirma, Wartungsvertragsnummer

3. Stufe: Energieflüsse

Erfassung der innerbetrieblichen Energieflüsse: Die Erfassung der Energieflüsse bedingt die vorherige Durchführung der Stufen 1 und 2. Der Aufwand und die Investitionen für diesen Teil ist in der Regel beachtlich. Allenfalls ist zu empfehlen, nur die grössten Energieflüsse zu erheben. Permanente Energiemessungen sollen auf die Grossverbraucher beschränkt bleiben. Die anderen Verbraucher können periodisch überprüft werden. All die vielen Einzelbezüger zu messen, ist wirtschaftlich nicht vertretbar. Meistens genügt als Annäherung die Bestimmung des Energiekonsums mit Hilfe von installierten Betriebsstundenzählern und der einmal gemessenen durchschnittlichen Betriebsleistung. Mit Hilfe der Anlagebuchhaltung und deren Angaben können die Auswirkungen von Änderungen im Anlagenpark auf die Energieversorgung simuliert werden. Auch der Abwärmeanfall pro interessierende Zone kann einfach bestimmt werden. Die Resultate der Auswertung können mit einem Energieflussdiagramm dargestellt werden.

Wirtschaftlichkeit

Der Aufwand für die 1. Stufe der Erfassung beträgt etwa einen halben Manntag pro Monat, d. h. 6 Manntage pro Jahr. Die 2. Stufe ist vor allem in der ersten Arbeit sehr aufwendig und abhängig von der Betriebsgrösse. Dieser grosse Aufwand muss jedoch nur einmal gemacht werden. Das Instrument der Anlagebuchhaltung dient den verschiedensten Zielen wie Wartung, Kostenabrechnung, Planung und Energiemanagement, welche zusammengefasst als Facility-Management beschrieben werden können. Auch der Aufwand für die 3. Stufe ist abhängig von der Grösse und Komplexität des Betriebes. Der Ertrag ist schwierig zu quantifizieren und meistens auch erst mittelfristig wirksam. Bei der 1. Stufe ist der Aufwand sehr klein und das Kosten-Nutzen-Verhältnis sicher günstig. Die 2. und 3. Stufe ist mittel- bis langfristig bei einer gut geplanten Durchführung sicher lohnenswert, wenn alle positiven Nebeneffekte des optimierten Betriebsmitteleinsatzes und dessen Wartung miteinbezogen werden.

Messgeräte

• Stromzangen: Stromzangen messen Wechselströme, ohne dass der Stromkreis geöffnet werden muss. Messbereich zwischen 0,1 und 2000 A. Die Zangen können direkt und gefahrlos an Multimeter, Schreiber, Messumformer etc. angeschlossen werden. Preis: 80 bis 500 Fr.
• Schreiber: Um einen Langzeitüberblick zu erhalten sowie um Spitzen feststellen zu können, ist ein Linienschreiber genügend. Preis: ab 1500 Fr. Zur Messung von Temperaturen gibt es entsprechendes Zubehör.
• Elektrizitätszähler: Für Messungen am Einzelobjekt verwendet man am besten elektronische Energiezähler. Es können sowohl 1- wie 3phasige Netze gleich oder ungleich belastet gemessen werden. Die Stromzangen sind ebenfalls anwendbar. Preis: 350 bis 500 Fr.
• Messumformer: Ein Messumformer wandelt Netzströme und Spannungen in einen eingeprägten Gleichstrom um. Mit diesem Gleichstrom kann ein Schreiber, ein mobiles Speichergerät oder ein PC angesteuert werden. Es gibt auch sogenannte Multi-Messumformer, welche an Netzspannung und Strom angeschlossen werden. Am Ausgang erhält man entweder 3, 6 oder 8 beliebig wählbare Werte vom angeschlossenen Netz, wie zum Beispiel Wirkleistung, Blindleistung, Scheinleistung, Leistungsfaktor, Spannungen, Ströme. Preise: Einfache Umformer 200 bis 1000 Fr.; Multi-Messumformer mit Speisung ab 2500 Fr.

Literatur

[1] Ebersbach K. F., u. a.: Energieanalyse in mittelständischen Unternehmen Teil I/II. Landesgewerbeamt Baden-Württemberg, Stuttgart 1990.
[2] Energieforum Schweiz. Schweizerischer Energiekonsumenten-Verband von Industrie und Wirtschaft (EKV), Schweizerische Aktion Gemeinsinn für Energiesparen (SAGES): Energiemanagement im Betrieb, 1983.
[3] Eversheim, W., u. a.: In der Produktion Energie- und Materialkosten einsparen, Prozessmodell als Hilfsmittel. In VDI-Z, Nr. 2, 1990.
[4] Gruber/Brand: Rationelle Energienutzung in der mittelständischen Wirtschaft. Verlag TÜV Rheinland, Köln 1990.
[5] Hartmann, D.: Abrechnung, Energiekosten – einmal anders gesehen. In Energie Nr. 7, 1987.
[6] Technischer Überwachungs-Verein Rheinland: Energie-Beratungs-Handbuch. Verlag TÜV Rheinland, Köln 1985.

3.3 Energieanalyse

FRIEDER WOLFART

→
2.1 Optimierung des Verbrauches, Seite 51
2.2 Beurteilung des Verbrauches, Seite 63
3.1 Energiebewirtschaftung, Seite 93
3.2 Erfassung in der Industrie, Seite 97
4.1 Analyse im Haushalt, Seite 131

Die Analyse des Energieverbrauches bei der industriellen Produktion dient dem Aufspüren von Bereichen, in denen Elektrizität rationeller eingesetzt werden kann. Zuerst wird der Herstellungsprozess von den übrigen betrieblichen Aktivitäten abgegrenzt und die relevanten Energieströme bestimmt. Danach können Messungen durchgeführt werden, wobei vor den Messungen die Methode zur Aufbereitung und Interpretation der Messergebnisse bereits festgelegt sein sollte. Die Ergebnisse der Energieanalyse müssen schliesslich betrieblich umgesetzt werden.

Methode der Energieanalyse

Grundsätze zur Bewertung einzelner Herstellungsprozesse oder deren Teile:
- Die Analyse sollte so nah wie möglich am Prozess erfolgen.
- Die Betrachtung sollte sich auf wenige Grössen beschränken.
- Messungen sind auf ein Minimum zu beschränken. Ebenso sollten die Anforderungen an die Messgenauigkeiten möglichst gering sein.
- Vor jeder Messung muss das Verfahren der Auswertung und Interpretation bestimmt sein.
- Messen ist nur sinnvoll, wenn die gemessenen Werte auch betrieblich genutzt werden. Es muss bereits vor der Messung gewährleistet sein, dass aus den Ergebnissen einer Energieanalyse auch die entsprechenden Konsequenzen gezogen werden.
- Eine Energieanalyse und die Umsetzung der Resultate setzt die Bereitschaft zum Erfahrungsaustausch, zur Weiterbildung, zum Einsatz neuer Techniken und zum Setzen neuer Prioritäten voraus.

ENERGIEANALYSE: 5 SCHRITTE

Schritt 1: Zieldefinition
Schritt 2: Systemabgrenzung
Schritt 3: Festlegen der Messgrössen, Durchführung der Messungen
Schritt 4: Aufbereitung und Interpretation der Ergebnisse
Schritt 5: Umsetzung

Schritt 1: Zieldefinition

Der erste Schritt einer Energieanalyse ist die Formulierung von konkreten Fragen, welche durch die Energieanalyse beantwortet werden sollen. Der Nutzen, der dadurch erwartet wird, sollte grob abgeschätzt werden, um den möglichen Mess-, Auswertungs- und Interpretationsaufwand ableiten zu können. Die Zielformulierung ist ferner Voraussetzung für die Systemabgrenzung, die Bestimmung der zu untersuchenden Energieströme und die an die Messeinrichtungen zu stellenden Genauigkeitsanforderungen.

Schwachstellen

Zweck einer Schwachstellenanalyse:
- Bestimmung der mengenmässig bedeutenden Energieströme
- Ermitteln der Verlust-Energieströme
- Abschätzung des Sanierungspotentials
- Bestimmung der Möglichkeiten zur Wärmerückgewinnung, Wärmekraftkopplung, etc.
- Setzen von Prioritäten für Sanierungsmassnahmen unter Berücksichtigung der einsparbaren Energiemengen und der lang- und mittelfristig geplanten Investitionen und Umbauten des Betriebes. Aufteilung in Sofortmassnahmen, mittel- und langfristige Massnahmen.

Bewertung von Anlagen, Anlageteilen oder Maschinen

Bei der Entscheidung, ob und wie eine Anlage saniert werden soll, welches Verfahren zur Produktion eines bestimmten Gutes sich am besten eignet, ob die Maschine A oder B beschafft wird etc., werden häufig nur die Investitionskosten miteinander verglichen, die unterschiedlichen Betriebskosten jedoch vernachlässigt. Das Ziel der Energieanalyse müsste in diesem Fall eine Kennzahl sein, mit der die Investitionsvarianten hinsichtlich ihres Energieverbrauchs verglichen werden können. Der absolute Energieverbrauch (z. B. in kWh pro Jahr) ist als Vergleichsgrösse nur geeignet, wenn die Alternativen hinsichtlich Kapazität, erwartetem Output und Einsatzprofil gleich sind. Andernfalls müssen spezifische Kennwerte gebildet werden (z. B. kWh/Stück oder kWh/Tonne). Kennwerte haben ausserdem den Vorteil, dass sich verschiedene Betriebe vergleichen lassen. Bei Anlagen, deren Auslastung schwankt, sind Kennwerte in Abhängigkeit der Auslastung zu ermitteln.

Optimale Belegung von Anlagen oder Maschinen

Verfügt ein Betrieb über eine Anlage oder einen Maschinenpark, der nicht vollständig ausgelastet ist, so stellt sich die Frage, wie diese Anlage bzw. einzelne Maschinen auch unter energetischen Gesichtspunkten optimal eingesetzt werden können. Fragen dazu:
- Ein Produkt kann auf verschiedenen Maschinen hergestellt werden. Welche Maschine ist energetisch am günstigsten?
- Ist es günstiger, eine Maschine 24 Stunden zu betreiben oder drei Maschinen während 8 Stunden?
- Ist es günstiger, eine Anlage über eine gewisse Zeit voll auszulasten und dann abzuschalten oder ist es besser, diese über eine längere Zeit auf Teillast zu betreiben?

Betriebsorganisation

Durch eine Verringerung der Leerlauf-, Stillstands- und Warmlaufzeiten von Maschinen, Anlagen oder deren Teile können Energieverluste vermieden werden. Fragen dazu:

- Soll eine Maschine abgeschaltet werden oder im Leerlauf auf ihren nächsten Einsatz warten?
- Wann muss eine Anlage spätestens eingeschaltet werden, um zur gewünschten Zeit betriebsbereit zu sein?
- Ist es gegebenenfalls sinnvoll, einzelne Anlagenteile erst zu einem späteren Zeitpunkt einzuschalten?
- Wie hoch sind die sogenannten Stillstandsverluste, und gibt es Möglichkeiten, diese zu verringern (z. B. temporäre Wärmedämmung)?
- Ist es sinnvoll, eine Anlage über das Wochenende abzuschalten?

Es kann sinnvoll sein, den Energieverbrauch periodisch (täglich, wöchentlich oder monatlich) zu erfassen und an die «Verursacher» zurückzumelden. Wichtige Punkte:

- Störgrössen wie z. B. unterschiedliche Produktionsauslastungen, Wechsel der Produktepalette etc. herausfiltern. Hierzu eignen sich Kennzahlen.
- Nur diejenigen Energieströme präsentieren, die von den Adressaten beeinflusst werden können.
- Auf Aussagekraft und Verständlichkeit achten.

Verursachergerechte Energiekostenverteilung

Das bei den meisten betrieblichen Kosten übliche Verfahren der Aufteilung nach Kostenstellen und Kostenträgern findet mangels Informationen bei den Energiekosten oft keine Anwendung. Eine verursachergerechte Kostenverteilung hätte folgende Vorteile:

- An Kostenstellen, bei denen ein hoher Energieverbrauch auftritt, wird ein entsprechendes Kostenbewusstsein geschaffen.
- Durch eine verursachergerechte Zuteilung der Energiekosten auf die Kostenträger und somit auf die Endprodukte werden diese Kosten an den Markt weitergegeben, was zu gewünschten volkswirtschaftlichen Effekten führt.
- Wird der Energieverbrauch bereits bei der Kalkulation berücksichtigt, können weniger energieintensive Produkte bevorzugt werden.

Vergleich mit anderen Betrieben: Für Hersteller ähnlicher Produkte ist der Austausch von Wissen und Erfahrungen wertvoll. Voraussetzung für einen Vergleich unter Firmen sind Kennwerte und das Offenlegen der Rahmenbedingungen, unter denen die Messwerte gewonnen wurden.

Schritt 2: Systemabgrenzung

Um eine genaue Aussage über Energieflüsse zu machen, ist eine Systemabgrenzung nötig. Es soll nur untersucht werden, was der Beantwortung der gestellten Fragen (Zieldefinition) dient. Je näher man die Energieströme beim Verbraucher misst, desto weniger Störgrössen beeinflussen die Messungen und desto leichter lassen sich die Ergebnisse interpretieren.

Welche Teile des Betriebes sollen einbezogen werden?

Soll beispielsweise für den Betrieb als Ganzes eine Schwachstellenanalyse durchgeführt werden, soll nur der eigentliche Produktionsprozess oder gar nur Teile davon untersucht werden? Je nach Fragestellung müssen die gesamten Energieflüsse grob betrachtet oder nur die durch einen Prozess umgesetzte Energie untersucht werden. Soll ein Produkt energetisch bewertet werden, muss gegebenenfalls auch der Energieverbrauch zur Herstellung seiner Rohstoffe und zu seiner Entsorgung berücksichtigt werden. Bei der Eingrenzung und Aufteilung des zu untersuchenden Systems sollten die betrieblichen Abgrenzungen und Aufteilungen wie Gebäudegrenzen, Abteilungen, Buchhaltung, Kalkulation, AVOR o. ä. berücksichtigt werden.

Soll der betrachtete Prozess in Teile zerlegt werden?

Die Unterteilung eines Herstellprozesses in Teilschritte und deren separate Energieanalyse bringt einerseits erheblich konkretere Aussagen, andererseits steigt der Aufwand zur Erfassung und Beurteilung der einzelnen Energieströme. Ausserdem ist die Aufteilung eines Prozesses in Teilprozesse nur dann möglich, wenn die Teilprozesse räumlich getrennt ablaufen. Eventuell ist ein 2stufiges Vorgehen angebracht, bei dem zunächst der Gesamtprozess grob analysiert wird und im zweiten Schritt dann nur noch die energetisch relevanten Teilprozesse.

Welche Energien sollen betrachtet werden?

Die bezogene Energie lässt sich z. B. aus Rechnungen der Lieferanten und dem Energieinhalt der Energieträger leicht berechnen. Die Energieträger werden jedoch nur zum Teil direkt gebraucht, zum Teil erst nach ihrer Umwandlung zur Einsatzenergie wie Dampf, Kälte, Druckluft o.ä. Grundsätzlich sollte die Energie in der Form gemessen werden, in welcher sie vom Verbraucher benötigt wird. Andernfalls werden Verluste, z. B. bei der Energieumwandlung, am falschen Ort erfasst. Ferner sollte sich die Energieanalyse auf die wichtigsten Energien konzentrieren. Werden für einen Prozess mehrere Energien benötigt, wie beispielsweise Strom, Druckluft, Kälte, so ist häufig eine Energieform dominant, oder der Verbrauch einer Energieform bestimmt den Verbrauch einer anderen (z. B. der Kältebedarf wird durch den Wärmeanfall der Stromverbraucher bestimmt) und kann grob abgeschätzt werden. Die benötigte Leistung und die verbrauchte Energie sind getrennt zu erfassen.

Welcher Betriebszustand soll untersucht werden?

Je nach Fragestellung ist die Anlage oder Maschine im Beharrungszustand (warmgelaufen und unter konstanten Produktionsbedingungen), im Teillastbetrieb, im Leerlauf, beim Warmlaufen oder unter besonderen Betriebsbedingungen zu analysieren. Gegebenenfalls müssen «Normbedingungen» definiert werden, unter denen der Energieverbrauch bestimmt werden soll.

Häufigkeit der Messungen

Zur Bestimmung von Maschinen- und Anlagekenngrössen genügt meist eine einmalige Messung, die gegebenenfalls gelegentlich zu wiederholen ist. Soll der Energieverbrauch pro Produkt bestimmt werden, so muss für jedes Produkt der spezifische Verbrauch einmal bestimmt werden. Kann das Produkt alternativ auf verschiedenen Maschinen gefertigt werden, so muss für jede Maschine der Verbrauch erhoben werden. Soll die Verbrauchserfassung zur Überwachung und Motivation dienen, so müssen die entsprechenden Messungen regelmässig (jährlich, monatlich, wöchentlich, täglich oder kontinuierlich) durchgeführt werden. Die Messwertablesungen sollten immer zum selben Zeitpunkt erfolgen.

Schritt 3: Messgrössen und Messungen

Es gilt der Grundsatz: So wenig wie möglich messen. Oft lassen sich die fraglichen Grössen aus bekannten Grössen ableiten, oder es ist möglich, mit wenig Messungen sowie etwas Überlegung und Rechenarbeit die gewünschte Information zu bekommen. Die möglichen Messstellen werden durch betriebliche Gegebenheiten bestimmt. Daher ist die genaue Kenntnis der Energieumwandlungs- und Verteilanlagen erforderlich. Die Wahl der Messstellen erfolgt nach folgenden Kriterien:

- Der Messpunkt sollte so nah wie möglich beim Verbraucher liegen.
- Der Aufwand für die Installation des Messgerätes sollte möglichst klein sein.
- Wenn eine periodische Ablesung vorgesehen ist, sollte die Messwerterfassung und Weiterleitung automatisiert werden.

Die Länge der Messintervalle sollte so gewählt werden, dass statistische Schwankungen ausgeglichen, Schwankungen im Prozess jedoch erfasst werden. Bei Einzelmessungen müssen alle prozessbestimmenden Parameter und die zur Messzeit herrschenden Randbedingungen festgehalten werden, um später eine Interpretation zu ermöglichen.

Messgrösse	Messaufwand	Genauigkeit	Fehleranfälligkeit
Elektrizität	niedrig	hoch	gering
Dampf	hoch	mittel	hoch
Kälte	hoch	mittel	mittel
Druckluft	hoch	mittel	mittel
Heisswasser	mittel	hoch	gering
Warmwasser	niedrig	mittel	gering

Tabelle 1: Messaufwand, Genauigkeit und Fehleranfälligkeit von Messapparaturen.

Schritt 4: Interpretation der Ergebnisse

Energieflussbild

Alle Energieformen werden auf ihrem Weg vom Eintritt bis zum Verlassen des Systems verfolgt und können grafisch dargestellt werden. Für jede Umwandlungsstufe gilt: Energie-Input gleich Energie-Output. Alle Energien werden in der gleichen Einheit angegeben, z. B. kWh, MJ, % vom Gesamtverbrauch, spezifische Werte wie kWh/Stück etc. Da in einem Energieflussbild nur die Energieströme während einer bestimmten Periode dargestellt sind, muss bei der Interpretation auf die folgenden Punkte geachtet werden:

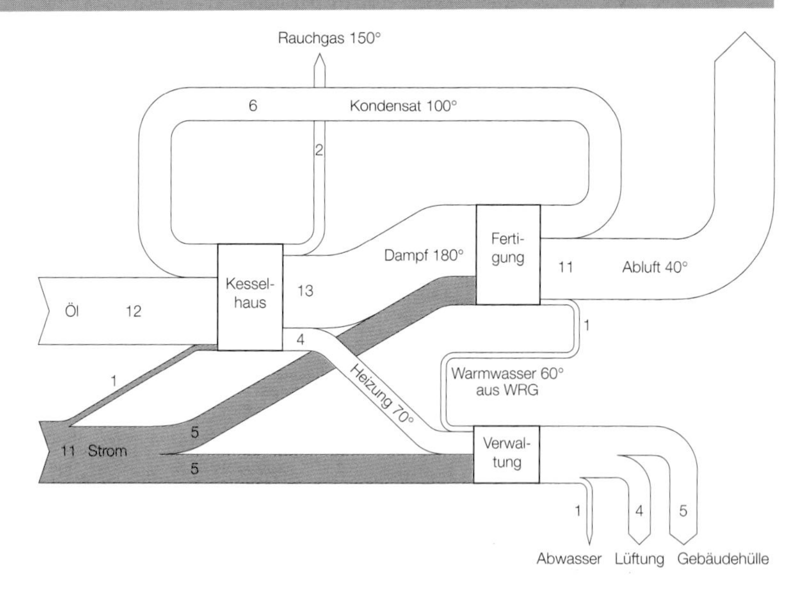

Abb. 1: Energieflussbild eines Industriebetriebes, Beispiel (Einheiten in GWh, MJ, % o. ä.).

- Schwankungen der Leistung der einzelnen Verbraucher können nicht dargestellt werden. Unter Umständen treten einzelne Energieflüsse zeitlich versetzt auf. Beispiel: Abwärmeanfall einer Kälteanlage und Wärmenachfrage zur Raumbeheizung. (Getrenntes Energieflussbild für Sommer und Winter).
- Die energetische Wertigkeit der Energieströme wird nicht dargestellt. Das Temperaturniveau eines Abwärmestroms kann so tief liegen, dass die Energie nicht weiterverwendet werden kann.
- Der monetäre Wert der Energieströme wird nicht dargestellt. (Elektrizität ist wertvoller als Heizöl).

Bildung von Kennwerten

Sollen verschiedene Anlagen, Maschinen o. ä. miteinander verglichen werden, müssen spezifische Energieverbräuche, d. h. Kennzahlen ermittelt werden. Beispiele:

- Anlagen unterschiedlicher Kapazität
- Anlagen(-teile) mit unterschiedlichen Technologien
- Verschiedene Verfahren zur Herstellung desselben Produkts
- Anlagen, die ähnliche Produkte erzeugen
- Eine Anlage bei verschiedenen Auslastungen und Betriebszuständen

Kennwerte werden aus Messgrösse und Bezugsgrösse gebildet, z. B. Heiz-Energiekennzahl: jährlicher Heizenergieverbrauch pro Energiebezugsfläche (kWh/m^{2}a). Kennzahlen können sich auf den gesamten Betrieb, auf einzelne Anlagen oder deren Teile beziehen. Entscheidend für die Aussagekraft eines Vergleichs ist die Wahl der Bezugsgrösse. Sie sollte mit dem Energieverbrauch linear korrelieren, so dass man auf einfache Art einen Quotienten aus Verbrauch und Bezugsgrösse bilden kann. Zudem sollte die Bezugsgrösse möglichst dem Output des Systems entsprechen, welches bewertet werden soll (z. B. Anzahl gefertigte Teile, kg Endprodukt).

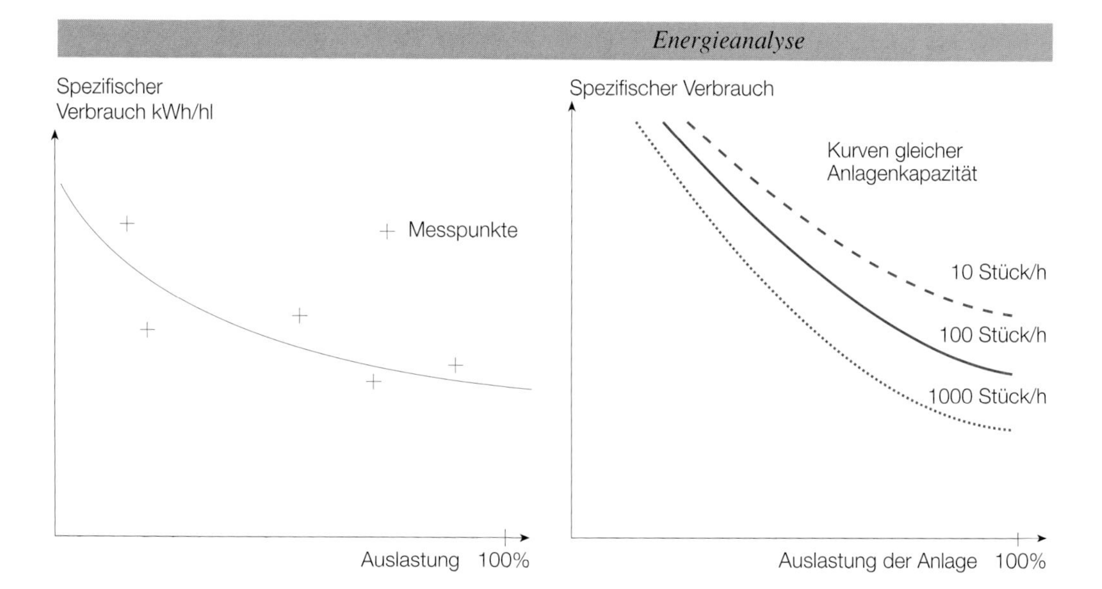

Abb. 2: Abhängigkeit des spezifischen Energieverbrauchs zur Getränkeherstellung von der Auslastung der Produktionskapazitäten.

Abb. 3: Abhängigkeit des spezifischen Energieverbrauchs einer Anlage von deren Auslastung und Kapazität.

Vergleich von Kennzahlen

Um den Einfluss eines Faktors auf den spezifischen Energieverbrauch zu bestimmen, wird bei sonst unveränderten Bedingungen nur dieser Parameter variiert und dabei der Energieverbrauch bestimmt. Ist der Zusammenhang von spezifischer Verbrauchszahl und eines sie beeinflussenden Faktors bekannt, so kann die Kennzahl auf einen Standard-Wert korrigiert werden.

Zeitreihen

Die Bildung von Zeitreihen ist eine Methode, die sich zum Beobachten bestimmter Grössen und deren Veränderungen im Verlauf der Zeit eignet. Absolute Verbrauchswerte und Kennzahlen verschiedener zeitlicher Perioden lassen sich untereinander oder mit Sollwerten vergleichen. Bei der Bildung der Werte ist darauf zu achten, dass diese immer nach dem selben Verfahren erhoben und ausgewertet werden und dass die Messintervalle gleich lang sind.

Verhältnis von Energie und Leistung

Ein gutes Mass zur Beurteilung der Dimensionierung einer Anlage ist die Jahresnutzungsdauer der installierten Leistung. Diese Zahl gibt an, wie lange eine Anlage mit Vollast betrieben werden müsste, um die während eines Jahres geforderte Energie zu erzeugen. Diese Zahl erhält man, indem man die jährlich bereitgestellte Energie (in kWh) durch die installierte Leistung (in kW) dividiert. Eine noch aussagekräftigere Methode zur Beurteilung des Verhältnisses von Energie und Leistung ist die grafische Auswertung der über die Zeit gemessenen Auslastung einer Anlage. Misst man beispielsweise bei einer Kälteanlage über ein Jahr die Viertelstunden-Mittelwerte der bezogenen elektrischen Leistung und ordnet diese nach abnehmender Grösse (mit dem höchsten Wert links beginnend, nach rechts die immer kleiner werdenden Werte), so erhält man die geordnete Jahresleistungsdauerlinie. Sie veranschaulicht die Belastung einer Anlage und macht deren zeitliche Charakteristik deutlich. Die Fläche unter der Kurve ist proportional zur Energiemenge.

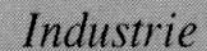

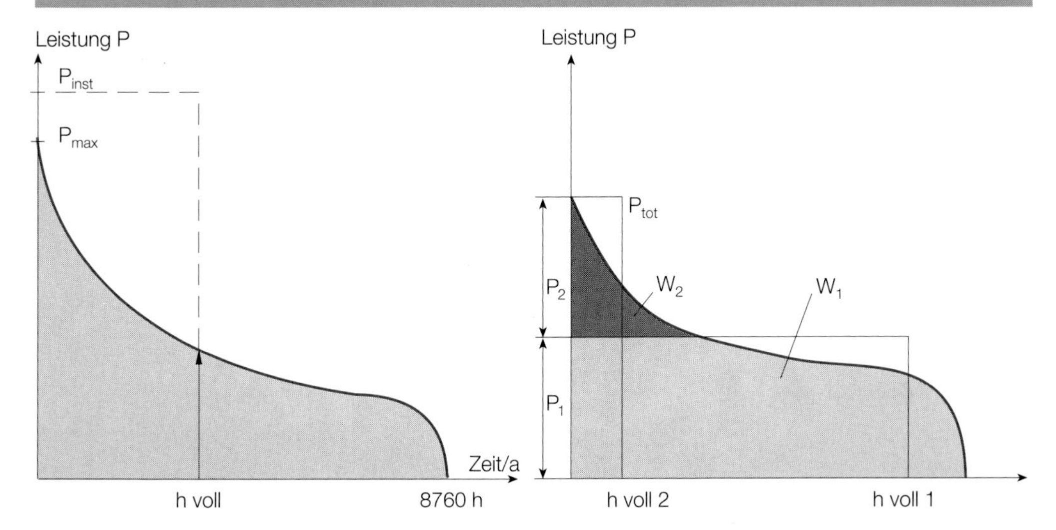

Abb. 4: Geordnete Jahresleistungsdauerlinie der 1/4-h-Mittelwerte einer Maschine.

Abb. 5: Geordnete Jahresleistungsdauerlinie eines Energienachfragers, bei dem die Energie durch zwei unterschiedliche Erzeuger mit jeweils der halben maximal erforderlichen Leistung bereitgestellt wird.

Bei Anlagen mit mehreren Komponenten lässt sich die Aufteilung der Energieproduktion auf die einzelnen Anlagekomponenten darstellen. Abb. 5 zeigt eine Anlage bestehend aus je einer Komponente zur Deckung der Grundlast und der Lastspitzen. Die Komponente 1 hat die Leistung P_1 (ca. 1/2 von P_{tot}), produziert aber den grössten Teil der Energie (W_1). Die Komponente 2 hat die Leistung $P_2 \approx P_1$, steht jedoch nur während einer kurzen Zeit in Betrieb. Nun kann Komponente 1 auf niedrige Betriebskosten (hoher Wirkungsgrad) und Komponente 2 auf günstige Investitionskosten optimiert werden.

Schritt 5: Umsetzung

Den Abschluss einer Energieanalyse bildet die Umsetzung der gewonnenen Erkenntnisse. Es müssen effiziente Kontrollinstrumente bereitgestellt werden, damit der Effekt bewertet werden kann. Je nach Betriebsgrösse, organisatorischer Differenzierung des Betriebes und Energieintensität der Produktion ist ein entsprechendes betriebliches Energiemanagement zu gestalten. Da das Thema Energie alle Bereiche des Betriebes tangiert, sollte das Energiemanagement direkt der Unternehmensleitung unterstellt sein.

Literatur

[1] Ebersbach, K. F., u. a.: Energieanalyse im mittelständischen Unternehmen, Teil I/II. Landesgewerbeamt Baden-Württemberg, Stuttgart 1990.

[2] Funk, M.: Industrielle Energieversorgung als betriebswirtschaftliches Planungsproblem (Physika Schriften zur Betriebswirtschaftslehre 32). Heidelberg 1990.

[3] Rheinisch-Westfälische Elektrizitätswerke: Energiebedarfsanalysen – Versorgungskonzepte, Schlüssel zum sinnvollen und sparsamen Energieeinsatz. Essen 1984.

[4] Schmitt, D. und Heck, H.: Handbuch Energie. Verlag Günther Neske, Pfullingen 1990.

[5] Wohinz, J. W. und Moor, M.: Betriebliches Energiemanagement. Springer Verlag, Wien 1989.

[6] Borch, G.; Fürböck, M.; Mansfeld, L. und Winje, D.: Energiemanagement. Springer Verlag, Berlin 1986.

[7] Gruber, E. und Brand, M.: Rationelle Energienutzung in der mittelständischen Wirtschaft. Verlag TÜV Rheinland, Köln 1990.

3.4 Transportanlagen

RENÉ HOLZER, DIETER STRUB

Allzu viele Antriebe vergeuden übermässig viel Energie. Die Energieverluste sind oftmals grösser als der Aufwand für den Antrieb der Arbeitsmaschine. Akkumuliert über mehrere Jahre übertreffen die Kosten dieser Verluste den Anschaffungspreis der Antriebe um ein Mehrfaches. In diesen Antriebssystemen Sparpotentiale zu orten und auszuschöpfen, sind deshalb ergiebige Massnahmen.

→
3.5 Grosse Motoren, Seite 117
5.1 Elektromotoren, Seite 151
5.2 Elektrische Antriebe, Seite 164
5.5 Aufzugsanlagen, Seite 192

Förderelemente

Stetigförderer

Unter Stetigförderern sind hier Horizontalförderer wie Rollenbahnen, Kettenförderer und Förderbänder gemeint. Die Hauptkriterien für den Energieverbrauch sind Reibungen bzw. Wirkungsgrade.

Rollenbahnen erzeugen ihre Reibverluste direkt mit der Paarung zwischen Rolle und Fördergut. Das Fördergut kann meist nicht beeinflusst werden. Ein möglichst grosser Rollendurchmesser trägt daher viel zu einer kleineren Rollreibung bei. Auch der Rollenabstand muss in die Betrachtungen miteinbezogen werden. Als Richtwert für den Rollreibungskoeffizienten zwischen Holzpaletten und einer richtig dimensionierten Rollenbahn kann 0,05 angenommen werden. Eine Variante der Rollenbahn ist die Staurollenbahn. Sie reduziert in erster Linie die Zahl der Antriebe, ohne deren Leistung nennenswert zu vergrössern.

Kettenförderer sind von der Beschaffenheit des Fördergutes praktisch unabhängig, da die Reibung zwischen der Kette und dem darunterliegenden Führungsprofil entsteht. Der Reibungskoeffizient liegt bei Stahlführungsprofilen zwischen 0,11 und 0,13. Er kann aber durch die Verwendung von geeigneten, verschleissarmen Kunststoffen auf 0,07 bis 0,08 reduziert werden. Durch die hohen Kettenkräfte und der entsprechenden Längung der Ketten, müssen diese oft so vorgespannt werden, dass grosse innere Wirkungsgradverluste resultieren. Eine Alternative dazu sind Antriebsstationen mit automatischer Ketteneinholung. Hersteller, die ihre Ketten nicht spannen müssen, weil Dehnungen ohne Gefahr des Überspringens aufgenommen werden können, haben zwei Vorteile: Sie schonen die Kette und sparen Energie durch Verhinderung von Reibverlusten überspannter Ketten.

Für Förderbänder und Riemenförderer gilt ähnliches wie bei den Kettenförderern. Das heisst die Reibung ist auch hier vorwiegend ein inneres Problem zwischen Fördergutträger und Unterlage.

Verschiebewagen

Verschiebewagen finden ihren Einsatz primär bei der Verteilung und Zusammenführung von Fördergut auf verschiedene Rollenbahnen oder Kettenförderer. Sie ersetzen eine Vielzahl von Einzelkomponenten mit deren Antrieben. Aufgrund der kleinen Reibverluste (je nach Radtyp 0,03 bis 0,09) und dem Wegfallen der Vertikalbewegungen für die Umsetzung, kann bei geregelten Antrieben mit Energierückspeisung um so mehr Energie eingespart werden, je länger die Fahrdistanzen sind.

Regalbediengeräte

Bedingt durch die Höhe der Regale und die notwendige Festigkeit erlangen die Geräte eine relativ hohe Eigenmasse. So können sogenannte Kleinteilegeräte mit einer Nutzlast von lediglich 50 bis 300 kg und einer Höhe von 10 bis 20 m eine Masse von 3 bis 8 t aufweisen. Der Hauptgrund für die grosse Masse ist die erforderliche Statik. Es sind zwei Arten von Berechnungen durchzuführen. Für den normalen Betrieb sind die Geräte primär auf Steifigkeit auszulegen. Das heisst, der auf dem Fahrrahmen montierte Mast muss ein möglichst gutes, schwingungsarmes Verhalten aufweisen. Demgegenüber steht die berechtigte Forderung nach einer statischen Dimensionierung, die auch bei einem möglichen Versagen der Steuerung oder der Betriebsbremse am Gassenende keine grösseren Schäden an Gerät und Gebäude entstehen lässt. Es ist leicht vorstellbar, welche kinetische Energie in einem 20 t schweren, mit einer Geschwindigkeit von 3 m/s laufenden Gerät steckt. Sie muss im Notfall aufgefangen werden. Die gebräuchlichste Art dazu ist der Einsatz von Hydraulikpuffern. Da deren Länge aber begrenzt ist, wird das Gerät in relativ kurzer Distanz abgebremst. Die dabei auftretenden Kräfte entsprechen ungefähr dem zehnfachen der betriebsmässigen. Deshalb besteht das Missverhältnis, dass Regalbediengeräte für den Crash und nicht für den Betrieb ausgelegt werden müssen und damit wesentlich schwerer werden, als eigentlich für ihre Aufgabe notwendig wäre. Es besteht aber die Möglichkeit, die Geräte mit einem Sicherheitsbremssystem auszurüsten, das die betriebsmässige Verzögerung am Gangende überprüft, frühzeitig ein eventuelles Fehlverhalten feststellt und schon mehrere Meter vor der Endposition eine Notbremsung einleitet. So gesicherte Geräte können mit maximaler Geschwindigkeit in die Endlage fahren, ohne dass gefährliche Kräfte entstehen. In der Regel bleibt sogar eine sich lose auf der Teleskopgabel befindende Last stehen. Da die Kräfte zwei- bis fünfmal kleiner sind als bei entsprechenden Puffern, kann die Masse der Konstruktion, insbesondere die des Mastes wesentlich verringert werden. Der leichtere Mast hat als zusätzlichen Pluspunkt eine höhere Eigenfrequenz und damit kürzere Beruhigungszeiten. Ein weiterer Punkt zur Energieeinsparung ist die richtige Wahl der Geschwindigkeit und Beschleunigung. Als Erfahrungswert kann angenommen werden, dass die sogenannte Spitzbogenfahrt (Beschleunigen bis zur maximalen Geschwindigkeit und anschliessendes Verzögern bis zum Stillstand) nicht länger sein sollte als zirka ein Fünftel der Lagerlänge. Bei darüber hinausgehenden Geschwindigkeiten steht die Leistungssteigerung in keinem Verhältnis zum dafür notwendigen grösseren Antrieb.

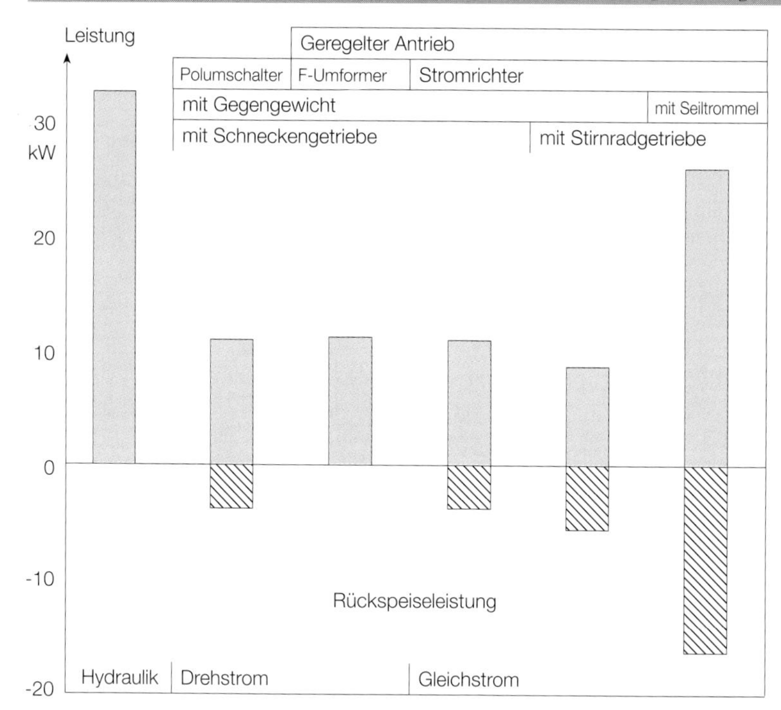

Abb. 1: Vergleich von Aufzugstypen nach Energieverbrauch und Rückspeisung (Leistung in kW).

Seilaufzug oder hydraulischer Aufzug?

Der Hydraulikaufzug wird in der Industrie häufig zur Überwindung kleiner Höhen mit geringen Geschwindigkeiten eingesetzt. Vorteil: für die Plazierung des Antriebes grosse Flexibilität. Nachteilig wirkt sich der schlechte Wirkungsgrad und die damit verbundene Wärmeabfuhr mit Luft- oder Wasserkühler aus. Die Aufwendungen an Elektrizität können enorm sein. Günstiger ist der Seilaufzug zu bewerten: kleinere Antriebsleistung und gleichzeitig, je nach Bauweise, höhere Förderleistung. Beachtenswert ist die Gesamtbilanz, unter Berücksichtigung der Rückspeisung ins Netz. Die Wahl des Getriebes und einer Motorregelung, welche die Rückspeisung erlaubt, entscheidet über den Erfolg der Stromsparbemühungen.

Dimensionierung

Angesprochen ist hier die Bestimmung der Förderleistungen und die daraus resultierenden kinematischen Daten wie Geschwindigkeit und Beschleunigung. Für anspruchsvollere Anlageteile wie Verschiebewagen, Aufzüge oder Regalbediengeräte werden Spielzeitenberechnungen durchgeführt. Diese haben nebst dem eigentlichen Leistungsnachweis auch den Zweck, die einzelnen Sequenzen sichtbar zu machen und diese sinnvoll aufeinander abzustimmen. So ist es beispielsweise bei einem Regalbediengerät möglich, mit der Optimierung des Teleskopgabelspiels derart viel Zeit zu gewinnen, dass Geschwindigkeit und Beschleunigung von Fahren und Heben reduziert werden können. Naturgemäss benötigt auch die schnellste Gabel, die ja nur das

Fördergut bewegen muss, nur einen Bruchteil der elektrischen Leistung eines Fahr- oder Hubmotors. Des weiteren gibt die Spielzeitenberechnung Aufschluss über Verlustzeiten wie Schalt-, Reaktions- und Positionierzeiten. Da diese bei allen Bewegungen vorkommen, können sie auch entsprechend stark ins Gewicht fallen. Beim Einsatz von teilweise eigens für die Fördertechnik entwickelten Lagereglern, die die Geräte in allen Bewegungsrichtungen führen, sind die Verlustzeiten allerdings fast vernachlässigbar klein geworden. Dank dem Einsatz der erwähnten schnellen Teleskopgabeln und Lagereglern werden Leistungssteigerungen möglich, die oft zur Einsparung von Geräten führen. Dies ist sowohl bei den Investitions- als auch bei den Betriebskosten lukrativ. Zumindest in der Planungsphase sollte für jedes System eine bestimmte kalkulierte Reserve ausgewiesen werden, welche jedoch nicht grösser zu bemessen ist, als vor- und nachgelagerte Systeme auch unter Berücksichtigung eventueller Ausbaustufen bewältigen können. Übertriebene Reserven schlagen sich in zu hohen Geschwindigkeiten und Beschleunigungen oder schlecht ausgenutzten Antrieben nieder. Stillstand und Wartezeiten von Förderanlagen infolge zu schwacher Rechenleistung oder nicht optimierter Materialflusskonzepte sollten der Vergangenheit angehören und nicht mit Geschwindigkeitssteigerung der Mechanik wettgemacht werden. Mit Simulationen sind genaue Zahlen erreichbar.

Energiesparende Konstruktionen

Sind Förderleistung und System einmal fixiert, kann der Konstrukteur durch innovative Gestaltung eigener Konstruktionen seinen Beitrag an einen rationellen Energieverbrauch leisten. Die wichtigsten Parameter in seinem Wirkungsbereich sind Gleitreibung, Wirkungsgrad und bewegte Massen. Einige Beispiele: Kann beim Schleifen eines Förderguts ein geeigneter Gleitbelag eingesetzt werden oder ist sogar eine Rollenunterstützung möglich, so wird die benötigte Kraft auf 1/3 bis 1/10 reduziert. Wesentlich komplexer, aber auch effizienter ist die Aufgabe, wenn die bewegte Masse reduziert werden soll. Dank der intensiven Entwicklung von Standardgeräten und unter Zuhilfenahme moderner Technologien wie 3-D CAD, Computerberechnungen nach der Finite-Elemente-Methode (FEM) und LASER-Blechschneidetechnik ist es möglich, auch für Einzelfertigungen und Kleinserien Tragkonstruktionen in statisch und dynamisch optimierter Leichtbauweise zu fabrizieren. Als Beispiel sei hier das Chassis der Hubbühne eines Regalbediengerätes genannt, das in herkömmlicher Schlosserkonstruktion mit Walzträgern 650 kg wiegt und in der erwähnten Technik in Kastenbauweise auf 260 kg reduziert werden kann. Die hier beschriebene Bühne weist, mit entsprechender Fangvorrichtung versehen, eine höhere Sicherheit und ausserdem kleinere Deformationen auf. Leichtbaukonstruktionen sind keineswegs billig, denn sie verlangen einen erhöhten Aufwand an Berechnung. Sie leisten dafür einen guten Beitrag an eine sinnvolle Dimensionierung der Antriebe und damit an einen geringeren Energieverbrauch.

Regelbare Antriebe

Die marktüblichen Antriebe mit veränderlicher Drehzahl lassen sich in vier Hauptgruppen unterteilen: Drehstrommotoren mit Verstellgetrieben; Gleichstromantriebe – stromrichtergespeist; Drehstrommotoren – umrichtergespeist; Drehstrommotoren mit Schlupfregelung. Der Gleichstromantrieb verursacht die kleinsten Regelverluste und auch die niedrigsten Betriebskosten. Die relativ hohen Anschaffungskosten werden dadurch teilweise wieder ausgeglichen. Der Drehstromantrieb mit Frequenzregelung ist sowohl bei der Investition als auch im Betrieb wirtschaftlich.

Drehstrommotoren mit Verstellantrieben

Häufig werden IEC-Norm-Motoren an Breitkeilriemen- oder Reibradgetrieben angebaut. Durch Veränderung des Abroll- oder Abwälzdurchmessers kann eine stufenlose Übersetzung und damit Drehzahlveränderungen im Bereich von 1 zu 4 bis 1 zu 10 erreicht werden. Die Steuerung kann manuell oder auch über einen Verstellmotor erfolgen. Die Drehzahländerungsgeschwindigkeit ist verhältnismässig langsam und somit die Regelgeschwindigkeit klein. Das zulässige Drehmoment steigt bei abnehmender Drehzahl. Der Wirkungsgradverlauf ist günstig, die Verluste sind klein. Durch Anbau einer Istwerterfassung ist prinzipiell auch ein Regelkreis möglich, jedoch müssen grosse Totzeiten und geringe Regelgenauigkeit in Kauf genommen werden. Der Einsatzbereich der Drehstromverstellgetriebe ist praktisch unbegrenzt, wenn auf grosse, häufige und schnelle Drehzahländerungen verzichtet wird. Einsatz in explosionsgeschützten Bereichen ist problematisch, da lediglich der Drehstrommotor, nicht aber das Verstellgetriebe vorschriftsgerecht geschützt werden kann.

Gleichstromantriebe – stromrichtergespeist

Im allgemeinen werden Nebenschluss-Gleichstrommotoren eingesetzt. Sie können unterschiedlich gekühlt und geschützt sein, wobei die Tendenz in Richtung geschlossener Maschinen geht. Allerdings muss bei einem Regelbereich grösser als 1 zu 20 bereits Fremdbelüftung vorgesehen werden. Im Angebot der modernen Antriebstechnik steht sicherlich der regelbare, permanent erregte Synchronmotor an der Spitze. Die heutige Technologie macht Dauermagnete möglich, die gegenüber elektrisch erregten Maschinen eine so geringe Verlustleistung haben, dass keine Fremdkühlung notwendig ist. Das Beschleunigungsverhalten dieser Motoren ist im Vergleich zu Nebenschlussmotoren ausserordentlich gut. Der Betrieb in mehreren Quadranten ist vom Motor immer und vom Stromrichter über erhöhten Bau- und Kostenaufwand möglich. Die Stromrichter sind bei kleinen Leistungen (bis ca. 10 kW) 1phasig, darüber hinaus überwiegend 2- bzw. 3phasig. Um bei den 1- und 2phasigen Geräten die Formfaktoren der Ankerströme zu verbessern, ist der Einsatz von Glättungsdrosseln notwendig. Der Einsatzbereich für geregelte Gleichstrom-Nebenschlussmotoren ist nahezu unbegrenzt. Allerdings ist Explosionsschutz nur über druckfeste Kapselung, also zu sehr hohem Preis möglich. Einsatzfälle mit starken Erschütterungen können zum Springen der Kohlebürsten und damit zum vorzeitigen Verschleiss führen. Hier muss gegebenenfalls auf den Einsatz eines Gleichstrommotors verzichtet werden.

Drehstrommotoren – umrichtergespeist

Der Einsatz von Standard-IEC-Motoren ist, trotz Empfehlungen von Umrichter-Herstellern, nur bedingt möglich. Elektrisch befriedigende Werte stehen lediglich in der Nähe des Nennarbeitswertes zur Verfügung. Sollen aber solche Motoren geregelt werden, so sind die Ergebnisse auch deshalb so schlecht, weil die magnetischen und thermischen Eigenschaften hierfür nicht ausreichen. Ausserdem ist zurzeit bei keinem Serien-Drehstrommotor die Anbringung einer Drehzahlmesseinrichtung (Tachogenerator oder Sensor) möglich. Sollten Drehstrommotoren umrichtergerecht konstruiert werden, so wäre einer der grössten Vorteile der frequenzgeregelten Antriebe vertan, nämlich der Einsatz billiger Standardmotoren. Die Umrichter werden mittlerweile für kleine Leistungen relativ preiswert angeboten. Die Regelung überschreitet aber selten den Bereich von 1 zu 10. Bedingt durch die Eigenschaften des Asynchronmotors, muss ein Umrichter überdimensioniert werden, um genügend Energie für den Hochlaufvorgang zu liefern. Da beim Drehstrommotor, im Gegensatz zum Gleichstrommotor, beim Startvorgang der Strom nicht proportional dem Drehmoment ist, müssen die Geräte im Kurzzeitbetrieb ein Mehrfaches des Motornennstromes zur Verfügung stellen.

Drehstrommotoren mit Schlupfregelung (Wirbelstromkupplung)

In der Regel werden Drehstrom-Normmotoren an eine Kupplungseinheit angeflanscht, in der durch Veränderung des Kupplungsmagnetisierungsstroms eine Kraftübertragung mit Schlupf vom Motor zur Arbeitsmaschine erzeugt wird. Beim Abwärtsregeln der Drehzahl entstehen in der Kupplung sehr hohe Energieverluste. Alle nicht an die Arbeitsmaschine übertragene Energie wird in Form von Wärme durch den Kupplungslüfter abgeführt. Diese Regelungsart ist die unwirtschaftlichste. Der frequenzgeregelte Drehstromantrieb wird an Boden gewinnen. Der normale Drehstrommotor hat eine Eigenschaft, die nicht bei allen Einsatzfällen erwünscht ist. Steigert man die Belastung des Drehstrommotors, d. h. zwingt man ihn zur Entwicklung eines über das Nennmoment hinausgehenden, grösseren Drehmoments, so sinkt seine Drehzahl, wobei der Strom mit dem Schlupf zunimmt. Im Augenblick des Kippschlupfs entwickelt der Motor das maximal mögliche Moment (Kippmoment). Je nach Leistung liegt das Kippmoment beim zweieinhalbfachen Betrag des Nennmoments, während der Kippschlupf bis zu 20 % der Synchrondrehzahl betragen kann. Durch diese Eigenschaft wird es beinahe unmöglich, einen Asynchronmotor als Fahrantrieb für eine kontinuierliche Beschleunigung einzusetzen. Diesbezüglich weisen Sonder-Käfigläufermotoren bessere Eigenschaften auf. Man unterscheidet fünf Typen von Sondermotoren.
Sondermotor Typ 1: Eine Drehzahl, hoher Wirkungsgrad, Leistungsentnahme nach erfolgtem Hochlauf, freier Auslauf nach Abschaltung.
Sondermotor Typ 2: Eine Drehzahl, hoher Wirkungsgrad, Leistungsentnahme nach erfolgtem Hochlauf, kurzer Auslauf nach Abschaltung ohne besondere Genauigkeitsanforderungen.
Sondermotor Typ 3: Wie Typ 1 und 2, jedoch mit 2 bis 6 festen Drehzahlen.
Sondermotor Typ 4: Aufgebaut wie Typ 1, 2 und 3 mit Widerstandsläufer, jedoch für geringe Leistungsentnahme nach erfolgtem Hochlauf, ist dieser Motortyp zwar wegen des geringen Einschaltstroms für hohe Schaltzahlen geeignet, jedoch nicht für Hubgeräte und nur bedingt für Fahrwerke.
Sondermotor Typ 5: Wie Typ 1 bis 4, jedoch mit geringem Widerstandsläufer,

aber stark verringertem Statorwiderstand. Durch angepasste Blindwiderstände innerhalb der Motorkonstruktion lässt sich ein gleichförmiges Drehmoment mit einer erstaunlich guten Nenndrehzahl bei kleinen Einschaltströmen erzielen. Ausserdem ist es möglich, das motorische Moment anzuheben, ohne das generatorische zu beeinflussen. Es wird also bereits im Motor eine Optimierung vorgenommen, wodurch äussere Massnahmen, wie Drosseln und Zusatz-Massenträgheitsmomente, nur noch für mechanische Anpassungen in geringem Masse nötig werden.

Elektromechanische Antriebe oder Getriebemotoren

Alle erwähnten Elektromotoren eignen sich nur bedingt für den Einzelantrieb langsam laufender Maschinen. Gleichstrommotoren erfüllen zwar die Forderung nach kleiner Drehzahl bei grossem Drehmoment. Ihre Abhängigkeit von der Speisung behindert jedoch einen wirtschaftlich sinnvollen Einsatz. Drehstrommotoren mit grosser Polzahl laufen zwar entsprechend langsam, ein grösseres Drehmoment können sie jedoch infolge der Abhängigkeit der Baugrösse nur bei unverhältnismässig hohem Materialaufwand aufbringen. Marktanalysen haben gezeigt, dass eine grosse Nachfrage gerade den Antrieben mit konstanten oder in Grenzen veränderlichen Ausgangsdrehzahlen von 20 bis 250 U/min bei kleinen bis mittleren Leistungen gilt. Diese Drehzahlen lassen sich auf einfache Weise erreichen, wenn man dem Elektromotor ein Übersetzungsgetriebe ins Langsame nachschaltet. Weil nach den Gesetzen der Dynamik ein solches Übersetzungsgetriebe als Drehmomentverstärker wirkt, wird auch die Forderung nach grösseren Drehmomenten erfüllt. Eine Verbindung von Motor und Getriebe über eine Wellenkupplung ist wirtschaftlich nicht optimal. Die Nachteile dieser Anordnung lassen sich vermeiden, wenn man das Getriebe mit dem Motor zu einer baulichen Einheit zusammenfasst.

Komponenten

Getriebe

Bei der Getriebeauswahl ist nebst den üblichen Berechnungen vor allem an den Wirkungsgrad zu denken. Schneckengetriebe erreichen zwar beachtliche Wirkungsgrade, doch werden sie nie diejenigen von Stirn- oder Kegelradgetrieben erreichen. Verluste von 10 bis 30 % müssen im motorischen Bereich in Kauf genommen werden. Noch schlechter wird das Verhältnis, wenn Energie zurückgespiesen werden soll, also im generatorischen Bereich. Die Formel lautet: Wirkungsgrad beim Rückspeisen = 2 – (1/Wirkungsgrad). Ein Getriebe mit einem Wirkungsgrad von 70 % beim Treiben bringt beim Rückspeisen also nur noch zirka 57 %.

Motor, Steuerung und Regelung

Zweimal kann bei der Bestimmung der Steuerung Energie eingespart werden. Zum ersten durch die Wahl des Konzeptes. Für langsame Bewegungen in der Fördertechnik ist es in der Regel nicht sinnvoll, mit geregelten Antrieben zu fahren. Ein richtig dimensionierter Drehstrommotor ist dafür nach wie vor das wirtschaftlichste. Für allfällige Drehzahlveränderungen stehen Frequenzumformer zur Verfügung. Anders sieht es aus, wenn Lasten mit definierten

Beschleunigungen auf hohe Geschwindigkeiten gebracht und ebenso geführt wieder abgebremst werden müssen. Nicht geregelte Antriebe erfordern enorme Anlaufströme, zumal sie meist noch mit grossen Schwungmassen zur Dämpfung von Stössen versehen sind. Geregelte Antriebe speisen die freiwerdende Energie bei Bremsvorgängen ins Netz zurück oder «verheizen» sie in Widerständen. Als Beispiel für einen hohen Rückspeiseanteil im generatorischen Bereich sei unter anderen der geregelte Gleichstrom-Nebenschlussmotor mit Stromrichter genannt. Energietechnisch gesehen müssten, wo immer im 4-Quadranten-Betrieb grosse Massen viel bewegt werden, ausschliesslich geregelte Antriebe mit Energierückspeisung eingesetzt werden. Die zweite Möglichkeit, bei der Wahl der Steuerung Energie zu sparen, ist das Ausnützen der Geschwindigkeit, denn kleingehaltene Totzeiten führen zu Zeitreserven und damit zur Herabsetzung der notwendigen Kinematik. Andere Vorteile einer richtigen Dimensionierung sind kleinere Leitungsquerschnitte in den Zuleitungen und vielfach kleinere Trafostationen.

Hydraulikantriebe sind in gewissen Fällen angebracht (beispielsweise ist eine Scherenhubbühne oder eine Presse mit Kabelzügen nur bedingt tauglich). Jedoch sollte bei Antrieben, die problemlos mit Getrieben mit einem Wirkungsgrad von 96 bis 98 % ausgestattet werden können, auf Hydraulikgruppen mit einem Wirkungsgrad von lediglich 60 bis 70 % verzichtet werden.

Den grössten Spareffekt erzielen Schwerkraftförderanlagen, da jeglicher Einsatz von Fremdenergie entfällt. Sie werden zusehends häufiger – auch in automatischen Anlagen – eingebaut.

«Angstzuschläge»

Um die geforderte Förderleistung sicher zu erreichen, erhöht der Planer die Geschwindigkeit um einige Prozente. Der Konstrukteur berechnet die bewegte Masse der Konstruktion und gibt als Sicherheit noch einige Prozente dazu. Weitere Angaben zur Dimensionierung, wie Reibungen und Wirkungsgrade, werden ebenfalls mit einer kleinen Reserve versehen. Auch der Motorenlieferant will nicht den Fehler einer zu knappen Dimensionierung begehen und wählt den im Normblatt nächst grösseren Motor. So aufgelistet ist leicht zu erkennen, dass Antriebe massiv überdimensioniert sind. Dementsprechend verbrauchen sie mehr Energie oder beziehen mehr Blindleistung, da sie nicht im Optimum ihrer Kennlinien laufen. Es ist nicht sinnvoll, jeden einzelnen Parameter mit sogenannten Angstzuschlägen zu versehen. Die Transparenz der Zuschläge ist umso wichtiger, je mehr Personen an einem Projekt beteiligt sind.

3.5 Antriebe mit grossen Motoren

ALBERT KLOSS

Drehzahlgeregelte Drehstrommotoren für grosse Antriebe in der Industrie verwenden Elektrizität besonders rationell. Die Drehzahl variiert aufgrund von Frequenzänderungen der Speisespannung mittels Umrichter. Je nach Motorentyp kommt eine andere Umrichterschaltung zur Anwendung.

→
5.1 Elektromotoren, Seite 151
5.2 Elektrische Antriebe, Seite 164

Umrichtergespeiste Grossantriebe

Bei industriellen Antrieben mit veränderlichen Ausgangsgrössen, wie bei Pumpen, Kompressoren oder Ventilatoren, stehen grundsätzlich zwei Regelmethoden zur Verfügung: Mechanische Beeinflussung der Fördermenge bei konstanter Drehzahl oder Beeinflussung der Fördermenge durch elektronische Verstellung der Drehzahl. Die Motordrehzahl kann entweder mittels Widerständen oder Leistungselektronik (Stromrichter, Umrichter) geregelt werden. Wirtschaftlichkeitsanalysen zeigen, dass umrichtergespeiste Drehstrommotoren in bezug auf Effizienz und Energieverbrauch die besten Resultate erbringen. Die Drehzahl variiert aufgrund von Frequenzänderungen. Bei grossen Antrieben mit Drehstrommotoren (über 100 kW) werden Umrichter mit steuerbaren leistungsstarken Halbleiterbauelementen, Thyristoren, bevor-

Abb. 1, Abb. 2: Beeinflussung der Fördermenge durch ein mechanisches bzw. elektronisches Stellglied. Im einen Fall (mechanisch) ist die Regelung verlustreich und hat wenig Rückwirkung aufs Netz. Im anderen Fall (elektronisch) verhält es sich umgekehrt.

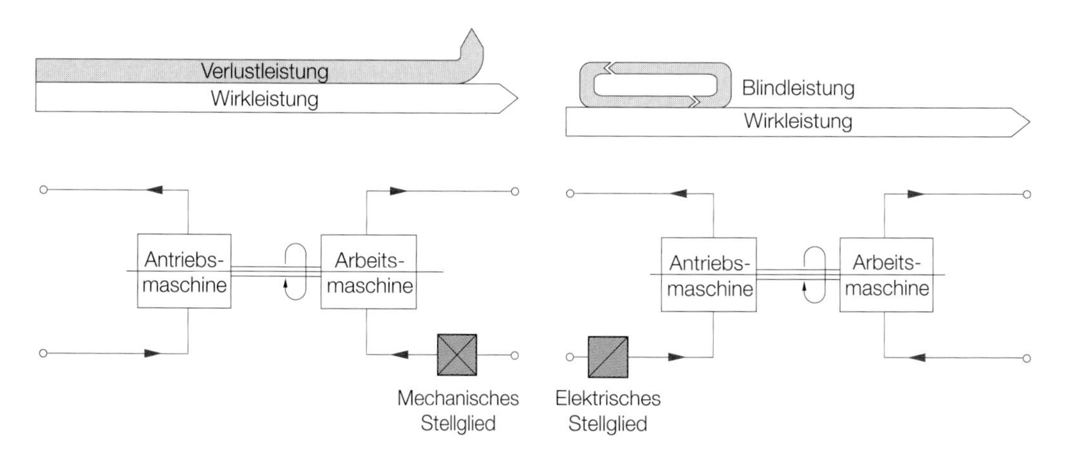

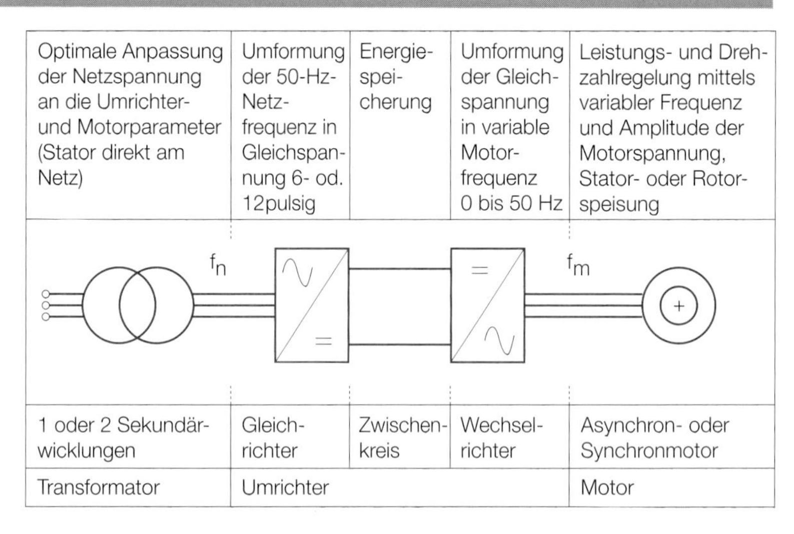

Abb. 3: Grundschema des umrichtergespeisten Drehstromantriebs. Durch den Gleichstromzwischenkreis wird die Motorseite (Frequenz fm) von der Netzseite (Frequenz fn) entkoppelt. Der Wechselrichter stellt für den Motor eine frequenzvariable Spannungsquelle dar.

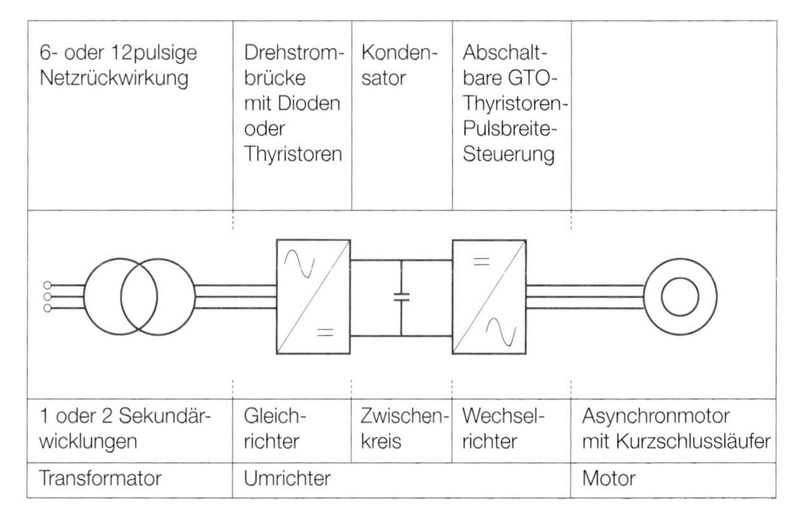

Abb. 4: Umrichtergespeister Asynchronmotor mit Kurzschlussläufer (Käfigläufer). Die Drehzahlverstellung erfolgt mittels der Änderung der Frequenz und Amplitude der Statorspannung. Die Entkopplung der Motor- und Netzseite wird mittels eines kapazitiven Energiespeichers im Zwischenkreis gewährleistet («U-Umrichter»).

zugt. Je nach Typ des Motors (Asynchronmotor oder Synchronmotor) und den Anforderungen wird ein entsprechendes Umrichterschema gewählt.

Zur Drehzahlregelung von Asynchronmotoren mit Kurzschlussläufern wird am häufigsten die Umrichterschaltung mit Gleichspannung-Zwischenkreis (U-Umrichter) angewendet (Abb. 4). Die 3phasige Netzspannung wird zuerst gleichgerichtet und dann nach einer Zwischenspeicherung im Kondensator wieder wechselgerichtet. Im Gegensatz zur festen 50-Hz-Frequenz des Netzes erlaubt der Wechselrichter, eine variable Frequenz wunschgemäss dem Motor (Stator) zuzuführen. Bei Asynchronmotoren mit Schleifringrotoren eignet sich für die Drehzahlregelung am besten ein Umrichter mit Gleichstromzwischenkreis, der die Rotorschlupfenergie wieder in das Netz zurückführen kann. Das Antriebssystem wird als untersynchrone Stromrichterkaskade bezeichnet (Abb. 5). Im Gegensatz zum Umrichter mit Gleichspannungs-Zwischenkreis, der am Stator des Motors angeschlossen wird und in dem die

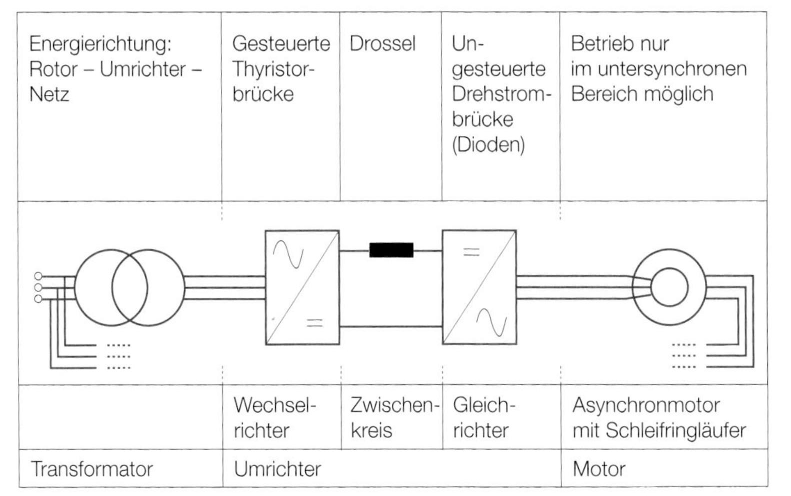

Abb. 5: Umrichtergespeister Asynchronmotor mit Schleifringrotor wird als «untersynchrone Stromrichterkaskade» bezeichnet. Der Umrichter wird im Rotorkreis eingeschaltet.

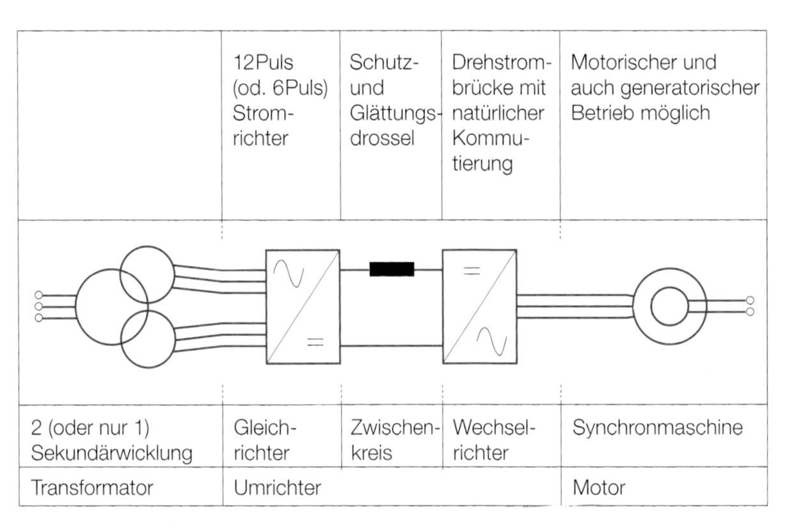

Abb. 6: Synchronmotor über einen Gleichstromzwischenkreis-Umrichter gespeist («Stromrichtermotor»). Beispiel mit 12pulsigem Netzgleichrichter.

Energie vom Netz zur Maschine gerichtet ist, befindet sich der Umrichter der untersynchronen Kaskade im Rotorkreis, und die Energie wird vom Motor ins Netz übertragen. Die Drehzahl der grossen Synchronmaschinen wird üblicherweise mittels eines Gleichstrom-Zwischenkreisumrichters geregelt. Das Antriebssystem nennt man in der Regel Stromrichtermotor (Abb. 6). Es wird oft als Hochlaufeinrichtung bei den Synchrongeneratoren in Kraftwerken angewendet.

Energetische Merkmale der Umrichterantriebe

Im Vergleich zu Antrieben mit konstanter Drehzahl kann durch die Drehzahlregelung bei bestimmten Anwendungen (Pumpen, Ventilatoren, Aufzüge) bis zu 30 % der Energie gespart werden. Neben dieser direkten Einsparung ergeben sich bei der Anwendung der Umrichtertechnik, dank ausgezeichneter regeldynamischer Eigenschaften und Möglichkeiten der Automation, auch noch indirekte Einsparungen, die oft die bereits erwähnten übertreffen. So kann der Gesamtenergieverbrauch der Anlage, infolge Beschleunigung oder Präzision des entsprechenden technologischen Prozesses, erheblich gesenkt werden. Bei der Erstellung der Energiebilanz der drehzahlvariablen Antriebe sind die Netz-Nebenwirkungen der Umrichter (erhöhter Blindleistungsbedarf, Oberschwingungen) zu beachten.

Wahl des Antriebsystems

Die Wahl des Antriebsystems, d. h. des Motor- und Umrichtertyps, kann erst anhand einer konkreten Analyse der Einrichtung oder Anlage getroffen werden. Da neben den besprochenen typischen Antriebsvarianten in der Praxis noch einige mehr (wie I-Umrichter oder Direktumrichter) in Frage kommen, fällt die Entscheidung, welches System zu wählen ist, oft nicht leicht.

Literatur

[1] Becker, W.; Picmaus, E.: Mögliche Förderstromsteuerung der Kreiselpumpe. Druckschrift Brown Boveri, DIA 113081 D, Mannheim 1980.

[2] Köllensperger, D.; Schwab, A.: Energieeinsparung mit stromrichtergespeisten, drehzahlveränderbaren Antrieben am Beispiel eines Pumpenantriebes. Siemens-Energietechnik 2, München 1980.

[3] Manhorn, H.: Wirtschaftlicher Einsatz von Ventilatoren. Siemens-Energietechnik 2, München 1980.

[4] Schweighofler, A.: Gewinnmaximierung durch Energieeinsparung mit statischen Frequenzumrichtern. Elektronik Report Spezial, 1981.

[5] Götz, G.: Wirtschaftlicher Einsatz von drehzahlstellbaren Antrieben in der Industrie. ETZ 103, H. 14, Berlin 1982.

[6] Seig, J.: Leistungselektronik im Aufzugsbau – drehzahlgeregelte Antriebe verringern den Energiebedarf und erhöhen den Fahrkomfort. Lift-Report 9/4, 1983.

[7] Willi, W.: Energieeinsparung mit drehzahlgeregelten Pumpen- und Ventilatorantrieben. Bulletin SEV/VSE 75/22, Zürich 1984.

[8] Pornitz, M.; Chollet, B. G.: Elektronische Drehzahlregelsysteme zur Reduktion des Stromverbrauchs bei Antrieben in der Gebäudetechnik. Bulletin SEV/VSE 78/4, Zürich 1987.

[9] Hackmann, H. J.: Umrichtergespeiste Drehstromantriebe – Gegenüberstellung verschiedener Systeme. Antriebstechnik 29/2, 1990.

[10] Schörner, J.: Drehstromantriebe für Seilaufzüge. Elektrotechnik 6, Aarau 1991.

[11] Schwarz, H. G.: Wirkungsgrad von Umrichterantrieben als Ausweichkriterium. Antriebstechnik 30/8, 1991.

[12] Fuchs, F.W.: Wirkungsgrad von Umrichterantrieben. ETZ 12, H. 17, Berlin 1991.

3.6 Wärmerückgewinnung, Abwärmenutzung, Wärmepumpen, Wärmekraftkopplung

ROBERT BRUNNER

→
2.6 WRG, WP und WKK, Seite 84
8. Wärme, Seite 257 ff.

Der teilweise hohe Abwärmeanfall empfiehlt den Einsatz entsprechender Techniken wie Wärmerückgewinnung (WRG), Abwärmenutzung (AWN) und Wärmepumpen (WP). Je nach produktionsspezifischer Randbedingungen und Qualität der Wärmequelle stehen verschiedene Lösungswege offen. Wärmetauscher weisen in der Regel den geringsten Strombedarf aus. Die Integration von Wärmekraftkopplung (WKK) und Wärmepumpen ist ohne Eingriffe in den Prozess möglich. Bedingung ist allerdings ein qualitativ und quantitativ geeignetes Verbraucherspektrum.

Wärmerückgewinnung und Abwärmenutzung

Grundsätzlich lässt sich die eingesetzte Prozesswärme am besten durch eine entsprechende Prozessführung oder durch die Wahl eines geeigneten Produktionsverfahrens nutzen. Diese Nutzung ist sehr vorteilhaft, da eine zeitliche und mengenmässige Korrelation gegeben ist. In Fällen, in denen die stufenweise Nutzung der Abwärme im Prozess nicht möglich ist, kann sie bei geeigneten Randbedingungen aber ausserhalb des Prozesses genutzt werden. Das Spektrum der WRG- und AWN-Anwendungen in der Industrie erstreckt sich von reinen Wärmetauscheranlagen über Wärmepumpenanlagen bis zu Wärmekraftkopplungsanlagen einschliesslich aller Kombinationen für die Prozesstechnik und die Haustechnik (Fabrikgebäude, Bürogebäude). Interessant ist meist auch die Auskopplung von Prozessabwärme für haustechnische Zwecke. Von den WRG- und AWN-Nutzungstechniken weisen reine Wärmetauscheranwendungen im allgemeinen den geringsten elektrischen Zusatzenergiebedarf auf. Mit einfachen Massnahmen können hohe Energieeinsparungen erreicht werden. Beispielsweise wird in einer industriellen Abwasserdesinfektionsanlage mit einem Spiralwärmetauscher ein so hoher Wärmerückgewinnungsgrad erreicht, dass für die Aufheizung des Abwassers von 20° C auf 110° C nur eine Wärmemenge benötigt wird, die einer Erwärmung des Abwassers um 10° C entspricht.

TYPISCHE AWN-KONZEPTE

- Speisung des Warmwasserfabriknetzes aus Prozessabwärme
- Abwärmebeheizte Eindampfanlage
- Wärmerückgewinnung aus Gas-Dampf-Gemischen bei Trocknungsanlagen
- Abwärmenutzung bei exothermen Vorgängen (chemische Reaktion mit Wärmeabgabe) für Speisewasservorwärmung
- Abwärmenutzung von Induktions-Tiegelöfen für Komfortwärmezwecke

Wärme rückgewinnen und Abwärme nutzen

Konsequente Abwärmenutzung unter Einsatz von Wärmepumpen und Wärmetauscher wird in der Firma Pro Ciné in Wädenswil, einem fotoverarbeitenden Betrieb mit rund 350 Beschäftigten betrieben. Im beschriebenen Fallbeispiel mussten im Energiekonzept die Problemkreise «Fotochemie», «Verarbeitungsprozess» und «Raumklimatisierung» eingebunden werden. Die Verknüpfung der Klimatisierung mit der Verarbeitung erfolgt in den Wärmetauschern, die der Luftkühlung für die Computeranlage und für die allgemeine Klimaanlage dienen. Das dabei um 6° C erwärmte Wasser wird den Verdampfern der Kältemaschinen zugeführt. Der stark schwankende Wasserverbrauch des Verarbeitungsprozesses wird durch einen Vorspeicher von 42 m^3 ausgeglichen, der in erster Linie durch die auf einer tieferen Kondensationstemperatur arbeitenden Kältemaschine vorgewärmt wird. Das Wasser des Vorspeichers wird im 6 m^3 fassenden Warmwasserspeicher durch eine Elektrowärmepumpe, die die Abwärme des Prozessabwassers nutzt, auf die erforderliche Temperatur von rund 45° C aufgeheizt. Abhängig vom Ladezustand speist die auf höherer Kondensationstemperatur arbeitende Kältemaschine ihre Abwärme in den Warmwasserspeicher bzw. in den Vorspeicher ein. Vom Warmwasserspeicher gelangt das warme Prozesswasser in die Verarbeitungsmaschinen, wo sich durch Beimischung von Kaltwasser, das zur Beherrschung der grossen Warmwasserbedarfsschwankungen erforderlich ist, die benötigte Temperatur einstellt. Die Raumheizung ist über einen Wärmetauscher ebenfalls an den Warmwasserspeicher angeschlossen. Bei zu geringem Abwärmeanfall wird die vorhandene Ölheizung zugeschaltet. Im Vergleich der Zahlen (Stand 1984 zu Stand 1990) ergibt sich, bezogen auf eine einheitliche Produktionsleistung, eine Einsparung von 640 MWh Öl und eine Erhöhung des Stromverbrauchs um 150 MWh pro Jahr. Damit ergibt sich ein elektrothermischer Verstärkungsfaktor von etwas über 4 (640/150 = 4,27), was auf eine real verbesserte Ausnützung der eingesetzten Energieträger hinweist.

TYPISCHE ANWENDUNGEN VON AWN UND WRG

Anlage oder Senke	Anlage oder Quelle	WT	WP
Kesselspeisewasservorwärmung	Kondensatrestwärme	AWN	--
Kesselspeisewasservorwärmung	Prozessabwärme	AWN	--
Raumheizung	Industrieofen	AWN	--
Raumheizung	Kompressorkühlwasser	AWN	--
Raumheizung	Kondensat organischer Dämpfe	AWN	--
Raumheizung	Motoren- und Trafo-Kühlwasser	AWN	--
Raumheizung	Prozessabwärme	AWN	WP
Speisewasservorwärmung	Gasturbinen-Kühlwasser	AWN	--
Strom mit Dampfkraftanlage	Prozess-Abdampf	AWN	--
Waschwasservorwärmung	Chemieabwasser	AWN	--
Warmwasser-Netz	Prozess-Kühlwasser	AWN	WP
Produktevorwärmung	Prozessabgase	AWN, WRG	--
Prozessluftvorwärmung	Rauchgase	AWN, WRG	--
Raumlufttechnische Anlage	Fortluft	WRG	--
Sterilisationsanlage	Steriles Flüssiggut	WRG	--
Trocknungsprozess	Abluft	WRG	--
Waschprozess	Waschabwasser	WRG	--
Fernwärme	Kläranlagen-Abwasser	--	WP
Raumheizung	Kältemaschinen-Kondensator	--	WP
Warmwasser-Netz	Kältemaschinen-Kondensator	--	WP
Eindampf-Anlage	Abdampf	--	BK
Würzkochung (Bierbrauerei)	Abdampf	--	BK

AWN: Abwärmenutzung
BK: Brüden-Kompression
WKK: Wärmekraftkopplung
WP: Wärmepumpe
WRG: Wärmerückgewinnung
WT: Wärmetauscher

Wärmepumpen

Die klassische Wärmepumpe, ausgeführt als Kaltdampf- bzw. Sorptions-Wärmepumpe, lässt sich in der Industrie praktisch überall einsetzen. Im Gegensatz zu konventionellen haustechnischen Anwendungen mit Umweltwärme steht meistens Abwärme von Maschinen und Prozessen, gebunden an wässrige oder gasförmige Wärmeträger, zur Verfügung. Häufig ist die Wärmepumpe Teil eines WRG/AWN-Systems. Wegen der relativ hohen Temperaturen der industriellen Wärmequellen und den kleinen Temperaturdifferenzen zur Senke werden entsprechend hohe Arbeitszahlen erreicht. In der Industrie werden die klassischen Wärmepumpen mit Gas oder Elektrizität angetrieben. Dank dem geschlossenen Kältekreislauf lassen sich im Prinzip beliebige Wärmequellen und -senken miteinander verbinden. In industriellen Prozessen wird die Brüdenverdichtung als WRG/AWN-Technik eingesetzt. Der Brüden (Prozessabdampf) kann mit dem mechanischen Brüdenverdichter, angetrieben mit Elektro-, Verbrennungsmotor oder Dampfturbine, oder dem Dampfstrahlverdichter (Thermokompressor) verdichtet werden. Im einfachsten Fall kann der Brüden mit höherem Druck und höherer Temperatur wieder zur Beheizung des gleichen Prozesses zurückgeführt werden (WRG). Die Brüdenverdichtung als offener Wärmepumpenprozess ist auf spezifische Anwendungen beschränkt. In einer typischen Anwendung der mechanischen Brüdenkompression ergibt sich bei einer zu überbrückenden Temperaturdifferenz von 10° C, einer Heiztemperatur von 90° C und einem Gütegrad (Carnot-Wirkungsgrad) von 0,5 eine Leistungszahl von 18.

Stichwort: Brüden

Als Brüden wird der beim Eindampfen einer Lösung entweichende Dampf bezeichnet. Die Kondensationstemperatur des Brüden liegt tiefer als die Siedetemperatur der Lösung. Unter Brüden-Kompression versteht man eine wirksame Massnahme zur Verbesserung des Wärmehaushalts einer Verdampferanlage. Dabei wird der Brüden mit einem Kompressor verdichtet. Durch den höheren Druck wird die Kondensationstemperatur des Dampfes erhöht. Die Kondensation kann dadurch bei der Siedetemperatur der Lösung durchgeführt und die Kondensationswärme zum Verdampfen der Lösung ausgenutzt werden.

TYPISCHE WP-EINSATZGEBIETE

- Wärmeerzeugung für haustechnische Anwendungen
- Kälteerzeugung
- Integrierte Energieversorgung (Kälte und Wärme)
- Brüdenverdichtung in Eindampfanlagen (Chemie)
- Brüdenverdichtung für die Würzekochung (Brauerei)

Wärmekraftkopplung

Mit Wärmekraftkopplung kann die eingesetzte Energie bereits bei der Erzeugung von Prozesswärme besser genutzt werden, womit die bei jeder Umwandlung der Energie anfallenden Verluste sich verringern lassen. Vorteilhaft ist, dass keine Eingriffe in den Prozess notwendig sind. Nicht jeder Industriebetrieb kann aber diese Technik nutzen, da ein bestimmtes Abnehmerspektrum vorhanden sein muss. Ideale Bedingungen liegen vor, wenn Eigenstromerzeugung angestrebt wird und die Wärme günstig in den Prozess eingespiesen werden kann. Grundsätzlich besteht in vielen Betrieben ein Interesse an der Eigenstromerzeugung oder gar an der Rücklieferung von Elektrizität in das öffentliche Netz. Gasturbinen-WKK sind interessant bei einem Elektrobedarf über 1 MW_{el} und wenn Prozesswärme im Mehrschichtbetrieb gebraucht wird, um zu entsprechend hohen Laufzeiten zu gelangen. Neben dem Einsatz von Gasturbinen für die Erzeugung von Prozesswärme stehen im Bereich der Erzeugung von Raumwärme vor allem Gasmotoren im Vordergrund. In allen Bereichen, in denen gleichzeitig ein Notstrombedarf vorhanden ist, können diese Anlagen besonders vorteilhaft eingesetzt werden. Gasturbinen sind ohne Abgasreinigungsmassnahmen nicht genügend umweltfreundlich, insbesondere die NOx-Emissionen sind zu hoch. Wasser- oder Dampfeinspritzung, Low-NOx-Brennkammern oder sekundäre Entstickung sind daher unumgänglich. Für die Wärmekraftkopplung zur Bereitstellung von Komfortwärme werden vor allem Industrie-Gasmotoren eingesetzt. Ausgerüstet mit Dreiwegkatalysatoren weisen diese, vor allem bei den Stickoxiden, sehr tiefe Emissionswerte auf.

TYPISCHE WKK-EINSATZGEBIETE

- Ersatz von Dampfturbinenanlagen durch WKK-Anlagen (Papier- und Chemiebranche)
- Prozesswärme und Eigenstromerzeugung
- Verstromen von Abwärme

Literatur

[1] Abwärmenutzung in Industrie und Gewerbe. Sammelordner mit technischem Vorspann und ausgeführten Beispielen. Infoenergie, Brugg 1988.
[2] Brunner, Robert; Kyburz, Viktor: Möglichkeiten der Wärmerückgewinnung. Bundesamt für Konjunkturfragen, Impulsprogramm RAVEL, Bern 1990.
[3] Gabathuler, Hans Rudolf u. a.: Elektrizität im Wärmesektor. Wärmekraftkopplung, Wärmepumpen, Wärmerückgewinnung und Abwärmenutzung. Bundesamt für Konjunkturfragen, Impulsprogramm RAVEL, Bern 1991.
[4] Ingwersen Hans-Hermann: Handbuch der Mehrfachnutzung industrieller Prozesswärme. Resch-Verlag, Gräfelfing/München 1988.
[5] Jahrbuch der Wärmerückgewinnung, 6. Ausgabe. Vulkan-Verlag, Essen 1989.
[6] Weiss, H. P.: Energiekonzept Pro Ciné, Wädenswil – Wenig spektakulär aber wirkungsvoll. Infoenergie-Fachtagung Rationelle Energienutzung, Basel 1991.

3.7 Textildruckerei als Beispiel

WERNER HÄSSIG

→
5.1 Elektromotoren, Seite 151
5.2 Elektrische Antriebe, Seite 164

Detaillierte Elektrizitätsverbrauchsmessungen an einer Textildruckmaschine mit gleichzeitiger Erfassung der betrieblichen Vorgänge ergeben Anhaltspunkte für Sparpotentiale. Es werden betriebliche und anlagentechnische Stromsparmassnahmen vorgeschlagen. Die Untersuchung zeigt zudem, dass die Energieintensität eines Produktes durch kleine Stückzahlen und hohe Qualitätsanforderungen zunimmt.

Produktion

Hochspezialisierte industrielle Erzeugnisse unterscheiden sich von Massenprodukten primär durch die Stückzahlen und durch das Qualitätsniveau. Kleine Stückzahlen sind oft durch Rahmenbedingungen wie kleiner Markt, Modetrends, Jahreszeiten und konjunkturelle Schwankungen gegeben. Produkte hoher Qualität lassen sich nur mit aufwendigen, genauen Werkzeugen und oft mit zusätzlichen Bearbeitungsgängen fabrizieren.

In der Textilveredlung durchläuft der Stoff (Gewebe oder Maschenware) je nach Bestimmungszweck zwischen 5 und 15 Einzelprozesse. Neben dem Textildruck sind dies Entschlichten, Sengen, Bleichen, Mercerisieren, Färben, Waschen, Dämpfen, verschiedene Appreturverfahren und andere mehr. Der eigentliche Textildruck ist in der Regel der stromintensivste Teilprozess der Veredlung (jedoch nicht bezüglich des Gesamtenergiebedarfes).

Technik der Druckmaschinen

Man unterscheidet grob drei Druckverfahren: Rundfilm-, Flachfilm- und Walzendruck. Der Walzendruck hat nur geringe Bedeutung. Der Elektrizitätsbedarf einer Rundfilm- oder Flachfilmdruckmaschine verteilt sich auf 15 bis 25 Einzelantriebe und, je nach Typ, auf einzelne Widerstandsheizungen. Bei konstant laufenden Antrieben handelt es sich um Asynchronmotoren, während bei drehzahlvariierten Antrieben grösstenteils Gleichstromantriebe eingesetzt werden. Die Maschinen gliedern sich in einen Druckteil und einen Trockner. Die Besonderheiten der Herstellung von hochspezialisierten Produkten, in diesem Fall von Qualitätsdrucken auf teure Stoffe, bestehen in betrieblichen und anlagetechnischen Aspekten. Kleine Stückzahlen, oder kleine Chargen pro Druckauftrag, bewirken grosse Anteile an Rüstzeiten und anderen «Stillstandszeiten». Der Anteil dieser Nebenzeiten am Elektrizitätsverbrauch ist beträchtlich. Eine während einer Woche durchgeführte Stromverbrauchsmessung und Erfassung der Betriebsvorgänge an einer Flachfilmdruckmaschine ergab, dass über 60 % des Stromverbrauchs während Nebenzeiten (Rüsten, Warten, Resten erstellen) entsteht. Entsprechend hängt der Strombedarf pro Laufmeter Stoff stark von der durchschnittlichen Auftragslänge ab (beim Flachdruck wurden Werte zwischen 0,2 und 3,2 kWh/Lm gemessen). Folglich müssen bei dieser Produktionsstruktur Nebenzeiten besonders genau analysiert werden.

Anlagetechnische Aspekte

Um flexibel auf Kundenwünsche reagieren zu können, bedarf es eines umfangreichen Maschinenparks und verschiedenster Spezialausbauten. Die Folgen sind tiefer Auslastungsgrad, grosser Raumbedarf, vielseitig ausgebildetes Personal und hohe Fixkosten im Verhältnis zu den variablen Kosten. Aber auch: Langlebige, qualitativ hochwertige Anlagen, welche laufend nach Spezialwünschen abgeändert, ergänzt oder erneuert werden. Nicht selten stehen wesentliche Anlagenteile mehr als 20 Jahre im Einsatz. Der Automatisierungsgrad ist im Vergleich zur Gross-Serienproduktion eher gering.

Stoffeinführung: Damit die teuren Stoffe vor dem Druck präzise ausgerichtet und garantiert faltenfrei auf das Druckband gebracht werden, ist an der Druckmaschine eine zusätzliche komplexe Einrichtung mit fünf elektrischen Hilfsantrieben plus Elektronik mit einer Anschlussleistung von über 2,5 kW installiert. Dies führt zu 1 Wh/Lm zusätzlichem Strombedarf gegenüber einer «normalen» Stoffeinführung nur für die Stoffausrichtung.

Möglichkeiten und Potentiale

Bei dieser Produktionscharakteristik sind die grössten Elektrizitätseinsparungen im Bereich der betrieblichen Aspekte zu realisieren. Massnahmen in diesem Bereich sind zudem meistens mit weiteren Kosteneinsparungen (Personal, Ressourcen) verbunden und somit auch finanziell besonders interessant. Im Vordergrund steht die Minimierung der Energieverbräuche während

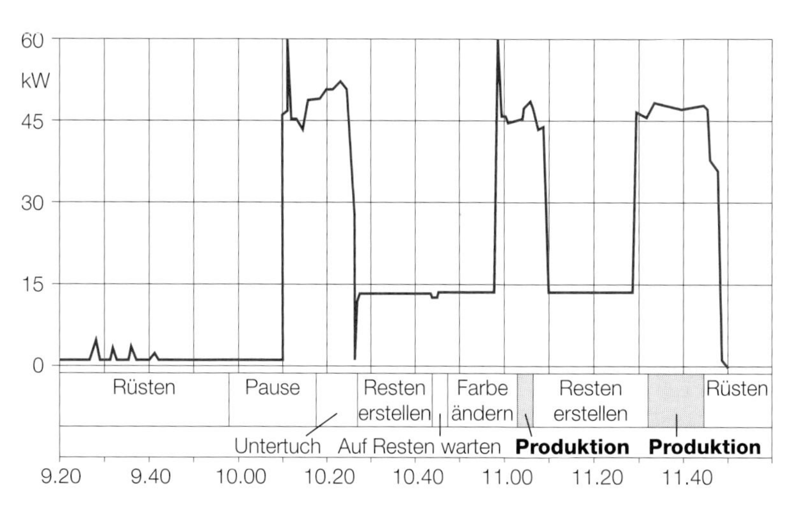

Abb. 1: Gesamt-Strombedarf einer Rundfilmdruckmaschine und Betriebsvorgänge (Messdauer: 2.5 h; Messintervalle: 30 s, Mittelwerte).

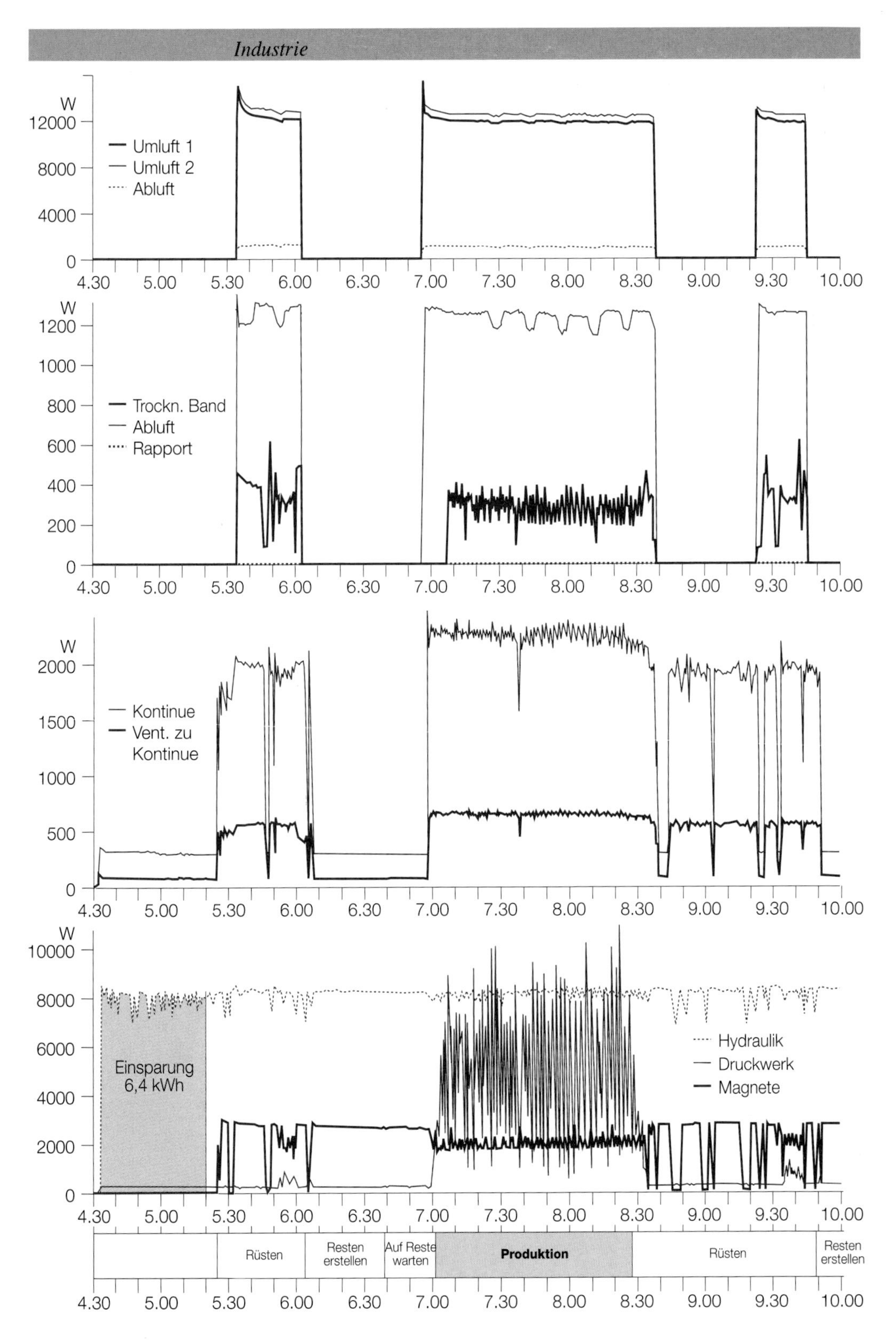
W
12000
8000
4000
0
Umluft 1
Umluft 2
Abluft
4.30
5.00
5.30
6.00
6.30
7.00
7.30
8.00
8.30
9.00
9.30
10.00
W
1200
1000
800
600
400
200
0
Trockn. Band
Abluft
Rapport
W
2000
1500
1000
500
0
Kontinue
Vent. zu Kontinue
W
10000
8000
6000
4000
2000
0
Einsparung 6,4 kWh
Hydraulik
Druckwerk
Magnete
Rüsten
Resten erstellen
Auf Reste warten
Produktion
Rüsten
Resten erstellen

Abb. 2: Elektrische Leistung von 9 Einzelantrieben einer modernen Flachfilmdruckmaschine über die Zeit aufgetragen.

Nebenzeiten durch Verkürzung derselben, durch Ausschalten unnötiger Antriebe sowie bei grossen Verbrauchern durch eine bedarfsgerechte Leistungsregulierung. Zur Erkennung einzelner Möglichkeiten müssen die Betriebsvorgänge und Stromverbräuche während einer definierten Zeitperiode erfasst und zur Analyse einander gegenübergestellt werden (Abb. 1). Grobe Unzweckmässigkeiten können bereits auf diese Art erfasst und korrigiert werden. In diesem Beispiel (Abb. 1) ist abzuklären, weshalb die Anlage zwischen 10.10 Uhr und 10.25 Uhr in vollem Betrieb war, obwohl kein einziger Meter gedruckt wurde. Genauere Aussagen zu Sparpotentialen lassen erst Mehrkanalmessungen zu. Anhand der detaillierten Stromverbrauchsmessung einer Flachfilmdruckmaschine ist dies möglich (Abb. 2). Dabei zeigte sich, dass die Hydraulik, knapp eine Stunde bevor gedruckt wurde (vgl. Druckwerk und Kontinue), eingeschaltet worden ist. Fazit: Wäre die Hydraulik erst um 5.20 Uhr eingeschaltet worden (was für die Vorwärmung ausreichend wäre), hätten allein bei diesem einzigen Antrieb 6,4 kWh gespart werden können. Die zum Trockner dieser Flachfilmdruckmaschine gehörenden Ventilatoren (Umluft 1 und 2) sind mit Abstand die grössten Stromverbraucher (ganz abgesehen vom hier nicht gemessenen Wärmeverbrauch). Trotzdem werden diese immer von Hand geschaltet und nicht leistungsreguliert. Obwohl erst um 5.51 Uhr das erste Mal gedruckt wurde, wurde der Trockner (Umluft 1 und 2 sowie Abluft und Trocknerband) bereits um 5.34 Uhr eingeschaltet. Für das Aufwärmen auf die Solltemperatur sind nur 3 bis 5 Minuten notwendig, wie gleichzeitig durchgeführte Temperaturmessungen ergaben. Eine sorgfältige Analyse solcher Messwertdarstellungen im Gespräch mit Fachleuten vom Betrieb und Anlagenherstellern bildet eine zweckmässige Basis für realisierbare Verbesserungen (meist nicht nur für Energieeinsparungen). Grundsätzlich gilt: Anlagen sind bereits vom Hersteller auf die wesentlichen betriebsspezifischen Anforderungen anpassen zu lassen. Beispiel: Wenn eine Druckmaschine ohnehin nie mit mehr als 20 m/min betrieben wird, sollte nicht ein Antrieb, welcher für 90 m/min ausgelegt ist, installiert werden.

In verschiedenen Bereichen sind Einsparungen durch vermehrten Einsatz von exakteren Messeinrichtungen und intelligenten Reglern möglich, wie sich beim äusserst energieintensiven Trockner zeigt. Der Betreiber muss beachten, dass seine Anlagen, obwohl schlecht ausgelastet, über Jahrzehnte in Betrieb sind und so ebenfalls auf beträchtliche Betriebsstunden kommen. Zudem ist das Kosten-Nutzen-Verhältnis stromsparender Massnahmen oft sehr gut. Bei Investitionsrechnungen sind deshalb immer auch die kumulierten Betriebskosten über die gesamte Nutzungsdauer (nicht nur über die Amortisationsdauer) zu ermitteln. Da es sich bei den meisten Maschinen um Spezialanfertigungen handelt, kommt vor allem der einwandfreien Abstimmung der Anlagenkomponenten, der Steuerung und der Überwachung durch das technische Betriebspersonal eine grosse Bedeutung zu. Dieser Tatsache ist durch eine genügende Aus- und Weiterbildung des Personals Rechnung zu tragen. Zusammenfassend: Einsparungen auf Anlagenseite ergeben sich durch besser abgestimmte Dimensionierung, sinnvolle Schaltungsmöglichkeiten und selbstregelnde Leistungsanpassungen.

Vorgehen

1. Schritt: Energieverbrauch über die Zeit

Stromverbrauch pro Anlage separat erfassen (z. B. ein Zähler pro Druckmaschine). Verbrauchsdaten möglichst automatisiert, beispielsweise über ein bereits vorhandenes Betriebsdatenerfassungssystem ermitteln. Geeignete Kennzahlen (kWh/kg; kWh/Lm) bilden und der richtigen Zielgruppe in richtiger Form regelmässig zukommen lassen. «Verdächtige» Anlagen detailliert ausmessen lassen (z. B. durch spezialisiertes Ingenieurbüro) und gezielt Massnahmen realisieren.

2. Schritt: Notwendigkeit der Funktion

Eine Funktion (z. B. ein Antrieb) einer Anlage kann zu gewissen Zeiten oder generell überflüssig sein. Um dies zu ermitteln, müssen die Betriebszeiten einzelner Antriebe und die Betriebsvorgänge erfasst werden. In einer kritischen Anlagenüberprüfung können eventuell Antriebe gefunden werden, die infolge eines Umbaus oder Änderung der Betriebsweise ganz überflüssig geworden sind, aber trotzdem noch «mitlaufen».

3. Schritt: Funktionsbereitstellung

Durch ein kritisches Hinterfragen gemessener Leistungswerte können defekte oder falsch eingesetzte Antriebe oder Einrichtungen erkannt werden. Beispielsweise wurde im Verlauf der erwähnten Messungen eine defekte Hydraulikanlage daran erkannt, dass die Pumpe praktisch ununterbrochen arbeitete. Am Beispiel des Trockners wäre zu fragen, ob im Fall des «Resten erstellen» (= Probedruck auf Gewebecoupon von 1 m Länge) wirklich zwei Umluftventilatoren mit über 24 kW Leistung zur Trocknung und Fixierung dieser 1 bis 2 m^2 bedruckter Fläche notwendig sind.

Literatur

[1] Shirley Institute: Energy use in the textile finishing sector; Report Nr. 20. London, August 1980.
[2] Spreng, Daniel und Hediger, Werner: Energiebedarf der Informationsgesellschaft. Verlag der Fachvereine, Zürich 1987.
[3] Tischbein, C.: Betriebsoptimierung durch Einsatz von Mess- und Regeltechnik in der Textilveredlung. Textil Praxis International, September 1984.

4. Haushalt

4.1 Energieanalysen

ERIC BUSH

→
2.1 Optimierung des Verbrauches, Seite 51
3.3 Analyse in der Industrie, Seite 101
7.1 Haushaltgeräte, Seite 225
7.2 Wassererwärmung, Seite 237

28 % der elektrischen Energie – 13 Milliarden kWh – werden in den rund 2,8 Millionen Haushalten der Schweiz bezogen. Mit Energieanalysen wird der systematische Überblick verschafft, wo, wann und zu welchem Zweck diese elektrische Energie eingesetzt wird. Die daraus folgenden Verbrauchsanteile sind die Grundlage, um Massnahmen zur Senkung des Stromverbrauchs gesamtheitlich beurteilen zu können. Mit einer Systematisierung von Energieanalysen lassen sich Referenztabellen für typische und effiziente Stromverbraucher ableiten. Solche Referenzwerte sind ein Arbeitsinstrument für Energieberater. Mit dem Einbezug der Bewohner bei der Energieanalyse kann die Motivation zu energiebewusstem Verhalten wesentlich gefördert werden.

VORGEHEN

Grobanalyse
Basis: Stromrechnung, Ausstattungsgrad
Resultat: Anhaltspunkt zum totalen Sparpotential

Feinanalyse
Verbrauchererfassung (Basis): Stromrechnung, Messungen, Geräteinformation
Verbrauchsbeurteilung (Resultat): Sparpotential der wichtigen Verbraucher
Massnahmenplanung: Optimierung der Geräteauswahl (Geräteersatz), Optimierung des Verbrauchsverhaltens

Grobanalyse: Basierend auf wenigen Angaben wie Verbrauch gemäss Stromrechnung, Ausstattungsgrad und ergänzenden Angaben zu allfälligen Spezialnutzungen oder Personenzahl ergibt sich ein Anhaltspunkt zum summierten Sparpotential. Aufgrund dieses Sparpotentials und der Motivation der Bewohner und Eigentümer, mittels Investitionen oder Verhaltensänderungen den Verbrauch zu senken, kann entschieden werden, ob eine Feinanalyse durchgeführt werden soll. Für die Datenerhebung von Grobanalysen genügt im allgemeinen eine telefonische Befragung.

Feinanalyse: Die Feinanalyse lässt sich in drei Blöcke unterteilen: die Verbrauchererfassung, die Verbrauchsbeurteilung und die Massnahmenplanung. Ziel der Verbrauchererfassung ist die übersichtliche Darstellung aller Stromverbraucher und Verbrauchswerte. Die Werte werden mit Hilfe von Stromrechnungen, Messungen, Geräteinformationen und Schätzungen (vor allem von Betriebszeiten) ermittelt. Zur Beurteilung werden die Verbrauchsanteile mit Richtwerten und Zielwerten verglichen. Daraus folgen die technisch möglichen Sparpotentiale. Mit der Massnahmenplanung wird abgeklärt, welche Optimierungsmassnahmen empfehlenswert sind. Im Vordergrund stehen dabei Fragen der Geräteauswahl und des Benutzerverhaltens.

Verbrauchererfassung

Die Verbrauchererfassung muss in Zusammenarbeit mit den Bewohnern vorgenommen werden (Tabelle 1 zeigt ein Formular). Die Verbraucher sind dabei in die Hauptgruppen Küche, Beleuchtung, Geräte, Waschen und Haustechnik sortiert. Zur Bestimmung des jährlichen Energieverbrauchs sind je nach Verbraucher unterschiedliche Angaben nötig. Es werden daher verschiedene Fragestellungen zugelassen. Bei Videogeräten oder Halogenlampen werden beispielsweise die Stand-by-Leistung, die Betriebsleistung sowie die Betriebsstunden pro Tag benötigt. Beim Kochen oder Waschen sind Angaben zur Energie pro Anwendung und der Anzahl Anwendungen pro Woche notwendig, während bei Kühlgeräten der tägliche Stromverbrauch am leichtesten erhältlich ist. Die Leistungswerte können aufgrund von Geräteinformationen oder Messungen ermittelt werden. Die Betriebszeiten müssen im allgemeinen geschätzt werden. Die Schätzungen sind iterativ zu verbessern, bis die Summe der jährlichen Verbrauchswerte dem Energieverbrauch gemäss Stromrechnung entspricht. Die Erfassung aller Stromverbraucher kann, je nach gewünschtem Detaillierungsgrad, sehr ausführlich erfolgen oder sich auf die Bestimmung von Schwergewichten konzentrieren.

Geräteinformationen

Schildangaben: Die entsprechenden Angaben beziehen sich im allgemeinen auf die Anschlussleistung und geben kurzfristige Maximalwerte an. Für den durchschnittlichen Energieverbrauch sind die Angaben meist nicht brauchbar.
Warendeklaration: Die genormte Warendeklaration, meist Teil der Geräte-Prospekte, enthält vergleichbare Angaben zum Stromverbrauch.
Informationsquellen: Die Informationsstelle für Elektrizitätsanwendung (INFEL), Beratungsstellen von Elektrizitätswerken, Konsumentenverbände und andere Stellen geben Informationsmittel über (sparsame) Geräte ab. Besonders umfassend ist die von INFEL und dem Bundesamt für Energiewirtschaft erstellte Gerätedatenbank [1].

Messmethoden

Zählerablesungen: Als Minimalinformation dient die jährliche Stromrechnung (totaler Verbrauch). Zu beachten ist, dass in Mehrfamilienhäusern nur ein Teil des Stroms, in der Regel zwei Drittel, über den Zähler der Wohnung abgerechnet wird. Allgemeinbeleuchtung, Waschen, Trocknen etc. wird meistens über einen gemeinsamen «allgemeinen» Zähler verrechnet. Aus der Drehgeschwindigkeit der Zählerscheibe lässt sich die momentane Leistung

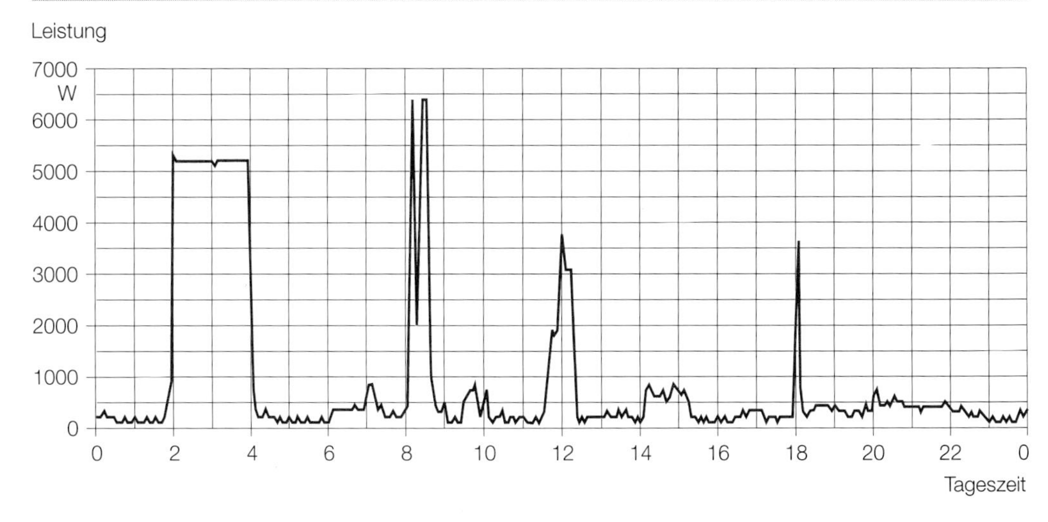

Abb. 1: Elektrischer Lastverlauf eines Einfamilienhauses.
0 Uhr: Bandlast (insbesondere Tiefkühler, Kühlschrank, Standby von Geräten);
2 Uhr: Durch die Rundsteuerung wird die Aufwärmung des Elektroboilers gestartet;
6 Uhr: Beleuchtung, Radio;
7 Uhr: Morgenessen mit Kaffee;
8 Uhr: Waschmaschine (Programm 60° mit Vorwaschen);
9.30 Uhr: Staubsaugen;
11.30 Uhr: Kochen und Backen für Mittagessen;
14 Uhr: Bügeln;
17.15 Uhr: Nähmaschine;
18 Uhr: (Kaltes) Nachtessen mit Tee;
18.30 Uhr: Beleuchtung, Fernseher, Stereo.

ermitteln (die auf dem Zähler angegebene Zählerkonstante r gibt die Anzahl Umdrehungen pro kWh an). Mit einem gewissen Aufwand, etwas Phantasie und gezieltem Abschalten aller nicht interessierenden Abgänge ist die Energieaufnahme auch von schwer zugänglichen Verbrauchern (Kochen, Waschen, Heizungspumpen etc.) messbar.

Optische Zählerablesegeräte: Mit optischen Zählerablesegeräten werden die Zählerumdrehungen optisch abgetastet, auf einen RAM abgespeichert und computergestützt ausgewertet ([3], [11]). Daraus ergeben sich zeitliche Lastverläufe. Mit einigen zusätzlichen Angaben über die Betriebszeiten der Verbraucher erhält man detaillierte Informationen zu den Verbrauchsanteilen. Abb. 1 zeigt den Lastverlauf eines Haushalts, Abb. 2 die daraus ableitbaren Verbrauchsanteile.

Stromverbrauchszähler: Dieses einfache Messgerät, das wie ein Verlängerungskabel zwischen Steckdose und Gerät angebracht wird, kann bei steckbaren 220-Volt-Geräten den effektiven Stromverbrauch unter den individuellen Benutzergewohnheiten erfassen. Es kann gekauft [4, 14] oder bei Elektrizitätswerken ausgeliehen werden.

Visualisierungsgeräte: Sogenannte Visualisierungsgeräte zeigen (an gut sichtbarer Stelle im Haushalt) den totalen Stromverbrauch auf. Die Bewohner erhalten eine direkte Rückmeldung über den Einfluss ihres Verhaltens auf den Stromverbrauch [7].

Verbrauchsbeurteilung

Die Verbrauchsbeurteilung gibt Auskunft darüber, ob und wie stark mit energetischen Massnahmen der Stromverbrauch gesenkt werden kann. Eine grobe Beurteilung führt zum totalen Sparpotential, eine differenzierte zu den Sparpotentialen aller wesentlichen Verbraucher. Die Verbrauchsbeurteilung ist damit die Basis für die Massnahmenplanung. Wichtigste Hilfsmittel für die Beurteilung sind Kennwerte, Richtwerte und Zielwerte. Der Verbrauch eines Haushaltes wird also mit typischen und guten Werten verglichen. Es stellt sich damit das Problem, geeignete und aussagekräftige Vergleichswerte zu finden. Ein naheliegender Richtwert wäre der statistische Mittelwert des Stromverbrauchs aller Schweizer Haushalte (4500 kWh/Jahr). Dieser pauschale Wert

Abb. 2: Verbrauchsanteile eines Einfamilienhauses (1 Tag, Basis Abb. 1).

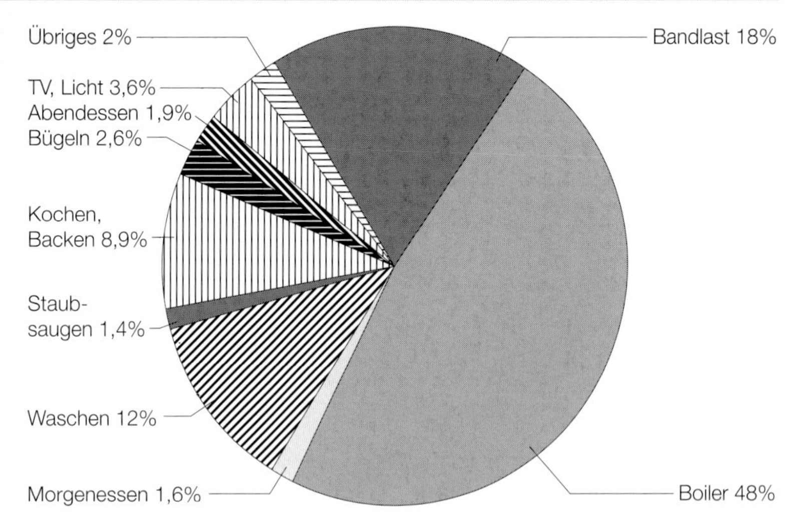

wird allerdings der Vielfalt von Haushalten zu wenig gerecht. Der Versuch, den Elektrizitätsverbrauch pro Wohnfläche zu betrachten, wie sich das bei thermischen Energiekennzahlen bewährt, führt nicht weiter, die extreme Streuung bleibt. Ebensowenig Aussagekraft hat der Stromverbrauch pro Person, wie die unterschiedlichen Verbrauchswerte in Abb. 3 zeigen. Signifikanter sind Werte, die sich auf den Ausstattungsgrad beziehen. Die mit individuellen Zählern erhobenen Unterschiede in den Verbräuchen sind auf die unterschiedlichen Ausstattungen von Einfamilienhäusern und Wohnungen zurückzuführen. Relevant ist insbesondere die Angabe, ob das Wasser elektrisch erwärmt wird oder die Raumheizung elektrisch erfolgt. Splittet man die Verbrauchswerte für Wohnungen und Einfamilienhäuser nach den drei Kategorien Grund-Haushalt, Warmwasser-Boiler und Elektroheizung auf, so ergibt sich ein wesentlich homogeneres Bild, das erste Vergleiche zulässt. Für eine differenzierte Beurteilung werden alle wesentlichen Verbraucher sortiert wie beispielsweise in Tabelle 2. Die eingesetzten Zahlenwerte sind zur Orientierung gedacht und nicht allgemein gültig [8, 13].

Die Beurteilung im Rahmen der Grobanalyse kann anhand der Tabelle 2 erfolgen.

- Erfassen des Ausstattungsgrades nach Angaben der Bewohner
- Entsprechende Richt- und Zielwerte in Tabelle 2 einsetzen
- Den Verbrauch gemäss Stromrechnung mit den aufsummierten Richt- und Zielwerten vergleichen; dies führt zum totalen Sparpotential.

Die Beurteilung im Rahmen der Feinanalyse wird in 3 Schritten vorgenommen.

- Mit dem Formular Verbrauchererfassung Haushalt (Tabelle 1) wird der jährliche Stromverbrauch aller Verbraucher ermittelt.
- Die entsprechenden Werte werden in das Formular Verbrauchsbeurteilung übertragen (Tabelle 2).
- Der Vergleich mit den zugehörigen Zielwerten gibt die Sparpotentiale für die wesentlichen Verbraucher an und bildet die Grundlage für die Massnahmenplanung.

Tabelle 1: Formular zur Verbrauchererfassung im Haushalt. Zahlenwerte: Beispiel eines Einfamilienhauses.

Verbrauchererfassung Haushalt

Nr.	Funktion/Raum	Zahl	Verbraucher	Hersteller, Typ	Standby Leistung (W)	Stunden (h/Tag)	Betrieb Leistung (W)	Stunden Sommer (h/Tag)	Stunden Winter (h/Tag)	Energie pro Tag (kWh)	Energie pro Anwendung (kWh)	Anzahl Anwendungen pro Woche	Energie pro Jahr (kWh)	Bemerkungen
1	**Küche**		Kochherd								2,4	7	880	Total für Kochen und
2			Backofen											Backen
3			Geschirrspüler											
4			Kühlschrank							1			370	
5			Tiefkühler							2,5			910	
6														
7														
8	**Beleuchtung**												300	Schätzung aufgrund des
9														gemessenen Lastganges
10	Wohnzimmer													einer Woche
11	Schlafzimmer													
12	Kinderzimmer													
13	Korridor													
14	Treppenhaus													
15	WC/Bad													
16	Küche													
17														
18														
19	**Geräte**		Bügeleisen								0,5	2	50	
20			Staubsauger								0,3	1	20	
21			Fernseher		3	24	110	1	2				90	
22			Video		7	24	80	0,2	0,3				70	
23			Stereoanlage				50	0,5	0,5				10	
24			Luftbefeuchter											
25			Elektroöfeli											
26														
27														
28														
29	**Waschen**		Waschmaschine								2,7	2	280	
30			Tumbler											
31														
32														
33	**Haustechnik**		Brenner										300	Totaler Richtwert
34			Heizungspumpe											übernommen
35			Elektroraumheizung											
36			Elektroboiler							10			1800	Während Nicht-Heizperiode
												TOTAL gemäss Rechnung des Elektrizitätswerkes	5080	

Abb. 3: Stromverbrauch pro Person von 19 Wohnungen, in kWh.

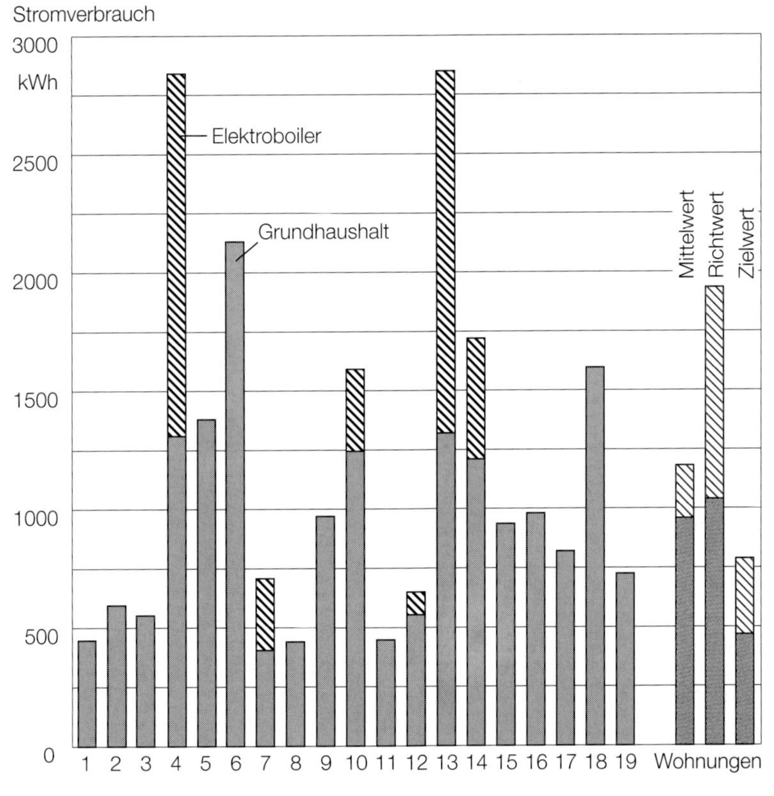

Tabelle 2: Formular zur Beurteilung des Haushaltstromverbrauchs nach Ausstattungsgrad. Die Kennwerte entsprechen den Richtlinien [12, 16]. Backen: Aufheizen und 1 Stunde Betrieb (200 °C). Geschirrspüler: Energieverbrauch pro Massgedeck. Kühlen: Energieverbrauch pro 100 Liter Nutzinhalt und Tag. Waschmaschine: Programm 60 °C mit Vorwäsche pro kg Trokkenwäsche. Tumbler: Energieverbrauch pro kg Trokkenwäsche. Elektroraumheizung: Zielwert Heizenergiebedarf (Neubauten) gemäss SIA/380/1 (Annahme: Wirkungsgrad der Elektro-Heizung: 100 %).

Massnahmenplanung

Die wesentlichen Ansatzpunkte der Massnahmenplanung sind die Optimierung der Geräteauswahl sowie die Optimierung des Verbrauchsverhaltens. Übersichten von Energiesparmassnahmen sind in [10] und [13] publiziert. Die Auswahl von energieoptimierten Geräten aus der grossen Vielfalt von Handelsmarken ist ohne markenübergreifende Informationen für den einzelnen Kunden unzumutbar aufwendig. Ein wesentliches Hilfsmittel dazu ist die Gerätedatenbank [1].

Bei der Frage, ob sich ein vorzeitiger Geräteersatz aus energetischer Sicht lohnt, muss der Energieaufwand zur Herstellung des Gerätes (graue Energie) und die Energieeinsparung durch das neue sparsamere Gerät verglichen werden. In grober Näherung kann dazu von einer Lebensdauer der Haushaltgeräte von 12 Jahren und den folgenden Werten für die graue Energie ausgegangen werden [9]: Backofen 700, Geschirrspüler 990, Kühlschrank 1100, Tiefkühler 1200, Waschmaschine 970, Tumbler 990 kWh, jeweils pro Gerät. Damit kann die energetische Amortisationszeit grob bestimmt werden. Zur Bestimmung der Wirtschaftlichkeit bei vorzeitigem Geräteersatz oder der kostenoptimierten Geräteauswahl kann folgendermassen vorgegangen werden: Die relevanten Inputdaten sind Kapitalzinssatz, Energiepreisteuerung, energiebedingte Investition, Abschreibzeit, Strompreis und Energieeinsparung. Zur Bestimmung der energiebedingten Investition ist der aktuelle Wert des teilweise abgeschriebenen alten Gerätes mit der Investitionsdifferenz des sparsamen Gerätes gegenüber einem typischen zu addieren. Mit der dynami-

Nr.	Verbraucher	Kennwerte der marktbesten Geräte	Richtwert (kWh/a)	Zielwert (kWh/a)	Verbrauch nach Ausstattungsgrad (kWh/a)		Verbrauch nach Analyse (kWh/a)	Bemerkungen
					Richtwert	Zielwert		
1	**Küche**							
1.1	Kochen, Backen	0,75 kWh	1000	400				
1.2	Geschirrspüler	0,11 kWh/MG	350	180				
1.3	Kühlschrank	0,35 kWh/Tag 100 l	400	200				Kennwert mit ****-Fach
1.4	Tiefkühler	0,20 kWh/Tag 100 l	500	200				
2	**Beleuchtung**							
2.1	Wohnung		350	110				
2.2	allgemein		150	40				
3	**Geräte**		300	200				
4	**Waschen**							
4.1	Waschmaschine	0,2 kWh/kg	300	200				
4.2	Tumbler	0,5 kWh/kg	500	300				
5	**Haustechnik**							
5.1	Luftbefeuchter		150	50				
5.2	Elektroöfeli		200	200				
5.3	Elektroboiler		2500	900				Zielwert: mit Wärmepumpenboiler
5.4	Heizungspumpe		300	150				
5.5	Elektroraumheizung	80 kWh/m^2a	13000					
	Total							

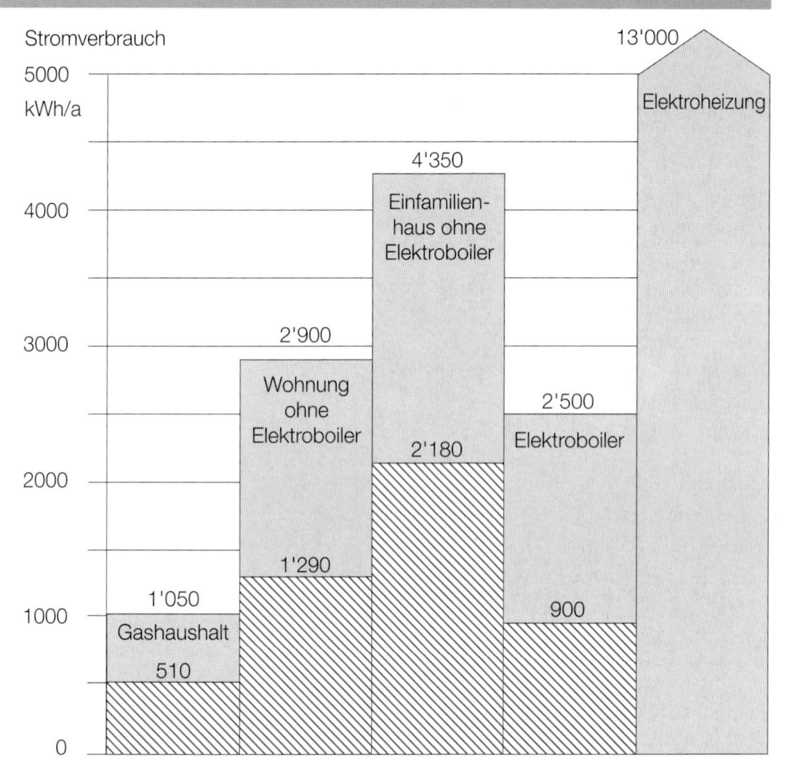

Abb. 4: Ziel- und Richtwerte für typische Haushalte in kWh. Der angenommene Ausstattungsgrad ist mit den Verbraucher-Nummern in Tabelle 2 angegeben. Gashaushalt, knapp ausgerüstet: 1.3, 2.1, 3. Wohnung ohne Boiler: 1, 2.1, 3. Einfamilienhaus ohne Elektroboiler: 1, 2, 3, 4, 5.2, 5.4.

schen Wirtschaftlichkeitsrechnung erhält man die Amortisationszeit, Kosten-Nutzen-Verhältnis usw. Im Rahmen der Massnahmenplanung sind die einzelnen Vorschläge zusammenzufassen und bezüglich Energieeinsparung und Wirtschaftlichkeit zu bewerten.

Einfamilienhaus mit drei Bewohnern

Beim untersuchten Haushalt handelt es sich um ein Einfamilienhaus, das von drei Personen bewohnt wird. Die Bewohner sind motiviert, den Stromverbrauch zu senken, haben aber kaum Anhaltspunkte darüber, welche Stromverbraucher ausschlaggebend und wo Massnahmen anzusetzen sind. Für die Energieanalyse ist wie folgt vorzugehen:

- Die Bewohner führen mit dem Stromverbrauchszähler Messungen zur Bestimmung des Stromverbrauchs steckbarer Geräte durch, und sie protokollieren ihre stromrelevanten Tätigkeiten.
- Mit dem optischen Zählerablesegerät wird während einer Woche der Lastverlauf des Haushalts aufgenommen (Abb. 1 zeigt einen Tagesgang). Mit Hilfe des Tagebuchs kann der Stromverbrauch der einzelnen Aktivitäten mit ausreichender Genauigkeit bestimmt werden (Abb. 2).

• Auf dieser Basis wird das Formular zur Beurteilung des Haushaltstromverbrauchs ausgefüllt (Tabelle 2). Die wesentlichsten Sparpotentiale liegen bei Elektroboiler, Tiefkühler und Waschmaschine.
• Die Massnahmenplanung konzentriert sich auf diese drei Schwergewichte:
– Der Elektroboiler ist auf 60° C eingestellt. Er wurde vor zwei Jahren installiert, ist mit 400 l Inhalt stark überdimensioniert und hat entsprechend hohe Verluste.
– Ein vorzeitiger Ersatz der 9jährigen Tiefkühltruhe durch ein energieoptimiertes Modell (mit gleichem Nutzinhalt) ist wirtschaftlich und energetisch empfehlenswert. Die Parameter für die dynamische Wirtschaftlichkeitsrechnung sind: Kapitalzins 6 %, Energiepreisteuerung 5 %, Abschreibezeit 12 Jahre, aktueller Wert des alten Gerätes 1000.– Fr., Anteil 3/12 entsprechend 250.– Fr., Mehrkosten für Sparmodell 300.– Fr., daraus folgt die energiebedingte Investition von 550.– Fr., Stromeinsparung 670 kWh pro Jahr, aktueller Stromtarif 16 Rp. pro kWh. Die Massnahme ergibt einen jährlichen Nutzen von 78.– Fr., während der 12jährigen Betriebszeit also einen totalen Nutzen von 936.– Fr. Die Amortisationszeit beträgt 5,5 Jahre. Energetisch ist die Tiefkühltruhe in 1,8 Jahren amortisiert.
– Die ältere Waschmaschine wird gelegentlich, d. h. beim nächsten Defekt ersetzt. Mit einem energieoptimierten Ersatz kann der Energieverbrauch um jährlich 170 kWh gesenkt werden. Die Stromrechnung wird dann durchschnittlich um 37.– Fr. entlastet. Mehrinvestitionen sind keine nötig, da die Waschmaschinenpreise keinen Zusammenhang mit den Energieverbrauchswerten haben.

Literatur

[1] Gerätedatenbank von BEW und INFEL: Informationsstelle für Elektrizitätsanwendung, Zürich.
[2] Energieszenarien (Hauptbericht, 1988): EDMZ, Bern.
[3] Elmes Opta, Elmes Staub & Co. AG, Richterswil.
[4] EMU-Elektronik AG, Unterägeri.
[5] Energiefachstellen der Kantone SH, SG und TG: Elektrizität im Gebäude – rationeller eingesetzt. EnF Schaffhausen, Schaffhausen.
[6] INFEL: Stromsparen – Realistische Möglichkeiten. INFEL, Zürich.
[7] Müller, U.; Gasser, S.: Emil und der Strom – Ein Konzept zur Visualisierung des Stromverbrauchs in Privathaushalten. Bulletin SEV/VSE 82/19, Zürich 1991.
[8] Nipkow, Jürg: Stromsparmöglichkeiten bei Haushaltgeräten und Betriebseinrichtungen. In Tagungsband (1990) «Elektrische Energieanalysen». Bezug bei Amstein + Walthert AG, Zürich.
[9] Schläpfer, K.: Ökologie in der Haushaltapparate-Branche, Bulletin SEV/VSE 80/6, Zürich 1989.
[10] Energie + Umwelt 3/89: Elektrogeräte im Haushalt. Marktübersicht Schweiz und Spartips. Bezug bei SES, Zürich.
[11] Share-Tech, Saland.
[12] Stiftung für Konsumentenschutz, Bern.
[13] Spalinger, R.; Mörgeli, H. P.: Strom Sparen. Bezug: INFEL, Zürich.
[14] Transmetra AG, Schaffhausen.
[15] Zürcher Energieberatung und Schweizerischer Verband für Wohnungswesen. Elektrizitätsparende Apparate und Einrichtungen für Gebäude. Bezug: Zürcher Energieberatung, Zürich.
[16] FEA (Fachverband Elektroapparate für Haushalt und Gewerbe Schweiz), Zürich.

4.2 Einsatz von Geräten

FELIX JEHLE

→
1.6 Wassererwärmung, Seite 39
7.1 Haushaltgeräte, Seite 225
7.2 Wassererwärmung, Seite 237

Über 70 % der Schweizer sind Mieter. Diese Verbrauchergruppe hat kaum Einfluss auf die optimale Geräteauswahl bei der Ausrüstung ihres Haushaltes und kann nur mit dem optimierten Einsatz dieser Geräte den Energieverbrauch beeinflussen. Die Einsparmöglichkeiten sind beachtlich. Der Beitrag behandelt den energieoptimierten Einsatz von Haushalt-Grossgeräten.

Kochen und Backen

In sechs von sieben Haushalten in der Schweiz wird mit Elektrizität gekocht. Zudem ist der Kochherd mit Backofen das Gerät mit dem grössten Stromverbrauch im Haushalt.

Kochgeschirr

- Die Grösse des verwendeten Kochgeschirrs ist dem Kochgut entsprechend zu wählen, um die Wärmeausstrahlung in Grenzen zu halten
- Der Kochplatten- und der Pfannendurchmesser sollten gleich gross sein

Abb. 1: Aufheizen von 1 Liter Wasser von 15 auf 96 °C.

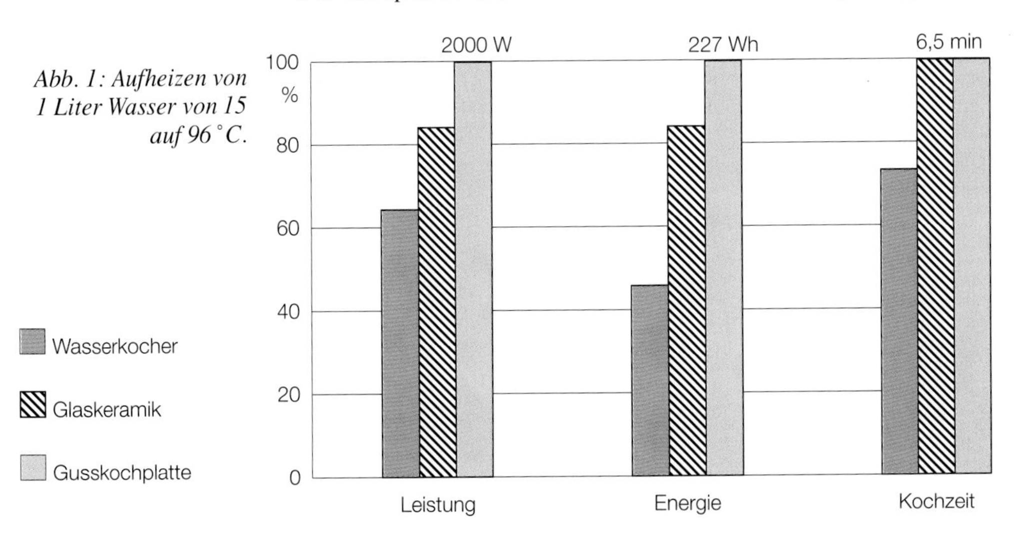

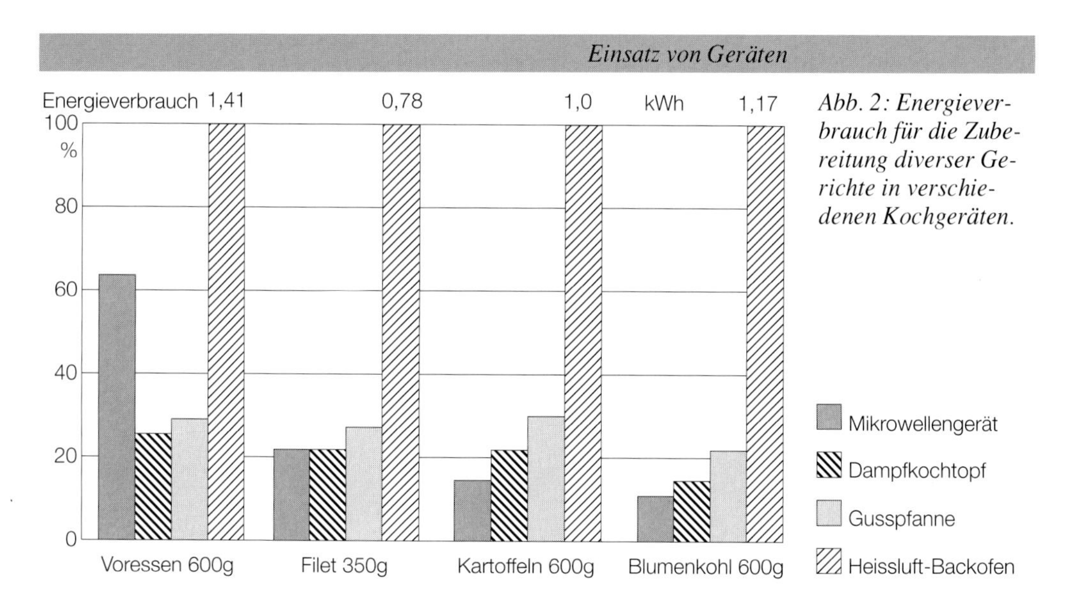

Abb. 2: Energieverbrauch für die Zubereitung diverser Gerichte in verschiedenen Kochgeräten.

- Ein planer Pfannenboden spart viel Energie
- Gut schliessende Pfannendeckel verwenden
- Kochen mit doppelwandigen Isolierpfannen oder Dampfkochtopf braucht viel weniger Strom (Dampfkochtopf 69 %, isoliertes Kochgeschirr 60 % geringerer Energieverbrauch)

	Guter Topf Boden plan	Schlechter Topf Boden gewölbt
Kochen mit Deckel	100 % (Normalverbrauch)	150 %
Kochen ohne Deckel	380 %	450 %

Tabelle 1: Energieverbrauch mit und ohne Deckel sowie guter und schlechter Topf.

Kochen

- Wasser im Wasserkocher erwärmen
- Beim Kochen von Gemüse nur die notwendige Wassermenge verwenden
- Zuerst die Pfanne auf die Platte stellen, dann den Herd einschalten
- Nach dem Aufheizen auf der höchsten Stufe möglichst bald auf die Fortkochstufe schalten
- Rechtzeitig die Kochplatte ganz abschalten

Frühzeitig abschalten

Eine 2-kW-Gusskochplatte wurde im einen Fall nach 3,3 Minuten abgeschaltet, und das Wasser begann nach 4,8 Minuten zu sieden; im zweiten Fall wurde die Kochplatte erst abgestellt, als das Wasser nach 4,3 Minuten den Siedepunkt erreicht hatte. Im ersten Fall wurde gegenüber dem zweiten rund ein Viertel Strom gespart.

Backen

- Auf das Vorheizen des Backofens verzichten
- Backofentüre so wenig wie nötig öffnen
- Nachwärme durch frühzeitiges Ausschalten des Backofens ausnutzen (10 Minuten vor Ende des Backvorgangs)
- Kleine Portionen nicht im Backofen wärmen oder garen, sondern in der Pfanne oder im Mikrowellenherd
- Toasten im Toaster (und nicht im Backofen!) braucht dreimal weniger Energie
- Keine Tiefkühlprodukte im Backofen auftauen
- Im Heissluft-Backofen können ohne Geschmacksübertragung mehrere Gerichte gleichzeitig zubereitet werden

Mikrowellengerät

- Nur kleinere Mengen garen (bis 400 g)
- Keine Tiefkühlprodukte auftauen

Kühlen und Gefrieren

Kühlgeräte

- Warme Esswaren vor dem Einordnen im Kühlschrank abkühlen lassen
- Richtige Kühltemperatur einstellen: 5° bis 7° C
- Lüftungsöffnungen und -gitter freihalten
- Kühlschrank am kühlsten Platz in der Küche aufstellen, nicht neben dem Backofen
- Zu schnelles Vereisen deutet auf schlechtes Schliessen der Türe hin
- Während Ferienabwesenheiten ausschalten

Tabelle 2: Energiebilanz für einen typischen Kühlschrank, 240 l Nutzinhalt, inklusive 30-l-Gefrierfach. Häufiges Türöffnen hat auf den Energieverbrauch keinen grossen Einfluss [2].

Energiefluss	Watt	%
Transmission	38,0	84,5
Gütereintrag Kühlteil	4,7	10,4
Gefrierteil	0,6	1,3
Luftwechselverluste	1,5	3,3
Abtauen Gefrierfach	0,2	0,4
Beleuchtung	0,02	0,1
Total Kühlleistung	45,0	100,0
Elektrizitätsverbrauch	39,6	
Brutto-Abwärme	84,6	

Reif spart Energie

Jahrelang wurde von der Fachwelt empfohlen, Kühl- und Gefriergeräte häufig abzutauen, da der Energieverbrauch bei 2 bis 3 mm Reifansatz bis zu 10 % höher sei. Neueste Untersuchungen haben aber gezeigt, dass der Reifansatz eher zum Energiesparen beiträgt und nicht zum Mehrverbrauch. Die Entwicklungsabteilung der Firma BOSCH bestätigt: Geringer Reifansatz am Verdampfer reduziert den Energieverbrauch bis zu einem Maximalwert von 5 %. Die Erklärung dafür liegt in der Oberflächenvergrösserung des Verdampfers durch die Anlagerung von grobkörnigen Reifkristallen.

Gefriergeräte

• Nicht zuviele Tiefkühlprodukte im eigenen Tiefkühler lagern
• Gefriergeräte an einem kühlen Ort aufstellen (z. B. im Keller), aber nicht auf dem Balkon, da er im Winter zu kalt und im Sommer zu warm ist
• Nur abgepackte und kühle Ware einbringen
• Ordnung schafft Übersicht; Deckel oder Türe darf nicht unnötig lange offen stehen
• Temperatur auf −18° C einstellen
• Lüftungsgitter freihalten
• Tiefkühlprodukte frühzeitig herausnehmen und im Kühlschrank auftauen lassen (spart Kühlenergie beim Kühlschrank)

Kombiniert oder separat?

Ist die Kombination «guter Kühlschrank plus gute Gefriertruhe» energetisch sinnvoller als ein kombiniertes Gerät?

Kühlschrank 160 l	Gefriertruhe 200 l	Kühlschrank 180 l kombiniert mit Gefrierschrank 130 l
0,55 kWh/Tag	0,55 kWh/Tag	1,25 kWh/Tag

Tabelle 3: Vergleich «getrennte» und «kombinierte» Bauweise von Kühlschrank und Gefriertruhe.

Geschirr spülen

Ist die moderne Geschirrspülmaschine sparsamer als das Abwaschen von Hand? Tatsächlich werden auf dem heutigen Markt Geschirrspüler mit sehr niedrigem Wasser- und Energieverbrauch angeboten. Aber nur wenige, sehr gute Geräte erreichen Spitzenwerte, die sich beim Handspülen nur schwerlich erzielen lassen. Folgende Punkte sind dabei zu beachten:
• Stark verschmutztes Geschirr von Hand abwaschen, nicht mehrmals in die Maschine legen
• Geschirr höchstens mit kaltem Wasser vorspülen
• Die Maschine immer maximal beladen
• Falls möglich, Sparprogramm verwenden

Abb. 3: Strom- und Wasserverbrauch (bei 12 Massgedecken): Geschirrspüler kontra Handspülung.

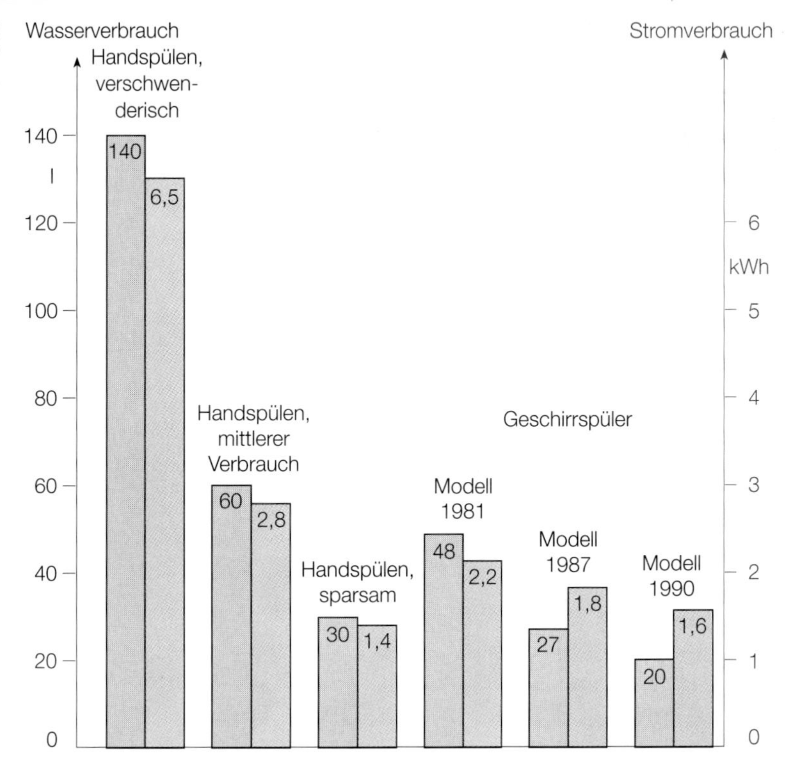

Wäsche waschen und trocknen

Weit über 90 % der Haushalte verfügen heute über eine Waschmaschine. Optimiertes Waschen hängt von sehr vielen Faktoren ab, z. B. vom verwendeten Waschsystem der Maschine oder vom Anschluss an eine Warm- oder Kaltwasserleitung. Mit folgenden Tips kann gespart werden:

- Nur bei maximaler Füllung waschen
- Auf Vorwaschen verzichten, spart rund 15 % Energie und Wasser
- Mit möglichst tiefer Temperatur waschen, z. B. mit 60° C, und nur in Ausnahmefällen mit 95° C (spart rund 40 % Energie)

Auffüllen oder Spartaste?

Üblicherweise sind Waschmaschinen mit einer Spartaste (halbe Füllung) ausgerüstet. Damit wird bei kleineren Wäschemengen weniger Wasser aufgewärmt und somit weniger Energie verbraucht. Die Einsparung beträgt ca. 35 % der Energie einer normalen Füllung. Hieraus resultiert, dass eine volle Maschine energetisch optimaler wäscht, verglichen mit einer halbvollen Maschine mit Sparprogramm.

Die «Kultur» des Wäschetrocknens

- Wäscheleinen im Freien benutzen (wenn möglich)
- So hochtourig schleudern, wie es die Wäsche verträgt und die Maschine erlaubt. Motorisches Entwässern braucht viel weniger Energie. Mit der altbewährten Wäscheschleuder erreicht man die höchsten Tourenzahlen
- Den Tumbler ganz füllen
- Ähnlich beschaffene Wäsche sollte zusammen getrocknet werden, andernfalls verursacht der uneinheitliche Trockenverlauf längere Trockenzeiten
- Bügelwäsche nicht «schranktrocknen», da diese sonst wieder angefeuchtet werden muss

Elektro-Wassererwärmer (Boiler)

- Warmwassertemperatur auf 55° bis max. 60° C einstellen
- Für das Händewaschen ist Warmwasser nicht in jedem Fall nötig
- Eventuell vorhandene Zirkulationseinrichtung mit einer Zeitschaltuhr versehen
- Freiliegende Warmwasserleitungen sowie Armaturen nachisolieren
- Duschen statt baden
- Tropfende Hahnen reparieren
- Wassersparende Sanitärarmaturen einsetzen
- Mit modernen Mischarmaturen kann gegenüber den weitverbreiteten Zweigriffmischern Energie und Wasser gespart werden.

Tabelle 4: Einfluss von Armaturen auf den Warmwasserverbrauch.

	WW	%	MW	%	Tm
Bäder, Dusche					
Thermostatischer Mischer	64	100	108	100	38,7
Mechanischer Eingriffmischer	69	108	114	106	39,7
Zweigriffmischer	76	119	122	113	39,9
Waschtisch					
Elektronischer, berührungsloser Mischer	16	100	30	100	36,3
Mechanischer Eingriffmischer	20	125	39	130	35,5
Thermostatischer Mischer	23	143	48	160	34,2
Zweigriffmischer	25	156	47,5	158	36,0

WW: Warmwasser; MW: Mischwasser (Liter pro Person und Tag)
Tm: Mischwassertemperatur in °C

67 kWh oder SuperMax in Aktion

Es wird Nacht im Quartier und Ruhe kehrt ein. In dieser Situation fühlt sich SuperMax sehr wohl, geradezu heimisch. Ein leises Klirren durchbricht die Ruhe, aber nicht einmal eine graue Katze nimmt Notiz von den Glasscherben auf dem Rasen der Familie Müller. Max steigt ein, schon 40 000mal in diesem Jahr. In den Ferien sind die guten Leute, hat er von den Nachbarn bei einem unverbindlichen Klatsch auf der Strasse erfahren. Auf leisen Sohlen schleicht SuperMax durch den Keller. Er öffnet eine Türe und fährt zurück. Die Betriebslampe des Warmwasserboilers blendet den dunkelheitsliebenden Max. «AUS» ist die einzige Erlösung. Langsam tastet er sich weiter Richtung Erdgeschoss und verbrennt sich fast die Finger an einem runden Ding. «Unbekannt! Ich brauche Licht.» Im Fingerstrahl der Stabtaschenlampe erscheinen «20 Watt» auf dem Typenschild der Warmwasserzirkulationspumpe. (Was die Leute alles so besitzen!) «AUS», und es wird noch ein bisschen ruhiger im Haus. Kaum erreicht SuperMax das Erdgeschoss, lässt ihn ein schnarrendes Geräusch zusammenfahren: Der Kompressor des Kühlschranks läuft an. Nach einer ausgiebigen Mahlzeit der leicht verderblichen und nicht tiefkühlbaren Esswaren räumt Max den restlichen Inhalt des Kühlschrankes in eine Tragtasche und verstaut diese in der Tiefkühltruhe im Keller. «Dieser Kühlschrank wird mich nicht mehr erschrecken!» sagt er zu sich selbst und zieht den Stecker heraus. Kaum erreicht er das Wohnzimmer, erkennt er am leisen 8-Watt-Brummen das Fernseh- und Videogerät. Selber brummend meint er: «Das Bundesamt für Energiewirtschaft BEW könnte eine Energiespar-Scheibe zum Thema Ferienabwesenheit machen, dann hätte ich auch mehr Freizeit!» Nachdem er noch weitere drei 2-Watt-Brummer eliminiert hat, verlässt er tief befriedigt über seine Beute das Haus. Resultat in Tabelle 5.

Tabelle 5: SuperMax spart 67 kWh.

• Boiler ausschalten	20 Tage zu 1,3 kWh	26 kWh
• Zirkulationspumpe auf «AUS»	20 Tage zu 0,5 kWh	10 kWh
• Kühlschrankstecker herausziehen	20 Tage zu 1,2 kWh	24 kWh
• Fernsehstecker herausziehen	20 Tage zu 0,2 kWh	4 kWh
• Diverse Verbraucher ausschalten	20 Tage zu 0,14 kWh	3 kWh
Total 20 Tage Ferien		67 kWh

Literatur

[1] Seifried, Dieter: Energie, Gute Argumente. Verlag C. H. Beck, München 1986.
[2] NEFF-Forschungsprojekt 397. ARENA, Zürich 1990.
[3] Energie-Spar-Nachrichten. Sonderdruck Stromspartips. Bundesamt für Energiewirtschaft, Bern 1991.
[4] SIH Magazin 2/91. Schweizerisches Institut für Hauswirtschaft, Baden 1991.
[5] Energiedepesche 11/91. Bund der Energieverbraucher, D-5342 Rheinbreitbach, 1991.
[6] Energie sparen: Haushaltgeräte sinnvoll und sparsam genutzt. SIH, Baden 1990.
[7] Strom- und Wassersparen im Haushalt. Arbeitsgemeinschaft der Verbraucherverbände e.V. AgV, D-5300 Bonn 1, 1989.
[8] Prüf mit: Rund ums Waschen. Konsumentinnenforum Schweiz, Zürich 1991.
[9] Infoblatt Nr. 10, WWF Schweiz, 1989.
[10] Einfluss der Mischarmaturen auf den Wasser- und Energieverbrauch. BEW, Bern 1990.

4.3 Künstliche Beleuchtung

CHRISTIAN VOGT

→
6.1 Beleuchtungssysteme, Seite 201

Energiesparlampen zeitigen gute Spareffekte bei der Wohnungsbeleuchtung; sie sind aber nur eine der zahlreichen Möglichkeiten, Strom einzusparen. Bei Halogenglühlampen mit niedriger Betriebsspannung beispielsweise wird oft mehr Strom im Trafo «verheizt», als die Lampe mit geringer Einschaltdauer verbraucht. Der Anteil des Stromes, der in die Wohnungsbeleuchtung fliesst, ist gering. Die Sensibilisierung der Bewohner indessen, die von derartigen Bestrebungen ausgehen, ist beachtlich.

Auswahl der Lampen

Das Hauptelement einer guten Lichtgestaltung ist ein ausgewogenes Spiel von Licht und Schatten, welches im Wohnbereich viel ausgeprägter sein soll als in Arbeitsräumen. Wesentlicher Faktor bei der Gestaltung der Raumatmosphäre ist die Lichtquelle, also die Lampe und nicht die Leuchte.

Glühlampen

Für die Beleuchtung im Wohnbereich eignen sich Glühlampen, Halogenglühlampen, Leuchtstofflampen sowie Kompakt-Leuchtstoff- oder Energiesparlampen. Zudem kommen für Aussen- und Pflanzenbeleuchtung auch verschiedene Hochdrucklampen in Betracht. Die Glühlampe ist auch heute noch die meist verwendete Lichtquelle im Haushalt. Sie ist auf den ersten Blick preiswert, ergibt ein angenehmes Licht und besitzt sehr gute Farbwiedergabeeigenschaften. Die Lichtausbeute hingegen ist sehr schlecht. Nur rund 5 % der zugeführten Energie wird in Licht umgewandelt. Zudem ist die mittlere Lebensdauer gering. Sie beträgt etwa 1000 Stunden und hängt sehr stark von der Betriebsspannung ab. Bereits eine geringe Überspannung von 5 % halbiert die Lebensdauer, bei 5 % Unterspannung wird sie hingegen verdoppelt.

Halogenglühlampen

Gegenüber den herkömmlichen Glühlampen weisen Halogenglühlampen folgende Vorteile auf:
- Stark reduzierte Abmessungen
- Erhöhte Lichtausbeute (aufgrund der Trafoverluste allerdings gering, um 10 %)

- Erhöhte mittlere Lebensdauer (ca. 2000 h)
- Bessere Bündelungsfähigkeit des Lichtes

Halogenglühlampen kosten allerdings mehr und die Kolben-Temperaturen sind wesentlich höher als bei normalen Glühlampen. Im Vergleich zu einer Leuchtstofflampe ist die Lichtausbeute zudem noch wesentlich schlechter. Bei Halogenglühlampen in Niedervoltausführung wird zusätzlich Leistung im Transformator verbraucht. Werden die Lampen von einem zentralen Trafo aus versorgt, muss man bei der Auswahl des Leitungsquerschnittes daran denken, dass der Spannungsabfall wegen der oft hohen Ströme beachtlich sein kann und den Lichtstrom stark reduziert. Die Zuleitungen sollten deshalb möglichst kurz sein. Zudem sollte darauf geachtet werden, dass die Lichtabschaltung nicht sekundär am Transformator geschieht, da dieser ansonsten auch bei ausgeschaltetem Licht Energie verbraucht!

Leuchtstofflampen

Gegen den Einsatz von Leuchtstofflampen im Wohnbereich werden gelegentlich Bedenken geäussert. Als Begründung wird die Farbe des Lichtes oder eine ungenügende Farbwiedergabe genannt. Leuchtstofflampen gibt es in verschiedenen Qualitäten. Grundsätzlich sollten in Wohnräumen warmweisse Dreibanden-Lampen eingesetzt werden. Untersuchungen mit diesem Lampentyp haben ergeben, dass Leuchtstofflampen in bezug auf die subjektive Empfindung von Lichtfarbe und Farbwiedergabe-Eigenschaften im Wohnbereich den Glühlampen gleichgesetzt werden können. Im Gegensatz zu Glühlampen lebt aber die Leuchtstofflampe im Mittel zehnmal länger. Allerdings ist die Lebensdauer einer Leuchtstofflampe je nach Vorschaltgerät wesentlich von der Schalthäufigkeit abhängig. Berücksichtigt man neben dem Stromverbrauch auch die Anschaffungskosten der Lampe, lohnt sich bei herkömmlichen Geräten (Glimmstarter) das Ausschalten, wenn die Lampe mindestens 10 Minuten ausser Betrieb ist.

Energiesparlampen (Kompakt-Leuchtstofflampen)

Im Vergleich zur Glühlampe scheint die Kompakt-Leuchtstofflampe teuer zu sein, doch bei längerer Betriebsdauer lohnt sich die Investition, da diese Lampe vier- bis fünfmal weniger Energie braucht bei gleicher Lichtleistung. Zudem lebt diese etwa achtmal länger als eine Glühlampe. Bei neueren Generationen mit einem elektronischen Vorschaltgerät im Sockel beeinträchtigt häufiges Schalten die Lebensdauer nicht mehr, sofern die Ausschaltzeit etwa zwei Minuten beträgt. Die Kompakt-Leuchtstofflampe mit integriertem Vorschaltgerät, das heisst die «übliche» Energiesparlampe, eignet sich nicht für Dimmerbetrieb und kann in der Kälte Startschwierigkeiten haben. Die Kompakt-Leuchtstofflampe ist nur im Vergleich mit der Glüh- bzw. Halogenglühlampe energiesparend. Im Vergleich zur stabförmigen Leuchtstofflampe ist sie schlechter. Kompakt-Leuchtstofflampen sind auch mit einem Adapter erhältlich. Dieser besitzt einen gebräuchlichen Glühlampensockel und enthält das Vorschaltgerät. Der Adapter kann am Ende der Lampenlebensdauer wiederverwendet werden. Seit einiger Zeit wurden die Energiesparlampen durch konstruktive Massnahmen kompakter, so dass der Austausch bestehender Glühlampen noch einfacher wurde.

Glühlampe	Energiesparlampe
40 Watt	9 Watt
60 Watt	11 Watt
75 Watt	15 Watt
100 Watt	20 Watt

Tabelle 1: Vergleich des Energieverbrauches von Glühlampe und Energiesparlampe bei gleicher Lichtleistung.

Beleuchtungsaufgaben

Wohnräume

Vielfach lassen sich in Wohnräumen Glühlampen durch Energiesparlampen ersetzen. Indirekt-Ständerleuchten mit Halogenglühlampen sollten mit der kleinstmöglichen Lampenleistung betrieben werden. Denn meist wird der Lichtstrom in diesen Leuchten mittels Dimmer auf ein niedrigeres Niveau geregelt, da ansonsten der Raum zu hell ausgeleuchtet ist. Beim Einsatz von Leuchtstofflampen sollten nur warmweisse Lichtfarben verwendet werden, ausser bei der Beleuchtung für Fernsehen und Video. Hier eignet sich am besten eine Leuchtstofflampe kleiner Leistung (z. B. 20 W), Lichtfarbe neutralweiss, welche hinter dem Fernsehgerät installiert wird und nach vorn abgeschirmt ist.

Küche

Die Küche als Hauptarbeitsraum in der Wohnung sollte in erster Linie nach ergonomischen Gesichtspunkten beleuchtet werden. Im Interesse optimaler Arbeitsbedingungen ist die Grundbeleuchtung aber in jedem Fall grossflächig und überwiegend diffus. Als Lichtquellen eignen sich Leuchtstofflampen mit der Lichtfarbe warmweiss besonders gut. Sie lassen sich zum Beispiel bequem unter Hängeschränken montieren und so Arbeitsplätze schattenarm beleuchten. Dabei sollte die Leuchte mit einer Blende gegen direkten Einblick geschützt sein.

Badezimmer

Badezimmer eignen sich sehr gut für den Einsatz von Leuchtstoff- oder Kompakt-Leuchtstofflampen. Die Tatsache, dass letztere beim Einschalten nicht sofort den vollen Lichtstrom abgeben, kann unter Umständen sehr willkommen sein, beispielsweise am frühen Morgen.

Aussenbeleuchtung

Auch in der Aussenbeleuchtung ist die Kompakt-Leuchtstofflampe eine gute Alternative zur herkömmlichen Glühlampe, zum Beispiel bei der Beleuchtung von Gartenwegen. Grundsätzlich sind Aussenbeleuchtungen mit Lichtsteuerungen zu kombinieren (Timer, Aussenschalter etc.). Für eine permanente Sicherheitsbeleuchtung sind Natriumdampf-Niederdrucklampen wegen ihres geringen Energieverbrauches geeignet. Bei freistehenden Häusern genügt dabei oft je eine Leuchte an zwei gegenüberliegenden Ecken, um die gesamte Fassade abschreckend hell erscheinen zu lassen. Sehr gut eignen sich dafür die Natriumdampf-Niederdrucklampen 10 W. Das monochromatische gelbe Licht ermöglicht zwar keine Farberkennung, dafür sieht man aber schärfer und kontrastreicher, was in diesem Fall viel wichtiger ist.

Installation

Anpassungsfähige Installationen ermöglichen spätere Modifikationen. Beispiele:
- 4- oder 5adrige Steckdosen-Ringleitungen, die das getrennte Schalten einzelner Steckdosen erlauben.
- Stromschienen in oder an der Decke. Sind diese Schienen mehrphasig, so lassen sich die angeschlossenen Leuchten auf mehrere voneinander unabhängige Schaltkreise aufteilen.
- Fussbodenleisten, welche als Installationskanäle ausgebildet sind. Sie erlauben auch später jederzeit, Steckdosen und Leitungen nachzurüsten.
- Bei Neubauten sollten zusätzliche Deckenauslässe, Leerdosen und Reserveschalter vorgesehen werden. Sie lassen sich später für den Ausbau der Beleuchtung verwenden.

Schalter für die verschiedenen Beleuchtungskörper eines Raumes sollten möglichst zentral angeordnet sein. Die Beleuchtung lässt sich dann einfacher schalten und den verschiedenen Bedürfnissen anpassen. Immer öfter werden auch Anwesenheitssensoren verwendet, welche das Licht automatisch ein- bzw. ausschalten. Nützliche Requisiten sind Dimmer, mit welchen der Lichtstrom der Lampen reguliert werden kann.

Literatur

[1] Licht und Lampen. Sonderpublikation der Zeitschrift Ideales Heim, 1987.
[2] Myerson, J.: Licht im Raum. Mosaik Verlag, München 1988.
[3] Mally, E.: Die Farbe im Wohnbereich. E. Mally, Wien 1985.
[4] Haustechnik in der Integralen Planung. Bundesamt für Konjunkturfragen, Bern 1986.
[5] Informationshefte zur Lichtanwendung. Fördergemeinschaft Gutes Licht, Frankfurt 1991.
[6] Handbuch für Beleuchtung. W. Girardet, Essen 1975.
[7] Vogt, Ch.: Licht und Energie. Info-Tagung des Amtes für Bundesbauten, Bern 1990.

5. Motoren, Medienförderung

5.1 Auswahlkriterien für Elektromotoren

FRITZ W. BERG

→
3.5 Grosse Motoren, Seite 117
5.2 Elektrische Antriebe, Seite 164
5.3 Umwälzpumpen, Seite 172

Präzise Dimensionierung der Elektromotoren, Wahl des geeigneten Motorkonzeptes und Einsatz energiesparender Antriebe sind wesentliche Voraussetzungen für energetisch günstige Lösungen. Der grösste Effekt lässt sich durch eine Kombination dieser Massnahmen erzielen. Die Basis bilden genaue Kenntnisse der angetriebenen Arbeitsmaschine mit den Betriebsdaten, den Netzverhältnissen und Umgebungsbedingungen sowie Kenntnisse der Motorentechnik und der Alternativen. Da der überwiegende Teil der Elektroantriebe aus Induktionsmotoren besteht, bieten die Drehstrom-Asynchronmotoren im Leistungsbereich von 0,1 bis 400 kW ein grosses Sparpotential.

Betriebseigenschaften

Drehmoment-Kennlinie

Bei der Einschaltung entwickelt der Motor das Anzugsmoment, und es fliesst der Einschaltstrom (Abb. 1). Im Hochlauf klingt der Strom ab und erreicht im Betrieb mit Nennlast den im Dauerbetrieb zulässigen Nennwert. Die Höhe des

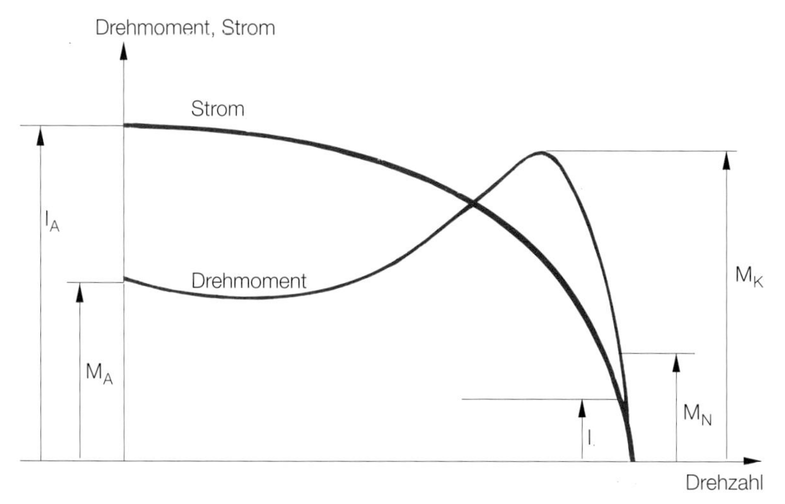

Abb. 1: Strom und Drehmoment als Funktion der Drehzahl für einen Drehstrommotor. I_A = Anzugsstrom, I = Nennstrom, M_A = Anzugsmoment, M_N = Nennmoment, M_K = Kippmoment,

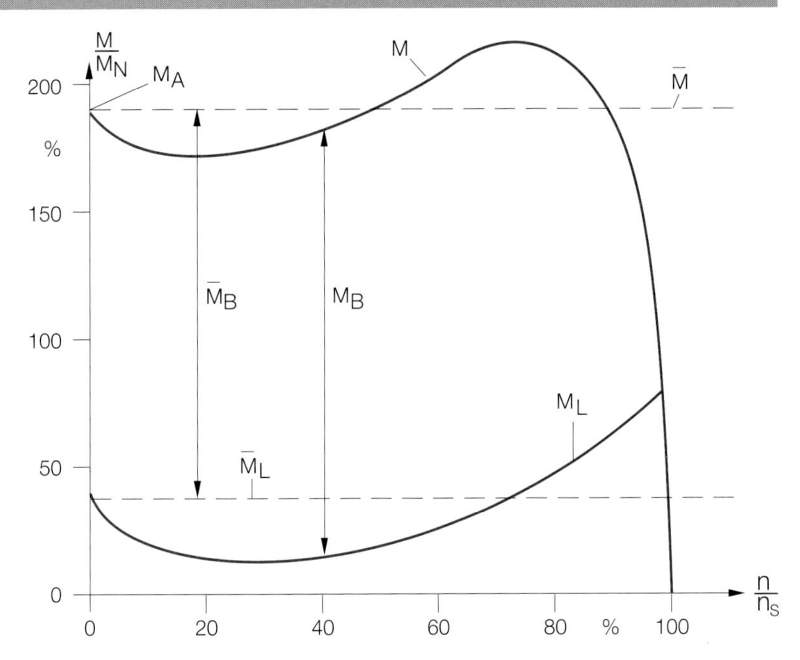

Abb. 2: Hochlauf eines Elektromotors, Verhältnis Lastmoment und Beschleunigungsmoment. $\overline{M}_B$ = Mittleres Beschleunigungsmoment (Nm), $\overline{M}_L$ = Mittleres Lastmoment (Nm), M_N = Nennmoment, M_A = Anzugsmoment, M = Drehmoment, n = Drehzahl, n_s = Synchrone Drehzahl.

maximalen Drehmomentes, welches auch als Kippmoment bezeichnet wird, ist ein Mass für die mögliche Überlastbarkeit des Motors, welche jedoch aus thermischen Gründen nur kurzzeitig in Anspruch genommen werden darf. Der korrekte Hochlauf des Motors bis auf Nenndrehzahl ist nur dann möglich, wenn das Lastmoment der Arbeitsmaschine kleiner als das an jedem Punkt der Drehzahl-Drehmoment-Kennlinie vorhandene Motordrehmoment ist (Abb. 2). Aufgrund des Stromverlaufes treten im Hochlauf des Motors hohe Erwärmungen auf, die im Hinblick auf die thermische Belastbarkeit eine Begrenzung der Anlaufzeit bzw. der Anzahl aufeinanderfolgender Anläufe erfordert.

Betriebsarten

In den meisten Fällen werden die Motoren für Dauerbetrieb eingesetzt. Daneben existieren jedoch auch Einsatzfälle mit Kurzzeitbetrieb oder aussetzender Belastung oder mit Schaltbetrieb, bei welchen sich Stillstandsphasen mit kurzen Betriebszyklen abwechseln. Die Betriebsarten sind definiert mit S1 (Dauerbetrieb) bis S9. Die Einteilung in neun Klassen erlaubt nicht nur die optimale Anpassung der Motoren an die effektiv auftretenden Belastungen unter Ausschöpfung ihrer thermischen Kapazität, sondern ist gleichzeitig Ausgangsbasis für die Wahl der energetisch sinnvollsten Antriebslösung.

Thermische Belastung

Der thermische Beharrungszustand wird erreicht, wenn die im Motor entstehende Verlustwärme gleich der über das Motorgehäuse abführbaren Wärmemenge ist. Dabei stellt sich eine Temperatur ein, die unter normalen Betriebsbedingungen zu der Nennerwärmung des Motors führt und hinsichtlich

Wicklungstemperatur der gewählten Isolationsklasse des Motors entsprechen muss. Bei Betrieb mit Nennerwärmung wird von der Motorwicklung eine Lebensdauer erreicht, welche im Bereich von 30 000 Betriebsstunden liegt. Thermische Überlastungen bewirken eine Alterung der Isolationssysteme. Dieser Vorgang ist irreversibel. Bei 10° C Übertemperatur halbiert sich die Lebensdauer der Wicklung. Umgekehrt erhöht sich die Lebensdauer der Wicklung bei einem Betrieb des Motors unterhalb der für die gegebene Isolierstoffklasse zulässigen Grenztemperatur. Bei einer Absenkung um 10° C verdoppelt sich die Wicklungslebensdauer. Thermische Überlastungen können nicht nur im Betrieb auftreten, sondern auch im Anlauf der Motoren, speziell bei Schweranlauf und hohen Schalthäufigkeiten, Verhältnissen also, die bei der Auslegung der Motoren oftmals nicht bekannt waren und deshalb nicht berücksichtigt werden konnten.

Verlauf des Motorwirkungsgrades

Der Wirkungsgrad von Elektromotoren wird stark vom Leistungsdurchsatz beeinflusst. Dies bedeutet, dass die erzielbaren Wirkungsgrade mit der Leistungsgrösse der Motoren zunehmen und gleichzeitig auch von der effektiven Belastung abhängen. Auch das gewählte Motorkonzept hat Einfluss auf den Wirkungsgrad. Bei Drehstrom-Käfigläufer-Motoren wird ein höherer Wirkungsgrad erzielt als z. B. bei Schleifringanker-Motoren gleicher Leistungsgrösse. Weitere Steigerungen sind bei Einsatz von Synchronmotoren mit Permanentmagneten möglich, da die Erregerleistung nicht dem Netz entnommen, sondern durch die eingebauten Magnete gedeckt wird. Der Wirkungsgrad-Verlauf zeigt, dass eine starke Überdimensionierung der Motoren, welche z. B. bezüglich Betriebssicherheit und Lebensdauer Vorteile bringen kann, aus energetischen Gründen nicht sinnvoll ist. Die in der Abb. 3 dargestellte flache Kurvenform entspricht den Verhältnissen in der Praxis besser als dies bei einem auf Höchstwirkungsgrad gezüchteten Motor der Fall ist, dessen Wirkungsgrad-Maximum nur in einem sehr engen Leistungsbereich erreicht und mit einem ungünstigen Verlauf bei Teillast erkauft wird.

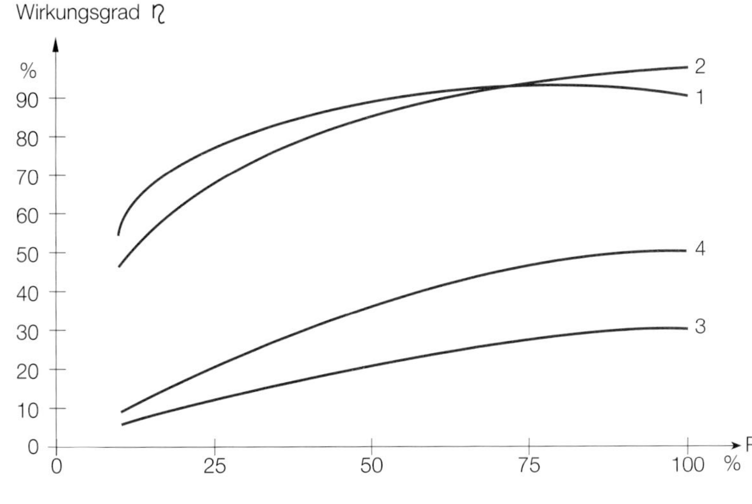

Abb. 3: Verlauf der Wirkungsgrade in Abhängigkeit der abgegebenen Motorwellen-Leistung (P), qualitativer Verlauf eines 4poligen Motors. 1: 3-Phasen-Norm-Motor, Normalausführung; 2: 3-Phasen-Norm-Motor, High-Efficiency; 3: Spaltpol-Motor; 4: Kollektor-Motor.

Leistungsfaktor

Bei Nennlast liegt der Leistungsfaktor je nach Motorgrösse und Motor-Polzahl zwischen 0,6 und 0,9. Die kleineren Werte beziehen sich auf Motoren kleiner Leistung und hoher Polzahl, die grösseren Werte werden bei Motoren grösserer Leistung und niederer Polzahl erreicht. Bei Teillast nimmt der Leistungsfaktor stark ab. Bei Parallelbetrieb mehrerer Motoren in einer Anlage wird der Gesamt-Leistungsfaktor des Netzes durch Verwendung von Kondensatoren auf einen vom Elektroversorgungsunternehmen erlaubten Grenzwert kompensiert. Im Gegensatz zum Wirkungsgrad stellt die Höhe des Leistungsfaktors eines Motors kein vorrangiges Qualitätsmerkmal dar.

Motor-Typen

Der überwiegende Teil aller Motoren sind Induktionsmotoren. Gleichstrommotoren, die ähnliche Wirkungsgrade wie Induktionsmotoren aufweisen, werden hier bewusst ausgeklammert. In die Betrachtung einbezogen sind jedoch Kollektor-Motoren, welche in grösseren Stückzahlen zum Antrieb von Elektrogeräten im Hobby-Bereich oder bei Staubsaugern eingesetzt werden. Spaltpol-Motoren und Kollektor-Motoren sind aufgrund physikalischer Gegebenheiten Motoren mit tiefen Wirkungsgraden, die zudem noch stark von der Belastung abhängig sind. Bei Spaltpol- und Kollektor-Motoren bestehen nur geringe Möglichkeiten zu einer Verbesserung der Wirkungsgrade. Auch über korrekte Dimensionierungen, die zudem aufgrund wechselnden Leistungsbedarfes der angetriebenen Maschinen teilweise schwierig sind, lässt sich nur eine marginale Verbesserung erzielen.

Günstiger sieht die Situation bei 1-Phasen-Motoren aus, die mit Wellenleistungen zwischen 100 und 3000 Watt verfügbar sind. Von den verschiedenen Auslegungsvarianten mit Widerstandshilfsphase, Anlauf-Kondensator, Betriebskondensator oder Anlauf- und Betriebskondensator weisen letztere beiden Alternativen die höchsten Wirkungsgrade auf. Aufgrund der gegenüber Spaltpol- und Kollektor-Motoren zum Teil wesentlich höheren Wirkungsgrade der 1-Phasen-Motoren könnte durch verstärkten Einsatz der 1-Phasen-Mo-

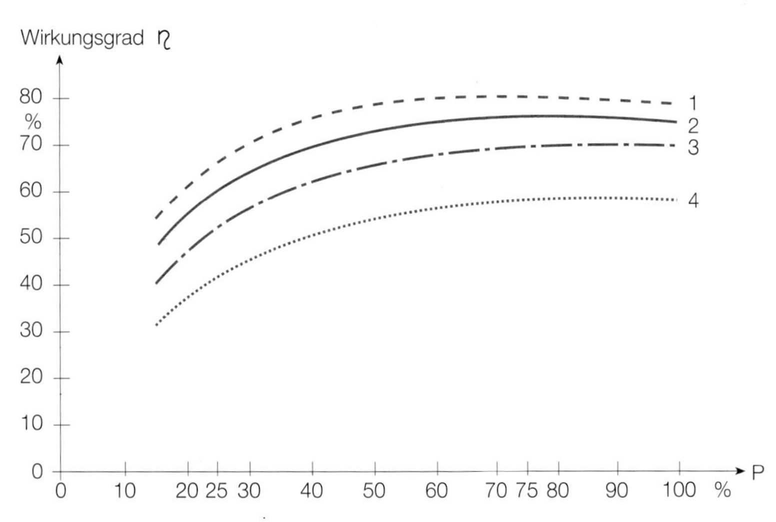

Abb. 4: Verlauf der Wirkungsgrade in Abhängigkeit der abgegebenen Motorwellen-Leistung (P), qualitativer Verlauf. 1-Phasen-Motoren, 1: Anlauf- und Betriebskondensator; 2: Betriebskondensator; 3: Anlauf-Kondensator; 4: Hilfsphase.

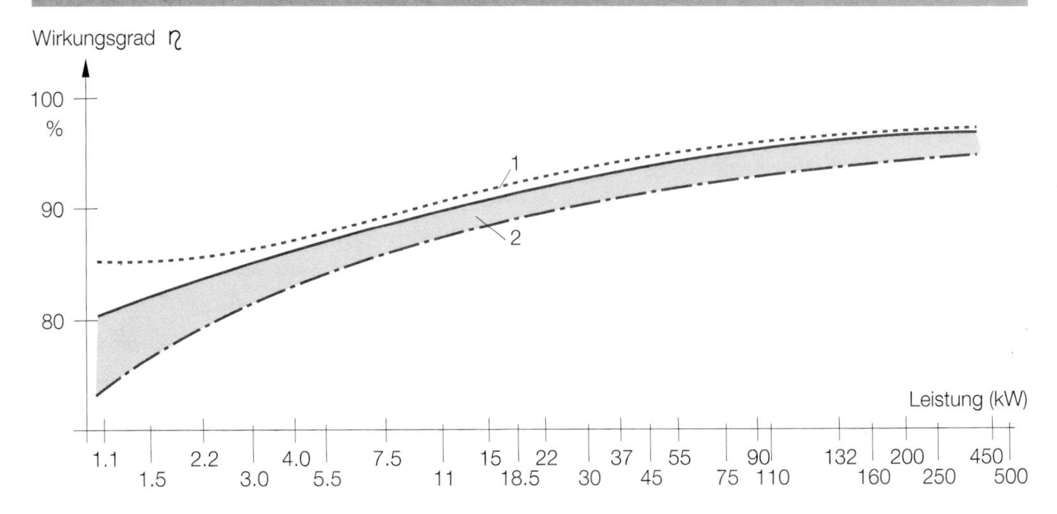

Abb. 5: Wirkungsgrad in Funktion der abgegebenen Wellenleistung (P) (4poliger Motor).
1: Obere Grenzwerte amerikanischer High-Efficiency-Motoren;
2: Toleranzband europäischer Normmotoren.

toren der Verbrauch elektrischer Energie gesenkt werden. Der alternative Einsatz der 1-Phasen-Motoren ist jedoch aus kommerziellen und teilweise auch technischen Gründen limitiert. Dennoch sollte versucht werden, bei Kleinantrieben mit fester Drehzahl vermehrt 1-Phasen-Kondensator-Motoren einzusetzen. Die höchsten Wirkungsgrade lassen sich beim Einsatz von 3-Phasen-Motoren erzielen. Diese Motoren sind in industrieller Ausführung bereits mit Wellenleistungen ab etwa 60 Watt verfügbar und für Anschluss an Niederspannungsnetze mit Leistungen bis ca. 500 kW einsetzbar.

Neben den hohen Wirkungsgraden der neuen Generation der Standard-Reihen nach IEC-Norm zeichnet sich der 3-Phasen-Motor auch durch einen günstigen Wirkungsgrad-Verlauf aus, der bis zu Teillast-Werten von 50 % noch hohe Wirkungsgrade sichert.

Verlustkomponenten am Motor: • Ohmsche Verluste • Eisenverluste • Rotorverluste • Reibungs- und Ventilationsverluste • Streuverluste

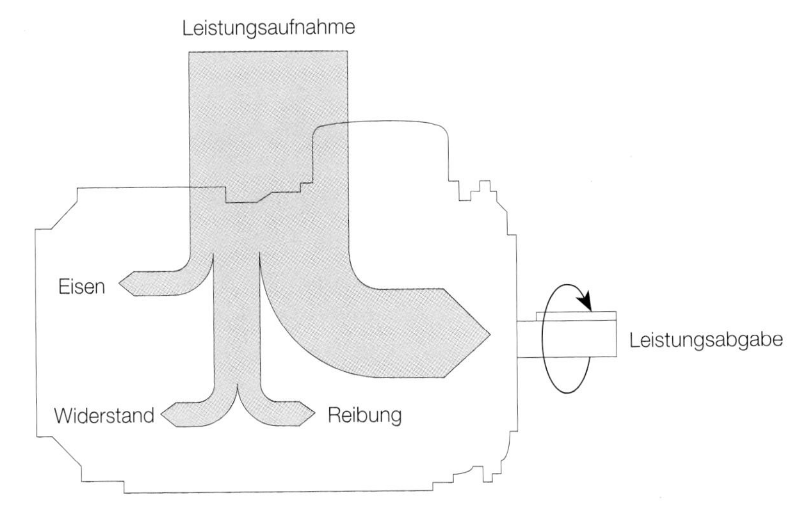

Abb. 6: Energieflussdiagramm eines Elektromotors.

Auswahlkriterien

Eine Verbesserung des Wirkungsgrades, und damit eine Reduktion der bei der Umwandlung von elektrischer in mechanische Energie entstehenden Verluste, ist immer mit einem Mehraufwand auf der Materialseite und damit mit höheren Investitionskosten verbunden. Die Bestrebungen der Hersteller führen zu einer Verbesserung der Wirkungsgrade von IEC-Normmotoren und werden mittelfristig die noch existierenden Sonderreihen an Hochwirkungsgrad-Motoren ersetzen. Da dieser Ablösungsprozess jedoch noch nicht überall eingesetzt hat, empfiehlt sich bei der Auswahl des Elektromotors ein Vergleich der Wirkungsgrade der einzelnen Produkte. Dabei ist jedoch zu beachten, dass ein seriöser Vergleich nur auf der Basis von Garantiewerten der einzelnen Motorenhersteller möglich ist und nicht mit Richtwerten der existierenden Motoren-Dokumentationen vorgenommen werden sollte. Basis jeder Entscheidung, welcher Motor oder welches Antriebskonzept zum Einsatz kommt, ist immer die genaue Kenntnis der von der angetriebenen Arbeitsmaschine vorgegebenen Belastungswerte, der herrschenden Netzverhältnisse, der Umgebungsbedingungen und des geplanten Arbeitsprozesses. Der Einsatz energiesparender Motoren ist überall dort sinnvoll, wo längere Zeit im Dauerbetrieb mit Vollast gefahren wird und wo hohe Kosten für die elektrische Energie aufzuwenden sind. Neben dem Einsatz von Drehstrom-Käfigläufer-Motoren nach IEC-Norm besteht auch die Möglichkeit des Überganges auf Synchronmotoren, die aufgrund ihres Funktionsprinzipes speziell in Verbindung mit eingebauten Permanent-Magneten zusätzliche Sparpotentiale freisetzen können. Da diese Motoren im Vergleich zu Drehstrom-Asynchronmotoren bei gleicher Leistung wegen der verwendeten kostenintensiven Magnetwerkstoffe etwa um den Faktor 5 teurer sind, bleibt die Anwendung dieser Motoren zumindest mittelfristig auf wenige Anwendungsfälle beschränkt.

ENTSCHEIDUNGSKRITERIEN BEI DER AUSWAHL

- Realisierbare Energieeinsparung durch die Wahl geeigneter Motoren
- Finanzieller Aufwand bei allfälligen Mehrinvestitionen
- Effektiver Leistungsbedarf
- Energiekosten
- Effektive Betriebszeit des Motors bzw. Lebenszyklus der angetriebenen Arbeitsmaschine

Drehzahlregulierung

Beim Antrieb von Arbeitsmaschinen, deren Produktions- oder Förderleistung über die Antriebsdrehzahl des Motors beeinflusst werden kann, bieten sich bezüglich Einsparung elektrischer Energie Lösungen mit variabler Drehzahl an. Dies gilt ganz besonders, wenn mit der Drehzahländerung des Motors auch starke Änderungen der benötigten Leistung verknüpft sind. In diesem Zusammenhang sollen Arbeitsmaschinen zur Förderung gasförmiger oder flüssiger Medien wie Gebläse oder Pumpen erwähnt werden. Der Leistungsbedarf bei Gebläsen und Zentrifugalpumpen ändert sich mit der dritten Potenz ihrer

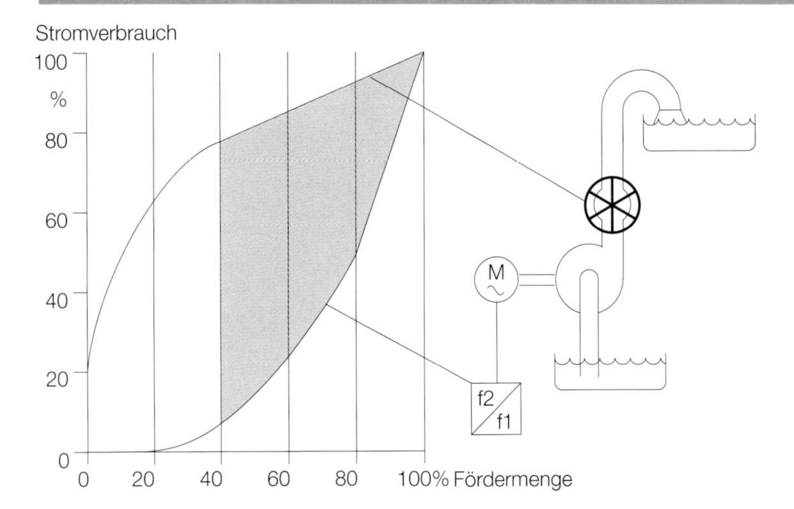

Abb. 7: Stromverbrauch einer Zentrifugalpumpe in Abhängigkeit der Fördermenge bei Regelungen der Fördermenge mittels Drossel (obere Kurve) und mittels variabler Drehzahl (untere Kurve).

Drehzahl. Zur Anpassung der Fördermenge einer Zentrifugalpumpe an einen gegebenen Prozess bietet sich somit der Einsatz eines in der Drehzahl steuerbaren Motors an. Im Gegensatz zu der immer noch gebräuchlichen Volumenstrom-Regelung mittels mechanischer Drosselung und starrer Antriebsdrehzahl sind mit drehzahlvariablen Antrieben bei starker Reduktion der Fördermengen Energieeinsparungen bis zu 70 % möglich.

Polumschaltbare Motoren

Mit polumschaltbaren Motoren lassen sich verschiedene Drehzahlabstufungen erzielen. Üblich für den Antrieb von Strömungsmaschinen ist ein Drehzahlverhältnis von 1 zu 1,5 oder 1 zu 2, wie es durch den Einsatz eines Motors mit zwei Drehzahlstufen von 1500 und 1000 U/min oder im Verhältnis 2 zu 1 gegeben ist. Mit dieser Abstufung wird etwa eine Veränderung des Volumenstromes proportional zur Drehzahl und mit einem Druck proportional zum Quadrat der Drehzahl erreicht. Für viele Anwendungen genügt diese relativ grobe Abstufung.

Polumschaltbare Motoren, speziell mit zwei oder gar mehreren getrennten Wicklungen, weisen schlechtere Wirkungsgrade auf als Motoren mit nur einer Drehzahl und gleicher Leistung. Dies rührt daher, dass der im Motor zur Verfügung stehende Wickelraum von zwei oder mehreren Wicklungen belegt wird und somit, bezogen auf die sich im Einsatz befindliche Wicklung,

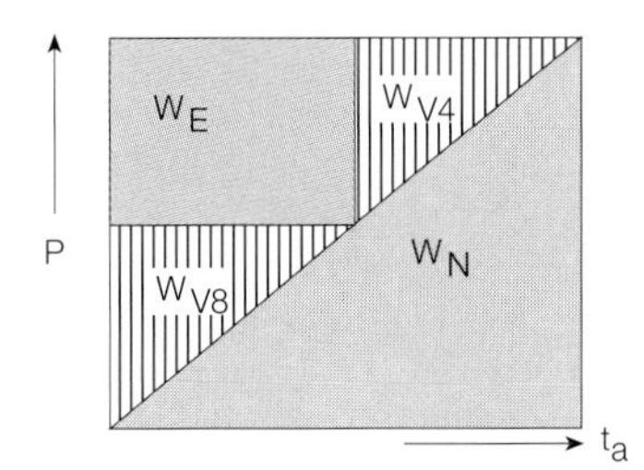

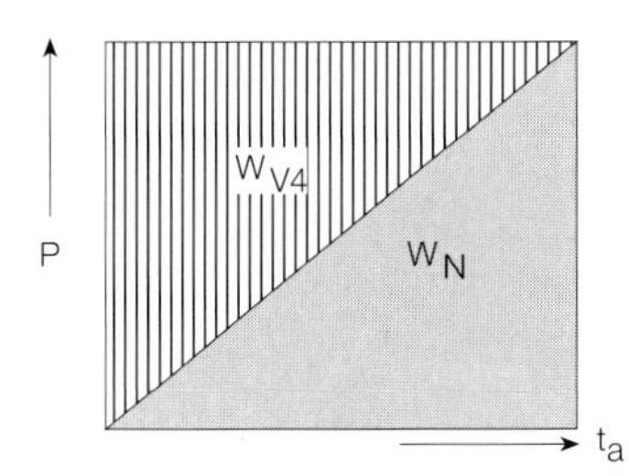

Abb. 8: Vergleich der Verlustwärmen eines polumschaltbaren 8/4poligen Motors (links) und eines konventionellen 4poligen Motors (rechts).
W_{V4} Verlustarbeit bei 4poliger Schaltung;
W_{V8} Verlustarbeit bei 8poliger Schaltung;
W_E eingesparte Verlustarbeit;
W_N Nutzarbeit (Beschleunigung der rotierenden Masse);
P Leistung;
t_a Anlaufzeit.

schlecht ausgenützt ist. Durch diesen Effekt, welcher in weniger ausgeprägter Form auch bei Motoren mit einer Wicklung in polumschaltbarer Ausführung (z. B. Dahlander-Schaltung oder PAM-Wicklung) vorhanden ist, geht ein Teil der durch die Drehzahl-Verstellung bedingten Vorteile in Folge des schlechteren Wirkungsgrades wieder verloren. Im Vergleich zu einstufigen Motoren gleicher Leistung liegt der Wirkungsgrad bei einem polumschaltbaren Motor mit zwei getrennten Wicklungen bei beiden Drehzahlstufen etwa 6 % tiefer.

Motoren mit variabler Drehzahl

Das einzige Verfahren zur verlustfreien stufenlosen Drehzahlverstellung von Induktionsmotoren besteht in der Speisung des Motors mit variabler Frequenz. Da die Netze eine starre Frequenz aufweisen, wird für die Drehzahlverstellung über die Frequenz ein Frequenzumrichter benötigt. Heutzutage kommen dafür praktisch ausnahmslos sogenannte statische Frequenzumrichter in Frage. Die Geräte sind für den Anschluss am Wechselstrom (kleine Leistungen) und Drehstromnetze erhältlich. Das Signal auf der Ausgangsseite für den Motor ist unabhängig vom Netzanschluss 3phasig. Verglichen mit dem Betrieb der Motoren am stationären Netz treten jedoch im Umrichterbetrieb der Motoren Zusatzverluste auf, welche sich negativ auf den Motorwirkungsgrad auswirken. Dies ist eine Folge des Ausgangssignals des Frequenz-Umrichters, welches neben der nutzbaren Sinuswelle auch noch einen Oberwellenanteil besitzt, welcher im Motor parasitäre Drehmomente hervorruft.

Auch der Frequenzumrichter produziert bei der Umwandlung der festen Netz-Spannung und Frequenz auf eine variable Ausgangs-Spannung und Frequenz geringe Verluste, wodurch der Gesamt-Wirkungsgrad des Paketes aus Motor und Umrichter verschlechtert wird. Bei einem Antriebspaket mit einer Motor-Wellenleistung von 37 kW beträgt diese Verschlechterung etwa 3 %, verglichen mit einem entsprechenden Motor am stationären Netz. Durch spezielle Ausführungen der Motoren für Umrichterbetrieb werden in Zukunft diese Unterschiede jedoch weitgehend eliminiert. Bei voller Leistung bestehen im Energiekonsum keine Unterschiede. Bei einer Förderleistung von 80 % mit Regelung über Drossel geht die Leistungsaufnahme des Motors mit starrer Drehzahl um lediglich 10 % zurück, beim Motor mit variabler Drehzahl jedoch um nahezu 50 %. Bei noch kleineren Förderleistungen sind die Unterschiede im Stromverbrauch noch bedeutender. Die gleiche Aussage gilt auch für die Verhältnisse bei Axial- und Radial-Gebläsen. Neben der Einsparmöglichkeit an Energie in Verbindung mit Volumenstrom-Änderungen bei Strömungsmaschinen eignen sich drehzahlvariable Motoren auch besonders für die Beschleunigung grosser Schwungmassen wie z. B. Zentrifugen oder grosse Industriegebläse.

Bei Antrieben mit grossen zu beschleunigenden Schwungmassen entsteht während des Anlaufs im Rotor des Käfiganker-Motors eine beträchtliche Verlustwärme. Von der aufgenommenen elektrischen Energie wird während des direkten Hochlaufes auf Enddrehzahl 50 % in kinetische Energie der Schwungmasse umgesetzt, die restlichen 50 % gehen jedoch im Rotor des Motors in Form von Verlustwärme verloren. Schon bei Einsatz eines polumschaltbaren Motors mit Drehzahlverhältnis 1 zu 2 lässt sich, bei einem unterteilten Hochlauf über die kleine Drehzahlstufe, die im Rotor anfallende Verlustwärme auf die Hälfte reduzieren.

Polumschaltbare Motoren mit den dazugehörenden Schalteinrichtungen sind um rund 50 % teurer als Motoren gleicher Leistung mit nur einer Drehzahl.

Bei Drehstrom-Frequenzumrichterantrieben gehen die Kosten für den zur Drehzahlsteuerung notwendigen Frequenzumrichter stark in die Kostenbilanz ein. Trotz abnehmender Herstellkosten ist das Antriebspaket Motor und Frequenzumrichter je nach Leistungsgrösse etwa fünf- bis sechsmal teurer als ein Motor gleicher Baugrösse für den Betrieb am starren Netz.

Beim Einsatz von Getrieben zur Variation der Drehzahl bei Strömungsma-

Dauerbetrieb

Bei Dauerbetrieb, in dem eine konstante Motorleistung über längere Zeit abgegeben werden muss, bietet sich im Hinblick auf die Einsparung elektrischer Energie der Einsatz von Elektromotoren mit möglichst hohem Wirkungsgrad an. Gegenüber Normalmotoren mit tieferem Wirkungsgrad werden die höheren Anfangsinvestitionen meist innerhalb einiger Jahre amortisiert.

Tabelle 1: Verlustaufteilung am Beispiel eines 4poligen Motors mit Wellenleistung 37 kW.

	Normalmotor (37 kW) Verluste kW	Energiesparender Motor (37 kW) Verluste kW	Verlusteinsparung kW
Wirkungsgrad η	90,4 %	94 %	
Stator-Wicklungsverluste	1,319	0,911	0,408
Eisenverluste	0,725	0,180	0,545
Rotor-Wicklungsverluste	0,646	0,668	(0,022)
Reibungs- und Ventilationsverluste	0,373	0,281	0,092
Streuverluste	0,852	0,229	0,553
Total	3,915	2,339	1,576

Energieeinsparung: $E_s = P_{ab} (1/\eta_N - 1/\eta_E) = 37 (1/0,904 - 1/0,94) = 1,57$ kW. Energiekosteneinsparung pro Jahr: $S = E_s \cdot H \cdot K = 1,57 \cdot 2000 \cdot 0,10 = 314.–$ Fr. Amortisationszeit in Jahren (vereinfacht): DK/S = 375/314 = 1,2 Jahre. (E_s: Energieeinsparung; S: Energiekosteneinsparung pro Jahr; DK: Investitions-Kostendifferenz zwischen energiesparendem Motor und Normalmotor). Betriebszeit H = 2000 h/Jahr (8 Stunden pro Tag, 250 Tage pro Jahr); Lebenszyklus der Anlage 10 Jahre; Energiekosten K = 0,10 Fr./kWh; Mehrkosten des energiesparenden Motors, also Investitions-Kostendifferenz 375.– Fr. Fazit: Nach rund 15-monatiger Betriebszeit sind die Mehrinvestitionen (ohne Zinskosten) bereits amortisiert. Während des gesamten Lebenszyklus der Anlage wird an Energiekosten ein Betrag von 3140.– Fr. eingespart, dem eine Mehrinvestition von 375.–Fr. gegenübersteht. Bei einem 24-h-Betrieb fällt diese Bilanz noch günstiger aus.

schinen werden energetisch im Vergleich zur Drosselregelung des Volumenstromes bessere Ergebnisse erzielt. Über den von der Strömungsmaschine gegebenen tieferen Leistungsbedarf bei kleineren Abtriebsdrehzahlen des Getriebes wird der Motor, welcher mit voller Drehzahl weiter läuft, im Teillastbetrieb arbeiten. Bei Teillastbetrieb sinkt jedoch der Wirkungsgrad. Verglichen mit dem Drehstrom-Frequenzumrichterantrieb liegt die Energiebilanz ungünstiger, da beim Umrichterbetrieb über eine Anpassung der Spannungs-Frequenz-Kennlinie der Motor im optimalen Betriebsbereich gehalten werden kann.

Volumenstrom-Regelung bei Strömungsmaschinen

Ein Gebläse wird im 24-h-Betrieb eingesetzt. Während der Tageszeit (10 Stunden) wird mit voller Lüfterleistung gefahren, während der verbrauchsarmen Zeit (14 Stunden) wird die Luftmenge auf 50 % reduziert. Untersucht wird die Energiebilanz bei Einsatz eines einstufigen Motors und Regelung des Volumenstromes über Drossel mit dem Einsatz eines polumschaltbaren, zweistufigen Motors während der Dauer von 5 Jahren. Leistungsbedarf bei voller Luftleistung 55 kW; Leistungsbedarf bei halber Luftleistung ca. 8 kW (unter Berücksichtigung der Wirkungsgradänderung des Gebläses bei halber Drehzahl) Betriebsdauer 5 Jahre; Energiekosten (K) 0,12 Fr. pro kWh. Investitions-Kostendifferenz zwischen einstufigem und polumschaltbarem Motor gleicher Leistung und Mehraufwand auf der Schaltungsseite (DK) 1500.– Fr. Einstufiger Motor mit 55 kW; Wirkungsgrad 94 % bei Vollast und bei Drossel-Regelung auf 50 % des Volumenstromes. Zweistufiger Motor mit Drehzahlverhältnis 1 zu 2, Leistungen 58/15 kW; Wirkungsgrad 92 und 90 %, Wirkungsgrad bei Belastung mit 55 und 7 kW bei 92 und 86 %.

Energiebilanz des einstufigen Motors

Aufgenommene Leistung $P_{auf} = \frac{P_{ab}}{\eta} = \frac{55}{0{,}94} = 58{,}5\ \text{kW}$

Bei halber Förderleistung sinkt der Leistungsbedarf an der Gebläsewelle lediglich um 10 %. Über die Betriebsdauer eines vollen Tages ergibt sich folgender Energie-Konsum E_1:

$$E_1 = P_{auf} \cdot \frac{10}{24} + P_{auf} \cdot 0{,}9 \cdot \frac{14}{24} = 55{,}1\ \text{kWh}$$

Im Zeitraum von 5 Jahren ergibt sich ein totaler Energiekonsum von:
$E_{T1} = E_1 \cdot B_z = 55{,}1 \cdot 1300 = 71\,630\ \text{kWh}$
B_z = Betriebszeit von 1300 Tagen.

Energiebilanz des polumschaltbaren Motors

Volle Förderleistung; aufgenommene Leistung

$$P_{auf} = \frac{P_{ab}}{\eta} = \frac{55}{0{,}92} = 59{,}8\ \text{kW}$$

Energiekonsum $E_{V2} = P_{auf} \cdot \frac{10}{24} = 59{,}8 \cdot \frac{10}{24} = 24{,}9\ \text{kWh}$

Halbe Förderleistung, aufgenommene Leistung

$$P_{auf} = \frac{P_{ab}}{\eta} = \frac{8}{0{,}86} = 9{,}3\ \text{kW}$$

Energiekonsum $E_{H2} = P_{auf} \cdot \frac{14}{24} = 9{,}3 \cdot \frac{14}{24} = 5{,}4\ \text{kWh}$

Über die Betriebsdauer eines vollen Tages tritt folgender Energiekonsum E_2 auf: $E_2 = E_{V2} + E_{H2} = 24{,}9 + 5{,}4 = 30{,}3$ kWh. Im Zeitraum von 5 Jahren (1300 Tagen) beläuft sich der totale Energiekonsum E_{T2} auf: $E_{T2} = E_2 \cdot B_z = 30{,}3 \cdot 1300 = 39\,390$ kWh. Gegenüber dem einstufigen Motor ergibt sich eine Einsparung im Energiekonsum EK: $EK = E_{T1} - E_{T2} = 71\,630 - 39\,390 = 32\,240$ kWh. Bei Energiekosten K von 0,12 Fr./kWh ergeben sich Energiekosteneinsparungen von $S = EK \cdot K = 32\,240 \cdot 0{,}12 = 3868.–$ Fr. in 5 Jahren, also pro Jahr 774.– Fr. Aufgrund der höheren Investitionskosten (Mehrkosten DK) ergibt sich eine Amortisationszeit AZ = DK/S = 1500/774 = 1,94 Jahre.

Kompressorantrieb im Schaltbetrieb

Bei Druckluftanlagen mit wechselndem Luftbedarf wird die Betriebszeit des Kompressors in Abhängigkeit des im Druckluft-Speicher herrschenden Druckes gesteuert. Die Antriebsmotoren führen also einen Betrieb durch, bei dem sich Phasen mit voller Belastung und lastarme Betriebszustände abwechseln. Zur Anpassung des Motors an diese Betriebsart gibt es grundsätzlich zwei Möglichkeiten. Die eine besteht in einem Durchlaufbetrieb des Motors mit aussetzender Belastung, die Alternative dazu ist der intermittierende Betrieb mit Betriebs- und Stillstandszeiten. Welche der beiden Lösungen von der energetischen Seite günstiger ist, zeigt die Ermittlung der Energiebilanz.

Betriebsdaten:
- Kolbenkompressor, Anlauf entlastet, mittleres Gegenmoment ca. 40 %
- Leistungsbedarf: Vollast 75 kW, im Leerlauf (Reibungs- und Drosselverluste): 10 kW
- Trägheitsmoment 2,8 kgm^2
- Drehzahl 740 U/min
- Relative Einschaltdauer 40 %
- 200 Schaltungen pro Stunde
- Motor direkt gekuppelt
- Nennleistung 75 kW bei 740 U/min
- Wirkungsgrad bei Nennlast 94 %, bei Teillast 80 %
- Anlaufzeit bei entlastetem Hochlauf 0,35 s
- Mittlere Verlustarbeit pro Hochlauf 66 kWs

Durchlaufbetrieb mit aussetzbarer Belastung

Mit der relativen Einschaltdauer (ED) 40 % und 200 Schaltungen pro Stunde dauert ein Arbeitsspiel: 3600/200 = 18 s. 40 % dieser Zeit arbeitet der Motor mit Vollast, 60 % dieser Zeit entlastet. Die Vollastzeit beträgt also 7,2 s und die lastarme Betriebszeit 10,8 s. Der Energiekonsum (EKV) im Vollastbetrieb errechnet sich mit der Leitungsabgabe P_{ab}, dem Wirkungsgrad η_v und der Vollastzeit tv zu

$$\text{EKV} = \frac{P_{ab}}{\eta_v} \cdot tv = \frac{75}{0{,}94} \cdot 7{,}2 = 574{,}4 \text{ kWs}$$

In der entlasteten Phase wird der Energiekonsum (EKR) analog bestimmt:

$$\text{EKR} = \frac{P_{auf}}{\eta_H} \cdot t_R = \frac{10}{0{,}8} \cdot 10{,}8 = 135 \text{ kWs}$$

Während eines Arbeitsspieles resultiert ein totaler Energiekonsum von EKT= EKV + EKR = 574,4 + 135 = 709,4 kWs. Bezogen auf eine Stunde erfolgen 200 solcher Arbeitsspiele, der Energieverbrauch EK pro Stunde ergibt EK = EKT · 200 = 709,4 · 200 = 141 880 kWs oder 39,4 kWh.

Intermittierender Betrieb

Energiebilanz bei Verwendung des identischen Motors, jedoch Änderung der Betriebsart auf intermittierenden Betrieb (Betriebsart S3). Bei Vollastbetrieb treten, verglichen mit dem Durchlaufbetrieb mit aussetzender Belastung, keine Unterschiede auf. Der Energiekonsum EKV beträgt unverändert 574,4 kWs. Dieser elektrischen Arbeit muss jedoch noch der Anteil der Verlustarbeit für einen Hochlauf dazugerechnet werden. Aufgrund einer separaten Berechnung beträgt diese Verlustarbeit pro Anlauf 66 kWs. Für ein Arbeitsspiel errechnet sich aus der Addition beider Werte der totale Energiekonsum EKT = 574,4 + 66 = 640,4 kWs. Bezogen auf eine Betriebsstunde mit 200 Arbeitsspielen ergibt sich ein Energieverbrauch EK = EKT · 200 = 640,4 · 200 = 128 080 kWs oder 35,6 kWh.

Vergleich der Varianten

Beim Vergleich beider Varianten stellt man fest, dass zu Gunsten des intermittierenden Betriebes eine Energieeinsparung von 3,8 kWh pro Betriebsstunde resultiert, welche bei Energiekosten von 0,12 Fr./kWh mit 0,45 Fr. zu Buche schlägt. Beim Vergleichszeitraum von 5 Jahren oder dem angenommenen 24-h-Betrieb während 1300 Tagen ergeben sich beim Stromverbrauch Kosteneinsparungen von 14 040.– Fr. Im vorliegenden Fall, bei welchem aufgrund der vorgegebenen Daten des Kompressors im Anlauf keine hohe Verlustarbeit geleistet werden muss, ist der Motor für intermittierenden Betrieb die energetisch günstigere Lösung und erfordert darüber hinaus keinen höheren Investitionsaufwand. Nicht unerwähnt bleiben soll jedoch, dass das Netz periodisch mit den vollen Anlaufströmen belastet wird und die Schalteinrichtungen (wie Schützen) gegenüber einem Dauerbetrieb mit aussetzender Belastung höherem Verschleiss unterworfen werden.

KRITERIEN FÜR ENERGIEEFFIZIENTE ELEKTROMOTOREN

• Genaue Kenntnisse der auftretenden Belastungen
• Reduktion der auftretenden Übertragungsverluste zwischen Motor und Arbeitsmaschine. Hierarchiestufen: direkte Kupplung, Flachriemen, Keilriemen, Getriebe
• Keine leistungsmässige Überdimensionierungen des Motors
• Wahl des geeigneten Antriebs-Konzeptes unter Beachtung der Wirtschaftlichkeit am Beispiel folgender Lösungsansätze: Variante 1: Strömungsmaschinen nicht durch Drossel, sondern durch Veränderung der Motordrehzahl (in Stufen oder variabel) anpassen. Variante 2: Schaltbetrieb Vergleich der Energiebilanz zwischen Dauerbetrieb mit aussetzender Motorbelastung und Motor im intermittierenden Betrieb. Variante 3: Langzeit-Dauerbetrieb-Einsatz von korrekt dimensionierten Elektromotoren mit möglichst hohem Wirkungsgrad. Naturgemäss sind Einsparungen bei Langzeitbetrieb mit Dauerlast, bei einem hohen Wirkungsgrad des gesamten Prozesses und bei grossen Energiekosten besonders lohnenswert.

Wirtschaftlichkeit

Die mit einem energiesparenden Motor gegenüber einem Normalmotor einzusparende Energie ist aus dem Vergleich der beiden Motor-Wirkungsgrade nach folgender Beziehung gegeben: $E_S = P_{ab}\,(1/\eta_N - 1/\eta_E)$

Die Energieeinsparung E_S in kW kann auch in Energiekosteneinsparungen angegeben werden, wenn die Betriebsdauer pro Jahr und der Energiepreis bekannt sind. Folgende Beziehung stellt den Zusammenhang dieser Grössen her: $S = E_S \cdot H \cdot K$

Mit den bekannten Mehrkosten eines Motors in energiesparender Ausführung gegenüber einem Normalmotor kann die Zeitdauer, nach welcher sich die höheren Anfangsinvestitionen eines derartigen Antriebs amortisiert haben, berechnet werden. $AZ = DK/S$.

E_S = Energieeinsparung in kW
P_{ab} = Abgegebene Motorwellenleistung in kW
η_N = Wirkungsgrad des Normalmotors als Dezimalwert
η_E = Wirkungsgrad des energiesparenden Motors als Dezimalwert
S = Energiekosteneinsparung, z. B. in Franken
H = Betriebszeit in Stunden pro Jahr
K = Energiepreis pro kWh
AZ = Amortisationszeit, z. B. in Jahren (vereinfachtes Rechenverfahren)
DK = Investitions-Kostendifferenz zwischen energiesparendem Motor und Normalmotor

Literatur

[1] Berg, F.: Elektromotoren mit hoher Wirkungsgrad-Auslegung, Applikation und wirtschaftliche Aspekte. Sonderdruck aus Bulletin SEV/VSE Nr. 4, Zürich 1987.
[2] Reichle, W.: Anlaufeigenschaften und Betriebsverhalten der Asynchronmotoren. Sonderdruck aus dem «Elektromonteur» Nr. 1 bis 7, Jahrgang 1965.
[3] Der Drehstrommotor. Sonderdruck von ABB Motors der ASEA Brown Boveri AG, Baden 1989.
[4] Rentzsch, H.: Handbuch für Elektromotoren, 3. erweiterte Auflage. Verlag W. Girardet, Essen 1980.

5.2 Elektrische Antriebe

KONRAD REICHERT, RAIMUND E. NEUBAUER

→
3.5 Grosse Motoren, Seite 117
5.1 Elektromotoren, Seite 151
5.3 Umwälzpumpen, Seite 172
5.4 Luftförderung, Seite 182

In den industrialisierten Ländern werden mit Elektromotoren über 40 % der erzeugten elektrischen Energie in mechanische Arbeit umgewandelt. Diesen Prozess zu optimieren ist daher sinnvoll. Bei der Minimierung der Energieverluste ist ein Antriebssystem sowohl bezüglich seiner Elemente wie Elektromotoren, Arbeitsmaschine und Speisung, als auch als System zu betrachten. Durch geeignete Auswahl und Konstruktion der Elemente einerseits sowie durch gezielte Auslegung und einen optimalen Betrieb andererseits kann der Energieverbrauch günstig beeinflusst werden.

Antriebsauslegung

Ein elektrisches Antriebssystem besteht grundsätzlich aus dem Elektromotor und der Arbeitsmaschine und kann, abhängig von der Aufgabenstellung, durch ein Getriebe und einen Umrichter ergänzt werden. Entsprechend den Anforderungen des Arbeitsprozesses, wie Steuer- oder Regelbarkeit und Genauigkeit der Regelgrössen, ist ein System zur Informationsverarbeitung vorzusehen.

Arten von Antrieben

- Ungesteuerte Antriebe für einfache Betriebsverhältnisse, nahezu konstante Belastung, mit Anlasser bei grösseren Leistungen, Motorschutz und einfacher EIN-AUS-Steuerung
- Gesteuerte Antriebe für den Betrieb mit variabler Drehzahl mit Hilfe eines Stellgliedes (Umrichter zur Variation der Motorfrequenz oder drehzahlvariables Getriebe) und einer entsprechenden Steuerung
- Geregelte Antriebe mit Stellglied (Umrichter zur Speisung des Elektromotors), Zustandserfassung und Regelung für genaue Drehmoment-, Drehzahl- oder Lageregelungen
- Rechnergeführte Antriebe mit übergeordneten Schutz-, Koordinations- und Optimierungsfunktionen zur Führung von Einzel- oder Gruppenantrieben

Diese Antriebe können als Einzel- oder Gruppenantriebe ausgeführt werden. Bei einem Gruppenantrieb wird die Leistung eines Elektromotors über verschiedene Getriebe auf mehrere Arbeitsmaschinen übertragen. Dadurch kann z. B. ein Winkelgleichlauf erzwungen werden.

GSM: Gleichstrom-Motor
ASM: Asynchron-Motor
SM: Synchron-Motor

Die Antriebsauslegung erfolgt in zwei Schritten.

- Erfüllung der Grundanforderung wie Anlauf, Bereitstellung des Drehmomentes bei gegebenen Drehzahlen, Steuer- oder Regelbarkeit, Sicherstellung der Lebensdauer und der Zuverlässigkeit sowie Beachtung der Überlastfähigkeit
- Erfüllung übergeordneter Anforderungen wie Genauigkeit der Betriebsgrössen, minimaler Energieverbrauch, maximaler Wirkungsgrad, optimale Ausnutzung, Koordination mit anderen Antrieben

Lösungsweg

- Analyse des Arbeitsprozesses durch Ermittlung des Bewegungsverlaufs: Zeitliche Abhängigkeit des Weges s(t), der Geschwindigkeit v(t) und der Beschleunigung a(t), der statischen und dynamischen Lastkennlinien: Kraft F bzw. Drehmoment M in Abhängigkeit von der Geschwindigkeit v bzw. von der Drehzahl n und von der Zeit t, der Lastparameter: Trägheitsmoment J der sich bewegenden oder rotierenden Massen, der Grenzwerte und Genauigkeitsanforderungen sowie der Umweltverhältnisse
- Festlegung der Anforderungen an den Antrieb aufgrund der Ergebnisse der Analyse, Erstellen eines Pflichtenheftes
- Strukturierung des Antriebes durch Auswahl der Elemente und ihrer Verkettungen, Festlegung der Mess-, Schutz-, Steuerungs- und Regelungsstrukturen
- Anpassung der Parameter der Elemente, beim Elektromotor der Nennleistung und der Nenndrehzahl an die Aufgabenstellungen. Dimensionierung der Elemente, Auslegung der Betriebsmittel, Bestimmung der Regelungsparameter usw.

Antriebe und ihre Einsatzgebiete

Bei der Analyse des Arbeitsprozesses sind Antriebe mit annähernd konstanten Lastverhältnissen und Antriebe mit stark dynamischen Belastungen, häufigem Beschleunigen, Bremsen und Drehrichtungswechseln zu unterscheiden. Bei konstanter Last ist das Widerstandsmoment $M_W(n)$ der Arbeitsmaschine und seine Abhängigkeit von der Drehzahl n sowie der stationäre Arbeitspunkt (Nennpunkt) bestimmend für die Auslegung bzw. die Grösse des Elektromotors, d. h. für seine Nennleistung P_N, sein Nennmoment M_N und für seine Nenndrehzahl n_N. Bei einer eventuellen Anpassung des Motors an die Arbeitsmaschine über ein Getriebe sollte berücksichtigt werden, dass die Grösse des Motors im wesentlichen von der Grösse des geforderten Drehmomentes M bestimmt wird. Die Ermittlung des Widerstandsmomentes $M_W(n)$ ist nicht einfach. Sie sollte mit einer möglichst grossen Genauigkeit erfolgen, um Fehlauslegungen, insbesondere Überdimensionierungen zu vermeiden. Für die Ermittlung des Bewegungsverlaufes und des erforderlichen Stillstandsdrehmomentes ist die Kenntnis der Abhängigkeit $M_W(n)$ erforderlich. Typische Abhängigkeiten sind:

Schwerkraft: M_W = konstant; Reibung: $M_W \sim n$; Ventilation: $M_W \sim n^2$.

Im instationären, dynamischen Betrieb wirkt das Beschleunigungsmoment $M_B = M_M - M_W$, entsprechend dem verfügbaren Motormoment M_M und dem Widerstandsmoment M_W, auf die rotierenden Massen des Motors und der Arbeitsmaschine, gekennzeichnet durch das Trägheitsmoment J. Für den

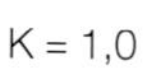
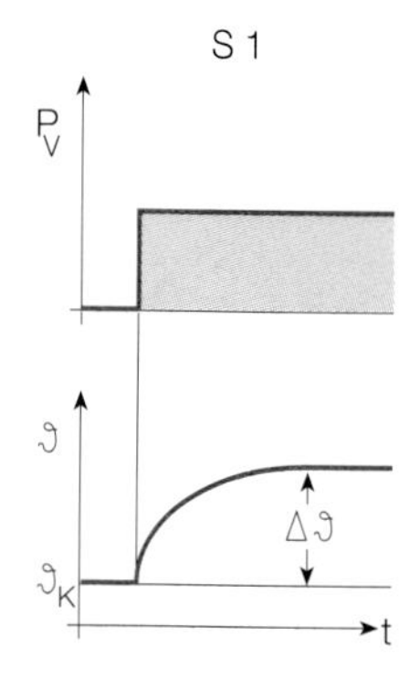
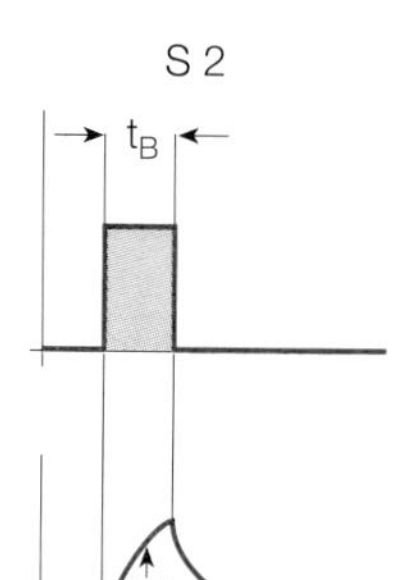
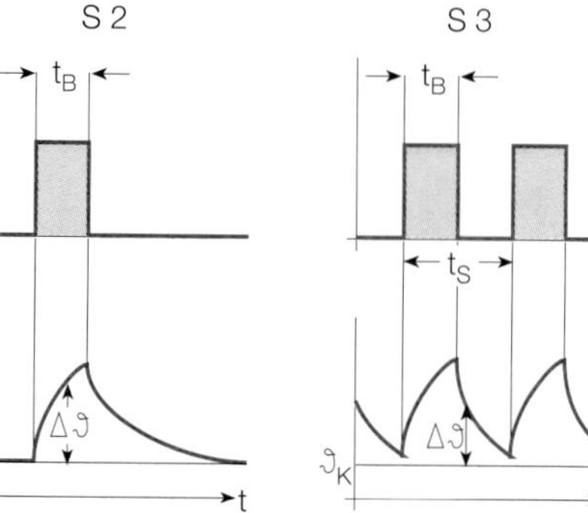
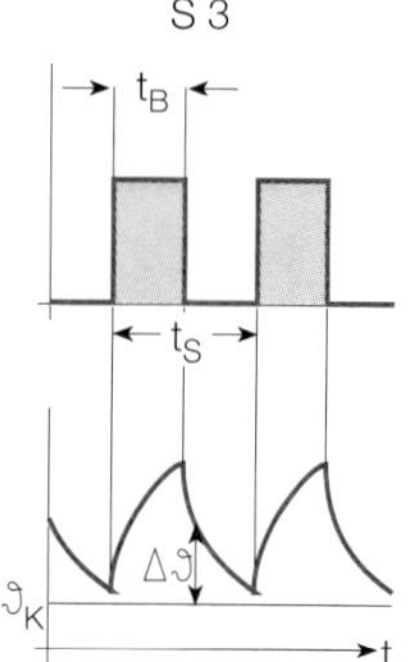
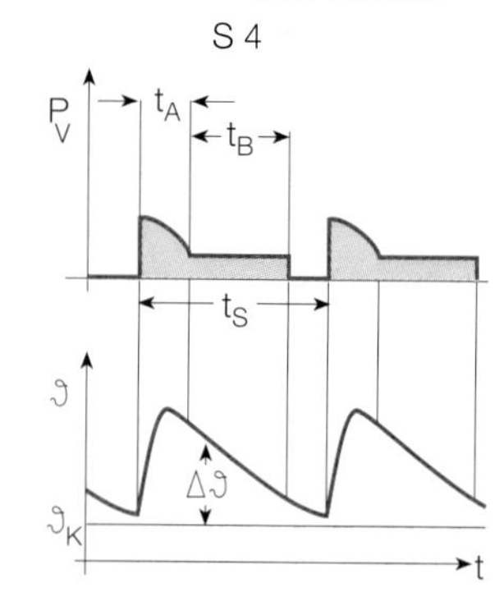

Abb. 1: Motorerwärmung für verschiedene Betriebsarten. ED = t_B/t_S (relative Einschaltdauer); K = P_M/P_{MN} (Leistungssteigerungsfaktor).

Beschleunigungsvorgang gilt die Beziehung:

$$2\,\pi\,J\,\frac{dn}{dt} = M_M - M_W$$

Zur Beschleunigung wird mindestens die Arbeit $A = 2\pi^2 Jn^2$ vom Elektromotor aufzubringen sein. Abhängig von der Betriebsweise, der Speisung und der Art des Elektromotors können zusätzliche Verluste auftreten, welche dann allein die Grösse des Motors bestimmen. Besonders ungünstig verhält sich in dieser Beziehung die Asynchron-Maschine, wenn sie mit konstanter Speisefrequenz betrieben wird. Bei einem Beschleunigungsvorgang nimmt sie dann die Arbeit 2A aus dem Netz auf. Eine Hälfte A wird im Rotor der Asynchron-Maschine in Wärme umgesetzt, während die andere Hälfte A in den drehenden Massen gespeichert bleibt.

Bei der Wahl der Motorart für eine bestimmte Arbeitsmaschine muss von den lastseitigen Anforderungen ausgegangen werden, wie sie in Tabelle 1 hinsichtlich Variabilität der Drehzahl aufgeführt sind.

Lastseitige Anforderungen beachten

Für den Antrieb einer Last mit einer Leistung von 5 kW bei 3000 U/min wird ein Asynchron-Motor mit einer Nennleistung von 5,5 kW benötigt, wenn das Trägheitsmoment der Last weniger als 0,5 kg/ms^2 beträgt. Die Nennleistung ist auf 11 kW zu erhöhen, wenn das Trägheitsmoment 2 kg/ms^2 beträgt. Dieser Motor wird dann im Dauerbetrieb nur mit halber Leistung und einem entsprechend schlechten Wirkungsgrad betrieben.

Anforderungen	Motorart	Drehzahl-Drehmoment	Betriebsverhalten	Kosten-Index	Einsatzgebiet
Keine Drehzahlstellung	Asynchron-M. Käfigläufer	geringer linearer Abfall	natürlich I_s, M(n)	1	Einfache Werkzeugmaschinen, Lüfter, Pumpen, Krane
Grobstufige Drehzahlstellung (Schnell-, Schleich-)	Polumschaltbarer Asynchron-M. Käfigläufer	geringer linearer Abfall	natürlich I_s, M(n)	2,5	Aufzüge, Werkzeugmaschinen, Textilmaschinen, Gebläse
Kleiner Drehzahlstellbereich Schwer-, Sanftanlauf	Asynchron-M. Schleifringläufer Drehstromsteller	Abfall einstellbar	einstellbar: I_A, M_A	1,5 bis 2	Krane, Lüfter, Zentrifugen
Konstante, einstellbare Drehzahl	Asynchron-M. Synchron-M. U-Umrichter (U/f-Regelung)	Moment unabhängig von Drehzahl, winkelabhängig	natürlich schwingungsfähig (SM)	2...	Mehrmaschinenantriebe, Werkzeuge
Grosser Drehzahlstellbereich, Regelung: n,M	Gleichstrom-M. Asynchron-M. Synchron-M. Umrichter, gepulst	einstellbar	einstellbar regelbar	2... 4	Werkzeugmaschinen, Fördermaschinen, Aufzüge
Regelung: Lage, Drehzahl, Moment...	Gleichstrom-M. Synchron-M. Schrittmotor Umrichter, gepulst, Vektorregelung	einstellbar	einstellbar regelbar	2... 3...	Positionierantrieb, Werkzeugmaschinen, Roboter

Tabelle 1: Lastseitige Anforderungen und Motorarten.

Tabelle 2: Motortypen, deren Einsatzgebiete und Anwendungsgrenzen.

Motorart	Einsatzgebiete	Anwendungsgrenzen
Asynchron-Motor Käfigläufer	Einfache Antriebe, Stellgetriebe	Natürliches Verhalten: I_A, M_A, cos φ, M_K, direktes Schalten
Asynchron-Motor Schleifringläufer	Einfache Antriebe, Stellbereich begrenzt	Schleifringe, Verschleiss
Asynchron-Motor + Drehstromsteller	Einfache regelbare Antriebe, Stellbereich begrenzt	Schlechter Wirkungsgrad, Leistung begrenzt, Stabilität
Asynchron-Motor + U-Umrichter	Regelbare Antriebe mit beschränkter Dynamik (U/f)	Pendeldrehmomente, Verluste, Geräusche, Umrichterleistung
Asynchron-Motor + PWM-Umrichter	Regelbare Antriebe mit beschränkter Dynamik (U/f), Verstellantriebe, Vektorregelung	Stillstandsbetrieb, Drehzahl, Pulsfrequenz, Umrichterleistung
Gleichstrom-Motor + Gleichrichter (GR)	Regelbare Antriebe, grosser Stellbereich, gute Dynamik	Stromwendung, Drehzahl, Stillstand
Synchron-Motor, Reluktanzmotor	Antriebe mit konstanter Drehzahl, Q-Kompensation	Stossbelastung, Stabilität, Anlauf, Eigenschwingungen
Schrittmotor + Umrichter	Verstellantriebe kleiner Leistung, ohne Regelung	Stabilität, Schrittverlust, Eigenschwingungen
Synchron-Motor + I-Umrichter	Regelbare Antriebe grosser Leistung (Elektronik-Motor)	Pendeldrehmomente, Anzugsmoment, Stellbereich
Synchron-Motor + PWM-Umrichter	Verstellantriebe kleiner Leistung (Dauermagnet)	Leistung begrenzt, Feldschwächbetrieb begrenzt

Bei der Auswahl von Antriebsmotoren wird nach dem Verfahren der Kennlinienanpassung vorgegangen. Danach wird einer vorgegebenen Lastkennlinie $M_L(n,t)$, die sowohl von der Drehzahl n als auch von der Zeit t abhängen kann, eine Motorkennlinie $M_M(n)$ so zugeordnet, dass

- das Anzugsmoment M_A beim Einschalten des Motors grösser ist als das Lastmoment $M_L(0)$ der Arbeitsmaschine,
- das Beschleunigungsmoment M_B und damit die Anlaufzeit T_A bestimmte Vorgabewerte erreicht,

• der stationäre Arbeitspunkt im Nennbereich (M_N, n_N) liegt und dabei stabil ist ($\partial M_M / \partial n < \partial M_L / \partial n$),
• das maximale Lastmoment $\hat{M}L$ das Kippmoment MK nicht übersteigt.

Hinsichtlich der Motorauslegung muss dann die Nennleistung P_N so gewählt werden, dass
• die Nennbetriebsbedingungen eingehalten werden und die Anlauf- und Überlastfähigkeit nicht überschritten wird,
• das vorhandene Energie- und Wärmespeichervermögen ausgenutzt wird (Erwärmungszeitkonstante),
• die Erwärmung des Motors durch Verluste während des Anlaufs und des Betriebes im zulässigen Bereich (Isolationsklasse) bleibt.

Die Erwärmung eines Antriebsmotors hängt hauptsächlich von seiner Belastung, von seiner Umgebungstemperatur am Aufstellungsort und von der Art der Kühlung ab. Diesbezüglich ist den Empfehlungen des Herstellers zu folgen, der meist auch verlässliche Werte der Erwärmungszeitkonstanten T_ϑ für eine spezifische Baureihe zur Verfügung stellt. Lässt sich hingegen eine Betriebsart in keine der obengenannten Kategorien einordnen, so kann eine günstige Grobauslegung nach der Massgabe gleicher Verluste für den Zeitraum 0,1 T_ϑ erfolgen. Für die Analyse elektrischer und thermischer Vorgänge werden, ausgehend vom Lastmoment M_L, mit Hilfe des elektrischen Modelles, der Schlupf s, die Ströme I_s und I_r, die Verluste V_{Cus}, V_{Cur}, V_{Fe} und, mit Hilfe des thermischen Modelles, die Temperaturverhältnisse ϑ in der Maschine bestimmt.

Stationärer Betrieb	Dynamischer Betrieb
Minimierung der Verluste	Minimierung des Energieverbrauchs/ Zyklus
• Arbeitsmaschine: – Konstruktion (Reibung) – Arbeitsprozess – Mengenregelung	• Verminderung der Schwungmassen • Mehrquadrantenbetrieb • Nutzbremsung
• Getriebe: – Auswahl – Direktantrieb	• Minimierung der Schlupfverluste (Kupplungen, Motor) – Anpassung der Motorspeisung – Auswahl Motor
• Motor: – Auswahl – Auslastung – Speisung	• Anpassung der Arbeitsmaschine und Getriebe an den Motor
• Umrichter: – Auswahl	
Steuerung und Regelung • Verlustminimierung • Optimale Speisung	Regelung • Optimierung des Ablaufs

Tabelle 3: Möglichkeiten der Verlustminimierung bei elektrischen Antrieben.

Abb. 2: Wirkungsgrade elektrischer Maschinen.

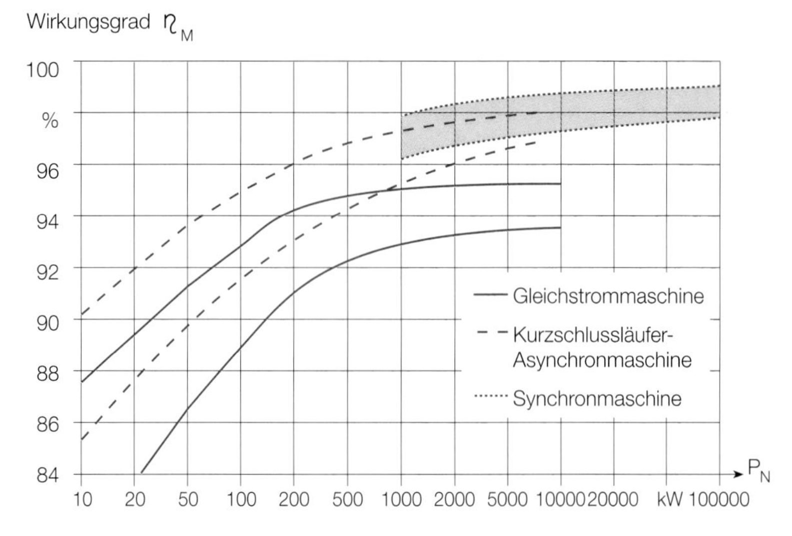

Energiesparen

Verlustminimierung auf der Lastseite heisst, konstruktive Änderungen an der Arbeitsmaschine vornehmen mit dem Ziel, die Lager- und Luftreibung zu vermindern oder, falls angebracht, sogar getriebelose Direktantriebe einzusetzen. Es sollte jedoch auch an eine Verbesserung oder Optimierung des Arbeitsprozesses selbst gedacht werden. Beim Vergleich der verschiedenen Möglichkeiten ist im Falle der Drehzahlregelung zusätzlich mit weniger Verschleiss und damit geringerer Anlagenbelastung zu rechnen. Energie-Einsparungen beim Motor können durch die Wahl einer geeigneten Maschine und durch eine optimale Auslegung erzielt werden.

- Synchronmaschinen haben die besten Wirkungsgrade.
- Grosse Maschinen haben einen besseren Wirkungsgrad als kleinere Maschinen (Kleinmaschinen $\eta = 0{,}1$ bis $0{,}2$; Turbogeneratoren $\eta \sim 0{,}99$).

Im Teillast-Betrieb ist der Wirkungsgrad immer kleiner, womit sich eine Überdimensionierung stets negativ auswirkt. Die genaue Analyse des Arbeitsprozesses hat somit eine grosse Bedeutung für die energieoptimale Auslegung eines Antriebes. Der Wirkungsgrad verbessert sich mit zunehmender Leistung. Maschinen-Kenngrössen wie Leistung, Verluste und Anlaufzeit, aber auch Erwärmung, Gewicht und Abmessungen stehen danach in einem bestimmten Verhältnis zueinander. Ein einfacher Zahlenvergleich lässt die Schlussfolgerungen zu, dass eine relative

- Lastverkleinerung einen geringeren Wirkungsgrad, eine kürzere Anlaufzeit und hohe relative Kosten bewirkt,
- Lastvergrösserung einen höheren Wirkungsgrad, eine lange Anlaufzeit und einen grösseren Kühlaufwand, jedoch geringe relative Kosten bewirkt.

Demnach verspricht der Einsatz von Gruppen- statt Einzelantrieben bei der Projektierung von Grossanlagen entscheidende Energieeinsparungen. Erfordert die Arbeitsmaschine eine von der Nenndrehzahl abweichende Drehzahl, so kann eine Drehzahlanpassung über ein Getriebe erfolgen (Folge: Transmissionsverluste, Lager, Unterhalt, Reservehaltung).

Eine optimale Anpassung des Motors an die Arbeitsmaschine ergibt ein minimales Moment bzw. Anlaufzeit, d. h. minimale thermische Belastung des Motors. Dabei hat die Übersetzung keinen Einfluss auf die in der Antriebsmaschine gespeicherte Energie und damit auch auf die Rotorverluste der Asynchronmaschine im Hochlauf. Benötigt eine Arbeitsmaschine hingegen einen drehzahlvariablen Antrieb, so ist eine Netzanpassung vorzunehmen. Dies kann mit Hilfe einer Bremse, einer Schlupfkupplung, eines drehzahlvariablen Motors oder eines umrichtergespeisten Antriebes erfolgen.

Lastenaufzug

Ein Lastenaufzug ist für den Beschleunigungs- und Bremsbetrieb bei vorgegebener Beschleunigungs- und Geschwindigkeitsbegrenzung an das Betriebsnetz anzupassen. Lösungsmöglichkeiten:

- Polumschaltbarer Motor mit mechanischer Bremse und Zusatz-Schwungmasse
- ASM mit Drehstromsteller und elektrischer Bremse
- Umrichtergespeiste ASM

Energetisch gesehen ist dabei die Umrichter-Lösung die beste, da wegen der variablen Speisefrequenz keine zusätzlichen Verluste auftreten und im Bremsbetrieb die Energie zurückgespeist werden kann. Bei den Lösungen mit Drehstromstellern oder Polumschaltung sind die Verluste mindestens doppelt so gross.

Literatur

[1] Leonhard, A.: Elektrische Antriebe. F. Enke Verlag, Stuttgart 1989.
[2] Meyer, M.: Elektrische Antriebstechnik – Band 1. Springer Verlag, Berlin/Heidelberg 1985.
[3] Meyer, M.: Elektrische Antriebstechnik – Band 2. Springer Verlag, Berlin/Heidelberg 1985.
[4] Laschet, A.: Simulation von Antriebssystemen, Fachberichte Simulation – Band 9. Springer Verlag, Berlin/Heidelberg 1988.
[5] Nipkow, J.: Elektrizität sparen bei Motoren. Schweizer Ingenieur und Architekt Nr.18, Zürich 1989.
[6] Berg, F.: Elektromotoren mit hohem Wirkungsgrad. Schweizer Ingenieur und Architekt Nr. 38, Zürich 1990.
[7] Stüben, H.: Elektrische Antriebstechnik; Formeln, Schaltungen, Diagramme. Verlag W. Girardet, Düsseldorf 1986.

5.3 Umwälzpumpen

ERICH FÜGLISTER, RENÉ SIGG

→ *1.7 Gebäudeplanung, Seite 42*

Rund 3,5 % (1600 GWh/a) des gesamten Elektrizitätsverbrauches der Schweiz werden von Umwälzpumpen in der Haustechnik verbraucht. Das Sparpotential aufgrund richtiger Dimensionierung und Auswahl der Umwälzpumpen wird auf rund 40 % veranschlagt, was dem jährlichen Elektrizitätsbedarf von 160 000 Haushaltungen entspricht. Die Möglichkeiten zur Stromeinsparung sind vielfältig: Reduktion der Strömungswiderstände im Rohrnetz, Wahl der geeigneten Pumpe sowie angepasste Steuer- und Regelsysteme.

Im Zentrum der Auslegung und der Betriebsoptimierung von Umwälzpumpen steht der Planer, der sowohl für die Koordination aller Fachspezialisten verantwortlich ist als auch die Aufgabe hat, optimale Komponenten in ein Projekt zu integrieren. Im Sinne einer Qualitäts- und Erfolgskontrolle ist er bei grösseren Anlagen zudem auch für die Erstellung eines Messkonzeptes zuständig, damit die Anlagen- und Betriebsdaten mit den Projektdaten (Druck, Temperatur usw.) verglichen und der prognostizierte Elektrizitätsverbrauch später anhand von Kennwerten überprüft werden können.

Rohrnetz

Die Wahl der hydraulischen Schaltung und die Rohrnetzberechnung stehen am Anfang der Planung einer Heizungsanlage. Grundsätzlich sind hydraulische Schaltungen auszuwählen, die mit möglichst wenig Pumpen auskommen. Im Gegensatz zu älteren sind in neueren Anlagen vielfach variable Förderströme (Thermostatventile, Durchgangsventile usw.) im Rohrnetz vorhanden. Neuere Wärmeerzeugungssysteme (Wärmepumpen, Wärmerückgewinnungssysteme, kondensierende Heizkessel usw.) verlangen möglichst tiefe Rücklauftemperaturen. Gerade diese Bedingungen verursachen vielfach Probleme im Betrieb der Anlagen und müssen bei der Planung von Anfang an in Betracht gezogen werden.

Berechnung

Die Ziele einer detaillierten Rohrnetzberechnung sind: Bestimmen der Nennweiten, des Förderstromes, des Förderdruckes (Förder-Druckdifferenz Δp) und der Ventil- und Verbraucherautoritäten. Die Rohrnetzberechnung ist eine

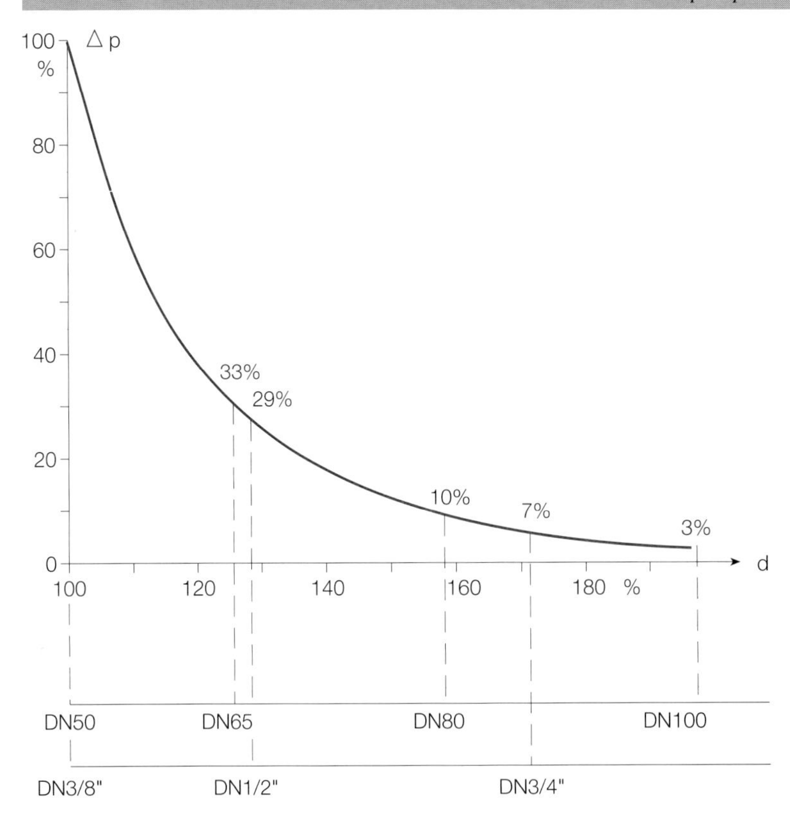

Abb. 1: Druckverlust Δp in Funktion des Rohrinnendurchmessers d.

Modellrechnung, deren Resultate nur eine Annäherung an die realen Betriebszustände einer Anlage aufzeigen können. In der klassischen Rohrnetzberechnung wird angenommen, dass turbulente Strömungsbedingungen vorherrschen. In Haustechnikanlagen sind hingegen oft laminare, aber auch wechselnde Zustände von turbulenten und laminaren Strömungen vorhanden. Dies führt zu Ungenauigkeiten in der Berechnung und zu wechselnden Zuständen im Betrieb. Diesen wechselnden Zuständen kann durch eine möglichst grosszügige Leitungsdimensionierung begegnet werden.

Statische Widerstände: Strömungswiderstände, hervorgerufen durch die Rohre, Bogen, Abzweiger usw., welche überwunden werden müssen, sind eigentliche Störwiderstände und sind so klein als möglich zu halten. Abgleichorgane sind unerlässlich, um das ganze hydraulische System zu stabilisieren und um Ungenauigkeiten ausgleichen zu können. Mit Hilfe der Abgleichorgane kann garantiert werden, dass allen Verbrauchern lediglich der notwendige Förderstrom zugeführt wird. Nur durch die Abgleichorgane lassen sich die Förderströme minimieren. Der Rohrinnendurchmesser hat einen sehr grossen Einfluss auf den Druckabfall entlang eines Rohrstückes (Abb. 1).

Regelventile: Die Regelventile beeinflussen den Förderstrom durch Veränderung ihres offenen Querschnittes. Die Ventilautorität beschreibt, wie gut das Ventil seine Aufgabe erfüllen kann. Eine hohe Ventilautorität (> 0,5) bedeutet, dass das Ventil und nicht das Netz bestimmt, wie viel Fördermedium zirkuliert. Oder anders ausgedrückt: Bei einer Verminderung des Förderstromes wird erstens über den statischen Widerständen weniger Druck abgebaut, und zweitens erzeugt in der Regel die Umwälzpumpe einen höheren Differenzdruck. Diese beiden Veränderungen müssen durch das Regelventil ausgeglichen werden. Je kleiner die Veränderungen sind, desto besser kann das Ventil regeln.

Hydraulischer Abgleich

Da die Rohrnetzberechnung und die Komponenten nie ganz genau sind, muss ein einwandfreier hydraulischer Abgleich diese Ungenauigkeiten ausgleichen. Dies kann eigentlich nur messtechnisch korrekt erfolgen. Je näher beim Verbraucher gemessen werden kann, desto besser. Der hydraulische Abgleich ist das Instrument, um den Förderstrom zu minimieren und somit kleine Umwälzpumpen einsetzen zu können.

Umwälzpumpe

In der Haustechnik eingesetzte Umwälzpumpen sind ausschliesslich Kreiselpumpen, deren Anwendung sich vorwiegend auf die Förderung von Wasser und Wasser-Glykol-Gemischen in geschlossenen Kreisläufen beschränkt. Es haben sich zwei Pumpenbauarten durchgesetzt: Die Nassläuferpumpe für kleinere und mittelgrosse Anlagen (elektrische Pumpenleistung unter 500 W) und die Trockenläuferpumpe, die vor allem den oberen Leistungsbereich abdeckt und somit in mittleren bis grossen Anlagen zur Anwendung kommt. Die Nassläuferpumpe ist eine stopfbuchsenlose Umwälzpumpe mit einem sogenannten Spaltrohrmotor, dessen Kühlung und Schmierung durch das Fördermedium erfolgen. Bei den Trockenläuferpumpen wird der Motor mit einer Gleitringdichtung gegenüber der Pumpe (Fördermedium) abgedichtet, und die Kühlung des Motors wird durch ein Lüfterrad sichergestellt. Die Inline-Pumpe ist direkt am Motor angeflanscht, die Sockelpumpe ist mittels Kupplung am Motor fixiert.

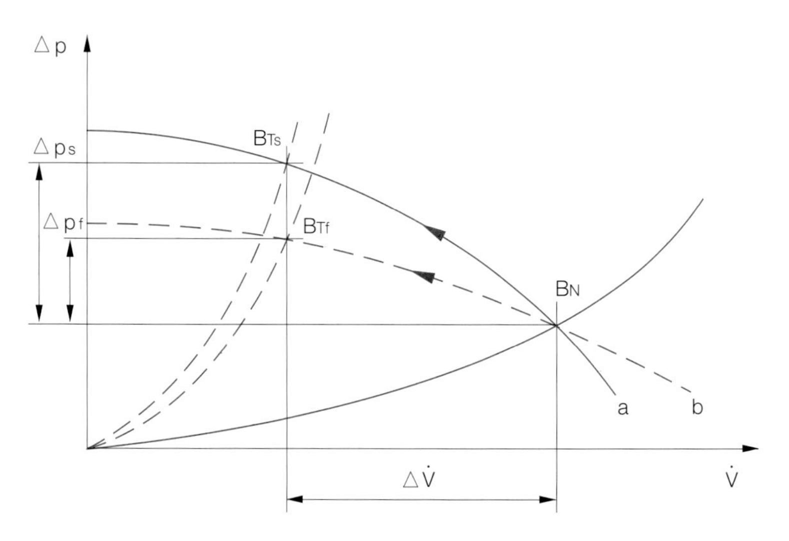

Abb. 2: Druckdifferenzänderungen bei Nennlast und Teillast für Pumpen mit steiler (a) und flacher (b) Kennlinie.

Pumpen- und Netzkennlinien

Das Leistungsverhalten der Umwälzpumpen wird in Diagrammen mit Pumpenkennlinien charakterisiert, welche die gegenseitige Abhängigkeit von Förderdruck Δp (Pa) und Förderstrom V' (m^3/h) darstellen. Die Kennlinien von Umwälzpumpen fallen immer nach rechts ab, d. h. der Förderdruck sinkt mit zunehmendem Förderstrom. Umwälzpumpen mit flacher Kennlinie sind niedertourige Pumpen mit Drehzahlen unter 1500 U/min, die sich vor allem für Anlagen mit variablem Förderstrom eignen. Hochtourige Pumpen mit Drehzahlen unter 1500 U/min sind Pumpen mit steiler Kennlinie und eignen sich für Anlagen mit konstantem Förderstrom. Die Pumpenkennlinien werden von den Herstellern unter optimalen Bedingungen auf dem Prüfstand ermittelt. Die effektiven Kennlinien im Betrieb können von den ausgemessen Kennlinien abweichen. Die Betriebspunkte bzw. die Rohrnetzkennlinie werden durch die Rohrnetzberechnung (Förderdruck und Förderstrom) bestimmt. Der Schnittpunkt der Rohrnetzkennlinie und der Pumpenkennlinie ist der Nennbetriebspunkt B_N (Abb. 2) der Anlage, welcher möglichst mit dem Punkt des besten Wirkungsgrades übereinstimmen sollte.

Leistung und Wirkungsgrad

Die Antriebsleistung der Umwälzpumpe ist in starkem Masse von der Drehzahl abhängig. Dabei gilt:
- Der Förderstrom V' ändert sich proportional zur Drehzahl n.
- Der Förderdruck Δp ändert sich proportional zum Quadrat der Drehzahl n.
- Der Leistungsbedarf P ändert sich proportional zur dritten Potenz der Drehzahl n.

Aus diesen Abhängigkeiten lässt sich folgern, dass bei einer Verdoppelung des Förderstromes die Antriebsleistung ungefähr achtmal grösser sein wird. Die hydraulische Pumpenleistung P_h ist durch die folgende Beziehung gegeben: $P_h = V' \cdot \Delta p / (3600 \cdot \eta)$ (W)

V': Förderstrom (m^3/h); Δp: Druckverlust (Pa); η: Wirkungsgrad Pumpe und Motor. Der Förderstrom basiert auf der Wärmeleistungsbedarfsberechnung nach SIA 384/2, der Auskühlverluste der Rohrleitungen und der Wahl der Temperaturdifferenzen.

Der Wirkungsgrad einer Umwälzpumpe hat einen entscheidenden Einfluss auf den Stromverbrauch einer Anlage und kann bei der Auswahl optimiert werden. Die auf dem Markt erhältlichen Pumpen weisen Wirkungsgrade von 3 % (Nassläuferpumpen im unteren Leistungsbereich) bis etwa 70 % (Trokkenläuferpumpen im oberen Leistungsbereich) auf. Die Wirkungsgrade der kleinen Nassläuferpumpen sind in den meisten Herstellerunterlagen nicht zu finden, so dass die Werte mit den vorhandenen Angaben berechnet werden müssen. Bedenklich erscheinen die tiefen Wirkungsgrade ($\eta \approx 3$ bis 10 %) von Nassläuferpumpen im unteren Leistungsbereich. Damit echte Verbesserungen im Bereich des Wirkungsgrades durch die Pumpenhersteller realisiert werden, bedarf es eines dauernden Drucks der Planer und Installateure.

Pumpenauswahl

- Förderhöhe und Förderstrom: Kommt der errechnete Betriebspunkt nicht auf eine Pumpenkennlinie zu liegen, gilt aus der Erfahrung die Regel, die nächst kleinere Pumpe zu wählen, da der effektive Rohrnetzwiderstand in der

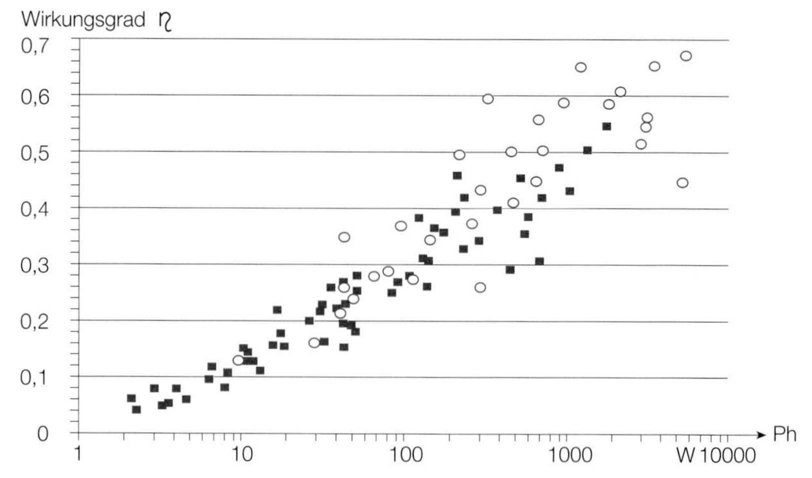

Abb. 3: Gesamtwirkungsgrade von Umwälzpumpen, in Abhängigkeit der hydraulischen Förderleistung. ■ Nassläufer, O Trockenläufer, im Punkt mit dem besten Wirkungsgrad.

Praxis meistens kleiner ist als errechnet. Für Kesselkreispumpen und in Fernheizungsanlagen ist jedoch der errechnete Förderstrom für die Pumpenauswahl massgebend. Die Wahl einer kleineren Pumpe ist daher nicht immer zulässig.

• Änderung der Netzkennlinie im Betrieb (variabler Förderstrom): Bei variablen Förderströmen ist die Verschiebung des Betriebspunktes (von B_N zu B_T; Abb. 2) zu beachten und die Umwälzpumpe so auszuwählen, dass der Punkt mit der längsten Betriebszeit im Bereich des höchsten Wirkungsgrades zu liegen kommt.

• Flache oder steile Pumpenkennlinie: Der Betrieb der Anlage bestimmt die Steilheit der Pumpenkennlinie. Der Preis der Umwälzpumpe darf kein Auswahlkriterium sein.

• Nass- oder Trockenläuferpumpe: Verschiedene Randbedingungen bestimmen die Wahl der Bauart der Umwälzpumpe. Aus energetischen Überlegungen sind Trockenläuferpumpen zu bevorzugen.

• Wirkungsgrad: Bei Umwälzpumpen mit Stufenschaltung oder stufenloser Drehzahlsteuerung muss beachtet werden, dass sich bei kleineren Drehzahlen der Wirkungsgrad verschlechtert.

• Anlaufverhalten der Pumpe: Bei entsprechender Dimensionierung sind sehr

FRAGEN ZU STEUER- UND REGELSYSTEMEN

• Muss wirklich geregelt oder kann bei richtiger, druckverlustarmer Dimensionierung darauf verzichtet werden?
• Warum soll geregelt werden?
• Was soll geregelt werden?
• Welches ist das relevante Kriterium für die Regelung oder Steuerung der Anlage?
• Wie und wo kann gemessen werden?
• Wie genau kann gemessen werden?
• In welchen Bereichen variiert die Steuer- oder Regelgrösse?

kleine Pumpenleistungen notwendig. Dies kann unter Umständen zu Anfahrproblemen führen.
• Der richtige Motorschutz schützt den Motor gegen Überlast. Er ist mitentscheidend für die Lebensdauer und Betriebssicherheit der Umwälzpumpe. Die jeweiligen Massnahmen sind mit dem Pumpenhersteller abzusprechen.
• Hilfsmittel: Neben Katalogen stehen dem Planer heute bei der Pumpenauswahl auch EDV-Programme zur Verfügung.

Sanierungen

Veränderungen, wie z. B. eine neue Wärmedämmung des Gebäudes, eine andere Hydraulik usw. müssen bei der Dimensionierung der Umwälzpumpe berücksichtigt werden. Bei Sanierungen sind oft die technischen Unterlagen, Installations- und Baupläne, Berechnungen usw. nicht mehr vorhanden. Es soll aber versucht werden, möglichst viele Daten messtechnisch aus der bestehenden Anlage zu erfassen. In den meisten Fällen wird es notwendig sein, Messgeräte respektive Messstellen einzubauen. Je näher diese Messpunkte bei den einzelnen Verbrauchern sind, desto stärker ist ihre Aussagekraft. Parallel dazu muss eine Nachrechnung der einzelnen Wassermengen der Verbraucher und, je nach gewählter Abgleichstrategie, müssen auch die Voreinstellungen der Abgleichorgane erfolgen.

Erhebung der Betriebsdaten

• Einsatz einer Messpumpe: Mittels Einsatz einer Messpumpe kann ein Punkt auf der Pumpenkennlinie der Messpumpe und damit der Anlagenkennlinie erfasst werden. Aufgrund des neuen Förderstromes, welcher aus der Berechnung des Wärmeleistungsbedarfes bekannt ist, kann der neue Betriebspunkt auf der Anlagenkennlinie ermittelt werden. Die Messung kann unabhängig von der Jahreszeit durchgeführt werden.
• Sind die Wärmeleistung und die Temperaturdifferenz zwischen Vor- und Rücklauf bekannt, so kann mittels der Pumpenkennlinie der installierten Umwälzpumpe ein Betriebspunkt auf der Anlagenkennlinie bestimmt werden. Aufgrund des neu berechneten Förderstromes kann nun auf der bekannten Anlagenkennlinie der neue Betriebspunkt festgelegt werden. Man ist allerdings in diesem Fall auf eine Betriebsdatenerfassung an einem kalten Wintertag angewiesen, um möglichst nahe an den Nennbetriebspunkt zu gelangen.
• Die direkte Messung des Durchflusses und/oder der Druckdifferenzen, zusammen mit den übrigen Anlagedaten wie Temperaturdifferenz zwischen Vorlauf und Rücklauf sowie Einstellung der Heizkurve, erlaubt ebenfalls eine gute Beurteilung der Anlage. Ohne einen einwandfreien, d. h. messtechnischen hydraulischen Abgleich ist bei keiner Methode gewährleistet, dass nicht einzelne Verbraucher zu wenig Fördermenge erhalten.

Qualitätskontrolle

Im Sinne einer Qualitätskontrolle ist es sinnvoll, nach der Auswahl der Umwälzpumpen deren Elektrizitätsbedarf zu bestimmen. Der Elektrizitätsverbrauch der Heizungspumpen soll weniger als 1,0 % des Endenergieverbrauches Wärme betragen!

Tabelle 1: Einzuhaltende Werte des Elektrizitätsbedarfes von Heizungspumpen nach den Zielwerten für Neubauten gemäss SIA 380/1.

Gebäudenutzung	Energiekennzahlen	
	Heizung MJ/m²a	Pumpen MJ/m²a
Einfamilienhaus	310	3,1
Mehrfamilienhaus	280	2,8
Verwaltungsgebäude	240	2,4
Schulen	240	2,4

FOLGERUNGEN FÜR ANLAGEN MIT VERTEILER

- Ohne hydraulischen Abgleich und Messkonzept geht gar nichts
- Möglichst klare hydraulische Abgrenzung
- Eine detaillierte Rohrnetzberechnung ist unumgänglich
- Rohrleitungen druckverlustarm dimensionieren (R-Wert kleiner als 50 Pa/m)
- Verbraucherautoritäten grösser als 0,5
- Ventilautoritäten müssen eingehalten werden (Durchgangsventile!)
- Nie mehr als eine Umwälzpumpe auf einen Kreis wirken lassen
- Minimaldurchfluss des Kessels beachten
- Anfahrschaltung prüfen
- Elektrizitätsbedarf der Umwälzpumpen ≤ 2,4 MJ/m^2a
- Pumpenleistung unter 1 W pro Heizkörper

Betrieb und Unterhalt

Eine sorgfältige Inbetriebnahme der Anlage ist eine Grundvoraussetzung für einen energieeffizienten Betrieb. Erfahrungsgemäss entscheiden sehr oft die ersten Betriebsstunden über die Lebensdauer einer Anlage und ihrer Komponenten wie Umwälzpumpen, Thermostatventile, Messfühler usw. Wird die Anlage vor der ersten Füllung nicht von oben nach unten gut durchgespült, werden nicht die Schneideöle entfernt, alle Flächen entrostet und passiviert, durch ungenügenden Überdruck im System, durch die undichte Membrane des Ausdehnungsgefässes oder durch offene Ausdehnungsgefässe. Zudem ermöglichen grosse Nachfüllungen, hohe Fliessgeschwindigkeiten (Injektorwirkung über Stopfbuchsen) sowie Sauerstoffdiffusion durch Kunststoffrohre und Dichtungen den Eintritt von Sauerstoff.

Vorteile einer druckverlustarmen Leitungsauslegung

Durch den «einfacheren» Aufbau wird die Anlage übersichtlicher und auch weniger anfällig:
- Wenige einfache Komponenten müssen im Netz zusammenarbeiten
- Die Fehlersuche wird dadurch bedeutend erleichtert
- Weniger Regelorgane wirken auf das System ein, d. h. die Vorgänge in der Anlage sind einfacher zu interpretieren
- Betriebsstörungen bei einzelnen Komponenten wirken sich nur auf einen Verbraucher aus und nicht z. B. auf den ganzen Strang

• Kleinere Verstopfungsgefahr dank den grösseren offenen Querschnitten bei Thermostatventilen und Abgleichorganen
• Dank den niedrigeren Druckdifferenzen und Fliessgeschwindigkeiten wird die Gefahr, dass Sauerstoff in die Anlage eintreten kann, kleiner.

Bürohaus mit 84 Heizkörpern

Ein sechs Stockwerke umfassendes Bürogebäude wird statisch beheizt (84 Heizkörper, keine mechanische Belüftung der Büros). Die Wärmeerzeugung erfolgt durch einen Gaskondensationskessel (Wärmeleistung 100 kW). Am Verteiler sind die Gruppen Warmwasser mit 30 kW, Büro mit 75 kW und Lüftung Lager mit 18 kW angeschlossen. Damit die Kondensationswärme des Kessels genutzt werden kann, ist eine tiefe Rücklauftemperatur in den Kessel (Kondensatorteil) erforderlich. Für die Verbraucher wurde deshalb eine Einspritzschaltung mit Durchgangsventilen gewählt.

Rohrnetzberechnung

Die nachfolgenden Berechnungen beziehen sich auf die Auslegung der Umwälzpumpe der Gruppe «Büro». Rohrauskühlung, Förderstromanpassung und Drosseleinstellungen sind dabei berücksichtigt.

Förderstrom: Die Anlage wurde für eine Temperaturdifferenz zwischen Vor- und Rücklauf im Nennbetriebspunkt von 20 K (60° C / 40° C) ausgelegt. Für die Gruppe Büro ergibt sich mit Hilfe des EDV-Programmes ein Förderstrom von 3,6 m^3/h.

Förderdruck: Eine detaillierte Rohrnetzberechnung ist für eine sichere Beurteilung der Anlage unumgänglich. Im folgenden sollen Regelbarkeit (Verbraucher- und Ventilautoritäten), Kosten und Elektrizitätsverbrauch zweier Varianten miteinander verglichen werden.

• Rohrnetzberechnung Variante 1 ($\Delta p \approx 150$ Pa/m, $w \leq 1{,}2$ m/s)
Förderdruck $\Delta p_P = 27{,}7$ kPa.
Verbraucherautorität $P_{vb} = \Delta p_{vb100} / \Delta p_{vb0} = 0{,}39$, mindestens 0,3.
Thermostatventilautorität $P_{vT} = \Delta p_{vT100} / \Delta p_{vT0} = 0{,}09$, mindestens 0,1.

• Rohrnetzberechnung Variante 2 ($\Delta p \approx 50$ Pa/m, $w \leq 1{,}2$ m/s)
Förderdruck $\Delta p_P = 14{,}9$ kPa.
Verbraucherautorität $P_{vb} = \Delta p_{vb100} / \Delta p_{vb0} = 0{,}52$, mindestens 0,3.
Thermostatventilautorität $P_{vT} = \Delta p_{vT100} / \Delta p_{vT0} = 0{,}19$, mindestens 0,1.
Für P_{vb}, P_{vT} und Δp sind Durchschnittswerte in die Gleichungen einzusetzen.

Die Werte der Variante 2 besitzen eindeutige Vorteile gegenüber den Werten in Variante 1. Der Förderdruck der Anlage liegt bedeutend tiefer als 20 kPa. Geräuschprobleme sind mit einer Umwälzpumpe mit flacher Kennlinie an Thermostatventilen nicht zu erwarten. Aus diesem Grund kann auch im Gegensatz zu Variante 1 auf zusätzliche Druckdifferenzregler in den Steigsträngen verzichtet werden. Die Autoritäten haben sich verbessert, was für die Regelbarkeit der Anlage weitere Vorteile bringt. Im Kellerbereich sind die Verteilleitungen in der Regel eine Nennweite grösser als bei der Variante 1. Mit den berechneten Daten der Variante 2 lässt sich die Geräuschgrenze im Arbeitsbereich (< 20 kPa) einhalten. Es

wird eine Umwälzpumpe mit sehr flacher Kennlinie zur Druckkonstanthaltung verwendet.
Steuerung und Regelung: Ein moderner Heizungsregler übernimmt die EIN-/AUS-Schaltfunktion, um Leerläufe zu vermeiden. Durch die Wahl einer Umwälzpumpe mit flacher Kennlinie und das druckverlustarme Rohrnetz arbeitet die Umwälzpumpe annähernd als Druckquelle (ohne zusätzliche Steuer- und Regeleinrichtungen). Der Geräuschgrenzwert von maximal 20 kPa wird erst bei einem Förderstrom unter 21 % überschritten.

Vergleich der Kennzahlen

Der ermittelte Elektrizitätsbedarf soll mit den Richtwerten in Tabelle 1 verglichen werden. Energiebedarf der Umwälzpumpen:
Gruppe «Büro» Variante 1: $E_p = P_p \cdot h_a \cdot 3{,}6 \cdot 10^{-3} / EBF = 127\ W \cdot 5000\ h/a \cdot 3{,}6 \cdot 10^{-3} / 2200\ m^2 = 1{,}0\ MJ/m^2a$.
Gruppe «Büro» Variante 2: $E_p = P_p \cdot h_a \cdot 3{,}6 \cdot 10^{-3} / EBF = 95\ W \cdot 5000\ h/a \cdot 3{,}6 \cdot 10^{-3} / 2200\ m^2 = 0{,}6\ MJ/m^2a$.

Der Elektrizitätsmehrverbrauch der Variante 1 gegenüber Variante 2 beträgt rund 67 %! (Für die Variante 1 wurde mit einer ähnlichen Pumpe gerechnet.) Addiert man zu diesen Werten den Energieverbrauch für die übrigen hier nicht im Detail besprochenen Pumpen von 1,5 MJ/m^2a, ergibt sich ein gesamter Elektrizitätsverbrauch von 2,5 MJ/m^2a (Variante 1), bzw. 2,1 MJ/m^2a (Variante 2). Der Grenzwert wird nur mit der Variante 2 eingehalten. Die Berechnung der Anschlussleistung der Umwälzpumpe pro Heizkörper ist eine einfache Art der Beurteilung der ausgewählten Umwälzpumpe. Ein anzustrebender Wert liegt unter 1 W pro Heizkörper!

Tabelle 2: Vergleich des spezifischen Wertes des Leistungsbedarfes pro Heizkörper für die Gruppe «Büro» der Varianten 1 und 2 (total 84 Heizkörper in der Anlage).

Gruppe «Büro»	Leistung der Umwälzpumpe	Anschlussleistung der Pumpe pro Heizkörper
Variante 1	100–145 W	1,5 W
Variante 2	60–80 W	0,9 W

Wirtschaftlichkeit

Ein detaillierter Kostenvergleich der Varianten 1 und 2 zeigt, dass die Mehrinvestitionen für grössere Rohrleitungen inklusive Isolation gering sind. Die Mehrkosten der Variante 2 betragen rund 1750.– Fr. In der Variante 1 müssen, nebst den Mehrkosten für die Pumpe von ca. 430.– Fr., auch mindestens 50 % der Kosten für die in den einzelnen Steigsträngen eingesetzten Druck- differenzregler von 3000.– Fr. berücksichtigt werden.
Anmerkung zur Tabelle 3. Mittlerer Elektrizitätspreis: 0,16 Fr./kWh; Nominalzins: 8 %; Teuerung: 6 %; Mittlere Lebensdauer einer Heizungsanlage: 20 Jahre; Barwertfaktor: 16,3514. Kapitalwert (Netto-Barwert) = –188.– + 16,3514 · 42.– = 500.– > 0, d. h. die Investition ist wirtschaftlich. Bedenkt man, dass Rohrleitungen in der Regel eine Lebensdauer von 40 Jahren haben, der Ersatz der Druckdifferenzregler aber bedeutend früher erfolgen muss, sind dies gut investierte Gelder.

	Investition				Elektrizität	
	Rohrnetz Fr.	Umwälzpumpe Fr.	Differenz-druckregler Fr.	Total Fr.	Energiebedarf kWh/a	Energiekosten Fr./a
Variante 1	21583.–	1160.–	1500.–	24243.–	635	102.–
Variante 2	23701.–	730.–	–	24431.–	375	60.–
Mehrkosten der Variante 2			–	188.–	–	– 42.–

Tabelle 3: Vergleich der Investitions- und Energiekosten der Varianten 1 und 2.

Formelzeichen

Symbol	Bedeutung
A	Fläche
Ba	Betriebspunkt a
B_N	Betriebspunkt bei Nennförderstrom
n	Betriebspunkt bei Teillast mit
B_{Tf}	flacher Pumpen-Kennlinie
B_{Ts}	Betriebspunkt bei Teillast mit steiler Pumpen-Kennlinie
DN	Nennweite von Rohren
d	Durchmesser
h_a	Betriebsstunden pro Jahr
Kv	Förderstrom bei einer Druckdifferenz von 1 bar
n	Drehzahl
P_p	Leistung der Pumpe
P_v	Ventilautorität
P_{vb}	Verbraucherautorität
P_{vT}	Thermostatventilautorität
P	Leistung
R	Spezifischer Rohrdruckverlust

Symbol	Bedeutung
V'_B	Betriebsförderstrom
V'_{eff}	Effektiver Förderstrom
VL	Vorlauf
V'	Förderstrom
V'_N	Nennförderstrom
V_R	Wasserinhalt des Rohrnetzes
w	Geschwindigkeit
Δp	Druckdifferenz
Δp_{eff}	Effektiver Förderdruck
Δp_N	Nennförderdruck
Δp_p	Förderdruck der Pumpe
Δp_{v100}	Druckdifferenz über dem Ventil bei Nenn-Förderstrom
Δp_{vA}	Druckdifferenz über dem Abgleichorgan
Δp_{vb}	Druckdifferenz über dem Verbraucher
Δp_{vo}	Druckdifferenz über demVentil bei Null-Förderstrom

Literatur

[1] ARGE Amstein + Walthert/INTEP: Sparpotential beim Elektrizitätsverbrauch von zehn ausgewählten arttypischen Dienstleistungsgebäuden. Bundesamt für Energiewirtschaft, Bern 1990.
[2] Bundesamt für Konjunkturfragen: Hydraulischer Abgleich von Heizungsanlagen. Impulsprogramm Haustechnik, Bern 1988.
[3] Schaer, M.: Konzeption und Auslegung von hydraulischen Schaltungen und Stellgliedern. Landis & Gyr AG, Zug 1989.
[4] Ackermann, P.: Stopfbüchslose Heizungsumwälzpumpen. Bieri Pumpenbau AG, Münsingen 1984.
[5] Bundesamt für Konjunkturfragen: Steuern und regeln in der Heizungs- und Lüftungstechnik. Impulsprogramm Haustechnik, Bern 1986.
[6] Kurmann, J.; Schaer, M.: Ventil- und Regelkennlinie Ventildimensionierung D/60-043. Landis & Gyr AG, Zug 1983.
[7] Roos, Hans: Hydraulik der Wasserheizung. R. Oldenbourg Verlag, München 1986.
[8] Roos, Hans u. a.: Hydraulik und Regelung von Wassernetzen in Heizungs- und Klimaanlagen. Technische Akademie Esslingen, Weiterbildungszentrum, Lehrgangs-Unterlagen.
[9] KSB Pumpen/Armaturen: Auslegung von Kreiselpumpen. KSB Aktiengesellschaft, Frankenthal.
[10] Bundesamt für Konjunkturfragen: Messen in der Haustechnik. Impulsprogramm Haustechnik, Bern 1986.

5.4 Luftförderung

HEINRICH GUGERLI, MIKLOS KISS, HANSPETER MÖRGELI

→ *1.5 Raumkonditionierung, Seite 34*

Die Luftförderung hat, auch im Vergleich zur Kühlung, einen hohen Anteil am Elektrizitätsverbrauch von lüftungstechnischen Anlagen. Die Einflussfaktoren für diesen Verbrauch werden auf der Grundlage der SIA-Empfehlung 380/4 dargestellt. Ausgehend von der Nutzung des Gebäudes müssen frühzeitig die Anforderungen an die Aussenluftzufuhr und die Raumkonditionierung geklärt werden. Insbesondere sind im Rahmen einer integralen Planung auch die entsprechenden baulichen Voraussetzungen zu schaffen. Erst danach erfolgt die Wahl des lüftungstechnischen Systems.

Aussenluftzufuhr und Raumkonditionierung

Die lüftungstechnische Anlage übernimmt in einem Gebäude zwei Funktionen – sogenannte Infrastrukturfunktionen gemäss SIA 380/4. Einerseits sorgt sie für die hygienisch erforderliche Zufuhr an Aussenluft, andererseits wird sie zur Raumkonditionierung eingesetzt. Die Konditionierung durch Wasserkühllamellen ist deshalb im Begriff «lüftungstechnische Anlage» miteingeschlossen. Raumkonditionierung als Infrastrukturfunktion umfasst die lüftungstechnischen Funktionen Luftförderung, Luftkühlung, Wasserförderung, Wasserkühlung, Befeuchtung und Entfeuchtung.

MASSNAHMEN ZUR SENKUNG DES ENERGIEVERBRAUCHES

- Abschalten der lüftungstechnischen Anlagen und Lüftung durch die Fenster in dafür geeigneten Räumen
- Anpassen der Betriebsstunden an die Nutzungszeit der Räume
- Reduktion des Luftvolumenstroms
- Bedarfsabhängige Steuerung und Regelung
- Ersatz konventioneller Systeme durch moderne lüftungstechnische Konzepte

VAV: Variabler Aussenluft-Volumenstrom

Lüftungstechnische Anlagen

Abb. 1 zeigt den Elektrizitätsverbrauch dreier lüftungstechnischer Systeme für zwei verschiedene interne Lasten (freie Wärme). An diesem Einfluss lassen sich Unterschiede der Systemkonzepte und der Anteile der Luftförderenergie illustrieren. Bei kleiner freier Wärme liegt der Gesamtenergieverbrauch der beiden VAV-Anlagen mit variablem Volumenstrom (in der Abb. 1 mit A und B bezeichnet) 40 bis 50 % höher als derjenige des kombinierten Luft-Wasser-Systems. Mit steigender freier Wärme vergrössert sich diese Differenz und beträgt schliesslich über 60 %. Wie aus den einzelnen Verbrauchsanteilen zu erkennen ist, rührt der Unterschied vor allem von der Luftförderung her. Beim Quellüftungssystem VAV wird die grössere interne Last durch eine starke Erhöhung der Luftmenge abgeführt. Aus Gründen der Behaglichkeit ist es bei diesem System nicht möglich, die Temperaturdifferenz zwischen Raum- und Zuluft in gewünschtem Mass zu erhöhen. Der Verbrauchsanteil für Aussenluftkühlung bleibt daher fast unverändert, während die Luftförderenergie stark zunimmt. Das Mischlüftungsystem VAV erlaubt es, die grössere freie Wärme durch eine Erhöhung sowohl der Luftmenge als auch der Temperaturdifferenz zwischen Raum- und Zuluft abzuführen. Der Gesamtenergieverbrauch steigt jedoch in ähnlichem Mass wie beim Quellüftungssystem VAV. Ganz anders sieht die Situation beim Quellüftungssytem mit Wasserkühldecke aus. Der Luftförderenergieanteil bleibt konstant, da mit hygienisch minimal erforderlichem Aussenluftvolumenstrom gefahren wird. Die grössere interne Last wird mit Hilfe der Wasserkühldecke abgeführt. Der Volumenstrom des Wassers wird zu diesem Zweck erhöht. Für die vermehrte Wasserförderung muss wesentlich weniger Energie aufgewendet werden als bei entsprechend erhöhter Luftförderung. Ein Grund dafür liegt in der viel grösseren Wärmekapazität des Wassers gegenüber der Luft.

Einflussfaktoren auf den Elektrizitätsverbrauch

Der elektrische Energiebedarf für die Luftförderung berechnet sich aus Luftvolumenstrom, Druckverlust, Wirkungsgrad Motor-Ventilator, Betriebsfaktor und Nutzungszeit. $P_{max} = V_s \cdot \Delta p \cdot 1/\eta \cdot 1/3600$ (W/m²).
$P_m = P_{max} \cdot f_b$ (W/m²); $E = P_m \cdot h_a \cdot 3{,}6 \cdot 10^{-3}$(MJ/m²a).
P_{max}: Spezifische maximale Förderleistung, bezogen auf die zugehörige Bruttogeschossfläche (W/m²).
V_s: Spezifischer Luftvolumenstrom (m³/h m²).
Δp: Gesamtdruckverlust. Summe aus zu- und abluftseitigem Druckverlust in Lüftungsgerät und Kanalnetz (Pa).
η: Gesamtwirkungsgrad Motor-Ventilator.
P_m: Mittlere Förderleistung(W/m²).
f_b: Betriebsfaktor. Er berücksichtigt den Einfluss des Benutzers, der Steuerung und Regelung, der Betriebszeit im Vergleich zur Nutzungszeit sowie der Hilfsbetriebe und Anlagebereitschaft.
E: Spezifischer elektrischer Energieverbrauch (MJ/m²a).

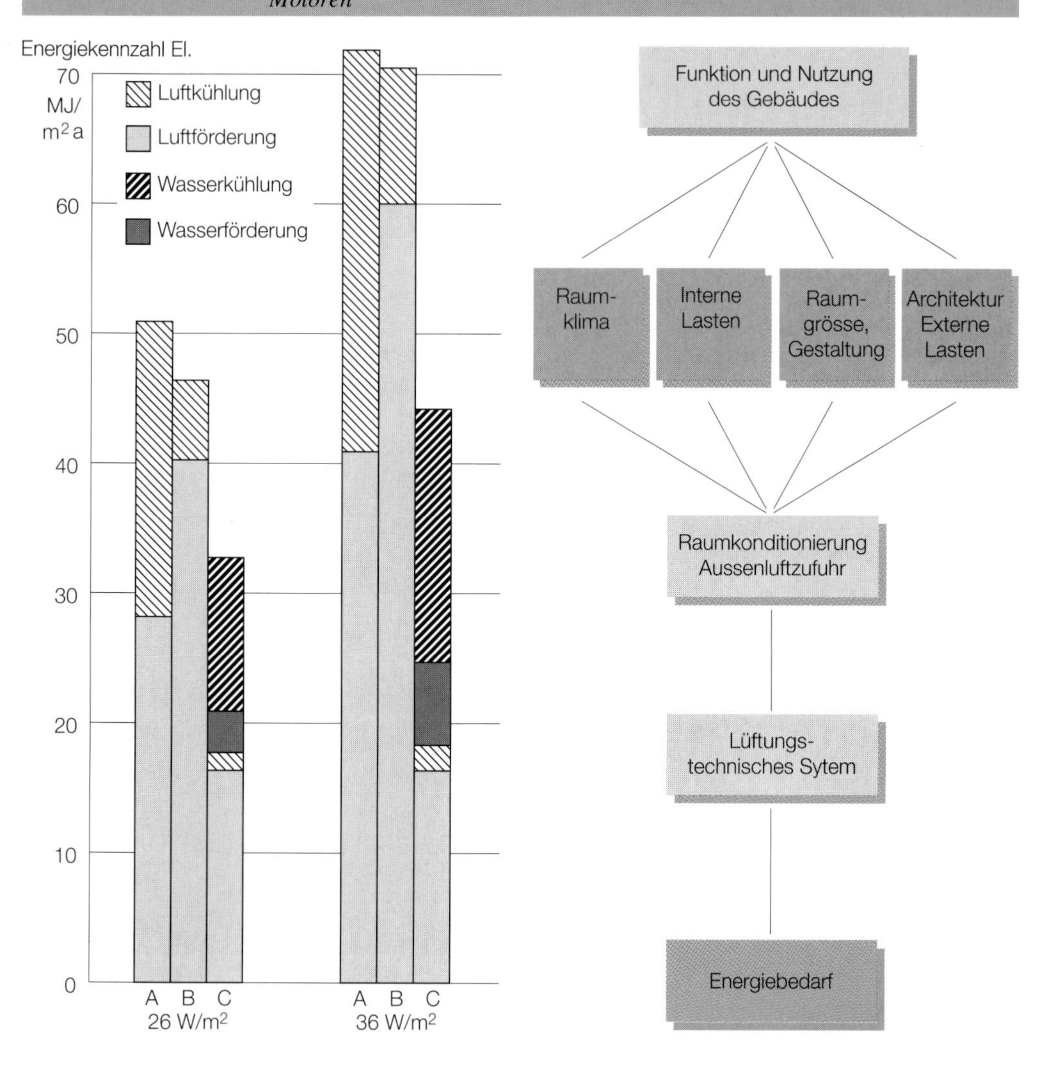

h_a: Nutzungszeit pro Jahr (h/a). Es wird die Nutzungszeit, z. B. der belüfteten Büroräume, eingesetzt und nicht die Betriebszeit. Abweichungen sind im Betriebsfaktor berücksichtigt.

Luftvolumenstrom

Durch die Beschränkung des Luftvolumenstroms auf die hygienisch minimal notwendige Aussenluftrate pro Person (Tabelle 1) kann der Energieverbrauch für Luftförderung wesentlich beeinflusst werden. Um als Basis der Dimensionierung dienen zu können, soll die zukünftige Raumbelegung so gut als möglich abgeklärt werden. Luftwechselzahlen sind für die Auslegung des Luftvolumenstroms wenig sinnvoll, da sie zu kostenwirksamer Überdimensionierung oder eventuell auch Unterdimensionierung führen können. Selbstverständlich sollten hohe interne Lasten nicht durch erhöhte und damit energieaufwendige Luftzufuhr abgeführt werden. Bereits bei der Systemwahl und

Raumart	Rauchen	Empfohlene Aussenluftrate pro Person v ($m^3/h \cdot P$)
Schulräume	verboten	12 bis 15 (0,15 % CO_2)
Büroräume	verboten	25 bis 30 (0,1 % CO_2)
Büroräume, Grossraumbüros	gestattet	30 bis 70
Verkaufsräume	verboten	12 bis 15 % (0,15 % CO_2)
Theater- und Konzertsäle	verboten	25 bis 30 (0,1 % CO_2)
Hotelzimmer, Konferenzzimmer	gestattet	30 bis 70
Restaurants	gestattet	40 bis 50*
Krankenzimmer	verboten	20 bis 50**

* Vergleiche kantonale Vorschriften.
** Vergleiche Richtlinien für Bau, Betrieb und Überwachung von raumlufttechnischen Anlagen in Spitälern.

Tabelle 1: Empfohlene Aussenluftraten pro Person gemäss SIA-Empfehlung SIA V382/1.

Abb. 1: Stromverbrauch typischer lüftungstechnischer Systeme für spezifische freie Wärmen von 26 W/m² und 36 W/m². A: Mischlüftungssystem mit variablem Volumenstrom. B: Quell-Lüftungssystem mit variablem Volumenstrom. C: Quell-Lüftungssystem mit Wasserkühldecke (Aussenluftvolumenstrom auf das hygienisch notwendige Minimum beschränkt).

Abb. 2: Einflussgrössen lüftungstechnischer Anlagen.

der Systemauslegung ist auf eine geeignete Aufteilung zwischen Kühlleistung und Luftförderleistung zu achten. Lüftungstechnische Anlagen mit variablem Luftvolumenstrom sind vor allem dort sehr sinnvoll, wo die Anzahl der im Raum anwesenden Personen und damit die hygienisch minimal erforderliche Aussenluftmenge stark schwankt. Beispiel: Für ein gegebenes Kanalnetz bedeutet der Betrieb mit 50 % reduziertem Luftvolumenstrom theoretisch eine Einsparung an elektrischer Antriebsenergie von 87,5 %, da sich der Verbrauch proportional zur dritten Potenz von Volumenstrom-Änderungen verhält.

Druckverluste

Weitere Vorteile der reduzierten Geschwindigkeit sind gegebenenfalls der Wegfall von Komponenten wie z. B. Tropfenabscheider sowie die geringere Geräuschentwicklung. Der Druckverlust im Kanalnetz ist proportional zum Quadrat der Luftgeschwindigkeit. Bei einer Verdoppelung des Kanalquerschnitts muss also zum Transport der gleichen Luftmenge nur noch ein Viertel der Energie aufgewendet werden. Genügend Platz für Steigzonen und horizontale Luftverteilung ist Voraussetzung für einen tiefen Elektrizitätsverbrauch. Nicht nur durch Geschwindigkeitssenkungen, sondern auch durch geeignete Auswahl der Kanalkomponenten kann der Druckverlust optimiert werden. Der Reibungswiderstand von runden Kanälen ist z. B. wesentlich geringer als derjenige von rechteckigen mit gleichem Querschnitt. Ebenso sind mit Leitblechen versehene Krümmer sehr vorteilhaft. Nicht zu vergessen ist auch die Disposition der Lüftungszentrale. Durch geschickte Plazierung oder dezentrale Anordnung mehrerer Lüftungszentralen können Kanallängen reduziert und Umlenkungen vermieden werden. Aus dem gleichen Grund sollten Gebäudeeinheiten mit mechanischer Aussenluftzufuhr oder Raumkonditionierung nahe zusammengelegt werden.

Tabelle 2: Druckverluste von Komponenten in einem Lüftungsgerät (Monoblock) bei Luftgeschwindigkeiten von 2,5 bzw. 2,0 m/s.

Komponente		Druckverluste Δp (Pa) (1) standard	optimiert
Geschwindigkeit	(Nettoquerschnitt)	2,5 m/s	2,0 m/s
Wetterschutzgitter		40	25
Einlassklappen	Klappen offen	1	1
	Klappen 30 % zu	30	20
Austauscher Wärme	1reihig	25	15
	2reihig	45	30
	3reihig	65	40
Austauscher Kälte	2reihig	50	35
	4reihig	85	60
	6reihig	120	90
Tropfenabscheider (2)		20	–
Filter (Taschen) (3)	Anfang-/Enddruck	50/200	35/200
	Filterklasse EU4	(3,2 m/s)	(2,5 m/s)
	Anfang-/Enddruck	100/200	70/200
	Filterklasse EU5	(3,2 m/s)	(2,5 m/s)
Wärmerückgewinnung	Plattentauscher	180	120
	Rotationstauscher	130 (2 m/s)	95 (1,5 m/s)
	Indirekt	80	60
Befeuchter (4)	Dampf	–	–
	Wäscher	85	55
	Ultraschall	–	–
	Verdunstung	70	45
Schalldämpfer		20	–

(1) Die Werte basieren auf den Angaben von Herstellern.

(2) Tropfenabscheider nach Kühlern sind bei Geschwindigkeiten unter 2,5 m/s nicht notwendig.

(3) Die Anströmgeschwindigkeiten der Filter müssen innerhalb vorgegebener Grenzen liegen, typischerweise bei den angegebenen Werten.

(4) Bei Befeuchtern, die einen Abscheider benötigen, ist der entsprechende Druckverlust inbegriffen.

Wirkungsgrad Motor-Ventilator

Massgebend für den Verbrauch an elektrischer Energie ist das Produkt aus den Wirkungsgraden des Motors, des Ventilators und der Kraftübertragung. Die Belastung (Betriebspunkt) des Ventilators ist optimal, wenn im Bereich des grössten Wirkungsgrades gefahren wird. Bei Anlagen mit variablem Volumenstrom und mehreren Stufen ist dem Teillastwirkungsgrad sowohl des Ventilators als auch des Motors besondere Beachtung zu schenken.

Betriebsart und Regelung

Die Berücksichtigung des tatsächlichen Bedarfes entscheidet über die Ausschöpfung des Energiesparpotentials bei lüftungstechnischen Anlagen. Gewisse Anwendungen schwanken im Bedarf stark (Hörsäle, kleine Büroräume oder Restaurants), andere weniger, beispielsweise Grossraumbüros. Bei diesen Schwankungen spielt es wiederum eine Rolle, ob sie zeitlich gut voraussagbar sind oder eher zufällig auftreten. Diese Aspekte sind massgebend für die Wahl der Strategie der Steuerung und Regelung. Bei zeitlich gut voraussagbaren Schwankungen sind Zeitprogramme geeignet. Bei zufällig auftretenden und grösseren Bedarfsänderungen ist eine Regelung über Temperatur, Luftqualität oder Anwesenheit zu wählen.

Tabelle 3: Steuerung und Regelung eines lüftungstechnischen Systems.

Steuer-/Regelgrösse	Beispiel
Zeit	Zeitprogramm über Schaltuhr oder Einschalten nur von Hand, kombiniert mit automatischem Ausschalten in einem Restaurant
Temperatur	Bedarfsabhängige Regelung in Büroräumen
Luftqualität	Bedarfsabhängige Regelung über einen CO-Sensor in einer Garage
	Bedarfsabhängige Regelung über einen CO_2-Sensor in einem Hörsaal
Anwesenheit	Bedarfsabhängige Regelung über einen Präsenzsensor in kleinen Büroräumen

Je nach Steuerung und Regelung des Raumklimas kann der Ventilator auf folgende Arten betrieben werden:
- Kontinuierliche Drehzahlsteuerung
- Zwei- oder mehrstufiger Betrieb
- Konstantbetrieb

Für die Berechnung der mittleren Förderleistung nach SIA 380/4 wird, nebst anderen Grössen, der Einfluss der Steuerung und Regelung im Betriebsfaktor erfasst. Beispiele: Betriebsfaktor 0,5 für bedarfsabhängige Regelung über einen CO_2-Sensor, kombiniert mit kontinuierlicher Volumenstromregelung und Frequenzumrichter; Betriebsfaktor 1,0 für mit Zeitschaltuhr betriebene einstufige Anlage. Ist die Betriebszeit der Anlage länger als die Nutzungszeit der Räume, kann der Betriebsfaktor auch grösser als 1,0 sein.

Luftförderung als Teilaspekt der Optimierung

Ein tiefer Elektrizitätsverbrauch für die Luftförderung ist nur ein Teilaspekt bei der optimalen Auslegung eines lüftungstechnischen Systems. Wichtige Randbedingungen werden bereits mit der Systemwahl festgelegt. Noch früher stellt sich die Frage, ob überhaupt ein Bedarf für Aussenluftzufuhr und Raumkonditionierung besteht. Ausgehend von der Nutzung und Funktion eines Gebäudes ergeben sich die wesentlichen Anforderungen an die Aussenluftzufuhr und die Raumkonditionierung. Erst nach Kenntnis dieser Grössen ist es möglich, fundiert über die Notwendigkeit der Aussenluftzufuhr oder Raumkonditionierung zu entscheiden. Im Rahmen einer integralen Planung können in einer frühen Planungsphase durch bauliche Massnahmen günstige Voraussetzungen geschaffen werden.

Ausgehend vom Bedarf für Aussenluftzufuhr oder Raumkonditionierung wird das lüftungstechnische System bestimmt. Vielleicht genügt reine Aussenluftzufuhr, oder es wird, im Sinn einer flexiblen zukünftigen Nutzung, zunächst ein Grundsystem zur Raumkonditionierung installiert. Die Option zur Systemerweiterung in Zonen mit höheren internen Lasten kann durch einfache Vorkehrungen, wie z. B. Platzreserven für Kanäle oder die Installation eines Kaltwassernetzes, offen gehalten werden. Höhere interne Lasten mit statischer Kühlung, beispielsweise mit Wasserkühllamellen, abzuführen, hat einen geringeren Energieverbrauch für die Raumkonditionierung zur Folge.

AUSSENLUFTZUFUHR UND RAUMKONDITIONIERUNG:
EINFLUSSGRÖSSEN

• Fensterlüftung • Geringe Raumtiefen • Externe Lasten reduzieren (durch guten Sonnenschutz) • Versorgte Betriebseinheiten zusammenlegen • Genügend Platz für Luftverteilung • Dezentrale Lüftungseinheiten

---

CHECKLISTE: LUFTFÖRDERUNG

Der Elektrizitätsverbrauch der Luftförderung zur Aussenluftzufuhr oder Raumkonditionierung kann nach den folgenden Kriterien optimiert werden:

• Luftvolumenstrom: Auslegung auf die hygienisch minimal erforderliche Aussenluftrate

• Druckverlust: Optimierung der Luftgeschwindigkeiten. Disposition der Lüftungszentrale (Kanallängen). Einsatz von Komponenten mit minimiertem Druckverlust

• Wirkungsgrade: Betriebspunkte von Motor und Ventilator im Wirkungsgradmaximum. Einsatz von Komponenten mit hohem Wirkungsgrad (vor allem bei kleinen Anlagen beachten). Optimierung des Teillastverhaltens

• Steuerung/Regelung: Bedarfsabhängig durch entsprechende Programme oder Fühler

• Wartung: Genaue Angaben zum Betrieb erarbeiten: Filterwechsel, Reinigung, Wartungsintervalle usw.

Wirtschaftlichkeit

Für ein Verwaltungsgebäude wird untersucht, welche Luftgeschwindigkeit in der Aussenluftanlage optimal ist und wie eine wirtschaftliche Anlage zu dimensionieren wäre. Die Optimierung der Luftgeschwindigkeiten wird für das Lüftungsgerät und für das Kanalnetz separat durchgeführt. In Abhängigkeit der Luftgeschwindigkeiten im Lüftungsgerät und im Kanalnetz werden nach der Annuitätenmethode die Energiekosten, die Kapitalkosten für die Investition sowie die Wartungs- und Unterhaltskosten bestimmt und das Minimum der Jahreskosten ermittelt. Dabei sollte das Kriterium der Wirtschaftlichkeit nicht allein massgebend sein, sondern Lösungen mit vertretbaren Mehrinvestitionen, die zu tieferem Energieverbrauch führen, angestrebt werden.

Anlage und Auslegung

Zuluftvolumenstrom, konstant	$V_L = 21\,000\ m^3/h$
Betriebszeit	$h_b = 2750\ h/a$
Gesamtwirkungsgrad Ventilator	$\eta = 0{,}6$
Preis pro m^3 Bauvolumen	$P_V = 500\ Fr./m^3$

	Lüftungsgerät	Kanalnetz
Luftgeschwindigkeit	$w_{G0} = 2{,}5\ m/s$	$w_{K0} = 4{,}5\ m/s$
Druckverlust	$\Delta p_{G0} = 400\ Pa$	$\Delta p_{K0} = 800\ Pa$
Investition	$I_{G0} = 137\,000$ Fr.	$I_{K0} = 333\,000$ Fr.
Platzbedarf	$V_{G0} = 81\ m^3$	$V_{K0} = 415\ m^3$

Daten zur Wirtschaftlichkeitsrechnung

Nutzungsdauer	15 Jahre
Kapitalzinssatz	6,5 %
Annuitätenfaktor	$a = 0{,}1064$
Teuerung (Energie, Wartung)	6 %
Mittelwertfaktor	$m = 1{,}537$
Mittlerer Strompreis	$P_{EL} = 0{,}16$ Fr./kWh
Wartungsanteil an Gesamtinvestition	$n_W = 0{,}035$ (SIA 380/1)

Bedeutung der Indizes	Beispiel		
G: Gerät (Aggregat)	I_G	W: Wartung (und Unterhalt)	n_W
G0: Geräte-Auslegung	w_{G0}	E: Energie	K_{EK}
K: Kanal, Kanalnetz	I_K	I: Investition	K_{IK}
K0: Kanalnetz-Auslegung	V_{K0}		

Lüftungsgerät

Luftgeschwindigkeit (m/s) w_G: variabel

Jährliche Energiekosten (Fr./a)

$$K_{EG} = \frac{\Delta p_{G0} \cdot (w_G / w_{G0})^{z_G} \cdot V_L \cdot 2}{\eta \cdot 3600 \cdot 1000} \cdot h_b \cdot P_{EL} \cdot m$$

Exponent Druckverlust Annahme: $z_G = 1{,}5$

Jährliche Kapitalkosten (Fr./a) $K_{IG} = I_G \cdot a$

Investition (Fr.) $I_G = (w_{G0}/w_G)^{n_G} \cdot I_{G0} + (w_{G0}/w_G)^{r_G} \cdot V_{G0} \cdot P_V$
Exponent Preisänderung Annahme: $n_G = 0{,}5$
Exponent Platzbedarfsänderung Annahme: $r_G = 0{,}8$
Wartungs- und Unterhaltskosten (Fr./a)
$K_{WG} = (w_{G0}/w_G)^{n_G} \cdot I_{G0} \cdot n_W \cdot m$

Kanalnetz

Luftgeschwindigkeit (m/s) w_K : variabel
Jährliche Energiekosten (Fr./a)

$$K_{EK} = \frac{\Delta p_{G0} \cdot (w_K / w_{K0})^{z_K} \cdot V_L \cdot 2}{\eta \cdot 3600 \cdot 1000} \cdot h_b \cdot P_{EL} \cdot m$$

Exponent Druckverlust Annahme: $z_K = 2{,}0$
Jährliche Kapitalkosten (Fr./a) $K_{IK} = I_K \cdot a$
Investition (Fr.)
$I_K = (w_{K0}/w_K)^{n_K} \cdot I_{K0} + (w_{K0}/w_K)^{r_K} \cdot V_{K0} \cdot P_V$

Exponent Preisänderung Annahme: $n_K = 0{,}6$
Exponent Platzbedarfsänderung Annahme: $r_K = 0{,}9$
Wartungs- und Unterhaltskosten (Fr./a)
$K_{WK} = (w_{K0}/w_K)^{n_K} \cdot I_{K0} \cdot n_W \cdot m$

Resultate

Die Abbildungen 3 und 4 zeigen für das Lüftungsgerät und das Kanalnetz den Verlauf der Jahreskosten für Energie, Kapital und Wartung (inkl. Unterhalt) sowie den Verlauf der Gesamt-Jahreskosten. Die wirtschaftlich optimale Luftgeschwindigkeit liegt im Lüftungsgerät zwischen 3,0 und 3,5 m/s und im Kanalnetz zwischen 6,0 und 6,5 m/s. Das wirtschaftliche Optimum liegt also im Kanalnetz unter der Maximalgeschwindigkeit von 7 m/s, die etwa im Kanton Zürich durch die geltende Verordnung für einen Luftvolumenstrom über 10 000 m^3/h vorgeschrieben wird. Für das Lüftungsgerät hingegen ergibt die Berechnung eine wirtschaftlich optimale Luftgeschwindigkeit, die über dem entsprechenden Wert der Vorschrift von 2 m/s liegt.

Interpretation

Sowohl im Lüftungsgerät als auch im Kanalnetz zeigt die Kurve der Gesamt-Jahreskosten über einem relativ grossen Geschwindigkeitsbereich einen flachen Verlauf. Aus Sicht des Energieverbrauches ist eine tiefe Luftgeschwindigkeit von Vorteil, die beim vorliegenden Kurvenverlauf ohne grosse Erhöhung der Gesamt-Jahreskosten erreicht werden kann. Wird im Kanalnetz z. B. die Luftgeschwindigkeit von 7 m/s auf 5 m/s reduziert, ergibt sich bei den jährlichen Energiekosten eine Einsparung um 49 %. Die jährlichen Kapital- und Wartungskosten erhöhen sich um 26 %, während die Gesamtkosten lediglich um gut 2 % zunehmen. Im Lüftungsgerät bedeutet eine Reduktion der Geschwindigkeit von 3 auf 2 m/s eine Einsparung von 46 % bei den Energiekosten. Die Kapital- und Wartungskosten nehmen um 25 %, die Gesamtkosten allerdings nur um 9 % zu.

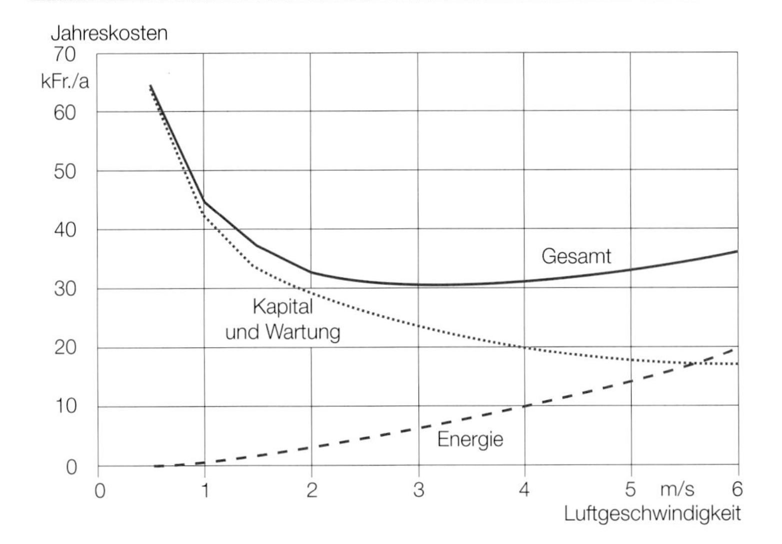

Abb. 3: Jahreskosten in Abhängigkeit der Luftgeschwindigkeit für das Lüftungsgerät (Fallbeispiel).

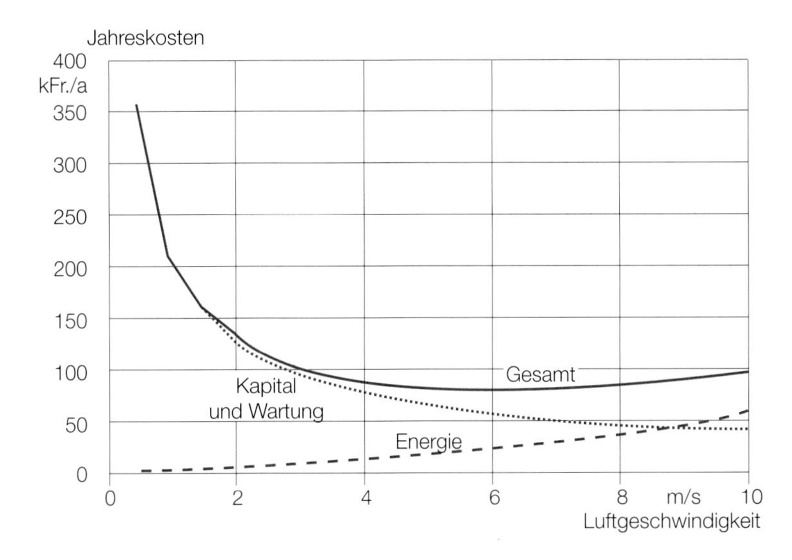

Abb. 4: Jahreskosten in Abhängigkeit der Luftgeschwindigkeit für das Kanalnetz (Fallbeispiel).

Literatur

[1] ARGE Amstein + Walthert/INTEP: Sparpotential beim Elektrizitätsverbrauch von zehn ausgewählten arttypischen Dienstleistungsbetrieben. Bundesamt für Energiewirtschaft, Bern 1990.

[2] Entwurf SIA-Empfehlung 380/4 und Dokumentation SIA 380/4, Schweizerischer Ingenieur- und Architektenverein, Zürich 1991.

[3] Amt für technische Anlagen und Lufthygiene des Kantons Zürich, Industrielle Betriebe der Stadt Zürich: Energieverbrauch neuartiger lüftungstechnischer Anlagen. Intep, Zürich 1990.

[4] Arbeitsgemeinschaft EEH: Forschungsprojekt SIA 380/4; Bericht B-7, Optimierung von Luftgeschwindigkeiten für Aussen- und Umluftanlagen. Zürich 1990.

5.5 Aufzugsanlagen

ANDRÉ BONGARD

→
1.7 Gebäudeplanung, Seite 42
3.4 Transportanlagen, Seite 109

Vielfach brauchen Kabinenbeleuchtung und Kommandosteuerung mehr Strom als der Antrieb des Aufzuges. Massnahmen in diesem Bereich sind ohne Investitionen möglich. Aber auch durch die Wahl des Konzeptes und des Antriebes lassen sich der Stromverbrauch und die Netzbeanspruchung reduzieren. Im Vergleich zu Seilaufzügen mit Gegengewicht schneiden Hydrauliklifte wesentlich schlechter ab.

Technik

Zur Anwendung kommen hauptsächlich zwei Technologien: Elektrische Traktions- oder Seilaufzüge mit Gegengewicht sowie Aufzüge mit hydraulischem Antrieb. Beide Technologien haben Vor- und Nachteile. Einerseits stehen elektrisch optimierte Antriebskonzepte mit geregelten Motoren und Energie-Rückspeisung zur Verfügung, andererseits werden zur baulichen Vereinfachung (alle Aggregate unten, Schachtdimensionen, Schachtkopf) zunehmend Hydrauliklifte eingebaut, welche aber aus der Sicht der rationellen Verwendung der Elektrizität ungünstiger sind: Sie weisen viel höhere Motorleistungen und Anlaufströme und somit den grösseren Energieverbrauch auf. Bei gleicher Last und Geschwindigkeit benötigt der hydraulische Aufzug ungefähr dreimal mehr Leistung als der elektrische Seilaufzug, da er kein Gegengewicht hat.

*Tabelle 1: Verhältnis Anlaufstrom und Nennstrom verschiedener Antriebssysteme (*nur kurzzeitig).*

Antriebs-System	Nennstrom	Anlaufstrom bei direktem Anlauf
Seil-Feinabsteller	I_1	2,5 bis $3{,}5 \cdot I_1$
Hydraulik	$I_2 \cong 3 \cdot I_1$	4 bis $6 \cdot I_2 = 12$ bis $18 \cdot I_1$
Seil-Frequenzumrichter	$I_3 \cong 0{,}8 \cdot I_1$	$*2 \cdot I_3 = 1{,}6 \cdot I_1$

Vergleich der Anlaufströme

Das grösste Problem bei hydraulischen Aufzügen ist der Anlaufstrom des 2poligen Antriebsmotors. Um die Anlaufströme der Hydraulik-Aufzüge zu reduzieren, werden spezielle Massnahmen getroffen. Trotzdem zeichnet sich der hydraulische Aufzug durch hohe Anlaufströme gegenüber dem Seilaufzug aus. Durch den Einsatz eines Gegengewichts, das die Motorleistung bzw. die Anlaufströme reduziert, verliert der hydraulische Aufzug viel von seiner Attraktivität (notwendige Aufhängung, Schachtdimensionen). Seit ungefähr 15 Jahren werden zunehmend Hydraulikaufzüge eingebaut; eine Anzahl Probleme sind die Folge dieser Entwicklung. Beim Einschalt- und Anlaufvorgang treten nicht nur Beleuchtungsstörungen durch Spannungsabfälle auf (Flicker), sondern auch negative Einflüsse auf andere Geräte und Anlagen, die am selben Stromversorgungsnetz angeschlossen sind. Störungen bei Computern, Fernsehern oder CNC-gesteuerten Maschinen führen zu langwierigen Suchaktionen, weil oftmals die Quelle der Störung nicht schnell ausfindig gemacht werden kann. Um unzulässige Spannungsabsenkungen zu vermeiden, muss das Stromversorgungsnetz genügend stabil (grosse Leistungsreserven verfügbar), die Netzimpedanz klein sein (Netz überdimensionieren), und/oder der Motoranlaufstrom reduziert werden. Unter dem Kostengesichtspunkt gilt natürlich: Anlaufströme reduzieren! Das von Elektrizitätswerken bestimmte Anlaufstrom-Kriterium für die Aufzugsmotoren ist heute öfters noch: Anlaufstrom kleiner als 250 % des Motornennstromes. Ein Hydraulikaufzug-Motor (mit einem 3 mal grösseren Nennstrom als bei einem Seilaufzug-Motor), der diese Bedingung erfüllt, hat einen Anlaufstrom, der etwa 7,5 mal dem Nennstrom des Feinabstellmotors und etwa 9,5 mal dem Nennstrom des Frequenzumrichter-Antriebes entspricht. Das 250-%-Kriterium allein ist also kein wirksames Mittel gegen Spannungsabsenkungen. Die Elektrizitätswerke schreiben deshalb heute häufiger die zulässigen Spannungsabsenkungen vor. In den letzten Jahren sind in Europa neue Vorschriften und Richtlinien erlassen worden, die das Anschliessen von Hydraulikaufzügen erschweren oder sogar verunmöglichen. Den neuesten Stand dieser Vorschriften für Deutschland bilden die «Richtlinien für den Anschluss von Aufzugsanlagen an das Niederspannungsnetz der Elektrizitätsversorgungs-Unternehmen (EVU). 1. Ausgabe 1990».

Konflikte mit diesen niedrigen Grenzwerten können eigentlich bei allen Aufzugsmotoren (nicht nur Hydraulik) mit Anlaufströmen ab ungefähr 60 A entstehen. Dies entspricht bei einem Hydraulikaufzug einer Motorleistung von lediglich 5 kW (Aufzug 320 kg, 0,4 m/s). Die Vorschriften für die

Seil-Feinabsteller: Bei hydraulischen Aufzügen müssen heute ab einer bestimmten Ölmenge spezielle Schutzmassnahmen gegen eventuelle Ölverluste vom Ölkolben in der Schachtgrube, Druckleitung und Öltank im Maschinenraum getroffen werden. Die Installation muss periodisch revidiert werden (Berücksichtigung bei Wirtschaftlichkeitsbetrachtungen).

Kollektiv-Abwärts-Steuerung: Steuerung, bei welcher der sich abwärts bewegende Lift von wartenden Personen gestoppt und benutzt werden kann (sogenannter Bus-Betrieb).
Druckknopf-Steuerung: Steuerung mit Priorität für Befehle der Personen im Lift. Wartende Personen können den Lift erst nach Ende der (Auftrags-)Fahrt ordern (Taxi-Betrieb).

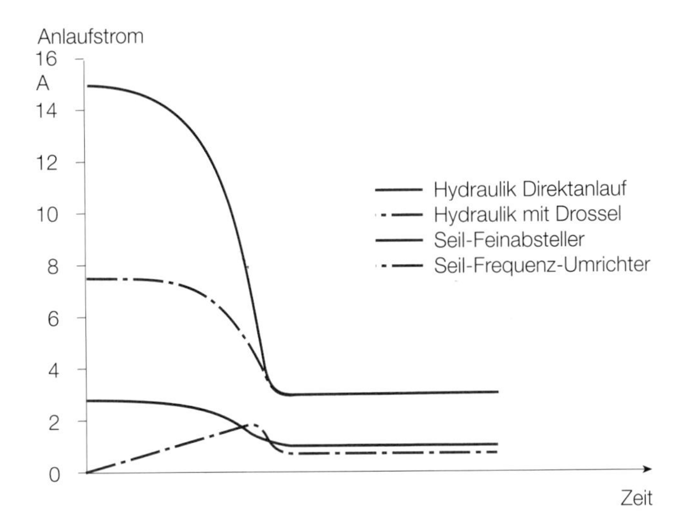

Abb. 1: Vergleich der Anlaufströme verschiedener Antriebssysteme (in A).

zulässigen Spannungsabsenkungen alleine, ohne Kenndaten über die Stromversorgungsnetze, bieten aber noch kein Mass für die zulässigen Einschalt- und Anlaufströme. Der Aufzugshersteller kann also nichts anderes unternehmen, als die Anlaufströme so klein wie notwendig zu halten. Elektrische Traktionsaufzüge mit Frequenzumrichter-Antrieben ergeben heute die kleinsten Anlaufströme.

Tabelle 2: Zulässige Spannungsabfälle in % der Nennspannung. Quelle: VSE.

Anzahl Anläufe pro Stunde:	30	120	180	240
Zulässige Spannungsabfälle in %:	3,0	2,3	2,0	1,9

Tabelle 3: Zulässige Spannungsabsenkung in % der Nennspannung für Deutschland.

Starthäufigkeit pro Stunde:	45	60	90
Zulässige Spannungsabsenkung in %:	1,5	1,4	1,2

Energieverbrauch

Aufzüge benötigen eine grosse installierte Leistung, aber ihr Energieverbrauch ist relativ klein. Die Personen oder Lasten, die in der Aufwärtsrichtung mit einem Aufzug transportiert werden, restituieren ihre bei der Aufwärtsfahrt gewonnene potentielle Energie in der Abwärtsrichtung. Der Energieverbrauch umfasst also nur die Energieverluste des Systems (Reibungs-, Ventilations- und Wärmeverluste). Der Energieverbrauch von modernen Aufzugssystemen ist gegenüber früheren Systemen stark reduziert worden (etwa um den Faktor 3 für Wohnhausaufzüge). Bei Massnahmen für die Reduzierung des Energie-

Tabelle 4: Anzahl Fahrten pro Tag.

	Anzahl Fahrten	Durchschnitt
Wohnhaus	100 bis 500	300
Bürohaus	600 bis 1800	1200
Hotel	600 bis 2000	1200
Spitäler	500 bis 1800	1200
Fabriken	500 bis 1000	800
Verkehrsgebäude	500 bis 1500	1000

Tabelle 5: Energieverbrauch in Abhängigkeit des Antriebssystems, bei gleicher Tragkraft, Geschwindigkeit und Fahrtenzahl.

Feinabsteller (Zweigeschwindigkeit)	100 %
Drehstrom, spannungsgeregelt mit Schwungrad	75 %
Drehstrom, spannungsgeregelt ohne Schwungrad	60 %
Frequenzumrichter mit Schneckengetriebe	35 %
Direkttraktion, Gleichstrom Ward-Leonard	50 %
Direkttraktion, Gleichstrom statischer Umformer	32 %
Direkttraktion, Drehstrom Frequenzumrichter	30 %
Hydraulische Antriebe	170 %

Tabelle 6: Energieverbrauch eines Aufzuges.

Gebäude-Kategorie	Energieverbrauch	Betriebszeiten
Wohnhaus	500 bis 3 000 kWh	365 Tage
Bürohaus	2000 bis 20 000 kWh	260 Tage
Hotel	4000 bis 25 000 kWh	365 Tage

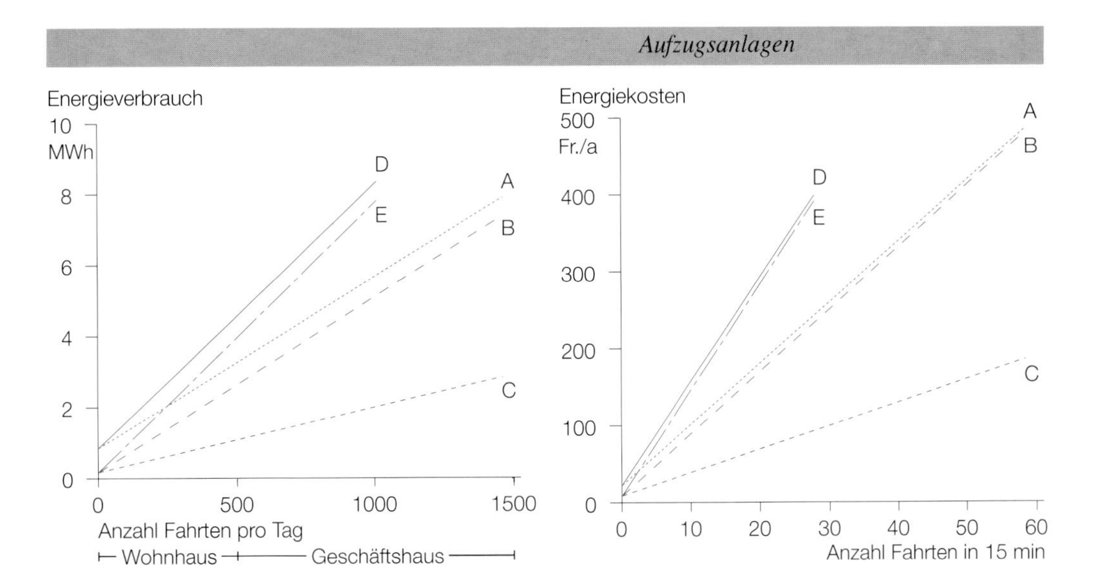

verbrauchs eines Aufzugssystems werden von Aufzugsherstellern der Dauerverbrauch (Aufzugssteuerung, Kabinenbeleuchtung) und der Antriebsverbrauch (Aufzugsantrieb, Türantrieb) getrennt betrachtet. Wichtige Einflussgrössen des Energieverbrauches sind Schachtverluste, Antriebssystem, Förderlast und Geschwindigkeit, Türsystem, Steuerungssystem, Einschaltdauer der Kabinenbeleuchtung sowie die Anzahl Fahrten. Der Energieverbrauch von Aufzügen mit Frequenzumrichter-Antrieben in Wohnhäusern sowie kleineren und mittleren Bürohäusern ist rund dreimal kleiner als der Energieverbrauch von älteren Anlagen mit Feinabsteller-Antrieben.

Abb. 2: Jährlicher Energieverbrauch in Abhängigkeit der Fahrten in MWh für verschiedene Antriebe. Motorleistung: 6 kW für Traktionsaufzüge, 18 kW für Hydraulikaufzüge (Aufzug 450 kg, 1,0 m/s, 6 Halte).

Abb. 3: Energiekosten pro Jahr in Abhängigkeit der Anzahl Fahrten pro 15 Minuten für verschiedene Antriebe (Kosten nach Leistungsmessung).

A) Feinabsteller, permanente Kabinenbeleuchtung
B) Feinabsteller, automatische Kabinenbeleuchtung
C) Frequenzumrichter, automatische Kabinenbeleuchtung
D) Hydraulik, permanente Kabinenbeleuchtung
E) Hydraulik, automatische Kabinenbeleuchtung

Mittlere Fahrstrecke (Anzahl Halte, Gebäudeart, Stockwerkdistanz)

Die mittlere Fahrtdauer eines Aufzuges beträgt rund 10 Sekunden, so dass die Dauerbelastung des Netzes bei niedriger Fahrtenzahl stark ins Gewicht fällt. Zum Beispiel ist in einem Wohnhaus mit 150 Fahrten pro Tag der Aufzug nur während 152 Stunden pro Jahr in Betrieb. Dies entspricht lediglich 1,77 % des Jahrestotals (8760 Stunden). Mit anderen Worten: Jedes Watt Dauerbelastung wirkt sich rund 57 mal stärker auf den Stromverbrauch aus als ein Watt Antriebsbelastung. Zum Vergleich: Mit 1200 Fahrten pro Tag in einem Geschäftshaus (rund 260 Tage pro Jahr) wirkt sich jedes Watt Dauerbelastung nur noch 11 mal stärker aus als ein Watt Antriebsbelastung.

Bereitstellungsgebühr

Die Bereitstellungsgebühr basiert auf der Leistungsmessung, dem Anschlusswert oder auf einer Abonnementsgebühr. Bei der Leistungsmessung ist die «Viertelstunde des grössten Verbrauches» massgebend. Energiesparende Aufzugssysteme werden durch diese Art der Gebührenerhebung belohnt. Die Erhebung aufgrund des Anschlusswertes für den Motor (Motorleistung) berücksichtigt dagegen nicht das gesamte Aufzugssystem. Einsparungen an Energie bewirken deshalb keine proportionale Kostenverminderungen. Die

Abonnementsgebühr errechnet sich aufgrund der Nennstromstärke der Schmelzsicherungen und berücksichtigt auch nicht, wie bei der Errechnung nach dem Anschlusswert, das gesamte Aufzugssystem.

Einsparpotentiale

Nutzlast und Geschwindigkeit

Die Anzahl Aufzüge und deren Nutzlast und Geschwindigkeit für ein Gebäude werden über Verkehrsberechnungen ausgewählt. Nutzlast und Geschwindigkeit sind die Hauptfaktoren für die Bestimmung der notwendigen Antriebsleistung jedes Antriebssystems, das heisst aber auch des Energieverbrauchs pro Fahrt, des Anlaufstromes etc. Wohnhäuser benötigen im allgemeinen kleine Aufzüge. Bei der Nutzlastfestlegung wird aber heute Rücksicht auf Behinderte und Rollstuhlzugang genommen. Mindestens ein Aufzug muss eine Mindestgrösse von 500 oder 630 kg (Gesamtgewicht) aufweisen. Bei hohen Mehrfamilienhäusern wird auch Rücksicht auf Möbeltransporte genommen (1000-kg-Kabine). Dies führt zu einer Erhöhung der Antriebsleistung, der Anlaufströme und des Energieverbrauches. Die Verkehrsleistung eines Aufzuges ist bei weitem nicht proportional zur Aufzugsgeschwindigkeit. (Zeitverlust beim Laden, Türschliessen, Beschleunigen, Bremsen, Türöffnen, Entladen). Zum Beispiel: Anstatt der weit verbreiteten Aufzugsgeschwindigkeit von 1,0 m/s in Wohnhäusern mit 3 bis 5 Halten kann ohne weiteres 0,63 m/s verwendet werden. Es werden damit die Förderkapazität und die Fahrzeit wenig reduziert und die Wartezeit nur um wenige Sekunden erhöht. Die notwendige Motorleistung, der Energieverbrauch und der Anlaufstrom des Antriebes reduzieren sich aber um etwa 35 %!

Antriebssystem

Die Stromaufnahme und Anlaufströme werden durch das Antriebssystem bestimmt. Die Höhe der Spannungsabfälle beim Anlauf wird durch das Antriebssystem und die Netzcharakteristiken gegeben. Weniger Stromaufnahme heisst: allenfalls kostengünstigere einmalige Netzanschlussgebühren, kostengünstigere elektrische Hausinstallation (kleinere Kabelquerschnitte, Sicherungen, Schalter etc.) sowie geringere Energieverbrauchskosten. Kleinere Anlaufströme bedeuten kleinere Spannungsabfälle (Flicker), d. h. aber zusätzlich: Der Aufzugsbetrieb kann mit kleineren «Netzleistungen» und/oder Notstromanlagen gesichert werden, und es resultieren weniger Verluste im Versorgungsnetz (die Verluste wachsen quadratisch mit der Stromstärke). Ausserdem fallen beim Einsatz von Frequenzumrichter-Antrieben die Einschaltstromstösse auf dem Versorgungsnetz und die Einschaltdrehmomentstösse des Motors weg. Die hohe thermisch-mechanische Wechselbeanspruchung des Motors sinkt drastisch, ein wichtiger Faktor für die Lebensdauer und Zuverlässigkeit von Antriebssystemen. Lange Lebensdauer von Produkten sichern heisst auch, (graue) Energie und Kosten sparen.

Anzahl Anläufe

Mit der Anzahl Anläufe pro Stunde oder pro Tag können die mittlere Leistungsaufnahme sowie der zulässige Spannungsabfall im Stromversorgungsnetz beim Antriebsanlauf gemäss SEV-Empfehlungen bestimmt werden. Mit diesen Daten kann sodann die entsprechende Dimensionierung der erforderlichen Elektroinstallationen bestimmt werden. Aber auch die Kosten des Energieverbrauchs und die Höhe der Netzanschlussgebühren oder Netzanschlusskosten lassen sich davon ableiten. Damit ist auch ein Vergleich der Wirtschaftlichkeit der Antriebssysteme möglich.

Aufzugssteuerung (Antriebs- und Kommando-Steuerung)

Die Steuerung des Aufzuges verursacht einen Dauerstromverbrauch, aber sie erlaubt auch, den Betriebsenergieverbrauch des Aufzuges zu reduzieren. Vorwiegend bei Aufzügen in Wohnhäusern (wenig Fahrten pro Tag) wird durch die automatische anstatt permanente Kabinenbeleuchtung eine relativ grosse Energieverbrauchs-Einsparung erreicht. Eine Kollektiv-Abwärtssteuerung (Bus-Betrieb) anstatt Druckknopf-Steuerung (Taxi-Betrieb) reduziert die Anzahl Fahrten eines einzelnen Aufzuges zwar wenig, bei der grossen Anzahl installierter Aufzüge werden aber doch etliche kWh gespart! Bei Hochhäusern kann auch die Aufzugssteuerung für die Steuerung der Treppenhaus-Beleuchtung benutzt werden: Es wird nur die Beleuchtung des Zielstockwerkes eingeschaltet.

Bestehende Anlagen

Da der Aufzugs-Energieverbrauch kaum separat erfasst wird, müssen der approximative jährliche Energieverbrauch und die entsprechenden Energiekosten mit Richtwerten oder rechnerisch evaluiert werden. Wirtschaftlichkeitsbetrachtungen alleine ergeben heute bei Wohnhausaufzügen wenig Spielraum für energiesparende Massnahmen. Eine kostengünstige Massnahme ist der Umbau der permanenten auf eine automatische Kabinenbeleuchtung. In allen folgenden Situationen sollten energiesparende Antriebe in Betracht gezogen werden:

- Verbesserung der Verkehrsleistung
- Verbesserung des Laufkomforts und der Anhaltegenauigkeit
- Reparaturfälle
- Modernisierungen

Hydraulik-Aufzüge können allerdings nicht ohne grössere Investitionen durch Seilaufzüge ersetzt werden. Bei grösseren Aufzügen bzw. bei hohen Frequenzen (1000 bis 1500 Fahrten pro Tag) kann mit modernen Antriebssystemen viel Energie eingespart werden, und Wirtschaftlichkeitsbetrachtungen ergeben einen grösseren Spielraum für energiesparende Massnahmen.

Wohnhaus-Lift mit 6 Halten

Wohnhaus mit einem bestehenden Feinabsteller-Aufzug 450 kg, 1,0 m/s, 6 Halte mit Relais-Steuerung. Im Untergeschoss sind Keller und eine gemeinsame Autogarage untergebracht. Jedes Stockwerk zählt drei Wohnungen, und die Wohndichte beträgt 3,2 Personen pro Wohnung. Der Aufzug ist mit automatischen Türen versehen, und die Kabine besitzt eine dauernde Beleuchtung mit zwei Leuchten von 40 W. Anzahl Fahrten pro Jahr: 60 216 (165 Fahrten pro Tag). Energieverbrauch: 1637 kWh. Anmerkung: Der Aufzug 450 kg, 1,0 m/s, ist heute nicht mehr konform zu der neuen Aufzugsreihe. Gegenüber dem 450-kg-Aufzug steigt der Energieverbrauch des heute am meisten verwendeten Feinabsteller-Antriebes (630 kg, 1,0 m/s) etwa im Verhältnis 630/450. Bei dauerndem Betrieb der Kabinenbeleuchtung werden 701 kWh verbraucht. (Viele Aufzüge sind dauernd beleuchtet!) Wird die Kabinenbeleuchtung nur während der Aufzugsfahrten automatisch eingeschaltet, werden 687 kWh eingespart. Der jährliche Gesamt-Energieverbrauch des Aufzuges reduziert sich dann auf 950 kWh. Die Dauerbelastung der Kommandosteuerung beträgt 26 W. Dies bedeutet 228 kWh im Jahr. Der Energieverbrauch des Antriebes beträgt somit 708 kWh im Jahr. Mit einem etwas langsameren Feinabsteller (0,63 m/s statt 1,0 m/s) könnten etwa 240 kWh eingespart werden. Wird aber der Zweigeschwindigkeits-Aufzug 1,0 m/s durch einen Frequenzumrichter-Antrieb 1,0 m/s ersetzt, sinkt der Energieverbrauch des Antriebes auf etwa 248 kWh (460 kWh eingespart). Der gesamte Energieverbrauch des Aufzuges reduziert sich dann auf 490 kWh, d. h. nur noch etwa 30 % des ursprünglichen Verbrauches!

ENERGIESPAREN BEIM LIFT

Lift mit 450 kg, 6 Halte, 1,0 m/s	
Kabinenbeleuchtung	701 kWh
Kommandosteuerung	228 kWh
Antrieb	708 kWh
Energieverbrauch total	1637 kWh
Einsparung Kabinenbeleuchtung	687 kWh
Frequenzumrichter-Antrieb	460 kWh
Einsparung total	1147 kWh
Energiesparende Bau- und Betriebsweise	490 kWh

Elektrizitätskosten

Zum Vergleich die Elektrizitätskosten des Aufzuges 450 kg, 1,0 m/s, 6 Halte, unter folgenden Bedingungen (Abb. 3):
A) Feinabsteller, permanente Kabinenbeleuchtung
B) Feinabsteller, automatische Kabinenbeleuchtung
C) Frequenzumrichter, automatische Kabinenbeleuchtung
D) Hydraulik, permanente Kabinenbeleuchtung
E) Hydraulik, automatische Kabinenbeleuchtung
Die Motorleistung beträgt 6 kW für Traktionsaufzüge, 18 kW für Hydraulikaufzüge. Die Dauerbelastung der Kommandosteuerung beträgt 26 W. Blindenergie bleibt unberücksichtigt.

Verrechnung nach Anschlusswert (Tabelle 7): Die Anschlusswert-Gebühren machen den Hauptteil der Kosten aus. Der Betreiber profitiert nur wenig von der relativ grossen Ersparnis im Energieverbrauch und der viel kleineren Netzbeanspruchung der Frequenzumrichter-Antriebe «C». Eine Ersparnis von 70 % im kWh-Verbrauch (gegenüber dem Feinabsteller

«A») ergibt nur 16 % Kostenersparnis. Die Kosten pro kWh steigen von Fr. 0,77 auf 2,16, d. h. um 278 %! Die hohe Leistung der hydraulischen Aufzüge führt hier auch zu entsprechend hohen Kosten, wiederum in erster Linie Anschlusswert-Gebühren.

Tabelle 7: Energiekosten von fünf Antrieben: Verrechnung nach Anschlusswert. Anschlusswertgebühr: 160.– Fr. pro kW und Jahr; Verbrauchskosten: 0,18 Fr. pro kWh.

Aufzug	Verbrauch/Jahr kWh	Verbrauch/Jahr %	Kosten Fr./Jahr Leistung	Kosten Fr./Jahr Verbrauch	Kosten Fr./Jahr Total	Kosten Fr./Jahr %	Kosten/kWh Fr.	Kosten/kWh %
Feinabsteller, mit permanenter Kabinenbeleuchtung	1637	100	960	295	1255	100	0,77	100
Feinabsteller, mit automatischer Kabinenbeleuchtung	950	58	960	171	1131	90	1,19	155
Frequenzumrichter, mit automatischer Kabinenbeleuchtung	490	30	960	88	1048	84	2,14	278
Hydraulik, mit permanenter Kabinenbeleuchtung	2140	131	2880	385	3265	260	1,53	199
Hydraulik, mit automatischer Kabinenbeleuchtung	1453	89	2880	262	3142	250	2,16	281

Verrechnung nach Leistung (Tabelle 8): Ganz anders sieht es aus, wenn der Aufzug nach Leistungsmessung verrechnet wird. (Einfachheitshalber wird eine Verrechnungsperiode von 1 Jahr angenommen.) Die Höhe der Leistungskosten für eine Verrechnungsperiode wird aus der grössten vorgekommenen «mittleren Leistungsaufnahme während 15 Minuten» ermittelt. Da die maximale Anzahl Fahrten während 15 Minuten variiert, können auch bei gleichem jährlichen Energieverbrauch unterschiedlich hohe Leistungskosten bzw. Energiekosten entstehen. Abb. 3 zeigt die Leistungskosten pro Jahr in Funktion der Anzahl Fahrten pro 15 Minuten. Die Leistungskosten beinhalten einen festen (bei 0 Fahrten, proportional zur Dauerbelastung) und einen veränderlichen Anteil (proportional zur Anzahl Fahrten). Mit einer Spitze von 20 Fahrten während 15 Minuten pro Verrechnungsperiode ergeben sich jährliche Kosten wie in Tabelle 8 dargestellt. Verbraucher mit kleineren mittleren Leistungsaufnahmen während 15 Minuten werden belohnt (kleinere Leistungskosten). Massnahmen zur Reduktion des Dauerenergieverbrauches lohnen sich eher als bei Verrechnung nach Anschlusswert. Die hohen Netzbeanspruchungen der hydraulischen Aufzüge werden aber sehr wenig kostenwirksam.

Tabelle 8: Energiekosten von fünf Antrieben: Verrechnung nach Leistung. Leistungsgebühr: 160.– Fr. pro kW und Jahr; Verbrauchskosten: 0,18 Fr. pro kWh.

	Verbrauch/Jahr		Kosten / Jahr					Kosten/kWh	
			Leistung		Verbrauch	Total			
Aufzug	kWh	%	Fr.	%	Fr.	Fr.	%	Fr.	%
Feinabsteller, mit permanenter Kabinenbeleuchtung	1637	100	168	100	295	463	100	0,28	100
Feinabsteller, mit automatischer Kabinenbeleuchtung	950	58	158	94	171	329	71	0,35	125
Frequenzumrichter, mit automatischer Kabinenbeleuchtung	490	30	60	36	88	148	31	0,30	107
Hydraulik, mit permanenter Kabinenbeleuchtung	2140	131	274	163	385	659	142	0,31	111
Hydraulik, mit automatischer Kabinenbeleuchtung	1453	89	264	157	262	526	114	0,36	139

Literatur

[1] Schröder, J.: The Energy Consumption of Elevators – A Comparative Analysis. Elevator World, November 1980.

[2] Schröder, J.: Energieverbrauch und Energiekosten bei Wohnhaus-Aufzügen. Lift-Report, 1986.

[3] Schröder, J.: Elevator Traction drives a Review of the Present State of the Art. Elevator World, Mai 1988.

[4] Selg, Josef: Leistungs-Elektronik im Aufzugsbau. Drehzahlgeregelte Antriebe verringern den Energiebedarf und erhöhen den Fahrkomfort. Lift-Report Heft 4, Juli/August 1983.

[5] Böhn: Regelungstechnik und Energieverbrauch. Lift-Report Heft 4, Juli/August 1984.

[6] Schörner, J.: Vergleichende Betrachtung von Aufzugsmotoren im konventionellen und im geregelten Betrieb. Lift-Report Heft 4, Juli/August 1984.

[7] Schörner, J.; Seifert, D.: Bessere Fahreigenschaften und geringerer Energieverbrauch bei Seilaufzügen durch drehzahlgeregelte Drehstromantriebe. Lift-Report, Januar/Februar 1986.

[8] Yokata, Satoru; Watanabe, Eiki: Variable Frequency. Helical gear for high-speed Elevators. Elevator World, Januar 1984.

[9] Kamaike, H.: A new Control and Driving System for Elevators. Elevator World, August 1985.

[10] Schneider, Klaus: Comparison of power requirements of conventional drive systems for oil hydraulic elevators. Lift-Report Heft 1, Januar/Februar 1988.

[11] Steiner, H. R.: Reduktion der Anlaufströme bei hydraulischen Aufzügen. Kongress Interlift, München 1991 (September).

6. Beleuchtung

6.1 Systeme und ihre Komponenten

CARL-HEINZ HERBST

Eine gute Beleuchtung mit niedrigen Energiekosten zu betreiben, hat viel und zuerst mit Tageslichtnutzung sowie der Regelung der Lampen zu tun. Die bedarfsorientierte Regelung ist auf eine sinnvolle Zonierung der beleuchteten Räume angewiesen. Im weiteren sind die Beschaffenheit der Innenwände und Decken (Reflexion), die Eigenschaften von Leuchten und Lampen sowie die Kombination dieser Massnahmen energetisch relevante Kriterien.

→
4.3 Beleuchtung im Haushalt, Seite 147
6.2 Beleuchtung im Büro, Seite 216
6.3 Beleuchtung in der Industrie, Seite 220

Lichttechnische Grössen

Sichtbare Strahlung: Zwischen 400 und 780 Nanometer (nm) liegt der Wellenlängenbereich der sichtbaren Strahlung, die vom Auge als Licht empfunden wird.
Der Lichtstrom (Φ) in Lumen (lm) ist ein Mass für die Lichtleistung.
Die Lichtstärke (I) in Candela (cd) gibt an, wieviel Licht in einer bestimmten Richtung ausgestrahlt wird.
Die Beleuchtungsstärke (E) in Lux (lx) bemisst das Licht, das auf eine Fläche auftrifft.
Die Leuchtdichte (L) in Candela pro m^2 (cd/m^2) bewertet das Licht, das von einer Lichtquelle ausgestrahlt oder von einer Fläche reflektiert wird und ins Auge fällt.
Die Reflexion beschreibt die Eigenschaft von Objekten, das aufgestrahlte Licht zurückzuwerfen.
Die Lichtfarbe beschreibt das Aussehen einer Lichtquelle. Bei weissem Licht wird sie gekennzeichnet durch die Farbtemperatur in Kelvin (K).
Die Farbwiedergabe-Eigenschaften beschreiben die Wiedergabe von Objektfarben unter dem Licht der betreffenden Lichtquelle im Vergleich zu einem Temperaturstrahler ähnlichster Farbtemperatur. Bewertungsgrösse ist der Allgemeine Farbwiedergabe-Index R_a (Maximalwert 100).

Lampen

Nach Art der Lichterzeugung unterscheidet man zwei Gruppen: Temperaturstrahler (Glühlampen) und Lumineszenzstrahler (Entladungslampen). Die Lichtausbeute einer Lampe ist abhängig vom Lampentyp und von der Lam-

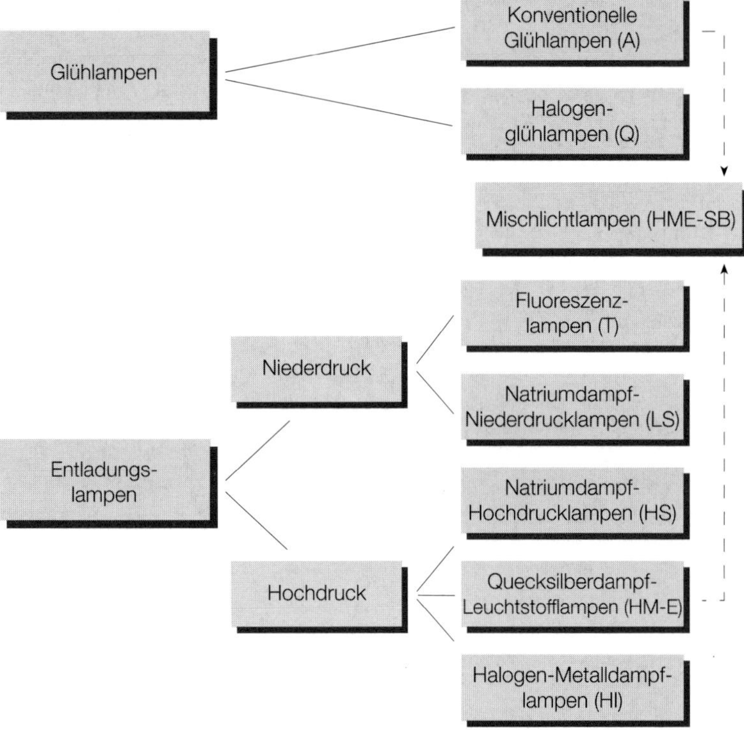

Abb. 1: Zusammenstellung der häufigsten Lampen.

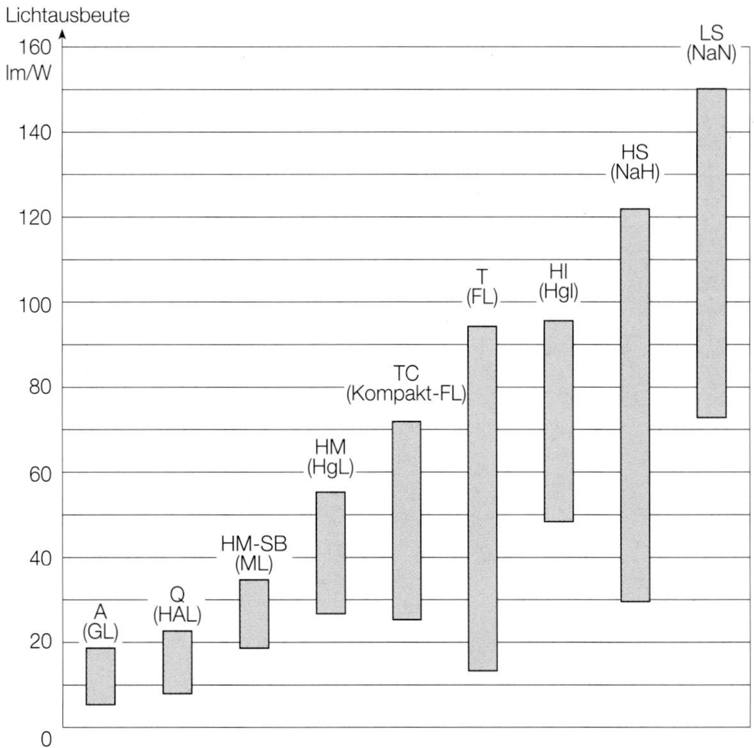

Abb. 2: Lichtausbeute in lm/W für verschiedene Lampen.

penleistung. Die Unterschiede können beträchtlich sein (Abb. 2). Für einen Vergleich der Lichtausbeuten ist auch die Verlustleistung allfälliger Vorschaltgeräte oder Trafos zu berücksichtigen. In Lampenkatalogen wird meist nur die reine Lampen-Lichtausbeute angegeben, die aber für den Anwender nicht relevant ist. Die Umwandlung der elektrischen Energie erfolgt in sichtbare Strahlung, in IR-Strahlung (wird erst am beleuchteten Objekt wirksam) und in Konvektionswärme (wird an die Lampenumgebung und die Luft abgegeben). Bei Hochtemperaturlampen (Glühlampen, Hochdruck-Entladungslampen) fällt die Wärme zum grössten Teil als Infrarotstrahlung an, bei Lampen mit niedriger Kolbentemperatur (Leuchtstofflampen) entsteht vorwiegend Konvektionswärme (Abb. 3).

Lampe: Lichtquelle. Leuchte: Halterung der Lampe mit dem Zweck der Lichtführung, Lichtdämpfung oder Dekoration.

Lebensdauer von Lampen: Zwei Definitionen

- Mittlere Lebensdauer (Zeitpunkt, zu dem 50 % aller Lampen ausgefallen sind)
- Wirtschaftliche Lebensdauer (Zeitpunkt, zu dem wegen Lichtstromrückgang infolge Alterung und Verschmutzung oder aus betrieblichen Gründen ein Lampenwechsel ratsam wird)

Bei Entladungslampen ist die Lebensdauer oft auch abhängig von der Schalthäufigkeit. Deshalb wird hier die Angabe der Lebensdauer auf eine bestimmte Mindestbetriebszeit pro Schaltung bezogen: z. B. Leuchtstoff-Lampen 3 h, Hochdruck-Entladungslampen 5 bis 10 h. Entladungslampen benötigen zum Betrieb einen Strombegrenzer, eventuell auch einen Starter oder ein Zündgerät.

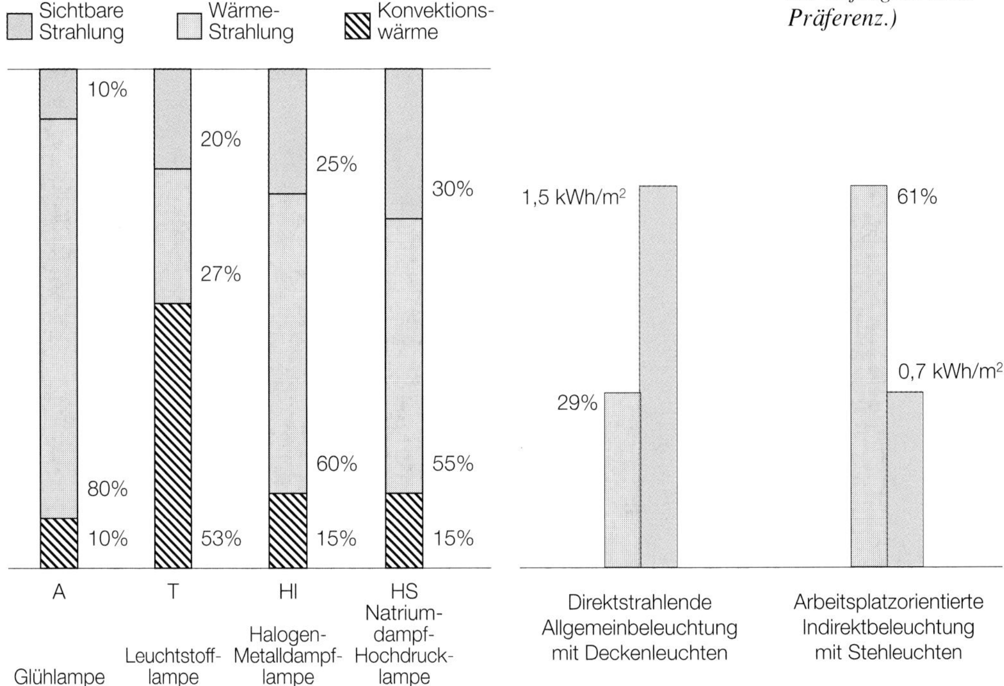

Abb. 3: Anteile von sichtbarer Strahlung, Wärmestrahlung und Konvektionswärme am gesamten Energieverbrauch in % für 4 Lampentypen.

Abb. 4: Vergleich der Akzeptanz (%) und des spezifischen Energieverbrauches (kWh/m^2) zweier Beleuchtungssysteme in einem Grossraumbüro. (Energieverbrauch pro Woche im Winterhalbjahr, 10 % der Befragten ohne Präferenz.)

BEWERTUNGSKRITERIEN FÜR LAMPEN

• Lichtstrom • Lichtausbeute • Lichtstromabnahme durch Alterung • Lichtfarbe und Farbwiedergabe-Eigenschaften • Leistungsstufung • Lebensdauer • Betriebsverhalten (z. B. Zündung) • Anschaffungs- und Betriebskosten

Glühlampen

Vorteile: • Warmweisse Lichtfarbe • Sehr gute Farbwiedergabe-Eigenschaften (Ra = 100) • Gute Bündelungsfähigkeit • Kompakte Form • Problemlose Installation • Niedriger Preis
Nachteile: • Geringe Lichtausbeute (Energiefresser) • Niedrige Lebensdauer • Hohe Wärmestrahlung • Starke Abhängigkeit von der Betriebsspannung: je 5 % Überspannung halbiert die Lebensdauer, je 5 % Unterspannung (z. B. durch Dimmen) verdoppelt die Lebensdauer. Man spart aber mehr Energie, wenn man, statt zu dimmen, Glühlampen geringerer Leistung mit Nennspannung betreibt.

Lampen mit Grosskolben (Globe-Lampen) sind teuer und die Lichtausbeute ist um einen Drittel geringer als bei mattierten Standardlampen. Besser wählt man Kompakt-Leuchtstofflampen mit Globekolben.

Reflektor-Glühlampen

Der Glaskolben von Reflektor-Glühlampen ist teilweise verspiegelt und so geformt, dass der Lichtstrom auch ohne spezielle Leuchte und externe Reflektoren in bestimmte Richtungen gelenkt wird.
Vorteile: • Eingebaute Lichtlenkung • Verschiedene Bündelungsarten je nach Reflektorform • Geringer Verschmutzungseinfluss • Viele Leistungsstufen • Kompakte Abmessungen • Keine Spezialleuchten erforderlich • Einfache Installation • Niedrige Erstellungskosten
Nachteile: • Erhöhte Ersatzkosten • Erhöhter Platzbedarf für Ersatzlampen
Ausführungsformen: • Engstrahler (Spot) • Breitstrahler (Flood) • Kolben aus geblasenem Glas (preisgünstig) • Kolben aus Pressglas (temperaturwechselbeständig, regenfest) • Ausführung mit Kaltlicht-Reflektor (stark reduzierte Infrarotstrahlung im Lichtkegel, jedoch stärkere Erwärmung des Sockels und der Fassung)

Halogen-Glühlampen

Diesen Lampen wird neben dem Füllgas noch ein Halogen (Jod oder Brom) zugesetzt.
Vorteile: • Stark reduzierte Abmessungen (besonders bei Niedervolt-Lampen) • Zum Teil etwas erhöhte Lichtausbeute (bis ca. 25 lm/W) • Weisseres Licht • Erhöhte Lebensdauer • Keine Kolbenschwärzung (daher kein Lichtstromrückgang durch Alterung)
Nachteile: • Erhöhte Leuchtdichte und Blendgefahr • Hohe Anschaffungskosten • Sehr hohe Kolben- und Fassungstemperatur
Ausführungsformen: • Röhrenform mit Schraubsockel, Bajonettsockel oder Stecksockel • Soffittenform, beidseitig gesockelt

Leistungsstufen von 5 bis 2000 W
Mittlere Lebensdauer 2000 h

Anmerkung: Die Lichtausbeute von Niedervolt-Ausführungen ist allerdings wegen des unvermeidlichen Transformators mit seinen Eigenverlusten nur wenig besser als bei Hochvolt-Halogenglühlampen. (Die Lichtausbeute steigt mit sinkender Betriebsspannung, ohne Berücksichtigung des Trafos.)

Leuchtstofflampen

Die Gasentladung führt hier überwiegend zu kurzwelliger, unsichtbarer UV-Strahlung. Sie wird durch eine Leuchtstoffschicht auf der Rohr-Innenwand absorbiert und in sichtbare Strahlung umgewandelt. Neben dem Vorschaltgerät zur Strombegrenzung ist zum Zünden der Lampe noch ein Starter oder eine spezielle Schaltung erforderlich. Die Leuchtstofflampe wird oft als Fluoreszenzlampe bezeichnet.
Vorteile: • Hohe Lichtausbeute • Grosse Auswahl an Lichtfarben • Hohe Lebensdauer • Weitgehend problemloser Betrieb • Niedrige Oberflächentemperatur • Wenig Infrarotstrahlung • Geringe Spannungsabhängigkeit • Günstiger Preis
Nachteile: • Eingeschränkte Bündelungsfähigkeit • Abhängigkeit der Lichtausbeute von der Umgebungstemperatur • Höherer Aufwand beim Dimmen gegenüber Glühlampen • Lampen unterschiedlicher Leistung nicht austauschbar
Ausführungsformen: • Stabförmig: Hier ist die Lichtausbeute am höchsten; im allgemeinen besitzt jede Leistungsstufe eine andere Länge • Ringförmig (circline): Die Kontaktgabe ist problematisch und störanfällig, die Lebensdauer und die Lichtausbeute reduziert und der Preis hoch.
Häufigste Bauformen: • 18 W, 590 mm lang • 36 W, 1200 mm lang • 38 W, 1045 mm lang (speziell geeignet für Baurastermass M 12 mit Zwischenwänden; Auswahl an Lichtfarben eingeschränkt) • 58 W, 1500 mm lang
Leistungsstufen von 4 bis 215 W.

Lichtfarbe und Farbwiedergabe-Eigenschaften
• Lampen mit Standardlichtfarben: Sie haben ein Spektrum mit starker Betonung im gelbgrünen Bereich
• 3-Banden-Lampen: Die Leuchtstoffschicht besteht hier aus drei Komponenten mit begrenzten Spektralbereichen (Banden). Man wendet sie an, wenn subjektiv gute Farbwiedergabe insbesondere der menschlichen Haut gewünscht wird.
• De-Luxe-Lampen: Sie sind in erster Linie dort am Platz, wo es auf genaue Farbbeurteilung ankommt (z. B. Abmusterung in der Textil- und Druckindustrie). Die Lichtausbeute ist jedoch ca. 30 % niedriger als bei den anderen Typen.

Klasse	Relativer Lichtstrom	Farbwiedergabe	Preisverhältnis
Standardlampen	1	mässig	1
3-Banden-Lampen	1,1	subjektiv gut	ca. 2
De-Luxe-Lampen	0,7	objektiv sehr gut	ca. 2,3

Tabelle 1: Lichtstrom, Farbwiedergabe und Preisverhältnis von Leuchtstoff-Lampen (ohne Raster).

Kompakt-Leuchtstofflampen (Energiesparlampen)

Kompakte Leuchtstofflampen entsprechen in der Funktion den stabförmigen Leuchtstofflampen. Das Entladungsrohr ist jedoch ein- oder mehrmals gebogen, und beide Enden sind auf einen Sockel geführt. Deshalb sind diese Lampen vor allem dort geeignet, wo Glühlampen gewünscht werden, dies aber wegen des Energiebedarfs und des Unterhaltsaufwandes nicht verantwortet werden kann. Gegenüber den häufigsten stabförmigen Leuchtstofflampen sind Kompakt-Leuchtstofflampen jedoch in der Regel unwirtschaftlicher und verbrauchen bei gleichem Lichtstrom mehr Energie.
Vorteile: • Kleine Abmessungen, ähnlich denen der Glühlampe • Hohe Lichtausbeute (nur ca. 25 % der Anschlussleistung im Vergleich zu lichtstromgleichen Glühlampen) • Lange Lebensdauer (bis 8mal höher als bei Glühlampen) • Warmweisse Lichtfarbe wie bei Glühlampen • Gute Farbwiedergabe-Eigenschaften
Nachteile: • Hohe Lampenkosten • Wegen schlechter Bündelungsfähigkeit für Akzentlicht nur bedingt geeignet • Je nach Typ bis 2 Minuten Anlaufzeit für volle Lichtstromabgabe

Kompakt-Leuchtstofflampen mit Schraubsockel: Sie sind so konstruiert, dass sie als Alternative zu Glühlampen in bestehenden Anlagen verwendet werden können. Das Vorschaltgerät ist im Lampensockel integriert. Folgende Eigenheiten sind jedoch zu beachten:

- Schlechter Leistungsfaktor (auch bei elektronischem Vorschaltgerät), daher bei Anlagen mit grösseren Stückzahlen oft Blindstrom-Kompensation erforderlich
- Bei elektronischem Vorschaltgerät kann der Anteil der 3. Oberwelle sehr hoch sein
- Bei konventionellem Vorschaltgerät hohes Gewicht

Lampen mit opalem Globekolben (Durchmesser ca. 100 bis 130 mm) sind von den entsprechenden Glühlampen bezüglich der Lichtfarbe praktisch nicht zu unterscheiden. Da sie etwa die achtfache Lebensdauer haben, aber nur viermal teurer sind, ist diese Ausführung sogar schon bei der Anschaffung wirtschaftlicher als Glühlampen mit Globekolben.

Kompakt-Leuchtstofflampen mit Stecksockel: Bei diesen Lampen ist nur der Starter integriert, das Vorschaltgerät wird separat montiert. Es muss deshalb bei ausgebrannter Lampe nicht ausgewechselt werden, so dass die Lampenersatzkosten kleiner sind. Lampen mit 4-Stiftsockel können mit geeigneten Zusatzgeräten gedimmt werden.

Elektronische Vorschaltgeräte

Konventionelle Vorschaltgeräte sind Drosselspulen mit Kupferdrahtwicklung auf einem Eisenkern. Zusammen mit einem Glimmstarter sind sie die einfachste und zugleich billigste Schaltung. Um den schlechten Leistungsfaktor (0,4 bis 0,5) zu verbessern, muss kompensiert werden, in der Regel mit kapazitiven Vorschaltgeräten. Empfehlenswert sind verlustarme Vorschaltgeräte mit reduzierten Eigenverlusten. Extrem verlustarme Vorschaltgeräte sind deutlich grösser. Vollelektronische Vorschaltgeräte (EVG) sind eine Alternative zu den konventionellen Vorschaltgeräten.
Vorteile: • Erhöhte Lichtausbeute der Lampen • Sehr niedrige Geräteverluste • Kein störendes Elektrodenflimmern und stroboskopischer Effekt • Erhöhte Lampenlebensdauer bei Dauerbetrieb • Je nach Gerätetyp wenig Lebensdau-

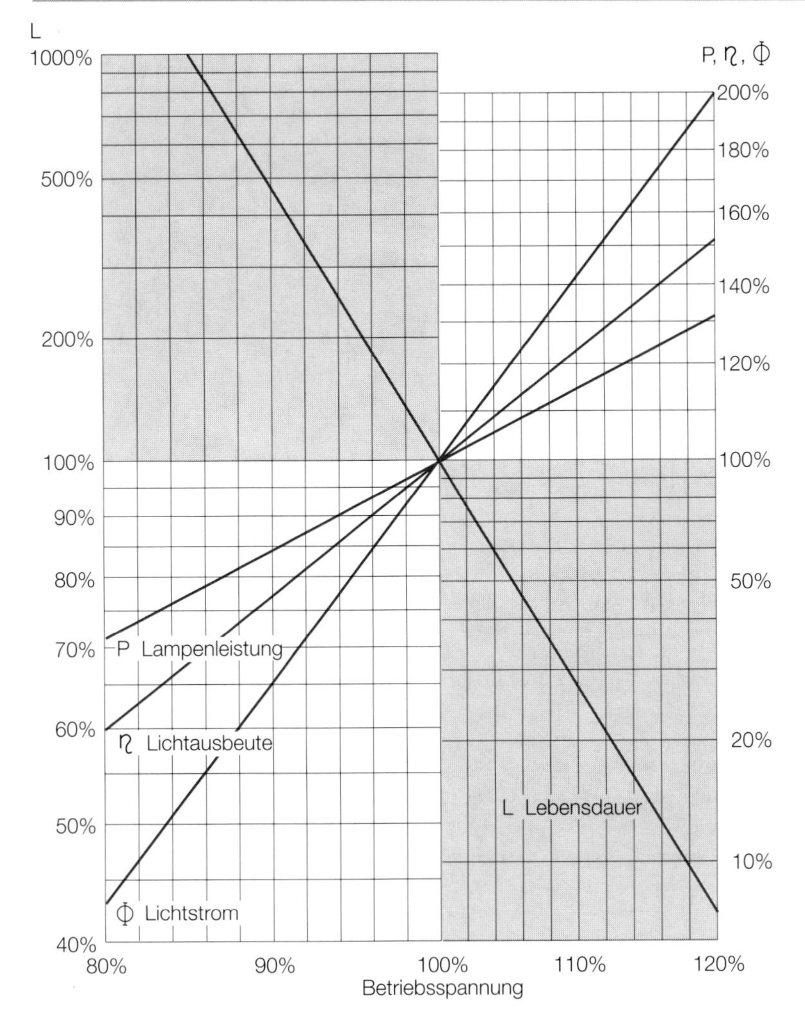

Abb. 5: Lebensdauer (L), Lampenleistung (P), Lichtausbeute (η) und Lichtstrom (Φ) in Abhängigkeit der Betriebsspannung.

er-Einbusse beim Einschalten • Leistungsfaktor praktisch 1 (keine Kompensation nötig) • Je nach Gerätetyp zwei Lampen pro Vorschaltgerät möglich • Die Zündzeit beim Einschalten ist sehr gering • Kein Flackern am Ende der Lampenlebensdauer • Je nach Gerätetyp Lichtstromregulierung möglich
Nachteile: • Infrarot-Übertragungs- und Personen-Suchanlagen können gestört werden (vor allem bei frequenzabhängiger Lichtstromregulierung) • Ausfallrate laut Herstellerangaben bei 1,5 bis 4 ‰ pro 1000 Betriebsstunden • Je nach Gerätetyp empfindlich gegen Überspannungen (z. B. bei Schieflast durch Nulleiter-Unterbruch) • Bei Fehlerstrom-Schutzschaltung spezielle Schaltertypen erforderlich • Eventuell Speziallampen für optimale Betriebsbedingungen nötig (Lagerhaltung).

Tabelle 2: Lebensdauer von Lampen in Abhängigkeit des Vorschaltgerätes.

Vorschaltgerät	Schaltungslose Lebensdauer (Dauerbetrieb)	Reduktion der Lebensdauer pro Schaltung
Konventionelles Vorschaltgerät	ca. 20 000 h	
• Glimmstarter induktiv		ca. 1 h
Glimmstarter kapazitiv		ca. 2 h
• mit optimaler Vorheizung (z. B. Perfektstart)		ca. 0,05 h
Elektronisches Vorschaltgerät	ca. 25 000 h	
• ohne Vorheizung (Sofortstart)		bis 5 h
• mit optimaler Vorheizung		ca. 0,2 h

Hochdruck-Entladungslampen

Bei diesen Lampen liegt die Strahlung vorwiegend im sichtbaren Bereich.
Vorteile: • Kompakte Bauform • Hohe Lichtstromkonzentration pro Einheit • Gute bis sehr gute Bündelungsfähigkeit • Lange Lebensdauer
Nachteile: • Anlaufzeit nach dem Zünden bis zum vollen Lichtstrom mehrere Minuten • Nach Stromunterbruch oder Spannungsabsenkung Wiederzündung erst nach mehreren Minuten; Sofortwiederzündung nur mit Spezialschaltung • Eingeschränkte Auswahl an Lichtfarben • Lichtstromregulierung problematisch oder unmöglich
Wichtigste Arten: • Quecksilberdampf-Lampen • Halogen-Metalldampflampen • Natriumdampf-Hochdrucklampen

Quecksilberdampf-Lampen

Im allgemeinen Sprachgebrauch heisst die Lampe oft etwas unpräzis «Quecksilber-Leuchtstofflampe».
Vorteile: • Hohe Lebensdauer • Grosse Auswahl an Leistungsstufen (50 W bis 1000 W) • Unkomplizierte Schaltung (kein Zündgerät erforderlich) • Mittlere Lichtausbeute • Neutralweisse, teilweise auch warmweisse Lichtfarbe
Nachteile: • Mässige Farbwiedergabe-Eigenschaften • Verschlechterung der Farbwiedergabe-Eigenschaften während der Brennzeit • Neigung zum Flimmern • Mässige Bündelungseigenschaften • Für wirtschaftlichen Leuchtenbetriebswirkungsgrad grosse Reflektoren erforderlich

Halogen-Metalldampflampen

Zusätzlich zum Quecksilberdampf enthalten diese Lampen noch Zusätze von Halogenverbindungen.
Vorteile: • Hohe Lichtausbeute • Lichtfarbe von tageslichtweiss bis warmweiss • Gute bis sehr gute Farbwiedergabe • Kompakte Bauform • Hohe Leistungskonzentration pro Einheit • Sehr gute Bündelungsfähigkeit
Nachteile: • Nicht alle Lichtfarben für alle Leistungsstufen erhältlich • Bei Unterspannung Grünstich möglich • Vergrösserte Farbtoleranzen von Lampe

zu Lampe • Erhöhter Lichtstromrückgang durch Alterung • Lampen können gelegentlich flimmern

Natriumdampf-Hochdrucklampen

Das Entladungsrohr ist hier mit Natriumdampf gefüllt, der vorwiegend im gelb-orangen Bereich strahlt.
Vorteile: • Sehr hohe Lichtausbeute • Sehr hohe Lebensdauer • Geringer Lichtstromrückgang durch Alterung • Kurze Wiederzündzeit nach Stromunterbruch
Nachteile: • Lichtfarbe stark gelbbetont • Mässige Farbwiedergabe-Eigenschaften (die jedoch subjektiv oft noch als angenehm empfunden werden) • Lampen mit verbesserter Farbwiedergabe haben schlechtere Lichtausbeute
Typen: • Standard (hohe Lichtausbeute, günstiger Preis) • Super (erhöhte Lichtausbeute und Zündspannung) • De Luxe (bessere Farbwiedergabe, verminderte Lichtausbeute) • De Luxe weiss (Farbtemperatur ähnlich Glühlampen, gute Farbwiedergabe, mässige Lichtausbeute, hoher Preis)

Induktionslampen

In der Induktionslampe werden die Atome der Gasfüllung mittels eines magnetischen Feldes mit einer hohen Frequenz ionisiert. Durch einen elektrischen Hochfrequenzstrom in der Primärspule wird ein elektromagnetisches Feld angelegt, das einen elektrischen Strom in der Gasfüllung verursacht. Dadurch werden die Gasatome ionisiert, was die Leuchtstoffe an der Innenwand der Lampe zum Leuchten bringt. (Die Gasfüllung funktioniert als Sekundärspule des Transformators.) Induktionslampen sind teuer und befinden sich in der ersten Anwendungsphase. Sie kommen vor allem an schlecht zugänglichen Stellen mit entsprechend aufwendigem Lampenwechsel zum Einsatz. Betriebsfrequenz: 2,6 MHz; Mittlere Lebensdauer: 60 000 h; Systemlichtausbeute: 65 lm/W (entspricht etwa der Ausbeute von Kompakt-Leuchtstofflampen); Beispiel: Lampe 85 W, Lichtstrom 5500 lm (entspricht einer Glühlampe von 300 W).

Leuchten

Man unterscheidet: Leuchten für Kompaktlampen (meist mit rotationssymmetrischer Lichtverteilung) sowie Leuchten für linienförmige Lampen (z. B. Leuchtstoff-Lampen), meist mit unterschiedlicher Lichtverteilung in Längs- und Querrichtung.

Lichttechnische Baustoffe

• Zur Lichtlenkung werden Reflektoren, Raster oder transparente Abdeckungen verwendet. Bei den Reflektoren unterscheidet man solche mit weissen und mit spiegelnden Oberflächen. Der Reflexionsgrad ist bei beiden Arten annähernd gleich.
• Für Abdeckungen werden Gläser oder Raster verwendet. Man unterscheidet Klarglas (oft mit optischer Struktur), Mattglas und Trübglas (sogenanntes Opalglas oder Milchglas).
• Klarglas ermöglicht einen hohen Wirkungsgrad. Optisch strukturierte Ober-

flächen (Rillen, Prismen) ermöglichen eine gezielte Brechung (Refraktion) des Lichtes und beeinflussen dadurch Lichtverteilung und Blendungsbegrenzung.

- Mattglas streut das Licht nur unvollkommen, so dass die Lichtquelle auch bei grösserem Abstand vom Glas sichtbar bleibt. Der Transmissionsgrad ist etwas höher, wenn die matte Seite gegen die Lichtquelle gerichtet ist.
- Trübglas verteilt das Licht diffus. Die Leuchtdichte ist praktisch unabhängig von der Ausstrahlungsrichtung. Bei gegebenem Lampenlichtstrom ist die Leuchtdichte umso niedriger, je grossflächiger das Glas ist.
- Raster bewirken eine tiefstrahlendere Lichtverteilung. Bei Ausstrahlungswinkeln über 60 Grad schützen sie gut vor Blendung durch die Lampe.

Schalten und Dimmen

Die effizienteste und häufig auch die wirtschaftlichste Methode zur Energieeinsparung ist das Ausschalten des Lichtes bei Nichtbedarf. Hilfreich ist hier vor allem, wenn die Leuchten in der Fensterzone separat geschaltet werden können. Sicherer und noch wirkungsvoller ist die automatische Steuerung der künstlichen Beleuchtung in Abhängigkeit vom Tageslicht. Die Anpassung an das natürliche Tageslicht kann stufenweise durch Abschalten oder kontinuierlich durch Dimmen erfolgen. Stufenweises Anpassen erfordert keine zusätzlichen Massnahmen an den Leuchten. Die Reduktion pro Stufe sollte möglichst nicht mehr als ca. 30 % betragen. Bei grösseren Stufen kann der plötzliche Helligkeitswechsel wegen der fehlenden Adaptation als unangenehm empfunden werden. Die Beleuchtung sollte individuell wieder eingeschaltet werden können. Andernfalls werden derartige Steuerungen umgangen, indem z. B. die Lichtfühler überklebt werden.

Die kontinuierliche Anpassung ist die komfortabelste Lösung und erfolgt oft für den Benutzer unmerkbar. Ausserdem ist hier die Energieersparnis am grössten. Die Bezugsgrösse kann auf drei Arten ermittelt werden: Beleuchtungsstärke an der Aussenfassade, Beleuchtungsstärke im Raum oder Leuchtdichte am Arbeitsplatz. Mit innenliegenden Lichtsensoren kann auch der Einfluss von Sonnenstoren erfasst werden. Hierbei setzt sich die Leuchtdichtemessung am Arbeitsplatz immer mehr durch. Bei tiefen Räumen ist es zweckmässig, mehrere unabhängige Steuerkreise für die verschiedenen Raumzonen zu installieren. Ausser bei grossen Räumen mit zentralem Schalttableau sollte die Beleuchtung bei ungenügendem Tageslicht nur von Hand eingeschaltet werden können, weil dies den Spareffekt erhöht.

Eine weitere Möglichkeit, nicht benötigte Beleuchtungsanlagen automatisch auszuschalten, ist die Steuerung über Bewegungsmelder. Hiermit kann entweder nur ausgeschaltet oder zusätzlich auch eingeschaltet werden. Letzteres ist vor allem in fensterlosen Räumen sinnvoll, wo künstliches Licht bei Anwesenheit von Personen in jedem Fall gebraucht wird (Korridore, Ausstellungsräume etc.).

Lampenwahl

- Glühlampen und Halogenglühlampen sind sehr schlechte Energieverwerter und sollten deshalb nur dort eingesetzt werden, wo Anschlussleistung und Betriebszeit gering sind.
- Kompaktleuchtstofflampen ermöglichen bei vergleichbaren Abmessungen etwa 75 % Einsparungen gegenüber Glühlampen.

• Noch besser schneiden mit etwa 80 % Einsparungen stabförmige Leuchtstofflampen in den Leistungsstufen 36 W bis 58 W ab.
• Ein Energiesparpotential von ca. 5 % besteht bei älteren Anlagen, wenn dort noch die früher üblichen Leuchtstofflampen mit einem Durchmesser von 38 mm in Gebrauch sind. Bei freibrennenden Lampen und Spiegelrasterleuchten kann es dabei jedoch wegen der wesentlich höheren Lampenleuchtdichte zu verstärkter Direkt- oder Reflexblendung kommen.
• Durch den Einsatz verlustarmer Vorschaltgeräte lässt sich der Energiebedarf beträchtlich senken, ohne dass dadurch die Beleuchtungsgüte beeinträchtigt wird.

SYSTEMLEISTUNGEN FÜR LEUCHTSTOFFLAMPEN

Vorschaltgerät	Lampentyp	Lampen-leistung	Verlust des Vorschalt-gerätes	Gesamtleistung absolut	relativ
Standard	T 36 W	36 W	10,5 W	46,5 W	100 %
verlustarm	T 36 W	36 W	6,0 W	42,0 W	91 %
extrem verlustarm	T 36 W	36 W	4,0 W	40,0 W	86 %
Elektronisches Vorschaltgerät	T 36 W	32 W	3,0 W	36,0 W	77 %
Standard	T 58 W	58 W	15,0 W	73,0 W	100 %
verlustarm	T 58 W	58 W	9,0 W	67,0 W	92 %
extrem verlustarm	T 58 W	58 W	5,5 W	63,5 W	87 %
Elektronisches Vorschaltgerät	T 58 W	50 W	5,0 W	55,0 W	75 %

• Quecksilberdampf-Lampen sind heute bezüglich Lichtausbeute, Farbwiedergabe-Eigenschaften und Betriebsverhalten überholt und sollten, von Ausnahmen abgesehen, nur noch für Ersatzzwecke verwendet werden. Bei kleinen Leistungen (bis ca. 125 W) sind Kompakt-Leuchtstofflampen die Alternative, in den andern Fällen Halogen-Metalldampf- oder Natriumdampf-Hochdrucklampen.
• Halogen-Metalldampflampen kleiner Leistung (35 W bis 150 W) sind kompakt, und ihr Licht lässt sich gut bündeln. Sie sind deshalb eine energieeffiziente Alternative zu Glühlampen und Halogenglühlampen für Akzentbeleuchtung, z. B. im Verkaufs- und Ausstellungsbereich, wenn hohe Lichtströme pro Einheit erforderlich sind. Das gleiche gilt auch für Natriumdampf-Hochdrucklampen de Luxe weiss, wenn hier auch die Lichtausbeute niedriger ist.
• Indirektleuchten mit Halogen-Metalldampflampen mittlerer Leistung (150 W, 250 W) bringen gegenüber Halogen-Glühlampen eine Energieersparnis von 70 %. Mit Halogen-Metalldampflampen oder Natriumdampf-Hochdrucklampen höherer Leistung (250 W, 400 W) anstelle von Quecksilberdampf-Lampen ergibt sich in hohen Industrie- und Lagerhallen ein Energiesparpotential von 15 % bis 40 %. Bei den Natriumdampflampen sind allerdings die stark gelbbetonte Lichtfarbe und die schlechten Farbwiedergabe-Eigenschaften zu beachten. Trotzdem ist die Akzeptanz der Benutzer in der Industrie meist gut.

ENERGIESPAREN DURCH DIE LAMPENWAHL

Lichtstrom	Lampen-/System-Anschlussleistung (Lampe + Vorschaltgerät/Trafo)				
	Glühlampe	Halogen-Glühlampe 220 V	Halogen-Glühlampe 12 V	Halogen-Metall-dampf-lampe	Natrium-Hochdruck-lampe de Luxe weiss
1400 lm	100/100 W	100/100 W	75/ 90 W	---	35/ 45 W
2500 lm	150/150 W	150/150 W	100/120 W	35/48 W	50/ 64 W
5000 lm	300/300 W	300/300 W	---	70/88 W	100/118 W

Wirkungsgrade

Leuchtenbetriebswirkungsgrad

Der Leuchtenbetriebswirkungsgrad gibt an, welcher Anteil des Lampenlichtstroms aus der Leuchte austritt und zur Beleuchtung genutzt werden kann. Bewertung: über 0,8 «sehr hoch», unter 0,5 «gering».

- Gute Qualität der lichtlenkenden Materialien: hoher Reflexionsgrad bei reflektierenden Flächen (Reflektoren, Raster, Blenden), hoher Transmissionsgrad bei lichtdurchlässigen Abdeckungen (Gläser, Raster, Stoffe). Trübgläser (Opalglas) absorbieren zwar meist nur wenig Licht, der Reflexionsgrad ist aber hoch. Deshalb wird viel Licht von der lampenseitigen Oberfläche zurück in die Leuchte reflektiert und so der Leuchtenbetriebswirkungsgrad reduziert. Bei Parabolspiegel-Rastern ist die Stegbreite auf der Lampenseite oft gross, so dass auch hier viel Licht absorbiert oder in die Leuchte zurück gespiegelt wird.
- Genügend grosse Lichtaustrittsöffnungen: Bei kompakten Leuchten, welche die Lichtquellen eng umschliessen, geht viel Licht verloren. Das gilt vor allem bei Lampen mit beschlämmten Glaskolben.
- Bei zwei- und mehrlampigen Leuchten sollte der Abstand von Lampe zu Lampe mindestens doppelt so gross wie der Lampendurchmesser sein. Andernfalls ist die Eigenabsorption zwischen den Lampen zu gross.

Raumwirkungsgrad

Der Raumwirkungsgrad gibt an, welcher Anteil des aus den Leuchten austretenden Lichtstroms auf die Nutzebene – in der Regel die Horizontalebene in 85 cm Höhe über Boden – auftrifft. Bezugsgrösse ist dabei die mittlere Beleuchtungsstärke auf dieser Ebene. Der Raumwirkungsgrad ist umgekehrt proportional zum erforderlichen Lichtstrom und damit zum Energieverbrauch. Hohe Raumwirkungsgrade resultieren aus: • Grossflächigen und niedrigen Räumen • Hohen Reflexionsgraden der Raumbegrenzungsflächen (speziell bei Leuchten mit Indirektanteil) • Direktstrahlender Lichtverteilung der Leuchten.

Tabelle 3: Lösungen typischer Beleuchtungsaufgaben.

Beleuchtungsobjekt	Hauptsehaufgaben	Empfehlenswerte Beleuchtungssysteme	Geeignete Leuchten und Lampen
Büroräume	Lesen, Schreiben, Bildschirmarbeit, Zeichnen	Allgemeinbeleuchtung, direkt-indirekt strahlend	Leuchten an Pendeln (Länge ≥ 30 cm), nach oben freistrahlend, unten Raster Stabförmige Leuchtstofflampen
		Arbeitsplatzorientierte Allgemeinbeleuchtung, indirekt strahlend	Ständer- oder Tischleuchten Halogen-Metalldampflampen Kompakt-Leuchtstofflampen
		Allgemeinbeleuchtung direkt strahlend	In Zellenbüros (Ausdehnung ≤ 5 m): Leuchten in oder an der Decke mit weissen Rastern oder lichtstreuenden Acrylglas-Abdeckungen In Gruppen- oder Grossraumbüros: Leuchten in oder an der Decke mit tief-breit-strahlenden Spiegelrastern (Batwing)
Industrie- und Gewerberäume	Materialbearbeitung und -kontrolle	In niedrigen Räumen (Höhe bis 4 m) direkt oder direkt-indirekt strahlend	Leuchten in oder an der Decke mit Reflektoren und weissen Querlamellenrastern oder mit lichtstreuenden Acrylglas-Abdeckungen Leuchten an Pendeln (Länge ≥ 30 cm), nach oben freistrahlend, unten Raster Stabförmige Leuchtstofflampen Bei Bedarf zusätzlich Arbeitsplatzleuchten, lichttechnische Eigenschaften und Lampenart der Sehaufgabe angepasst
		In hohen Räumen direkt strahlend	Reflektorleuchten tief- oder tief-breit-strahlend Stabförmige Leuchtstofflampen Natriumdampf-Hochdrucklampen Halogen-Metalldampflampen Bei Bedarf zusätzlich Arbeitsplatzleuchten, lichttechnische Eigenschaften und Lampenart der Sehaufgabe angepasst
Verkaufs- und Ausstellungsräume	Suchen, Aufmerken, Betrachten, Bewerten, Ambiance schaffen	Allgemeinbeleuchtung direkt strahlend	Leuchten in oder an der Decke, mit Spiegelrastern tief- oder tief-breit-strahlend Stabförmige Leuchtstofflampen Kompakt-Leuchtstofflampen
		Zusätzliche Akzentbeleuchtung	Leuchten in oder an der Decke oder an Stromschienen, stark gerichtet strahlend Halogen-Metalldampflampen Weisse Natriumdampf-Hochdrucklampen Niedervolt-Halogenglühlampen

In Arbeitsräumen erreicht man ein gutes Ergebnis beispielsweise mit einer arbeitsplatzorientierten Allgemeinbeleuchtung, bei der nicht der ganze Raum gleichmässig beleuchtet wird, sondern der Schwerpunkt im Arbeitsbereich liegt. Wenn eine solche Beleuchtung auch noch individuell geschaltet werden kann, wie bei indirekt strahlenden Tisch- und Ständerleuchten, ergibt sich neben einem deutlich verringerten Energieverbrauch auch noch eine hohe Akzeptanz.

In Verkaufs- und Repräsentativräumen kann durch geschickte Aufteilung in Grund- und Akzentbeleuchtung viel Energie gespart werden. Dabei verwendet man für die Grundbeleuchtung tiefstrahlende Leuchten mit Lampen hoher Lichtausbeute (Leuchtstoff- oder Kompaktleuchtstofflampen) und setzt auf den relativ dunklen Vertikalflächen Akzente mit gebündeltem Licht aus Glühlampen, Halogenglühlampen oder Halogen-Metalldampflampen. Die Lampenwahl trifft man aufgrund der erforderlichen punktuellen Beleuchtungsstärke und der Objektgrösse. Durch Anpassung des Ausstrahlungswinkels an das Objekt lassen sich bei gleicher Beleuchtungsstärke unter Umständen mehr als zwei Drittel der Anschlussleistung einsparen und erst noch der Auffälligkeitsgrad erhöhen.

Beleuchtungskosten

Nutzwertanalyse: In der Nutzwertanalyse werden zur Diskussion stehende Beleuchtungsvarianten aufgrund von gewichteten Kriterien bewertet. Da die Bewertung meist subjektiv erfolgt, sollten die Benutzer in die Nutzwertanalyse einbezogen werden.

Jahresbeleuchtungskosten: Die Beleuchtungskosten setzen sich zusammen aus Amortisation, Lampenersatzkosten, Energiekosten und Reinigungsaufwand. Eine Analyse der Jahreskosten zeigt, dass bei kleiner jährlicher Benutzungszeit (z. B. in Räumen mit guter Tageslichtversorgung) der Aufwand für die Amortisation überwiegt. Bei mittleren und hohen jährlichen Betriebszeiten (z. B. bei Mehrschichtenbetrieb oder in Grossraumbüros) liegt das Schwergewicht dagegen auf den Energiekosten. Die reinen Lampenkosten betragen dagegen in jedem Fall nur etwa 5 % der Gesamtkosten, so dass sich auch ein beachtlicher Mehrpreis für Lampen fast immer bezahlt macht, wenn dadurch eine Energieeinsparung möglich ist.

Literatur

[1] Tageslichtnutzung mit flexiblen Beleuchtungskonzepten. Elektrotechnik, 7/8 1990.
[2] Philips AG: Bewegungsabhängiges Beleuchtungssystem. Publikation zum 1. Rang des Energiepreises ETA, 1989.
[3] Vogt, Ch.: Licht und Energie. Info-Tagung des Amtes für Bundesbauten, Bern 1990.
[4] Haustechnik in der Integralen Planung. Bundesamt für Konjunkturfragen, Bern 1986.
[5] Herbst, C. H.: Beleuchtungstrends im Bürobereich. Organisator No. 9, Zürich 1989.
[6] Informationshefte zur Lichtanwendung. Fördergemeinschaft Gutes Licht, Frankfurt 1991.
[7] Die Arbeit am Bildschirm. SUVA-Schrift Nr. 44022.d, Luzern 1991.
[8] Energiegerechte Neubauten. Amt für Bundesbauten, Bern 1981.
[9] Bänziger, R.: Elektrizität sparen beim Licht. Impulsprogramm Haustechnik, 1987.
[10] Herbst, C. H.: Visuelle Probleme an Bildschirmarbeitsplätzen. Amstein+Walthert AG, Zürich 1990.
[11] Ritter, M.: Wahrnehmung und visuelles System. Spektrum der Wissenschaft, Heidelberg 1986.
[12] Zeitgemässe Beleuchtung in Industrie und Gewerbe. SLG-Tagung, Bern 1990.
[13] Nachtarbeit. New England Journal of Medicine, Bd. 322.
[14] LiTG, SLG, LTAG (Hrsg.): Handbuch für Beleuchtung. 5. Auflage, Bern 1992.

[15] Hartmann, E.: Optimale Beleuchtung am Arbeitsplatz. Kiehl Verlag, Ludwigshafen 1977.
[16] Falk, D.; Brill, D.; Stork, D.: Ein Blick ins Licht. Birkhäuser, Springer, Berlin 1990.
[17] Fischer, U.: Tageslichttechnik. Verlag Rudolf Müller, Köln 1982.
[18] Metzger, W.: Gesetze des Sehens. Waldemar Kramer, Frankfurt 1975.
[19] Krüger, H.; Müller-Limmroth, W.: Arbeiten mit dem Bildschirm – aber richtig! Bayrisches Staatsministerium für Arbeit und Sozialordnung, München 1983.
[20] Licht – Technik, Handel, Planung, Design, Zeitschrift. Richard Pflaum Verlag, München.
[21] Internationale Lichtrundschau (ILR), Zeitschrift. Stichting Prometheus, Amsterdam.

Leitsätze der Schweizerischen Lichttechnischen Gesellschaft (SLG), Postgasse 17, 3011 Bern:
[22] SEV 4019.1966: Beleuchtung von Kegel- und Bowlingbahnen.
[23] SEV 8904.1976: Natürliche und künstliche Beleuchtung von Turn-, Spiel- und Mehrzweckhallen.
[24] SEV 8905.1974: Natürliche und künstliche Beleuchtung von Schulen.
[25] SEV 8910.1982: Messen und Bewerten von Beleuchtungsanlagen.
[26] SEV 8911.1989: Innenraumbeleuchtung mit Tageslicht.
[27] SEV 8912.1977: Innenraumbeleuchtung mit künstlichem Licht, Teil 1 und 2.
[28] SEV 8913.1979: Beleuchtung von Hallenschwimmbädern und Freibädern.
[29] SEV 8917.1983: Beleuchtung für Fernsehaufnahmen in Sportanlagen.

Berichte und Empfehlungen der SLG:
[30] Dok. No. 400/82: Wegleitung für die Verhütung von Schäden an strahlungsempfindlichen Objekten in Museen und Kunstgalerien.
[31] Dok. No. 450/84: Wegleitung für die Beleuchtung von Bildschirm-Arbeitsplätzen.

Druckschriften der Deutschen Lichttechnischen Gesellschaft (LiTG), D-1000 Berlin 30, Burggrafenstrasse 6:
[32] Beleuchtung in Verbindung mit Klima- und Schalltechnik.
[33] Schober: Gutachtliche Denkschrift über die gesundheitliche Verträglichkeit des Leuchtstofflampenlichtes.
[34] Hartmann, Müller-Limroth: Stellungnahme zur Verträglichkeit des Leuchtstofflampenlichtes (Ergänzung der Schrift von Schober).
[35] Braun-Falco, Galosi: Gutachterliche Stellungnahme zum Einfluss des Leuchtstofflampenlichtes auf die Entstehung des malignen Melanoms.
[36] Messung und Beurteilung von Lichtimmissionen.
[37] Der Kontrastwiedergabefaktor CRF – ein Gütemerkmal der Innenraumbeleuchtung.

Deutsche Normen (DIN, Beuth-Verlag, Berlin)
[38] DIN 5034: Tageslicht in Innenräumen. Teil 1: Allgemeine Anforderungen; Teil 2: Grundlagen; Teil 5: Messungen.
[39] DIN 67 530: Reflektometer als Hilfsmittel zur Glanzbeurteilung an ebenen Anstrich- und Kunststoff-Oberflächen.

6.2 Dienstleistung und Gewerbe

CHRISTIAN VOGT

→
2.1 Optimierung des Verbrauches, Seite 51
4.3 Beleuchtung im Haushalt, Seite 147
6.1 Beleuchtungssysteme, Seite 201
6.3 Beleuchtung in der Industrie, Seite 220

Grundsätzlich gibt es sechs Wege, um den Energieaufwand für eine Beleuchtungsanlage zu minimieren: hohe Lichtausbeute der Lampe, hoher Leuchtenbetriebswirkungsgrad, niedrige Verlustleistung der Vorschaltgeräte, hohe Raum-Reflexionsgrade, optimierte Lichtsteuerung sowie hoher Beleuchtungswirkungsgrad. Der Anteil der Beleuchtung am schweizerischen Stromverbrauch beträgt rund 10 %. Im Dienstleistungssektor (Beispiel Verwaltungsbau) ist dieser Anteil wesentlich höher und kann mehr als die Hälfte des Elektrizitätsbedarfes ausmachen.

Systeme und ihr Energieaufwand

Die Meinungen bezüglich des richtigen Anschlusswertes schwanken zwischen «weniger als 9 W/m^2» und «mindestens 15 W/m^2». Ausschlaggebend für die Bewertung ist aber die Beleuchtungsstärke. Beim Vergleich spezifischer Systemanschlussleistungen (Lampenleistung und Vorschaltgeräteverluste) sollte deshalb von Watt pro Quadratmeter pro Lux bzw. pro 100 Lux ausgegangen werden.

Tabelle 1: Energetisch sinnvolle Anschlussleistungen der Beleuchtung für Büros.

- Kleine Zellenbüros ca. 2,7 W/m^2 pro 100 Lux
- Mehrpersonenbüros ca. 2,5 W/m^2 pro 100 Lux
- Gruppen- und Grossraumbüros ca. 2,3 W/m^2 pro 100 Lux

Voraussetzung sind helle Raumflächen und Lampen hoher Lichtausbeute.

Tiefstrahlende Spiegelrasterleuchten

Daten: Bestückung 1 mal T 36 W; Leuchtenbetriebswirkungsgrad 0,6; Anschlussleistung 2,8 W/m^2 pro 100 lx.
Vorteile: • Sehr guter Schutz vor Direktblendung • Keine störenden Spiegelungen auf dem Bildschirm, auch wenn dieser bis 20° nach hinten geneigt ist
Nachteile: • Störender Glanz und Spiegelungen auf horizontalen oder leicht geneigten Flächen (Tastaturen, Schriften etc.), wenn die Leuchtenanordnung nicht genau an den Arbeitsplatz angepasst ist • Geringer Vertikalanteil, daher meist zu hohe Helligkeitsunterschiede zwischen horizontalen und vertikalen Flächen • Decke und obere Wandzonen werden meist nur ungenügend ausge-

Die angegebenen Werte der Leuchten beziehen sich auf eine mittlere Bürogrösse von neun auf sechs Meter.

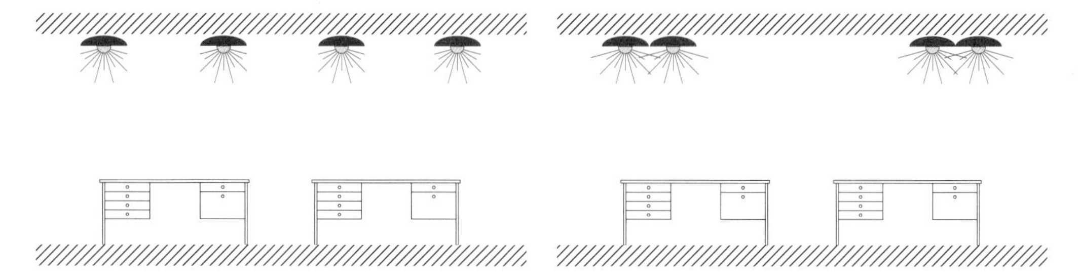

leuchtet. Dadurch unbefriedigende Raumwirkung – Höhleneffekt! • Empfindlich gegen Verschmutzung (Staub und Fingerabdrücke sind deutlich sichtbar)

Tief-breitstrahlende Spiegelrasterleuchten

Daten: Bestückung 2 mal T 36 W; Leuchtenbetriebswirkungsgrad 0,7; Anschlussleistung 2,6 W/m^2 pro 100 lx.
Vorteile: • Guter Schutz vor Direktblendung • Grosser Lichtpunktabstand quer zu den Leuchten möglich, wodurch glanzgefährdete Zonen reduziert werden • Verminderte Lichtstärke und Leuchten-Leuchtdichte zwischen 0° und 20° Ausstrahlungswinkel, dadurch geringere Glanzintensität durch die Leuchte • Weniger empfindlich gegen Verschmutzung
Nachteile: • Innerhalb des Hauptausstrahlungsbereichs grosse Glanzgefahr • Es besteht die Gefahr, dass die Raumwirkung unbefriedigend ist, weil Wände und Decke zu wenig aufgehellt sind • Die Leuchten sind ausserhalb des Ausstrahlungsbereiches deutlich sichtbar • Der Vertikalanteil ist meist noch zu gering
Anmerkung: In grösseren Räumen sinkt die spezifische Anschlussleistung, da dann der Batwing-Effekt stärker zum Tragen kommt. Die Leuchten sind ausserhalb des Ausstrahlungsbereiches deutlich sichtbar. Dies kann je nach Anliegen als Vor- oder Nachteil gewertet werden.

Direkt-indirekt-strahlende Pendelleuchten

Daten: Bestückung 2 mal T 36 W; Leuchtenbetriebswirkungsgrad 0,8; Anschlussleistung 3 W/m^2 pro 100 lx.
Vorteile: • Guter Schutz vor Direktblendung • Guter Vertikalanteil • Gute Raumwirkung, sofern eine helle Decke vorhanden ist • Sehr hoher Leuchtenbetriebswirkungsgrad
Nachteile: • Matte, möglichst ebene Decke mit hohem Reflexionsgrad erfor-

Abb. 1: Tiefstrahlende Spiegelrasterleuchten, sogenannte Bildschirm-Arbeitsplatz-Leuchten (BAP-Leuchten), hochglanz.

Abb. 2: Tief-breitstrahlende Spiegelrasterleuchten (Batwing-Raster), seidenmatt.

Abb. 3: Direkt-indirekt-strahlende Pendelleuchten mit Spiegelraster.

Abb. 4: Arbeitsplatzorientierte Indirektbeleuchtung mit Ständerleuchten für Hochdruck-Entladungslampen.

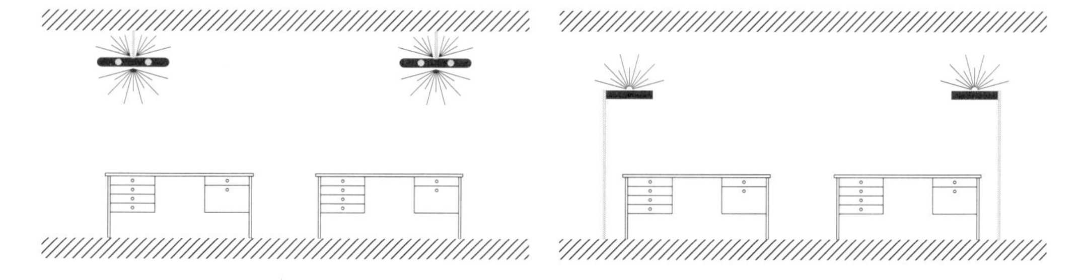

derlich • Zweite «Deckenebene» im Raum durch die Leuchten • Minimale Raumhöhe ca. 2,6 m

Arbeitsplatzorientierte Indirektbeleuchtung

Daten: Bestückung 1 mal HIT 150 W; Leuchtenbetriebswirkungsgrad 0,75; Anschlussleistung 2 bis 4 W/m^2 pro 100 lx am Arbeitsplatz, je nach Layout.
Vorteile: • Glanz und Spiegelungen stören meist nicht mehr • Gute Bildschirm-Arbeitsplatzqualität • Der Raum wirkt hell • Der Beleuchtungsschwerpunkt ist arbeitsplatzorientiert • Der Energiebedarf ist meist gering, da die Leuchten individuell nach Bedarf eingeschaltet werden • Geringer Installationsaufwand • Einfacher Unterhalt
Nachteile: • Matte, möglichst ebene Decke mit hohem Reflexionsgrad erforderlich • Einzelne Lampen können zum Flimmern neigen • Einbrennzeit nach dem Einschalten mehrere Minuten • Nach dem Abschalten zündet die warme Lampe bei herkömmlichen Vorschaltgeräten erst nach ca. 10 Minuten Abkühlzeit wieder. Es ist deshalb eine Ersatzbeleuchtung zum Überbrücken der Dunkelperiode erforderlich (meist in der Leuchte integriert)
Anmerkung: Ein Vergleich dieser Beleuchtung mit anderen ist schwierig, da bei einer Indirektbeleuchtung nicht wie in den anderen Fällen eine gleichmässige Allgemeinbeleuchtung geplant wird. Die Indirektbeleuchtung, und somit die Anzahl der Leuchten, ist in erster Linie vom Layout abhängig.

Beleuchtungssteuerung

Die wirksamste Art und Weise Strom zu sparen, heisst: Licht abschalten! In grösseren Räumen mit mehreren Personen fühlt sich oft niemand für die Beleuchtung verantwortlich. Dadurch brennen die Lampen auch tagsüber. Verschiedene Geräte ermöglichen eine Energieverminderung durch Reduktion der Betriebszeiten: Zeitschaltuhren, Minuterien, Anwesenheitssensoren und Bewegungsmelder, tageslichtabhängige Steuerungen. Als Beispiel ist eine Möbelfirma zu erwähnen, welche mit einem bewegungsabhängigen Beleuchtungssystem für Flächen mit geringer oder sehr unterschiedlicher Personenfrequenz gegenüber einer herkömmlichen Anlage mehr als 70 % der Energie spart.

Bei häufigem Schalten kann die Lebensdauer der Lampen verkürzt werden. Dem kann durch Verwendung von Vorschaltgeräten mit Vorheizung (Warmstart) entgegengetreten werden. Bei der Steuerung von Beleuchtungsanlagen ist zur Zeit die kontinuierliche, tageslichtabhängige Regulierung als Stand der Technik zu bezeichnen. Hierbei ergänzt ein dynamisches System den variierenden Tageslichtanteil mit dem entsprechenden Anteil an Kunstlicht, um so ein vorgegebenes Beleuchtungsniveau konstant zu halten. Dabei ist eine sorgfältige Planung der Tageslichtsensoren nötig, damit das Sparpotential vollständig genutzt werden kann. In günstigen Fällen liegt die Energieeinsparung über der 50-%-Marke!

Beleuchtungssanierung

Bei der Sanierung einer Beleuchtungsanlage sind im allgemeinen folgende technische Faktoren von Bedeutung: • Lichtausbeute der Lampe • Leuchtenbetriebswirkungsgrad • Verlustleistung der Vorschaltgeräte • Raum-Reflexionsgrade • Lichtsteuerung • Beleuchtungswirkungsgrad • Beleuchtungsqualität

Der Auswahl der Lampen und Vorschaltgeräte sollte besondere Aufmerksamkeit geschenkt werden, da längere Lampenlebensdauer auch weniger Wartungsaufwand, höhere System-Lichtausbeute weniger Leuchten, die Beschränkung auf möglichst wenig Lampentypen niedrigere Lagerhaltungskosten bedeutet.

Sanierung einer Bürobeleuchtung

Tabelle 2: Spezifikation der Beleuchtung, vor und nach der Sanierung.

	Vor Sanierung	Nach Sanierung
Raumfläche	120 m^2	120 m^2
Anzahl Leuchten	24	24
Leuchtentyp	Vierflammige Einbauleuchte mit opaler Wanne	Zweiflammige Einbauleuchte mit Batwing-Spiegelraster, seidenmatt, für gleiche Deckenöffnung
Leuchtenbetriebswirkungsgrad	50 %	66 %
Lampentyp	Standard-Leuchtstofflampe, T 40 W, universalweiss	Dreibanden-Leuchtstofflampe, T 32 W, neutralweiss
Lampenlichtstrom	2500 lm	3200 lm
Vorschaltgerät	Konventionelles Vorschaltgerät, P_v = 10 W	Elektronisches Vorschaltgerät, P_v = 4 W
Beleuchtungsstärke	680 lx	640 lx
Spez. Anschlussleistung	6 W/m^2 pro 100 lx	2,2 W/m^2 pro 100 lx
Raumfläche	800 m^2	800 m^2
Gesamtleistung	4,8 kW	1,7 kW
Einschaltdauer	1400 h/a	1400 h/a
Energieverbrauch	6720 kWh/a	2380 kWh/a
Energieeinsparung		4340 kWh/a

Durch die Sanierung konnte nicht nur ein erheblicher Teil der Energie eingespart werden, die Beleuchtungsanlage bietet nun auch einen besseren Komfort für Bildschirm-Arbeitplätze. Die Leuchten wurden in die bereits bestehenden Deckenöffnungen eingepasst. Für zusätzliche Deckenelemente entstanden keine Kosten, und die Auswechslung ging rasch vonstatten. Naturgemäss hat sich aufgrund der Sanierung die Raumwirkung verändert.

Abb. 5: Beispiel einer Beleuchtungssanierung. Länge des Raumes 15 m, Breite 8 m, Höhe 2,7 m. Anzahl Leuchten: 24.

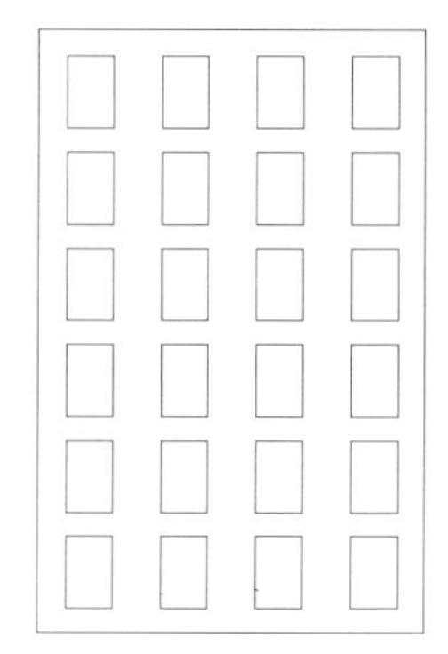

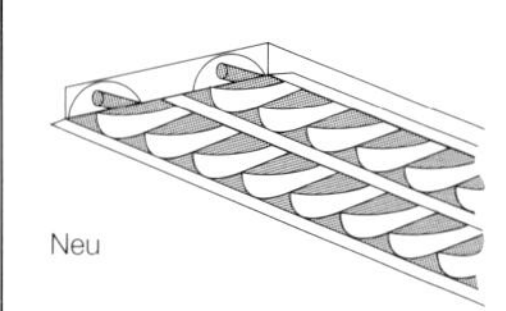

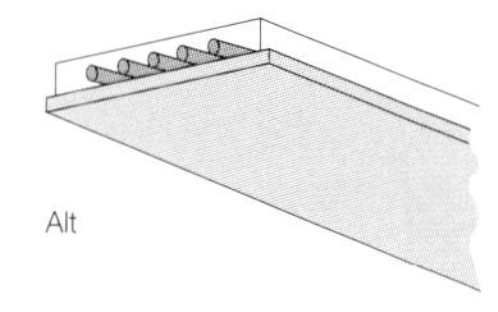

6.3 Industrie

CHRISTIAN VOGT

→ 6.2 Beleuchtung im Büro, Seite 216

Die Anforderungen an die Beleuchtung in industriell genutzten Räumen sind sehr vielfältig. Gemeinsames Merkmal dieser Beleuchtungsaufgaben ist, dass sie sich unter dem Kriterium der rationellen Verwendung von Elektrizität erfüllen lassen. Stromsparmöglichkeiten liegen bei der Auswahl von Lampen und Vorschaltgeräten, bei der Lichtverteilung und beim Wirkungsgrad der Leuchten, bei der Tageslichtnutzung und den Raum-Reflexionsgraden sowie bei der Steuerung und Regelung der Beleuchtung.

Die Beurteilung einer Beleuchtungsanlage darf sich nicht nur auf energetische Aspekte beschränken. Das Wohlbefinden des Menschen, die Erhaltung der Gesundheit und die Sicherheit am Arbeitsplatz sind wichtige Kriterien. Bei vielen bestehenden Industrie- und Gewerbeanlagen kann bei gebührender Berücksichtigung der obengenannten Faktoren nicht nur Energie gespart, sondern oft auch die Beleuchtungsgüte verbessert werden. Von medizinischer Seite wird darauf hingewiesen, dass bei Schichtarbeit ein stark erhöhtes Beleuchtungsniveau vorhanden sein sollte, damit sich der biologische Rhythmus auf die nächtlichen Aktivitäten umstellen kann. In einem solchen Falle ist es ratsam, mindestens zwei Schaltzustände der Beleuchtungsanlage vorzusehen; eine Tag- bzw. Abend- und eine Nachtschaltung.

Allgemeinbeleuchtung

Grundsätzlich ist für alle Arbeitsräume eine Allgemeinbeleuchtung vorzusehen, das heisst eine gleichmässige Beleuchtung des Raumes, unabhängig von seiner Möblierung und der Lage der Arbeitsplätze. Die Vorteile der Allgemeinbeleuchtung sind eine ähnliche Beleuchtungsgüte an jeder Stelle der Arbeitsräume, freie Raumbenutzung für gegebene Arbeitsprozesse und günstige Verhältnisse für Installation und Wartung. Da dies oft nicht wirtschaftlich realisierbar ist, sind häufig zusätzliche Arbeitsplatzleuchten nötig.

Wahl der Lampen und Geräte

Eine in bezug auf sparsamen Energieverbrauch optimierte Lösung ergibt sich nur dann, wenn nicht nur die günstigsten Lampen und Leuchten ausgewählt werden, sondern wenn das Gesamtsystem einschliesslich Tageslicht, Schalt-

und Regelmöglichkeiten sowie gegebenenfalls Integration von Beleuchtung und Klimatisierung energetisch optimiert wird.

Lampenwahl: Die Lampe, das heisst die eigentliche Lichtquelle, sollte eine möglichst hohe Lichtausbeute haben, auch wenn sie in der Anschaffung teurer ist, was sich später jedoch bei der Lampenlebensdauer meist bezahlt macht.

Vorschaltgeräte: In fast allen Fällen lohnt es sich, verlustarme Vorschaltgeräte zu verwenden. Bei vielen Betriebsstunden sollte auch überprüft werden, ob sich der Einsatz von elektronischen Vorschaltgeräten (EVG) lohnt. Beim Einsatz von EVG ist jedoch die Gefahr der Beeinflussung von Automations- oder Haustechnikanlagen zu überprüfen, da Infrarot-Lichtschranken oder induktive Personensuchanlagen durch EVG beeinflusst werden können.

Lichtverteilung und Wirkungsgrad: Der Wirkungsgrad der Leuchten sollte möglichst hoch sein. Diese sollten einen ausreichenden Anteil an Vertikalbeleuchtungsstärke ermöglichen, ohne dass Blendeffekte entstehen.

Lichteffekte und Steuerung

Raum-Reflexionsgrade: Je höher die Raumreflexionsgrade sind, bzw. je heller der Raum ist, desto höher wird auch der Raumwirkungsgrad. Somit sinkt die erforderliche Anzahl Leuchten und damit der Energieverbrauch.

Lichtsteuerung und -regelung: Mit Regeleinrichtungen kann das Niveau der künstlichen Beleuchtung dem vorhandenen Tageslicht sowie den persönlichen Bedürfnissen angeglichen werden. Doch auch im Bereich der Lichtschaltung können bereits erhebliche Einsparungen erzielt werden, wenn die – meist vorhandene – manuelle Zonenschaltung konsequenter bzw. bewusster benutzt wird. Sofern nicht vorhanden, sollten unbedingt die Voraussetzungen geschaffen werden, in fensternahen Zonen die Beleuchtung separat auszuschalten. Dabei ist es sehr hilfreich, wenn die Schalter deutlich gekennzeichnet sind. Gleichzeitig sollten die Benutzer sensibilisiert werden.

Arbeitsplatzorientierte Beleuchtung

Auch bei der arbeitsplatzorientierten Beleuchtung wird der ganze Raum beleuchtet. Die Anordnung der Leuchten richtet sich jedoch nach der Lage der Arbeitsplätze, so dass das Schwergewicht der Beleuchtung in der Arbeitszone liegt. Bei einer arbeitsplatzorientierten Beleuchtung kann die Allgemeinbeleuchtung vermindert und somit Energie gespart werden, da normalerweise in den Verkehrszonen ein niedrigeres Beleuchtungsniveau genügt. Der Nachteil der arbeitplatzorientierten Beleuchtung ist die geringere Flexibilität bei der Nutzung der Flächen. Die spezifische Beleuchtung einzelner Arbeitsplätze, zusätzlich zur Allgemeinbeleuchtung, ist dann angezeigt, wenn besondere Arbeiten oder schwierige Sehaufgaben an vereinzelten Arbeitsplätzen vorhanden sind oder dort, wo Personen höheren Alters oder mit verminderter Sehleistung höhere Beleuchtungsstärken benötigen.

Tabelle: Ist-Zustand und 3 Varianten zur Sanierung einer Beleuchtung. Fläche der Halle: 450 m².

Bisheriger Zustand

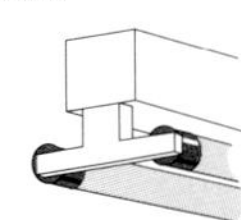

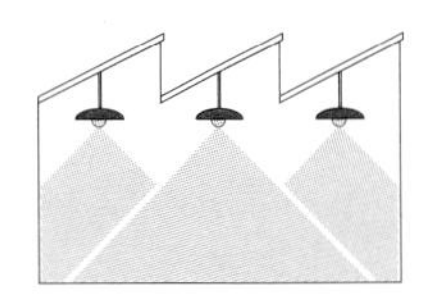

Abb. 1: Sanierung der Beleuchtung in einer Halle, Ist-Zustand (oben), Sanierungsvarianten (unten).

Variante 1

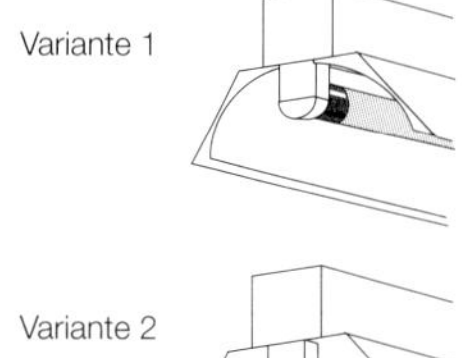

Variante 2

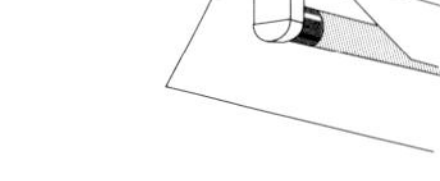

Variante 3

Sanierung einer Hallenbeleuchtung

	Bisheriger Zustand	Variante 1	Variante 2	Variante 3
Anzahl Leuchten	39	45	48	12
Leuchtentyp	Zweiflammige Balkenleuchte, freistrahlend	Einflammige Balkenleuchte mit Spiegelreflektor	Einflammige Balkenleuchte mit weissem Reflektor	Reflektorleuchte für Hochdruck-Entladungslampe
Leuchtenbetriebswirkungsgrad	97 %	85 %	77 %	82 %
Lampentyp	Standard T 65 W	Dreibanden T 58 W	Dreibanden T 58 W	NAV de Luxe HSE 250 W
Farbwiedergabe	2 A	1 B	1 B	2 A
Lampenlichtstrom	4800 lm	5400 lm	5400 lm	22 000 lm
Vorschaltgerät	KVG, $P_v = 10$ W	VVG, $P_v = 6$ W	VVG, $P_v = 6$ W	Betriebsgerät $P_v = 25$ W
$E_{horizontal}$	300 lx	320 lx	300 lx	380 lx
$E_{vertikal}$	230 lx	100 lx	130 lx	65 lx
Spezifische Anschlussleistung	4,3 W/m² 100 lx	1,9 W/m² 100 lx	2,3 W/m² 100 lx	1,8 W/m² 100 lx
Gesamtleistung	5,8 kW	2,9 kW	3,1 kW	3,3 kW

KVG: Konventionelles Vorschaltgerät; VVG: Verlustarmes Vorschaltgerät.

Energetisch betrachtet scheint die Variante 3 am besten zu sein, da sie die niedrigste spezifische Anschlussleistung besitzt. Die Vertikalbeleuchtungsstärke ist jedoch nur 65 Lux. (In der Regel beträgt die mittlere Vertikalbeleuchtungsstärke zwischen 30 und 70 % der Nennbeleuchtungsstärke.) Zudem ist bei dieser Variante der Farbwiedergabeindex schlechter als bei den beiden anderen. Hinzu kommt, dass bei grossen

Leuchtenabständen (7,5 m) mit punktförmigen Lichtquellen sehr harte Schatten entstehen. Wird diese Halle als Arbeitsraum verwendet, so ist Variante 3 nicht geeignet. Variante 2 ist gegenüber Variante 1 energetisch betrachtet zwar schlechter, doch ist die vertikale Ausleuchtung um 30 % besser, was zu einer angenehmeren Raumatmosphäre führt und somit sicherlich auch Einfluss auf das Wohlbefinden der Arbeitnehmer hat. Variante 2 ist in diesem Fall vorzuziehen.

CHECKLISTE: BETRIEBLICHE MASSNAHMEN

- Reduzieren der Beleuchtungsstärke: Überprüfen der Leuchtenanordnung auf die Möglichkeit einer arbeitsplatzorientierten Beleuchtung, niedrigere Horizontalbeleuchtungsstärke bei hoher Vertikalbeleuchtungsstärke.
- Abschalten in Funktion des Tageslichtes: Optimierte Ausnutzung des Tageslichtes durch zonenweisen Betrieb der Beleuchtung (je nach Raumtiefe), Winkel von Lamellenstoren so einstellen, dass bei heruntergelassenen Storen möglichst viel Tageslicht in die Räume gelangt.
- Abschalten nicht benötigter Beleuchtung: Zeitprogramm für Kontrollen und Abschaltung sporadisch benutzter Räume (z. B. Konferenzzimmer) sowie für Abende, Mittagszeiten und Wochenenden aufstellen.
- Sorgfältiger Unterhalt: Regelmässige Kontrolle des Zustandes und Reinigung der Beleuchtungskörper, nach Möglichkeit Gruppenauswechslung.
- Abschalten der Aussenbeleuchtung: Reduzierte Verwendung der Aussenbeleuchtung während Nachtzeiten, z. B. Abschalten nach Mitternacht.
- Automatische Abschaltung: Überprüfen der Verwendung von Zeitschaltuhren, Minuterien und Bewegungsmeldern.
- Höhere Wirkungsgrade: Bei Lampen- oder Leuchtenwechsel auf die Möglichkeit höherer Wirkungsgrade achten, z. B. Wechsel von Standard- auf Dreibanden-Leuchtstofflampen.
- Verwendung heller Farben: Hellere Farben können bedeuten, dass bei gleichbleibender Beleuchtungsstärke weniger Lampen benötigt werden. Auf mögliche Blendeffekte achten.

7. Geräte

7.1 Haushalt

RUEDI SPALINGER

→
4.1 Analyse im Haushalt, Seite 131
4.2 Einsatz von Haushaltgeräten, Seite 140
7.2 Wassererwärmung, Seite 237

Der spezifische Stromverbrauch der neuen Haushalt-Grossgeräte ist in den letzten Jahren ständig gesunken. Für die Gerätehersteller ist er zu einem wichtigen Verkaufsargument geworden. Leider spielt der Stromverbrauch beim Kaufentscheid noch eine untergeordnete Rolle. Bei den heute verfügbaren Gerätedaten sind allerdings die Möglichkeiten vorhanden, den Stromverbrauch als Entscheidungskriterium mitzuberücksichtigen. Nebst dem spezifischen Stromverbrauch sind auch andere Kriterien für den effizienten Einsatz wichtig.

Waschautomaten

Funktionsprinzip

Die meisten der heute in Betrieb stehenden Waschmaschinen funktionieren nach dem Prinzip des Trommelwaschsystems. Innerhalb eines Behälters, der die Waschlauge oder das Spülwasser aufnimmt, dreht sich die mit Wäsche gefüllte Waschtrommel aus Lochblech.

Neue Waschsysteme: Da bei der Waschmaschine der grösste Teil der Energie zur Erwärmung des Wassers gebraucht wird, wurde nach Wegen gesucht, um den Wasserverbrauch zu senken. Bei neuen Systemen wie dem Oberwassersystem, der Direkt-Einspülung oder dem Sprinkler-Waschsystem, schwimmt die Wäsche nicht mehr in der Lauge, sondern wird von oben direkt benetzt. Zum Waschprozess wird nur soviel Wasser gebraucht, wie die Wäsche aufnehmen kann. Folgende Massnahmen verhindern, dass zwischen dem Abfluss des Laugenbehälters und der Entleerungspumpe Waschlauge ungenutzt verbleibt: Mit dem Umflutverfahren wird diese Lauge in den Waschprozess miteinbezogen, beim Gegenstrom-Einlaufsystem wird der Ablauf vor der Eingabe des Waschmittels von unten aufgefüllt, beim Kugel- oder Klappenverschluss wird der Laugenbehälter abgeschlossen. Mit diesen Einrichtungen kann bis zu 20 % Waschmittel eingespart werden bei entsprechend kleinerer Dosierung.

Waschprogramme: Die unterschiedlichen Faser- und Textilarten sowie der unterschiedliche Verschmutzungsgrad der Wäsche machen verschiedene Waschprogramme notwendig. Diese unterscheiden sich durch: • Anzahl, Kombination und Dauer der Wasch- und Spülgänge • Temperatur der Waschlauge • Drehzahl der Trommel • Laugenstand • Zugabe von Waschmitteln

Abb. 1: Durchschnittlicher Strom- und Wasserverbrauch der verkauften Waschautomaten (Programm 95 °C mit Vorwaschen; 4,5 kg).

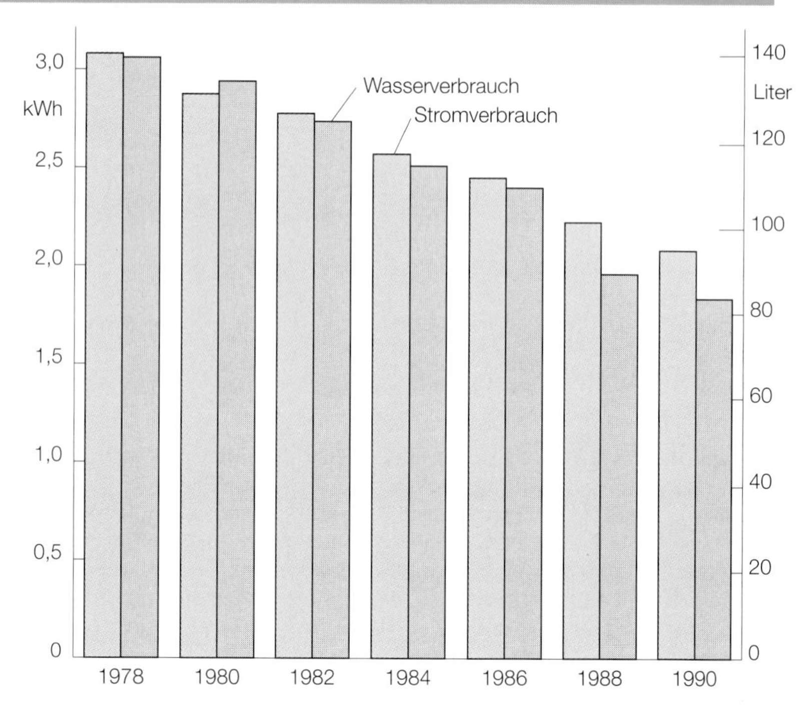

Spartaste: Gebräuchliche Zusatztasten sind die «1/2-Taste» und die «Energiespartaste» (Economietaste). Die 1/2-Taste wird gedrückt, wenn nur das halbe Fassungsvermögen ausgenützt werden soll. Dabei wird in der Regel der Wasserverbrauch jedoch nur um etwa 35 %, der Strom- und Waschmittelverbrauch nur um etwa 25 % reduziert. Mit der Energiespartaste wird die Waschtemperatur im Hauptwaschgang von 95° auf 60°, respektiv von 60° auf 40° C reduziert, was eine Stromeinsparung von rund 25 bzw. 15 % ergibt.

WASCHMASCHINEN: VERBRAUCH

Die tiefsten spezifischen Verbrauchswerte, bezogen auf 1 kg Trockenwäsche, für 1991 auf den Markt gekommene Geräte sind:

- Programm 60° C ohne Vorwaschen; Strom: 0,2 kWh/kg, Wasser: 15 l/kg
- Programm 95° C mit Vorwaschen; Strom: 0,35 kWh/kg, Wasser: 15 l/kg

Schleuderdrehzahl

Für den Energieverbrauch beim Trocknen der Wäsche ist der Restwassergehalt beim Beginn des Trocknungsprozesses entscheidend. Heutige Waschmaschinen weisen Schleuderdrehzahlen bis zu 1400 U/min auf. Für hohe Schleuderdrehzahlen ist der konstruktive Aufwand recht hoch (verstärkte Trommel, Schwingungsdämpfer, Schleudermotoren). Eine geringe Restfeuchte kann mit separaten Wäscheschleudern erreicht werden (Drehzahlen bis zu 2880 U/min).

Schleuderdrehzahl (U/min)	500	800	1000	1400	2800
Restwassermenge (%)	100	70	60	55	45

Tabelle 1: Abhängigkeit der Restwassermenge (in % des Gewichtes der Trockenwäsche) von der Schleuderdrehzahl.

Auswahlkriterien

Bei einer Neuanschaffung ist auf folgende Kriterien zu achten:
- Das Fassungsvermögen der Maschine soll der Struktur und den Gewohnheiten der Benützer angepasst sein. Sind in einem Mehrfamilienhaus mehrere Maschinen vorgesehen, muss mindestens eine davon ein Fassungsvermögen von 4 kg aufweisen.
- Strom- und Wasserverbrauch
- Die Schleuderdrehzahl sollte mindestens 1000 U/min betragen, oder es sollte eine separate Wäscheschleuder installiert werden.
- Für ein Mehrfamilienhaus sind zusätzlich wichtig: Robuste Bauart, einfache Bedienung, einfache Wahl von Sparprogrammen, mehrsprachige Bedienungsanleitung

Installation und Betrieb

Grundsätzlich sollte das Waschen im Mehrfamilienhaus nicht pauschal, sondern verbrauchsabhängig verrechnet werden. Einrichtungen dazu sind Münzzähler, Umschaltvorrichtungen auf den Wohnungszähler oder «Kreditkarten»-Systeme. Es gibt einige Maschinen mit Kalt- und Warmwasseranschluss auf dem Markt. Wird das Warmwasser mit Wärmepumpe oder Sonnenkollektoren erwärmt, ist ein Warmwasseranschluss unbedingt vorzusehen. Beim Anschluss an ein zentrales Warmwassersystem mit fossilen Energieträgern wird in der Regel wohl weniger Strom, gesamthaft aber eher mehr Energie verbraucht.

Wäschetrockner

Die Wäsche kann im Prinzip ohne kostenpflichtige Energie im Freien oder in einem Trocknungsraum getrocknet werden. Im Trocknungsraum wird allerdings je nach den vorhandenen Bedingungen sehr oft Heizenergie zum Trocknen mitverwendet. Beim maschinellen Wäschetrocknen ist heute der Trommeltrockner (Tumbler) am weitesten verbreitet.

Funktionsprinzip

Tumbler: Die nasse Wäsche wird in eine Trommel eingefüllt, die sich um eine horizontale Achse dreht. Über das an der Motorwelle angebrachte Gebläserad wird kalte Luft angesaugt und durch einen Heizkörper auf die gewünschte Temperatur erwärmt. Die warme, trockene Luft gelangt durch Lochungen in der Rückwand in die Trommel und entzieht der Wäsche Feuchtigkeit.

Ablufttumbler: Die Luft für den Trocknungsprozess wird aus dem Aufstellungsraum angesaugt. Wenn der Aufstellungsraum oder die angrenzenden Räume beheizt sind, wird diesen Raumwärme entzogen. Die feuchte Luft wird über ein Abluftrohr ins Freie geführt. Die zugeführte elektrische Energie und die eventuelle Raumwärme gehen als Abwärme verloren.

Kondensationstumbler mit Luftkühlung: Der Trocknungsprozess erfolgt in

Quellen
- Schweizerisches Institut für Hauswirtschaft (SIH), Baden.
- Informationsstelle für Elektrizitätsanwendung (INFEL), Zürich.
- CH-Gerätedatenbank des Bundesamtes für Energiewirtschaft (BEW) und der Kommission für rationelle Elektrizitätsanwendung (KRE).
- Hauptberatungsstelle für Elektrizitätsanwendung (HEA), Frankfurt.
- Zentralverband Elektrotechnik- und Elektroindustrie (ZVEI), Frankfurt.

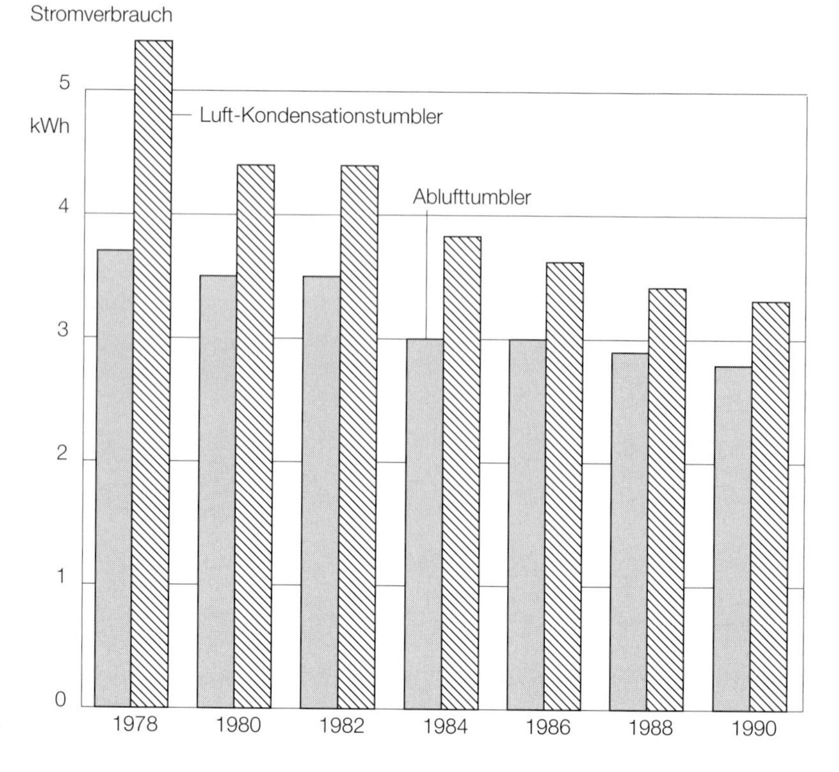

Abb. 2: Durchschnittlicher Stromverbrauch der verkauften Abluft- und Luft-Kondensationstrockner (Programm «Schranktrocken», mit 800 U/min geschleudert).

einem Kreislaufsystem. Die warme, feuchte Luft wird nach dem Verlassen der Trommel über einen grossflächigen Kondensator geführt, der mit Raumluft über einen Ventilator gekühlt wird. Durch die Temperaturdifferenz kondensiert Wasser aus der feuchten Luft, das in einem Auffangbehälter gesammelt wird. Da die Luft in einem internen Kreislauf zirkuliert, wird dem Aufstellungsraum keine Wärme entzogen. Die Prozesswärme bleibt im Gebäude und trägt im Winter zur Raumheizung bei. Deshalb ist der Kondensationstumbler gesamtenergetisch betrachtet besser als der Ablufttumbler, obwohl der Stromverbrauch etwas höher ist.

Kondensationstumbler mit Wasserkühlung: Auch hier erfolgt der Trocknungsprozess in einem Kreislauf. Als Kondensator dient ein Mehrkanalsystem, in dem Leitungswasser als Kühlmedium verwendet wird. Die Prozesswärme gelangt ins Abwasser. Dieses System ist wegen dem hohen Wasserverbrauch weniger sinnvoll.

Raumluftentfeuchter: Raumluftentfeuchter basieren auf dem System der Wärmepumpe und dienen zur Trocknung der Wäsche in einem Trocknungsraum. Die Luft zirkuliert mit Hilfe eines Ventilators in einem Kreislauf vom Entfeuchter über die aufgehängte Wäsche und wieder zurück. Über den Verdampfer eines Wärmepumpenkreislaufs wird die warme, feuchte Luft abgekühlt und entfeuchtet. Der Kondensator der Wärmepumpe erwärmt die Luft, so dass sie wieder Feuchtigkeit aufnehmen kann. Die Wäsche wird ständig leicht bewegt und bleibt weich. Die Trocknungsdauer beträgt je nach System zwischen vier und acht Stunden. Fenster und Türen müssen ganz geschlossen sein.

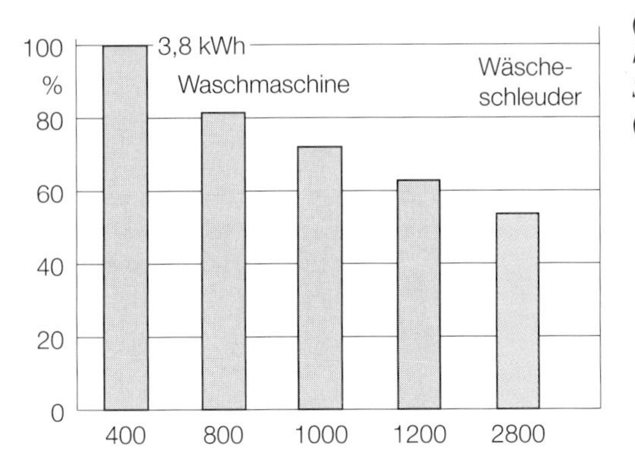

Abb. 3: Stromverbrauch im Trockner (für 4 kg Wäsche), abhängig von der Schleuderqualität. (Quelle: AgV, BEW)

Trockenschränke: Mit elektrischer Widerstandsheizung beheizte Trockenschränke brauchen wesentlich mehr Strom als Tumbler.

Steuerung: Die feuchtigkeitsabhängige Steuerung ist der Zeitsteuerung vorzuziehen.

WÄSCHETROCKNER: VERBRAUCH

Die tiefsten spezifischen Verbrauchswerte für das Trocknen von 1 kg Trokkenwäsche von 1991 auf den Markt gekommenen Geräten:

Raumluftentfeuchter (Wärmepumpe)	0,3 kWh/kg
Ablufttumbler	0,5 kWh/kg
Kondensationstumbler mit Luftkühlung	0,6 kWh/kg
Trockenschränke	0,9 kWh/kg

Auswahl und Ersatzkriterien

- Das Fassungsvermögen der Tumbler oder die Grösse der Raumluftentfeuchter soll der Struktur und den Gewohnheiten der Benützer angepasst werden
- Stromverbrauch

Installation und Betrieb

- Vor der Anschaffung eines maschinellen Trocknungssystems ist abzuklären, ob nicht andere Möglichkeiten für die Wäschetrocknung zur Verfügung stehen (Aufhängemöglichkeit im Freien, in Estrich- oder Kellerräumen). Je nach baulichen Gegebenheiten genügt ein Ventilationssystem ohne Heizung
- Grundsätzlich soll das Trocknen der Wäsche im Mehrfamilienhaus nicht pauschal, sondern verbrauchsabhängig verrechnet werden (siehe Waschmaschine)

Geschirrspüler

Funktionsprinzip

Das Spülwasser wird durch eine Umwälzpumpe einem Sprühsystem zugeführt und durch Düsen auf das in Körben eingebrachte Geschirr gesprüht. Die Düsen sind auf Sprüharmen angebracht, welche durch den Rückstoss beim Wasseraustritt angetrieben werden und um eine senkrechte Achse rotieren. Das abtropfende Wasser wird wieder der Umwälzpumpe zugeführt. Pro Minute werden zwischen 100 und 180 Liter Wasser umgewälzt. Die für den Spülgang benötigte Zeit ist z. T. durch die Aufheizzeit des Wassers vorgege-

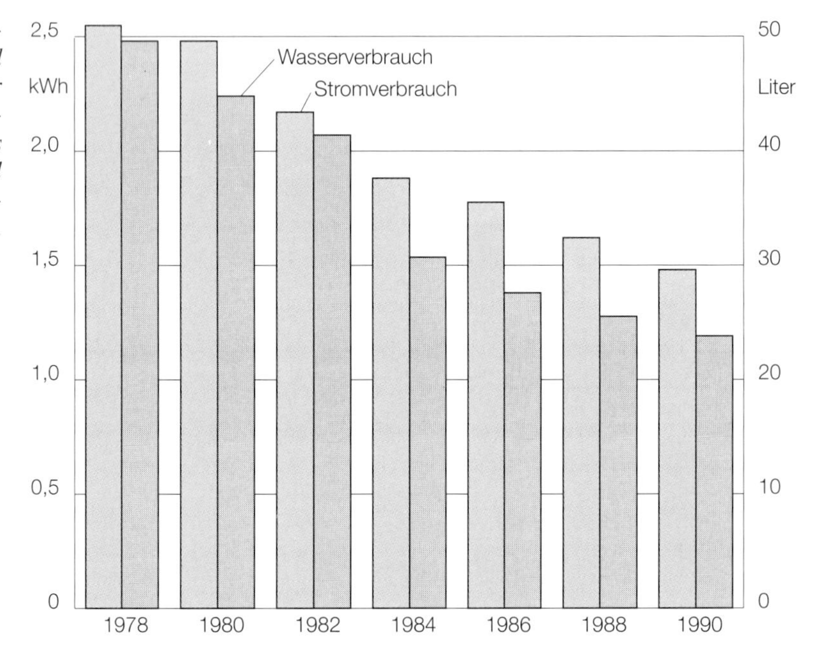

Abb. 4: Durchschnittlicher Strom- und Wasserverbrauch der verkauften Geschirrspüler (wirksamstes Programm für normal verschmutztes Geschirr).

GESCHIRRSPÜLER: VERBRAUCH

Das Geschirrspülen in einem gut gefüllten, modernen Geschirrspüler braucht etwa gleich viel Wasser und Energie wie ein sparsames Spülen von Hand. Die tiefsten spezifischen Verbrauchswerte, bezogen auf 1 internationales Massgedeck (IMG), für 1991 auf den Markt gekommene Geräte:

Angaben pro IMG	Stromverbrauch (kWh)	Wasserverbrauch (l)
Weniger als 10 Massgedecke	0,14	2,6
10 Massgedecke	0,14	1,8
12 Massgedecke	0,11	1,8

ben. Die einzelnen Schritte des Spülprogrammes sind Vorspülen, Hauptspülen, Zwischenspülen, Klarspülen, Trocknen. Die Vor- und Zwischenspülgänge erfolgen mit kaltem, klarem Wasser. Die Hauptspülgänge erfolgen mit ansteigender Wassertemperatur unter automatischer Zugabe des Spülmittels. Beim Klarspülen wird das warme Wasser mit dem Glanztrocknungsmittel entspannt.

Auswahlkriterien

- Das Fassungsvermögen der Maschine soll der Struktur und den Gewohnheiten der Benutzer angepasst sein. Der spezifische Verbrauch bei gefüllten grösseren Maschinen ist wohl etwas geringer als bei kleineren Maschinen. Eine ganz gefüllte kleine Maschine spült jedoch günstiger als eine halb gefüllte grosse Maschine
- Strom- und Wasserverbrauch

Installation und Betrieb

Die heute angebotenen Geschirrspüler haben in der Regel nur einen Wasseranschluss und können im Prinzip auch an die zentrale Warmwasserversorgung angeschlossen werden. Damit könnte Strom durch andere Energieträger ersetzt werden. Gesamtenergetisch betrachtet ist dies nur sinnvoll, wenn das Warmwasser in einem Sonnenkollektor oder einer Wärmepumpe erwärmt wird. Bei Warmwasseranschluss werden auch die Vor- und Zwischenspülgänge unnötigerweise mit Warmwasser durchgeführt. Deshalb ist die Lösung mit zwei Wasseranschlüssen und einer entsprechenden Steuerung (nicht handelsüblich) vorzuziehen.

Kochstellen

Funktionsweise

Gusskochplatte: Die Heizwicklung ist in eine Gussplatte eingebaut. Die Plattendurchmesser sind genormt und haben folgende Masse und Leistungsaufnahmen. 14,5 cm Durchmesser: 1000 Watt; 18 cm: 1500 Watt; 22 cm: 2000 Watt. Blitzkochplatten (roter Punkt in der Plattenmitte) haben auf der höchsten Schaltstufe eine um 500 Watt höhere Leistung.

Glaskeramikkochfelder: Die Heizkörper sind unter einer Glaskeramikplatte angebracht und übertragen die Wärme zum grossen Teil durch Strahlung auf die gekennzeichneten Kochzonen.

Induktionskochgerät: Unter einer Glaskeramikplatte ist eine Induktionsspule angeordnet, die von einem Netzumrichter mit hoher Frequenz gespiesen wird. Sie erzeugt ein elektromagnetisches Feld, das im Boden des magnetisch leitenden Kochtopfes direkt Wärme erzeugt. Im Gegensatz zu den konventionellen Kochfeldern sind weder zusätzliche Speichermassen zu erwärmen noch Wärmeübergangswiderstände zu überwinden.

Regulierung: Gusskochplatten werden am häufigsten mit einem Stufenschalter geregelt. Dieser schaltet drei unterschiedlich starke Heizwicklungen zu sechs verschiedenen Heizstufen zusammen. Automatikkochplatten haben in der Mitte einen Temperaturfühler eingebaut. Die Platte wird mit voller Leistung aufgeheizt. Ist die eingestellte Temperatur erreicht, schaltet der Thermostat die Heizung ab. Die Temperatur wird durch Takten der vollen

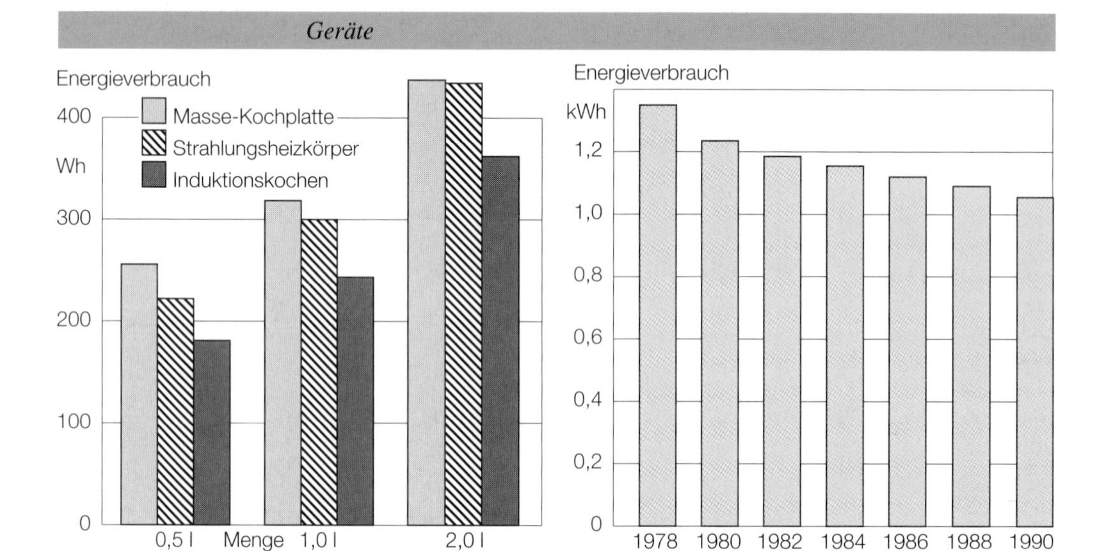

Abb. 5: Energieverbrauch von Gusskochplatten, Glaskeramikkochstellen und Induktionskochstellen (Kochen von Wasser auf Kochstelle mit 18 cm Durchmesser, Ankochen und 30 Minuten Fortkochen).

Abb. 6: Durchschnittlicher Stromverbrauch der verkauften Backöfen (Vorheizen und 1 Stunde Betrieb, 200 °C für Ober- und Unterhitze, 175 °C für Heissluft).

Leistung eingehalten. Der Energieregler ermöglicht eine stufenlose Energiezufuhr im Bereich von 5 bis 100 %, was durch mehr oder weniger lange Ein- und Ausschaltintervalle der vollen Leistung bewirkt wird. Energieregler werden vor allem bei Glaskeramikkochfeldern angewendet, immer mehr jedoch auch bei Gusskochplatten. Für Glaskeramikkochfelder sind stufenlose elektronische Regulierungen entwickelt worden. Sie gewährleisten eine dem Kochvorgang angepasste Heizleistung und damit einen sparsamen Stromeinsatz sowie erhöhte Sicherheit.

KOCHSTELLEN: VERBRAUCH

Glaskeramikkochfelder brauchen 5 bis 10 % weniger Strom als Gusskochplatten, weil weniger Masse miterwärmt werden muss. Der Stromverbrauch von Induktionskochfeldern ist um 20 bis 30 % geringer als bei Gusskochplatten. Die Unterschiede im Stromverbrauch resultieren hauptsächlich aus der Ankochphase, beim Fortkochen ist der Unterschied nicht so gross.

Auswahlkriterien

- Das Kochfeld soll für kleine Mengen eine Kochstelle mit 14,5 cm Durchmesser enthalten.
- Glaskeramikkochfelder weisen nicht nur einen geringeren Stromverbrauch, sondern auch einen höheren Komfort auf, da sie völlig eben sind.
- Induktionskochfelder sind noch relativ teuer und nur für Stahl- oder Gusskochgeschirr geeignet.

Backöfen

Beheizungsarten

Ober- und Unterhitze: Die Heizkörper sind meist offen an der oberen und unteren Innenwand des Backofens angebracht. Die Wärme wird durch Strahlung und natürliche Konvektion übertragen.

Heissluft: Die Luft im Backofen wird von einem an der Rückwand angebrachten Gebläse angesaugt. Der ringförmig darüber angelegte Heizkörper erwärmt die Luft und führt sie dem Backgut zu. Die gewünschte Temperatur wird sehr schnell erreicht, so dass ein Vorheizen meist nicht notwendig ist.

Umluft: Die Heizkörper sind auf herkömmliche Art auf der Ober- und Unterseite der Innenwand angebracht. Ein Ventilator wälzt die Luft zusätzlich im Backraum um. Es entstehen ähnliche Effekte wie beim Heissluftofen.

Grilleinrichtung: Ein zusätzlich oben angebrachter Heizkörper bringt die zum Grillieren notwendige, intensive Strahlungswärme. Eine Drehspiesshalterung mit Motorantrieb kann ebenfalls eingebaut sein.

Kombinierte Ausstattung: Backöfen der höheren Komfortstufe sind mit verschiedenen Beheizungsarten ausgerüstet. Ober- und Unterhitze oder Heissluft, z. T. sogar Mikrowellen können getrennt oder einzeln eingesetzt werden.

Selbstreinigung

Backöfen weisen Einrichtungen zur Selbstreinigung auf. Dazu wird ein katalytisches oder ein pyrolytisches System angewendet. Für die katalytische Selbstreinigung ist auf der Backofen-Innenwand ein poröser Belag aufgetragen, der einen Katalysator enthält. Dieser beschleunigt die Oxydation von Nahrungsmittelrückständen bei normalen Backofentemperaturen. Beim pyrolytischen Verfahren ist ein spezieller Reinigungsvorgang von 2 bis 3 Stunden notwendig. Die Rückstände werden bei einer Temperatur von etwa 500° C verbrannt. Der Energieverbrauch ist mit ca. 5 kWh pro Reinigungsvorgang beachtlich hoch. Durch die notwendige bessere Wärmedämmung ist dafür der Verbrauch im Normalbetrieb tendenziell günstiger, der Mehrverbrauch der Selbstreinigung wird aber kaum kompensiert.

BACKÖFEN: VERBRAUCH

Die tiefsten Verbrauchswerte der 1991 auf den Markt gekommenen Geräte sind: Aufheizen und 1 Stunde Betrieb (200° C für Ober- und Unterhitze, 175° C für Heissluft) 0,75 kWh.

Auswahlkriterien

- Stromverbrauch
- Backöfen mit Heissluft sind nicht generell sparsamer, erlauben aber das Backen auf mehreren Etagen gleichzeitig.
- Die katalytische Selbstreinigung bedingt keinen, die pyrolytische dagegen einen relativ hohen Mehrverbrauch an Strom.

Kühlschränke

Funktionsprinzip

Das im Kompressor auf hohen Druck verdichtete, gasförmige Kältemittel verflüssigt sich unter Wärmeabgabe im Kondensator. Als Drosselorgan (Expansionsventil) dient ein Kapillarrohr, in dem der hohe Druck abgebaut wird. Das flüssige Kältemittel wird in den Verdampfer eingespritzt, wo es unter Aufnahme von Wärme verdampft. Geräte ohne Gefrierfach haben nur einen Verdampfer, bei Geräten mit Gefrierfach ist der Verdampfer in einen Hauptverdampfer (Gefrierfach) und einen Nachverdampfer (Kühlteil) unterteilt.

Regelung: Als Regler für den Kältekreislauf dient ein Thermostat, dessen Fühler am Verdampfer angebracht ist. Der Kompressor bleibt eingeschaltet, bis am Verdampfer eine einstellbare Temperatur von z. B. –10 bis –20° C erreicht ist. Danach bleibt er ausgeschaltet, bis die Temperatur am Verdampfer auf einen fest eingestellten Wert von +2 bis +5° C angestiegen ist. Damit wird nach jeder Einschaltperiode sichergestellt, dass der Reifansatz am Verdampfer

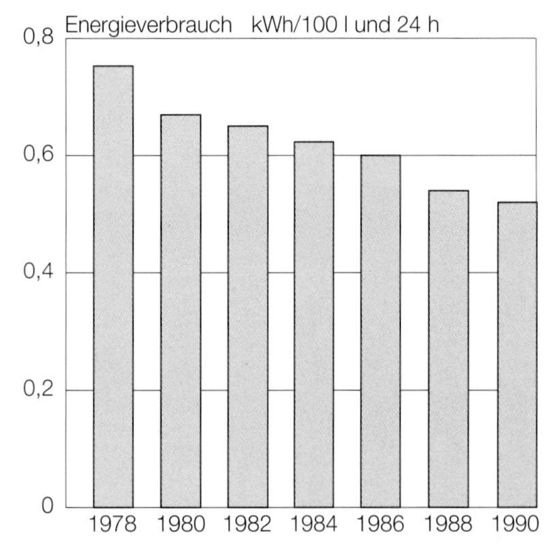

Abb. 7: Durchschnittlicher spezifischer Stromverbrauch der verkauften Kühlschränke (pro 100 l Inhalt in 24 h).

KÜHLSCHRÄNKE: VERBRAUCH

Absorberkühlschränke, die heute für den Haushaltsbereich nicht mehr angeboten werden, haben einen zwei- bis dreimal höheren Verbrauch. Die tiefsten spezifischen Verbrauchswerte (kWh pro 100 l Inhalt in 24 h) der 1991 auf den Markt gekommenen Geräte:

Inhalt	*	***/****
150 l	0,35	0,45
250 l	0,30	0,37

Mindestwerte: * –6° C; (** –12° C, ungebräuchlich); *** –18° C; **** –18° C.

automatisch abgetaut wird. Auch bei Geräten mit Gefrierfach ist der Fühler des Thermostaten auf dem Verdampfer im Kühlteil angebracht. Durch geeignete Kältemittelführung und Dimensionierung der Verdampferflächen sowie eine gute Wärmedämmung zwischen Gefrier- und Kühlteil wird erreicht, dass die geforderten Gefriertemperaturen eingehalten werden.

Auswahlkriterien

- Stromverbrauch
- Als Faustregel kann mit einem Nutzinhalt von ca. 60 l pro Person gerechnet werden. Für einen 1-Personen-Haushalt sollte das Gerät nicht weniger als 100 l Nutzinhalt aufweisen.
- Ein Kühlschrank ohne Gefrierfach ist dann vorzusehen, wenn ohnehin ein Gefriergerät angeschafft wird. Ist im Kühlschrank ein relativ grosses Gefrierfach vorhanden, kann oftmals auf ein separates Gefriergerät verzichtet werden.

Installation

Der Kühlschrank soll nahe dem Arbeitszentrum der Küche, aber nicht unmittelbar neben dem Backofen, dem Geschirrspüler oder andern Wärmequellen plaziert werden.

Gefriergeräte

Gefriergeräte funktionieren nach dem gleichen Prinzip wie die Kühlschränke. Sie weisen jedoch eine dickere Wärmedämmung von normalerweise 4 bis 6 cm, für Energiespar-Ausführungen von 7 bis 10 cm auf.

Hinweise zur Aufstellung: Gefriergeräte sollen in möglichst kühler Umgebung aufgestellt werden. Sie arbeiten bis zu einer Umgebungstemperatur von ca. 0° C einwandfrei. Bei tieferen Temperaturen kann das Schmieröl für den Kompressor dickflüssig werden und die Funktion beeinträchtigen.

GEFRIERSCHRÄNKE: VERBRAUCH

Die tiefsten spezifischen Verbrauchswerte (kWh pro 100 l Inhalt in 24 h) der 1991 auf den Markt gekommenen Geräte:

Inhalt	Gefrierschrank	Gefriertruhe
150	0,57	–
250	0,31	0,21
350	–	0,19

Auswahlkriterien

- Stromverbrauch
- Gefriertruhen sind günstiger im Anschaffungspreis und im Energieverbrauch als Gefrierschränke, brauchen aber eine relativ grosse Standfläche und sind weniger übersichtlich.

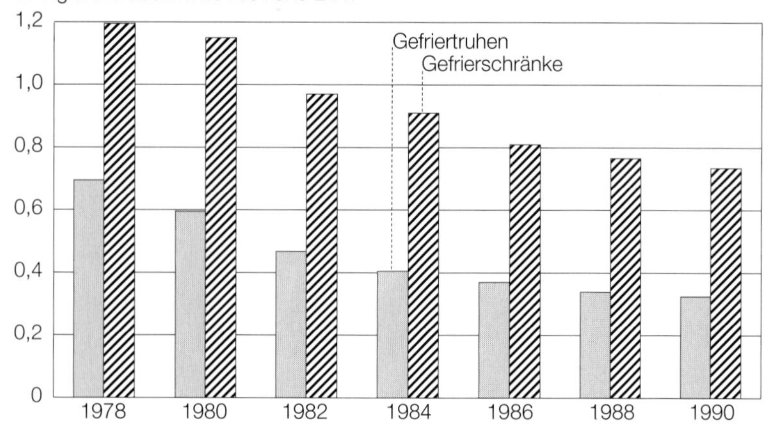

Abb. 8: Durchschnittlicher spezifischer Stromverbrauch der verkauften Gefriertruhen und -schränke (pro 100 l Inhalt in 24 h).

Wirtschaftlichkeit

Massnahmen für einen geringeren Stromverbrauch erfordern bei der Geräteherstellung meistens einen zusätzlichen Entwicklungsaufwand und oftmals teurere Bauelemente. Trotzdem ist beim aktuellen Marktangebot kein offensichtlicher Zusammenhang zwischen dem Stromverbrauch und dem Preis der Geräte zu erkennen. Eine Ausnahme bilden die Tiefkühlgeräte, bei denen neben den normalen Ausführungen sogenannte Energiespargeräte zu einem höheren Preis angeboten werden.

Tabelle 2: Kostenvergleich zwischen einem Tiefkühlschrank in normaler Ausführung und einem Energiesparschrank. Es handelt sich um Geräte der gleichen Firma.

Gefrierschrank	Normalausführung	Energiesparausführung
Inhalt	104 l	110 l
Verkaufspreis	880.– Fr.	990.– Fr.
Stromverbrauch	1,2 kWh/24h	0,8 kWh/24h
Betriebskosten pro Jahr (bei einem Strompreis von 16 Rp./kWh)	70.10 Fr.	46.70 Fr.
Kapitalkosten		
• Abschreibung (linear über 12 Jahre)	73.30 Fr.	82.50 Fr.
• Zins (6 % auf dem im Mittel gebundenen Kapital von 440.–, respektiv 495.– Fr.)	26.40 Fr.	29.70 Fr.
Jahreskosten	169.80 Fr.	158.90 Fr.

Literatur

[1] Wicht, Kurt: Elektrische Hausgeräte. Verlag W. Girardet, Essen.

7.2 Wassererwärmung

ANDREAS FAHRNI

Gut ein Drittel des Warmwassers wird in der Schweiz mit elektrischen Speicher-Wassererwärmern (Boiler) aufbereitet. Die Aufladung erfolgt meist während der Schwachlastzeiten im elektrischen Verteilnetz. Einsparungen ergeben sich durch konstruktive Massnahmen an den Geräten, Standortwahl und Dimensionierung der Speicher, Auslegung des Anlagesystems sowie Nutzung erneuerbarer Energie.

→
1.6 Wassererwärmung, Seite 39
4.1 Analyse im Haushalt, Seite 131
4.2 Einsatz von Haushaltgeräten, Seite 140
7.1 Haushaltgeräte, Seite 225
8.3 WP, Seite 269

Typologie

Wassererwärmer: Apparate, in denen dem Kaltwasser direkt oder indirekt Wärme zugeführt wird.
Durchflusswassererwärmer: Wassererwärmer, in denen das Kaltwasser im Zeitpunkt der Entnahme, d. h. beim Durchströmen, erwärmt wird.
Speicherwassererwärmer: Wassererwärmer in Form von Behältern mit eingebauten Heizflächen, in denen das Kaltwasser erwärmt und nach der Erwärmung zudem gespeichert wird (Boiler).
Hochleistungswassererwärmer: Wassererwärmer in Form von Behältern mit eingebauten Heizflächen, in denen das Kaltwasser beim Durchströmen erwärmt und nur ein geringer Teil nach der Erwärmung gespeichert wird.
Warmwasserspeicher: Behälter ohne eingebaute Heizflächen, nur zum Speichern von Warmwasser. Das Warmwasser wird von aussen zugeführt.
Warmwasserautomat: Der Warmwasserautomat entspricht in den Ausführungen einem Speicherwassererwärmer, jedoch mit einem zweiten Elektro-Heizelement. Das untere Elektro-Heizelement ist für die Nacht- oder Niedertarifladung und das obere Elektro-Heizelement für die Tagesnachladung zur Deckung des Spitzenbedarfes. Das obere Heizelement kann zudem für den Betrieb mit reduzierten Warmwassermengen benutzt werden.
Elektrische Speicherwassererwärmer mit eingebautem oder aussenliegendem Wärmetauscher: Diese Geräte eignen sich für bivalente und polyvalente Erzeugung von Warmwasser. Nahezu alle Typen und Modelle werden auf dem Markt mit Wärmetauscher angeboten.

Konstruktionen

- Innenkessel aus Stahl, aussen roh und innen z. B. emailliert, als Korrosionsschutz.

• Als zusätzlicher Korrosionsschutz werden Magnesium-Anoden, bei grösseren Geräten Fremdstrom-Anoden eingebaut.
• Elektro-Heizelement, sogenannte Panzerstäbe (analog Waschmaschinen, Geschirrspüler, etc.) gewährleisten die optimale Wärmeübertragung. Nach wie vor werden auch keramische Heizelemente eingesetzt.
• Eine Kaltwasserbremse bewirkt die Unterbrechung des eintretenden Kaltwasserstrahles und verhindert die «Zerstörung» der Schichtung.
• Bei Geräten mit unterem Warmwasserabgang ist ein Warmwasserentnahmerohr erforderlich, welches das oben liegende Warmwasser nach unten führt.
• Die Kontrollöffnung als Flansch dient zugleich als Halteelement für Thermostate und Elektro-Heizelemente.
• Regulier- und Sicherheitsthermostat, 3polig ausschaltend, meist auf dem Flansch aufgebaut und mit einem Tauchrohr in das Medium Wasser führend, dient der Regelung. Ab Werk wird der Regler auf 60° C, der Temperaturwächter auf 90° C eingestellt. Bei defektem Regler (60° C) spricht als Sicherheit der Wächter an und schaltet die Stromzufuhr 3polig aus. Eine Wiederinbetriebsetzung sollte nur vom Fachmann vorgenommen werden.
• Die Wärmedämmung wird bis zu einer Behältergrösse von ungefähr 500 l mittels eingespritztem Polyurethan-Schaum, seit 1991 FCKW-reduziert, vorgenommen. Die Wärmedämmung zwischen Innenkessel und Verschalungsblech dient nebst einer guten Wärmedämmung mit einem λ-Wert von etwa 0,02 W/mK der mechanischen Verbindung. Wärmedämmungen bei Geräten von über 500 l werden meist mit PU-Weichschaum oder PU-Hartschaum-Halbschalen vorgenommen.
• Die Verschalung ist in der Regel aus lackiertem Stahlblech gefertigt (bis 500 l). Über 500 l werden Aluman mit PU-Hartschaum-Halbschalen oder Kunststoffolien als Überzug über PU-Weichschaum eingesetzt.

Wärmepumpen

Wärmepumpen eignen sich dort, wo Abwärme (z. B. aus Computerräumen, Coiffeursalons, Metzgereien, Bäckereien, Molkereien), Aussenluft oder See-, Fluss- und Abwasser genutzt werden können. Die Wärmepumpen haben bis heute bei der Wassererwärmung nur eine marginale Bedeutung. Gemessen am gesamten elektrisch erwärmten Wasser beträgt der WP-Anteil in der Schweiz weniger als 3 %.
Kompaktgeräte: Verdampfer, Verdichter und Gebläse am Speicher an- oder aufgebaut, Verflüssiger im oder auf dem Speicher integriert.
Splitgeräte A: Verdampfer, Verdichter und Gebläse getrennt vom Speicher plazierbar. Verflüssiger im oder am Speicher integriert. Diese Installation bedarf einer Kältemittelleitung zwischen Wärmepumpenaggregat und Speicher. (Die Bezeichnung ‹Splitgerät› bezieht sich auf die getrennten Standorte von WP-Aggregat und Speicher.)
Splitgeräte B: Verdampfer, Verdichter, Verflüssiger und Gebläse im Wärmepumpenaggregat integriert. Der Speicher kann in einem anderen Raum plaziert werden. Es ist keine Kältemittelleitung erforderlich.
Luft-Wasser-Wärmepumpe (Heizung und Warmwasser): Spitzenabdeckung und Nachwärmung des Warmwassers kann mittels einem Warmwasserautomaten vorgenommen werden.
Luft-Wasser-, Sole-Wasser- oder Wasser-Wasser-Wärmepumpe (Heizung und Warmwasser): Wärmepumpe-Wassererwärmer mit Elektro-Heizelement für die Spitzenabdeckung des Warmwassers.

Konstruktionen: Innenkessel, Korrosionsschutz, Elektro-Heizelement, Kaltwasserbremse, Kontrollöffnung, Regulier- und Sicherheitsthermostat für das Elektro-Heizelement, Wärmedämmung, Verschalung, Thermometer und Abdeckungen: Es gelten die gleichen Regeln wie beim elektrischen Speicherwassererwärmer.

Rationelle Verwendung von Elektrizität

Folgende Konstruktionsverbesserungen führen zu kleineren Stillstands- und Bereitschaftsverlusten an Apparaten:
- Unnötige Anschluss-Stutzen vermeiden
- Keine Wärmebrücken zwischen Innenbehälter und Verbindungselementen, z. B. keine Wärmebrücken bei Wandbügel, Standfüssen, Anschlüssen usw.
- Kleinere Flanschöffnungen! Wassererwärmer benötigen bis 1000 l keine Kontrollöffnung in der Grösse eines Mannloches.
- Vermeiden von Zirkulationsanschlüssen
- Optimale Nutzung des gesamten Speichervolumens bei Stand-Wassererwärmern (abgekröpfte Panzerheizstäbe)
- Übernahme der Prüfpflicht und Deklaration der Brutto-, Netto- und Nutzvolumen sowie der Warmwasserentnahmekurve nach DIN/ISO/CEN
- Temperatur auf maximal 60° C einstellen, ohne Möglichkeit für den Benutzer, diese selber zu erhöhen.

Einsparmöglichkeiten
- Wärmedämmung der Warmwasserleitungen bis zu den Zapfstellen
- Wärmedämmung der Warmwasserverteiler
- Vermeidung von Zirkulationsleitungen (z. T. gemäss Energieverordnungen verboten)
- Richtige Auslegung der Wassererwärmer (Volumenbestimmung)
- Richtige System- und Apparatewahl (zentral, dezentral, Gruppenversorgung)
- Deklarierung von Stillstandsverlusten unter Berücksichtigung theoretischer Laborwerte
- Volumenbeschränkung anhand Festlegung von elektrischen Anschlusswerten
- Verbrauchsabhängige Warmwasserabrechnung für zentrale Warmwasserversorgung und -systeme

Berechnungsgrundlagen

Warmwasserbedarf

Wo, wann und wieviel warmes Wasser jeweils gebraucht wird, hängt von vielen Einflussgrössen ab. Messungen und Untersuchungen hierzu zeigen immer wieder, dass die individuellen Lebens- und Verbrauchsgewohnheiten im privaten Bereich recht unterschiedlich sind. Dementsprechend weichen auch die ermittelten spezifischen Warmwasserverbrauchszahlen stark voneinander ab. Der Warmwasserverbrauch im Wohnbereich ist unter anderem abhängig von
- der Zusammensetzung des Benutzerkreises (Erwachsene, Kinder)
- den Lebensgewohnheiten bzw. dem Hygienebedürfnis der Benutzer (z. B.

Bade-, Duschhäufigkeit)
- der sanitärtechnischen Ausstattung der Wohnung oder des Hauses (Bad, Dusche, Sauna)
- dem Wassererwärmungssystem und der Installation
- den Möglichkeiten individueller Verbrauchserfassung und Abrechnung.

Gerade der letztgenannte Punkt hat einen grossen Einfluss auf den sich einstellenden Warmwasserverbrauch. So ist erfahrungsgemäss davon auszugehen, dass der spezifische Warmwasserverbrauch bis zu 50 % höher liegen kann, wenn in Mehrfamilienhäusern eine Zentralversorgung besteht, bei der die Warmwasserkosten pauschal und nicht nach gemessenem Verbrauch verrechnet werden.

Die Berechnung des Nutzwarmwasserbedarfs soll mit Hilfe der einschlägigen Normen (z. B. SIA) vorgenommen werden. Die Betriebstemperatur des Wassererwärmers beträgt normalerweise 60° C.

Speichergrösse

Bei der Dimensionierung des Speicherinhaltes werden zum Nutzwarmwasserbedarf Zuschläge für die Wärmeverluste und das nicht ausnützbare Volumen gemacht. Somit setzt sich das gesamte Wasservolumen wie folgt zusammen:
- dem Nutzvolumen entsprechend dem Nutzwarmwasserbedarf pro Tag
- dem Wärmeverlust-Volumen zur Deckung der Wärmeverluste des Speichers und der Verteilleitungen
- dem nicht ausnützbaren Volumen, das sich aus der Mischzone und der Kaltwasserzone zusammensetzt.

Systemwahl

- Durchschnittswerte für Speicher vorsehen. Spitzenbedarf ist systembezogen zu decken und nicht mit überdimensionierten Speichern.
- Richtige Plazierung der Apparate, d. h. so nahe den Zapfstellen wie möglich. Einzelne Zapfstellen mit separaten Wassererwärmern versorgen.

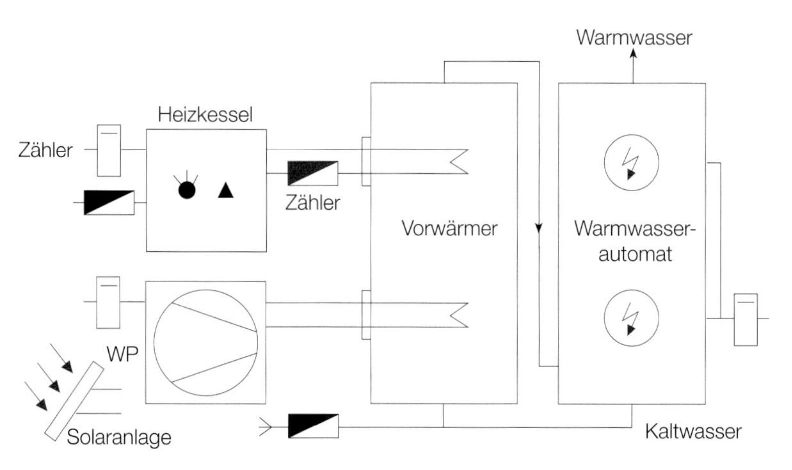

Abb. 1: Warmwasserversorgung für Einfamilienhaus. Sommerbetrieb: Vorwärmung (10 bis 45 °C) durch Wärmepumpe oder Solarenergie. Nachwärmung durch unteres Heizelement, Nacht- oder Niedertarif. Ein Spitzenbedarf an Warmwasser kann durch das obere Heizelement abgedeckt werden. Winterbetrieb: Vorwärmung und Nachwärmung durch fossilen Wärmeerzeuger. Variante: Vorwärmung durch Wärmepumpe und Nachwärmung durch fossilen Wärmeerzeuger.

- Allenfalls Einzel-Zapfstellenversorgung vorsehen.
- Zirkulationsleitungen vermeiden, wo erforderlich mit Begleitheizung oder separatem Wassererwärmer versehen.
- Verbrauchsmessung des Kaltwassers bei jedem Apparat (Wassererwärmer) installieren, zwecks Verbrauchsermittlung und Massnahmenplanung.

Sanierung: Die Sanierung von Kombiheizkesselanlagen und elektrischen Wassererwärmern der Baujahre 1980 und älter schöpfte ein grosses Energiesparpotential aus.

Einfamilienhaus: Bei Einfamilienhäusern ist in der Regel eine zentrale Warmwasserversorgung üblich. Eine Wärmepumpe oder Solarenergieanlage trägt zur Substitution fossiler und elektrischer Energie bei. Die Spitzenabdekkung von Warmwasser erfolgt im Sommer über elektrische Energie und im Winter über die Heizung.

Warmwasserautomaten

- Der Warmwasserautomat kann als konventioneller Speicher-Wassererwärmer eingesetzt werden.
- Der Warmwasserautomat kann auf ein Drittel des gesamten Volumens eingestellt werden (Ferien, kleinerer Haushalt, Betriebsunterbruch). Demzufolge reduzieren sich Bereitschaftsverluste.
- Der Warmwasserautomat kann den Spitzenbedarf an Warmwasser abdekken; beispielsweise einmal wöchentlich im Coiffeursalon, anstelle eines grösseren Speicher-Wassererwärmers.
- Der Warmwasserautomat kann die sogenannte Nachwärmung je nach Bedarf im oberen Drittel oder des gesamten Volumens erbringen.

Normal-Funktion: In der Nacht (Niedertarifzeit) wird das gesamte Wasservolumen erwärmt.

Reduzierter Betrieb: In der Nacht (Niedertarifzeit) wird nur das obere Drittel des Wasservolumens erwärmt.

Automatik-Funktion: In der Nacht (Niedertarifzeit) wird das gesamte Wasservolumen erwärmt. Tagsüber wird das obere Drittel fortlaufend (zur Tagestarifzeit) erwärmt.

Vor- und Nachwärmung

- Die Vorwärmung von Wasser (10° bis 45° C) sollte aus ökologischer Sicht, wenn immer möglich, nicht mit hochwertigen Energieträgern erfolgen. Sonnenkollektoren oder Wärmepumpen sowie das Heizaggregat (im Winter) eignen sich dazu.
- Die Nachwärmung (45° bis 60° C) und der Spitzenbedarf an Warmwasser soll im Sommer elektrisch abgedeckt werden. Dies kann mit einem Warmwasserautomaten und Warmwasserspeicher in den Schwachlastzeiten erfolgen. Im Winter kann die Heizung (bei Brennwertkesseln über den Rücklauf) zur Nachwärmung eingesetzt werden. Elektrische Aufwärmung ist nur vorzusehen, wenn keine Möglichkeit über die Heizung besteht (Schwachlastzeiten nutzen).

Checkliste Wassererwärmung

- Gute Integration in den Baukörper
- Kurze Leitungen zwischen Zapfstellen und Warmwasseraufbereitung

- Keine Feuerung
- Sonnenenergienutzung oder zumindest Möglichkeit für spätere Ergänzung vorsehen
- Wärmepumpensysteme
- Warmwasserautomaten
- Verbrauchsabhängige Kostenabrechnung ermöglichen

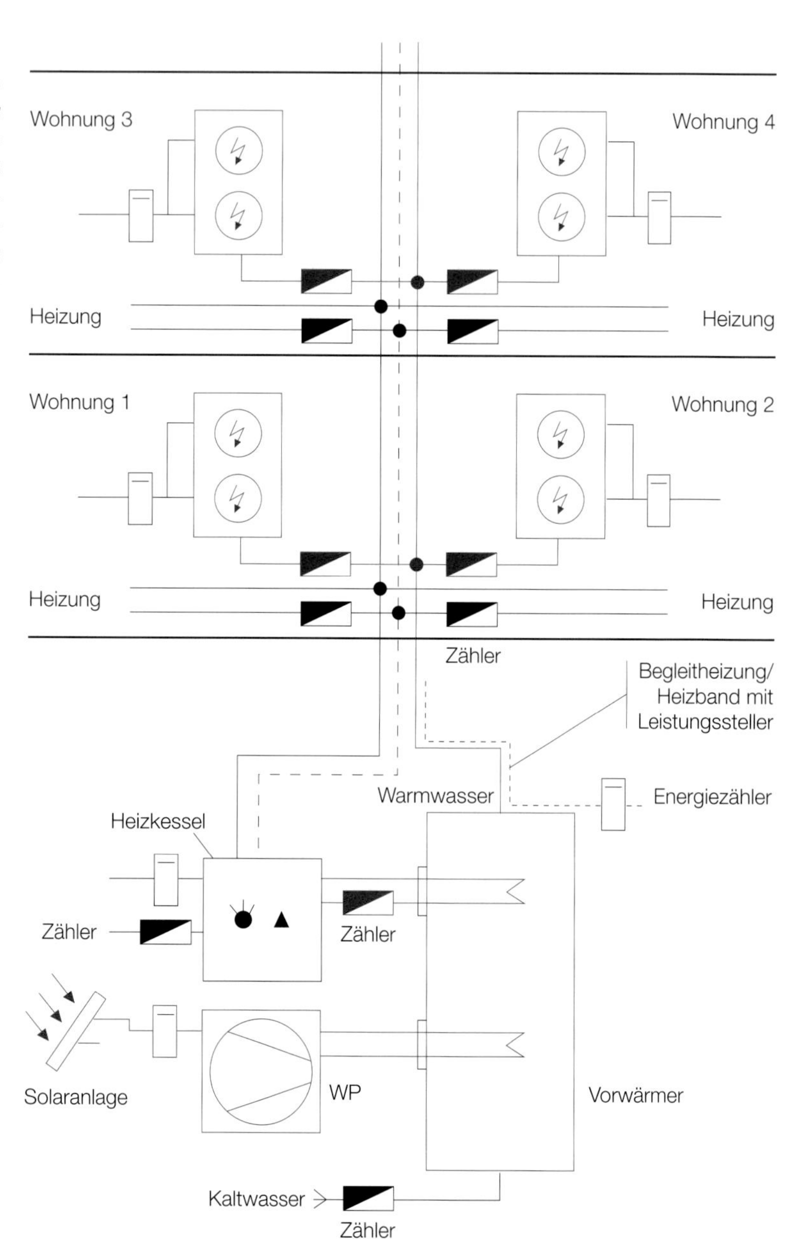

Abb. 2: Bei Mehrfamilienhäusern ist aus energetischen und abrechnungstechnischen Gründen eine dezentrale, Gruppen-Warmwassererzeugung zu wählen.

Die Begriffe der Wassererwärmer-Typen bzw. Definitionen zur Warmwasserversorgung für «Trinkwasser in Gebäuden» sind in der SIA-Norm 385/3 festgehalten (Deutschland: DIN 4753, Teil 1 bis 10). Eine europäische Normung nach CEN (Comité Européen de Normalisation) für Wassererwärmer ist in Vorbereitung.

7.3 Informationstechnik

ALOIS HUSER

→
2.1 Optimierung des Verbrauchs, Seite 51

Der Einsatz energiesparender Technologien bei Geräten für die Informationsverarbeitung und Kommunikation hat in den meisten Fällen einen höheren Preis zur Folge, der nicht allein mit der Kosteneinsparung durch den Energieminderverbrauch amortisiert werden kann. Wenn die Kosten für die Infrastruktur der Elektrizitätsbereitstellung und Entsorgung der Abwärme aber mitgerechnet werden, können sich solche Investitionen in die Geräte lohnen. Bürogeräte sind die meiste Zeit inaktiv und «verheizen» in der Bereitschaftsstellung Strom. Die wichtigste Massnahme ist deshalb das gezielte oder automatische Abschalten der Geräte bei Nichtbenutzung.

Personal Computer (PC)

Zu den PC zählen Desktop-Geräte und Laptop-Computer. Die Laptops sind speziell auf einen stromsparenden Betrieb ausgelegt, damit sie mit Batterien eine möglichst lange Zeit betrieben werden können. Die elektronischen Schaltelemente der Laptops sind in CMOS-Technologie ausgeführt, welche bezüglich Stromverbrauch sparsamer ist als die in den Desktop-Geräten

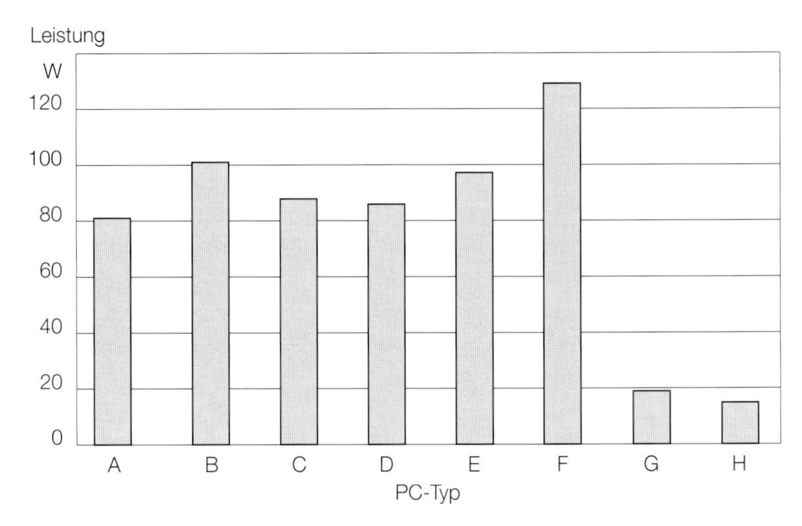

Abb. 1: Durchschnittliche Leistung von verschiedenen PC-Typen inklusive Bildschirme, in W.

A: Desktop, Prozessor Motorola 68000
B: Desktop, Prozessor Motorola 68030
C: Desktop, Prozessor Intel 80286
D: Desktop, Prozessor Intel 80386SX
E: Desktop, Prozessor Intel 80386
F: Desktop, Prozessor Intel 80486
G: Laptop, Prozessor Intel 80C286
H: Laptop, Prozessor Intel 80386SX

CMOS: Complimentary metaloxide semiconductor: Elektronische Schaltelemente, die auf der Feldeffekttransistortechnologie basieren.
TTL: Transistor-Transistor-Logik: Integrierte Transistorschaltkreise auf der Basis von Bipolartransistoren.
NMOS: N-Channel metaloxide semiconductor: Elektronische Schaltelemente, die auf der Feldeffekttransistortechnologie basieren. Im Unterschied zu CMOS arbeitet NMOS mit weniger Transistoren für eine Funktionseinheit, hat aber eine höhere statische Verlustleistung.
SRAM: Static read and write memory: Elektronischer Speicherbaustein, aufgebaut aus Transistorschaltungen. Der logische Zustand bleibt nach einmaligem Einlesen erhalten, solange sie mit Strom versorgt sind. Im Gegensatz zu den dynamischen RAMs sind sie sparsamer im Verbrauch, nehmen aber mehr Platz in Anspruch und sind massiv teurer.
Stand-by: Ein Gerät ist im Stand-by-Modus, wenn es eingeschaltet ist, seine vorgesehene Dienstleistung zur Zeit jedoch nicht erbringt, sondern in Wartestellung verharrt.

verwendeten TTL- und NMOS-Technologien. Die CMOS-Technologie weist keine statischen Verluste auf. Erst eine Änderung des Schaltzustandes bewirkt einen Stromkonsum.

Die PC haben in den meisten Fällen keinen Strombezug im ausgeschalteten Betriebszustand. Die aufgeführten Verbrauchswerte beziehen sich auf die Minimalkonfiguration, das heisst ohne Netzwerk- oder Modemkarten und bei Desktop-Geräten auch ohne Bildschirm. Die Messwerte geben den mittleren Leistungsbedarf bei eingeschaltetem Gerät an. Die unterschiedliche Benutzung, d. h. beispielsweise häufiger Zugriff auf die Harddisk, hat über eine längere Arbeitszeit betrachtet keinen signifikanten Einfluss auf den Energieverbrauch.

Technische Massnahmen

Bei den batteriebetriebenen Laptops hat der Energieverbrauch naturgemäss einen sehr hohen Stellenwert. Technische Massnahmen:

- Einsatz von elektronischen Bausteinen, welche auf der CMOS-Technologie aufbauen. Bei dieser Technik fliesst nur dann Strom, wenn sich ein Schaltzustand ändert.
- Einsatz von SRAM (statisches RAM) als Speicherbausteine
- Verkleinerung der Speisespannung (auf Kosten der Geschwindigkeit)
- Drosselung der Taktfrequenz, wenn das Bauelement nicht aktiv arbeitet
- Einsatz eines Power-Managements, welches die Speisespannung von «ruhenden» Bauteilen unterbricht und nur noch bei Bedarf zuschaltet. Als Beispiel dient ein Laptop mit einem effizienten Power-Management für vier Betriebszustände: Aktiv-, Spar-, Ruhe- und Ausschaltzustand. Der Spar- und Ruhebetrieb ist von aussen nicht wahrnehmbar. Ist das Gerät länger als 15 Sekunden inaktiv, schaltet es nach einer vorher einstellbaren Zeit in den Ruhebetrieb und beim Drücken einer Taste automatisch wieder zurück. Die Leistung sinkt von 3,7 W im aktiven Zustand auf 1,2 W im Spar- und 0,027 W im Ruhebetrieb.

Benutzerverhalten

- Der PC sollte bei längeren Pausen abgeschaltet werden. Die Lebensdauer wird durch das häufigere Ein- und Ausschalten nicht derart beeinträchtigt, dass dies während der Gebrauchsdauer einen Einfluss hätte (durch den schnellen technologischen Wandel ist ein PC kaum länger als fünf Jahre im Einsatz). Vor allem bei der Harddisk wird befürchtet, zu häufiges Ein- und Ausschalten

Tabelle 1: Mittlerer Leistungsbedarf von Personal Computern (Desktops ohne, Laptops mit Bildschirmen) in W.

Gerätetyp, Typ des eingebauten Prozessors	Mittelwert (W)	Bemerkungen
Desktop, M 68000	26	
Desktop, M 68030	46	
Desktop, 80286	33	
Desktop, 80386SX	31	
Desktop, 80386	42	
Desktop, 80486	74	
Laptop, 80C286	19	Sparmodus: 14 W
Laptop, 80386SX	15	Sparmodus: 9 W

beeinträchtige deren Lebensdauer. Nach Angabe von Herstellern [1] erbringen neue Laufwerke bis 100 000 Start-Stop-Zyklen. Würde ein PC während fünf Jahren jeden Arbeitstag alle 10 Minuten aus- und wieder eingeschaltet, so ergäbe sich eine Zyklenzahl von ungefähr 63 000, was erst etwa zwei Dritteln der erwarteten Lebensdauer entspricht.

• Die Software sollte so installiert werden, dass das Aufstarten schnell gelingt und die vorher benutzten Files automatisch wieder geöffnet werden. Je nach System kann mit einer Taste (zum Beispiel ESC oder ENTER) die zeitaufwendige Speicherprüfung beim Aufstarten unterbrochen werden.

• Viele Programme ermöglichen ein automatisches Backup nach einer vorgewählten Zeit. Dieses Kopieren auf die Harddisk, z. B. alle 15 Minuten, bemerkt der Benutzer nicht und beugt dem Verlust von Daten bei eventuellen Stromunterbrüchen vor. Diese einfache Massnahme erübrigt in den meisten Fällen die Installation einer unterbrechungsfreien Stromversorgungsanlage (USV) bei PC, die nicht in einem Netzwerk angeschlossen sind oder in einem Netzwerk keine wichtigen übergeordneten Aufgaben wie Netzwerksteuerung oder zentrale Speicherung übernehmen. Die Gefahr einer Zerstörung der Harddisk durch einen Stromunterbruch ist bei modernen Festplattenlaufwerken durch das Auto-Park-System eliminiert. Die Laufwerkelektronik erfasst einen Stromausfall im Laufwerk und schaltet den Plattenantriebsmotor auf Generatorbetrieb. Den so erzeugten Strom benützt der Schrittmotor, um die Schreib-Lese-Köpfe in der Plattenmitte zu parkieren.

• Ist ein 24-Stunden-Betrieb wirklich notwendig? In vielen Fällen können einfache organisatorische Massnahmen diesen überflüssig machen.

Bildschirm

Häufig angewendete Technologien: Kathodenstrahlröhren, Plasmaverfahren und Liquidcrystal display (LCD). Sie unterscheiden sich stark im Energieverbrauch:

- Kathodenstrahlröhren 0,2 W/cm^2
- Plasma 0,04 W/cm^2
- LCD, nicht hintergrundbeleuchtet 0,00002 bis 0,0002 W/cm^2
- LCD, hintergrundbeleuchtet 0,016 bis 0,023 W/cm^2

Die Industrie hat bereits einen Farb-LCD-Bildschirm entwickelt, der Preis ist allerdings noch hoch. Der Einsatz von Farb-LCD-Bildschirmen würde den Stromverbrauch eines Computerarbeitsplatzes halbieren.

Typ des Bildschirms	Grösse (Zoll)	Auflösung	Mittelwert (W)
schwarz/weiss	14		36
farbig	14	640/480	55
farbig	14	800/560 und höher	67
farbig	16		86
farbig	19		140

Tabelle 2: Mittlerer Leistungsbedarf von Bildschirmen für Desktop-PC in W. Technik: Kathodenstrahlröhren, weisser Bildinhalt, durchschnittliche Helligkeits- und Kontrasteinstellung.

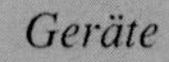

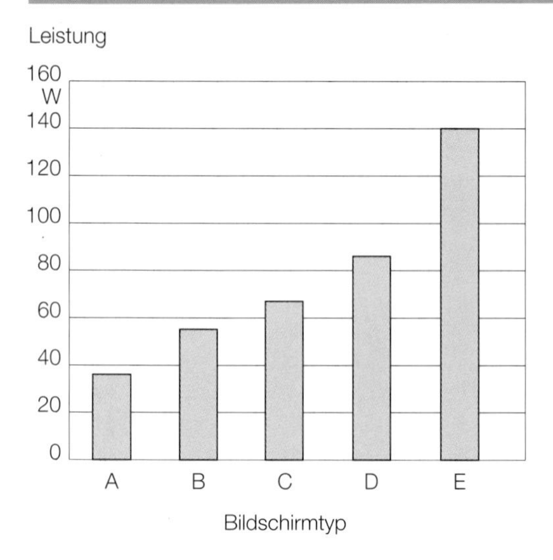

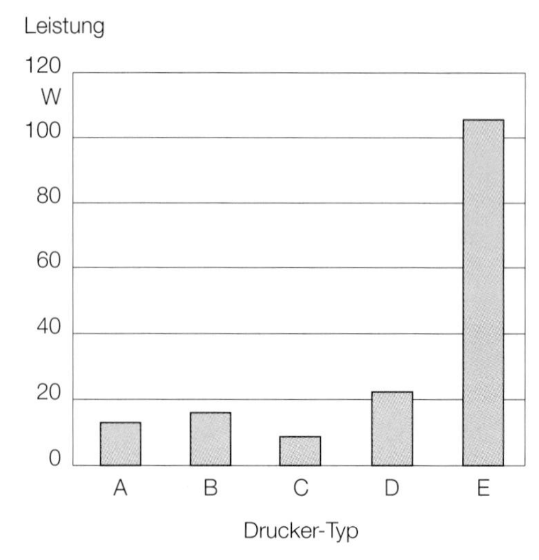

Abb. 2: Durchschnittliche Leistung von verschiedenen Bildschirmtypen, in W.

A: einfarbig, 14 Zoll
B: mehrfarbig, 14 Zoll, 640x480 Punkte
C: mehrfarbig, 14 Zoll, 800x560 Punkte und grösser
D: mehrfarbig, 16 Zoll
E: mehrfarbig, 19 Zoll

Abb. 3: Durchschnittliche Stand-by-Leistung von verschiedenen Druckertypen, in W.

A: 9-Nadeldrucker
B: 24-Nadeldrucker
C: Tintenstrahldrucker
D: Thermodrucker
E: Laserdrucker

Benutzerverhalten

Der Verbrauch des Bildschirms beträgt bei einem PC auf der Basis der 80386SX-Prozessorfamilie ungefähr 65 % des Gesamtverbrauchs des PC. Bei jeder längeren Pause sollte der Bildschirm daher ausgeschaltet werden. Bei den modernen Bildschirmen vergehen nur noch ungefähr 5 bis 10 Sekunden, bis nach dem Einschalten das Bild in der gewohnten Qualität wieder erscheint. Messungen haben gezeigt, dass der Bildschirminhalt (insbesondere die Farbwahl) einen Einfluss auf den Stromverbrauch hat. Falls eine Farbe der Grundfarben rot, grün oder blau nicht gebraucht wird, vermindert sich der Stromverbrauch um etwa 5 %. Es gibt verschiedene Programme auf dem Markt, welche das automatische Ausblenden nach einer vorgewählten Zeit nach dem letzten Tastendruck erlauben. Diese Technik lohnt sich, wenn der Farbhintergrund auf dem Bildschirm farbig oder insbesondere weiss ist (Stromverbrauch um 15 % geringer).

Drucker

Aus physikalischen Gründen braucht der Informationstransfer auf ein Papier mehr Energie als die Verarbeitung digitaler Daten in Form eines Elektronenflusses. Drucker lassen sich grob in folgende Typen unterteilen: Drucker mit mechanischem Anschlag wie Nadel-, Typenrad-, Kugelkopfdrucker; Tintenstrahldrucker; Thermodrucker; elektrofotografische Drucker (Laserdrucker).

Technische Massnahmen

Der grösste Verbraucher innerhalb der Laserdrucker ist die Heiztrommel für das Schmelzen und Anpressen des Toners auf das Papier (ungefähr 50 bis 70 % des Verbrauchs). Eine hohe Druckgeschwindigkeit verlangt eine kurze Heizperiode und damit eine hohe Temperatur, respektive Leistung. Der Energieverbrauch für die Bereitschaftsleistung kann erheblich gesenkt werden, falls das Abkühlen der Heiztrommel in Kauf genommen wird. Damit verlängert

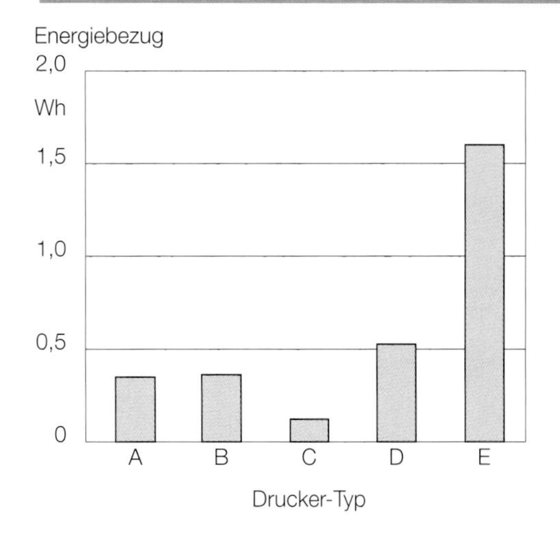

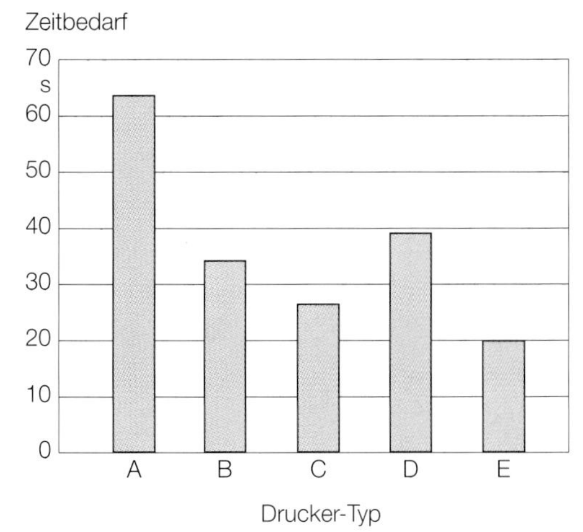

sich jedoch die Aufwärmzeit und damit die Zeit bis zur Betriebsbereitschaft. Zwischen den gegensätzlichen Anforderungen «tiefer Energieverbrauch im Stand-by» und «kurzer Zeit bis zum Bereitschaftszustand» muss ein Optimum gefunden werden. Es gibt schon ein Gerät auf dem Markt, welches nach einem Nichtbenützen des Laserdruckers von 1 bis 8 Minuten die Heiztrommel abschaltet. Weiter gibt es bereits Laser-Fax-Geräte, welche die Hauptkomponenten inklusive Heiztrommel in Druckpausen abschalten und so auf eine tiefe Stand-by-Leistung von 15 W kommen.

Abb. 4: Durchschnittlicher Energiebezug für das Drucken einer A4-Seite in «letter quality» von verschiedenen Druckertypen, in Wh.

A: 9-Nadeldrucker
B: 24-Nadeldrucker
C: Tintenstrahldrucker
D: Thermodrucker
E: Laserdrucker

Abb. 5: Durchschnittlicher Zeitbedarf für das Drucken einer A4-Seite von verschiedenen Druckertypen, in Sekunden.

A: 9-Nadeldrucker
B: 24-Nadeldrucker
C: Tintenstrahldrucker
D: Thermodrucker
E: Laserdrucker

Benutzerverhalten

- Eine sehr gute Druckqualität und eine hohe Druckgeschwindigkeit sind nur selten erforderlich. Vor dem Kauf soll geprüft werden, ob ein Tintenstrahldrukker die Bedürfnisse auch abdeckt und somit auf einen energieintensiven Laserdrucker verzichtet werden kann.
- Der Drucker wird meistens nur für eine kurze Zeit benützt. Es lohnt sich deshalb, ihn nur bei Bedarf einzuschalten. Moderne Laserdrucker benötigen für den Übergang vom kalten Zustand zur Druckbereitschaft nur ungefähr 30 Sekunden und 3 Wh Energie. Werden beispielsweise 50 Kopien am Tag produziert, benötigt ein Drucker dafür 17 Minuten. Wird das Gerät nach jeder Kopie abgeschaltet, verbraucht es 220 Wh (Messung an einem typischen Gerät). Bleibt der Drucker hingegen den ganzen Arbeitstag (9 Stunden) eingeschaltet, braucht er 690 Wh. Die Einsparung beträgt 68 %.
- Es soll geprüft werden, ob nicht mehrere Mitarbeiter den gleichen Drucker benützen können. Auf dem Markt sind Geräte erhältlich, welche den Drucker bei Bedarf auf mehrere Benützer umschalten. Ein solcher gemeinsam benutzter Drucker muss bezüglich Einschaltzeit unbedingt mit Hilfe einer Schaltuhr automatisch an die Arbeitszeit der Benützer angepasst werden.
- Auch für die Herstellung des Papiers braucht es Energie. Der sparsame Gebrauch des Papiers vermindert somit den Energiekonsum. Für Entwürfe oder Kopien für den persönlichen Gebrauch kann auch die Rückseite von bereits bedrucktem Papier gebraucht werden.
- Wenn die Lampe «Toner fehlt» beim Laserdrucker leuchtet, muss die

Tabelle 3: Stand-by-Leistungsbedarf, Energieverbrauch und Zeitbedarf von fünf verschiedenen Druckertypen. Bei den Messungen wurde der DIN-Norm-Brief «DIN 32751 Anhang A» gedruckt. Die durchschnittlichen Leistungen im Stand-by-Betrieb basieren auf einer Messung von 120 s Dauer.

	9-Nadel-Drucker	24-Nadel-Drucker	Tinten-strahl-drucker	Thermo-drucker	Laser-drucker
Stand-by-Leistung (W)	13	16	9	22	106
Druck von 1 A4-Seite in letter quality:					
Energieverbrauch (Wh)	0,36	0,37	0,15	0,51	1,6
Zeitbedarf (s)	63	34	26	39	20
Bei Dauerkopieren von 20 Seiten:					
Energieverbrauch pro Seite (Wh)					0,58
Zeitbedarf pro Seite (s)					9
Anwärmzeit nach dem Einschalten (s)					49

Kassette noch nicht sofort gewechselt werden. Durch Schütteln und dadurch besseres Verteilen des Toners im Behälter kann noch länger gedruckt werden. Die gebrauchte Cartridge (Tonerbehälter mit lichtempfindlicher Trommel) bei Laserdruckern soll zum Recycling weitergegeben werden. Toner kann auch gespart werden durch das Vermindern des Kontrastes auf die notwendige Qualität des Druckbildes. Es lohnt sich, etwas auszuprobieren.

Fotokopierer

Tabelle 4: Mittlerer Leistungsbedarf, Energieverbrauch und Aufwärmzeit von Fotokopierern. Bei den Messungen wurde der DIN-Norm-Brief «DIN 32751 Anhang A» gedruckt. Die durchschnittlichen Leistungen beziehen sich auf Mittelwerte während 120 Sekunden.

	Leistung pro Minute		
	Unter 15 Kopien	15 bis 30 Kopien	Über 30 Kopien
Leistung bei ausgeschaltetem Gerät (W)	3,5	16	31
Stand-by-Leistung (W)	125	175	259
Aufwärmzeit (s)	38	86	213
Energieverbrauch für 1 Kopie (Wh)	1,8	1,88	2,14
Energieverbrauch für 1 Kopie bei Dauerkopieren von 20 Seiten (Wh)	0,82	0,67	0,49

Technische Massnahmen

Fotokopierer und Laserdrucker funktionieren nach dem gleichen Prinzip; sie benötigen aber auch im ausgeschalteten Zustand Elektrizität für die Steuerelektronik und die Erwärmung der lichtempfindlichen Rolle. Bei Kopierern höherer Leistung besteht die Oberfläche der lichtempfindlichen Trommel aus amorphem Silizium. Diese Rolle wird auf eine Temperatur zwischen 20° und 30° C geheizt, damit die Oberfläche keine Feuchtigkeit aufnimmt. Durch Ausziehen des Steckers oder Einsatz einer Schaltuhr, welche die Stromzufuhr unterbricht, könnte dieser Verbrauch eliminiert werden. Vom Lieferanten des Gerätes muss indessen die Unbedenklichkeit der Massnahme bestätigt werden. Einige Hersteller offerieren bereits ein Kopiergerät, welches nach einer wählbaren Nichtbenützungszeit von 10 Minuten bis 6 Stunden automatisch in einen Stand-by-Modus mit tieferem Leistungsbezug wechselt.

Benutzerverhalten

Im Papier ist viel graue Energie zur Herstellung enthalten (50 bis 100 Wh Primärenergie pro A4-Blatt). Es ist daher wichtig, sparsam damit umzugehen. Viele Kopierer erlauben heute beidseitiges Bedrucken. Wenn immer möglich, soll dies ausgenützt werden. Hat das Kopiergerät eine Stromspartaste, soll diese nach jedem Kopieren benützt werden. Die Wartezeit vor der Wiederbenützung beträgt bei neueren Geräten nur ungefähr 15 Sekunden. Dabei wird die Temperatur der Schmelztrommel etwas abgesenkt und somit der Energieverbrauch verringert. Das Heizen spielt eine dominante Rolle beim Verbrauch, werden doch etwa 70 % des Gesamtverbrauchs dafür aufgewendet. Beim Durchsatz von 50 Kopien pro Stunde sieht der Energiefluss bei einem typischen Gerät folgendermassen aus: 75 % für das Heizen der Schmelztrommel und der lichtempfindlichen Trommel, 15 % für Steuerelektronik und 10 % für Antriebe und Belichtung.

Fax-Gerät

Der Telefax übermittelt Bilder von Vorlagen über das öffentliche Fernsprechnetz. Drei Geräte sind in einem Fax integriert: Scanner, Modem und Drucker. Der Drucker basiert meist auf der Thermodruckertechnologie, die spezielles Papier benötigt. Es werden aber auch Laserdrucker mit Normalpapier eingesetzt.

	Thermofax	Laserfax
Stand-by-Leistung (W)	12	62
Verbrauch Senden von 1 A4-Vorlage (Wh)	0,58	1,6
Verbrauch Empfangen und Ausdrucken von 1 A4-Vorlage (Wh)	0,69	2,4
Verbrauch Drucken 1 A4-Vorlage (Wh)	0,3	1,24

Tabelle 5: Stand-by-Leistung und Energieverbrauch von Fax-Geräten. Der Verbrauch beim Senden, Empfangen und Drucken wurde mit einer Muster-Vorlage A4 (DIN-Norm-Brief) bei «normaler» Auflösung ermittelt.

Technische Massnahmen

Bei der Ausgabe auf Papier gelten die gleichen Überlegungen wie beim Drucker oder Fotokopierer. Da der Fax meistens während 24 Stunden in Betrieb ist, muss speziell auf einen niedrigen Stand-by-Verbrauch geachtet werden. Die meiste Zeit hat der Fax nur eine Funktion: warten auf einen Anruf. Für diese Funktion braucht er die meisten seiner Baugruppen nicht. Der Fax oder die meisten Teile davon sollten nur während dem Empfang oder Senden eines Dokumentes eingeschaltet sein. Mit der Verbesserung der Telefonnetze (digitale Zentralen, Einsatz von Glasfasern) und damit der Möglichkeit, hohe Baudraten (Anzahl Informationen pro Zeiteinheit) zu übertragen, werden die Übertragungszeiten immer kürzer und somit auch die Einschaltzeiten der verbrauchsintensiven Phasen der Fax-Geräte. Weiter werden die Datenkompression und die Übertragungsfehlerkorrektur laufend verbessert. Auch damit sinken die Übertragungszeiten. Die Übertragung der Informationen vom Dokument in den Speicher des Fax-Gerätes durch den Scanner wird immer schneller. Damit verkürzt sich die Einschaltzeit der Beleuchtungseinrichtung des Lesegerätes.

Wichtig für Fax-Geräte mit Laserdruckern: Die Geräte sollten den Drucker (insbesondere die Heiztrommel für das Aufschmelzen des Toners auf das Papier) nur dann einschalten, wenn tatsächlich ein Dokument empfangen wird. Dies vermindert den Stand-by-Verbrauch enorm. Im Energieverbrauch sind Fax- Geräte mit Tintenstrahldruckern günstiger als solche mit Laserdruckern.

Benutzerverhalten

Es sollten keine Fax-Empfänger in einen Desktop-PC (typische Leistung 50 W) oder Laserdrucker (typische Leistung 100 W) eingebaut werden, wenn diese dadurch viel länger laufen als bei der ursprünglichen Nutzung. Wenn ein PC beispielsweise auch als Fax-Gerät dient, läuft er aus diesen Gründen allenfalls 24 Stunden am Tag im Vergleich zu 8 Stunden vorher. Energetisch ist es sinnvoller, ein einzelnes Fax-Gerät mit einer niedrigen Stand-by-Leistung von typischerweise 10 bis 20 W einzusetzen.

Wirtschaftlichkeit

Techniken zur Senkung des Elektrizitätsbedarfs bei Bürogeräten werden auch angewendet, wenn die Käufer den dadurch bedingten Mehrpreis zahlen. Für einen Vergleich darf nicht nur der Strompreis herangezogen werden, sondern es müssen die gesamten Infrastrukturkosten für die Bereitstellung von Strom am Ort des Verbrauchs und die Entsorgung der Abwärme gerechnet werden. Plant beispielsweise eine Firma ein neues Bürogebäude oder baut eines um, können die Investitionen für die elektrische Verteilung und die Belüftung oder Klimatisierung kleiner gehalten werden.

Literatur

[1] Rocky Mountain Institute, Snowmass, Colorado USA: Competitek. Chapter 6. Office equipment, 1990.

[2] Moser, R.; Weber, L.: Energieverbrauchsanalyse von PC-Zentraleinheiten. Institut für Elektrische Energieübertragung und Hochspannungstechnik an der ETH, Zürich 1991.

[3] Spreng, D.: Personal Computer und ihr Stromverbrauch. INFEL/KRE Forschungsbericht, Zürich 1989.

7.4 Widerstandsheizungen

HANSPETER MEYER

Wärmerückgewinnung, Abwärmenutzung und Wärmepumpen bieten sich als Ersatz für Widerstandsheizungen an. Mit diesen Techniken lässt sich bei gleichem Stromeinsatz drei- bis zehnmal mehr Wärme erzeugen als mit Widerstandsheizungen. Für bestehende Elektroheizungen liegen Sparmassnahmen vor allem im Bereich der Steuerung und der Regelung sowie der Bewirtschaftung der Speicher. Die präzise Anpassung an andere Wärmeerzeuger (Zusatzheizungen) oder Abwärmeströme ist ebenfalls ein vorrangiges Postulat.

→
2.6 WRG, WP und WKK, Seite 84
3.6 WRG, AWN, WP und WKK, Seite 121
8.1 Strom und Wärme, Seite 257
8.3 WP, Seite 269

Einzelraumheizung

Direktheizung

Einzelraum-Direktheizgeräte wandeln die Elektrizität unmittelbar in Wärme um. Die Wärmeabgabe wird entweder mit einem EIN-AUS- oder Stufen-Schalter gesteuert oder mit einem Raumthermostaten geregelt, der meist im Gerät eingebaut oder – seltener – getrennt vom Heizgerät montiert ist. Die Leistungsregelung erfolgt mittels Zu- oder Abschalten des elektrischen Widerstandsdrahtes.

Speicherheizung

Dynamische Speicherheizgeräte geben die Wärme vorwiegend in Form von Lufterwärmung und etwa zu einem Drittel in Form von Strahlung an die Umgebung ab. Bei den dynamischen Heizgeräten wird die Raumluft mittels eines Ventilators an den heissen Speichersteinen vorbeigeführt und dadurch erwärmt. Die Regelung der Wärmeabgabe erfolgt normalerweise über einen eingebauten oder extern montierten Raumthermostaten. Bei grossem Wärmebedarf wird zur forcierten Wärmeabgabe der Ventilator auf der 2. Stufe zugeschaltet. Ein Teil der Wärme wird in Abhängigkeit des Ladezustandes des Speichers als Strahlung abgegeben. Der dynamische Speicher ist daher beschränkt regelfähig. Werden die Geräte übermässig aufgeladen, kann die ungeregelte Wärmestrahlung höher sein als der Wärmebedarf des Raumes, was zu einer unerwünschten Erhöhung der Raumtemperatur führt. Häufig werden dynamische Einzelspeicher mit einer Zusatzheizung ausgerüstet, die wie eine Direktheizung zugeschaltet wird, wenn der benötigte Wärmebedarf nicht mehr aus dem Speicher gedeckt werden kann. Die Aufladung erfolgt entweder von Hand oder über ein Aufladesteuergerät, das idealerweise sowohl die im Speicher vorhandene Restwärme als auch die Aussentemperatur berücksichtigt. Für die Regelstrategie bestehen Zielkonflikte zwischen Energie- und Kostensparen. Die Energieoptimierung verlangt eine vorsichtige Aufladung mit dem Risiko, mit teurerem Tagstrom nachheizen zu müssen. Die Kostenoptimierung nützt den Niedertarifstrom möglichst gut aus, mit dem Risiko, die Solltemperatur im Speicher zu überschreiten. Hier gilt es, einen Mittelweg anzustreben.

Mischheizspeicher sind eine Kombination von statischem Speicher und Direktheizgerät. Der Speicher übernimmt die Grundlastheizung, während mit der Direktheizung die Anpassung an den aktuellen Raumwärmebedarf erfolgt. Die Aufladung erfolgt entweder manuell oder über ein zentrales Aufladesteuergerät, das sowohl die Aussentemperatur wie die Restwärme des Speichers berücksichtigt.

Fussbodenheizungen gibt es in den Ausführungen Heizkabel, Heizmatte und Wärmefolie. Die Heizung wird in oder unter den Unterlagsboden verlegt. Der Unterlagsboden wird von der Heizung erwärmt und dient gleichzeitig als Wärmespeicher. Die Aufladung des Unterlagsbodens erfolgt in der Regel in Abhängigkeit von der Aussentemperatur und der im Fussboden noch vorhandenen Restwärme. Die Aufladesteuerung dient der Festlegung des Grundlastheizbedarfs zur Ausnützung des Niedertarifs. Die Raumtemperaturregelung erfolgt mittels Raumthermostat oder Fussbodentemperaturregler durch Aktivierung der als Direktheizung geschalteten Randzonen.

Gemischtheizung: In der Regel werden die Einzelraumheizsysteme in einem Gebäude gemischt, weil dadurch die spezifischen Vorteile der einzelnen Gerätetypen optimal genutzt werden können.

Tabelle 1: Übersicht der Heizsysteme mit Widerstandsheizungen. Moderne Anlagen sind in der Regel Mischsysteme (Kombination von Speicher- und Direktheizungen).

	Einzelraumheizung	Zentralheizung
Direkt	Konvektor Heizwand Rohrheizkörper Hochtemperaturstrahler Fussbodenheizung Unterflur-Konvektor	Durchlauferhitzer Lufterhitzer Schnellheizer mit Gebläse
Speicher	Statische Speicher Dynamische Speicher Mischheizspeicher	Wasserspeicher Feststoffspeicher

Zentralheizung

Direktheizkessel: Direktheizkessel erwärmen als Durchlauferhitzer das Zentralheizungswasser. Wärmeabgabe: Über Radiatoren- oder Fussbodenheizung. Temperaturregelung: Aussentemperaturgeführt.

Feststoffspeicher: Mittels Panzerheizstäben erzeugte Wärme wird in einem Magnesitsteinblock gespeichert. Wärmeabgabe: Mittels Wasser als Wärmetransportmittel über Radiatoren und Fussbodenheizung. Temperaturregelung:

Abhängigkeit von Aussentemperatur und eventuell zusätzlich Raumreferenztemperatur. Aufladesteuerung: Abhängig von Aussentemperatur und Restwärme im Speicher. Regelstrategie: Aufladung und Entladung sind zwei unabhängige Regelkreise.
Wasserspeicher: Die grundsätzliche Funktionsweise der Wasserspeicher entspricht derjenigen der Feststoffspeicher, wobei Wasser als Wärmespeichermedium dient. Aufgrund der Speichercharakteristik eignen sich Wasserspeicher nur für Niedertemperatur-Heizsysteme.

Steuerung und Regelung

Speicherheizungen sind mit Lade- und Entladesteuerungen ausgerüstet. Die Ladesteuerung folgt dem Profil der Tarife (Tag/Nacht), die Entladesteuerung orientiert sich an der Soll-Raumtemperatur. Die Raumsteuergeräte (Entladesteuerung oder Aussentemperatursteuerung) sorgen dafür, dass zur gemessenen Aussentemperatur im Zentralheizsystem eine eingestellte Vorlauftemperatur entsteht, bzw. dass von Einzelraumgeräten die benötigte Wärme abgegeben wird. Neuere Bauarten haben Zusatzfunktionen (etwa Zeitschaltuhr zur Nachtabsenkung) oder eine Raumreferenztemperatur.

Aufladesteuerung

Die Geräte zur Aufladesteuerung können separat angeordnet oder mit der Raumsteuerung kombiniert sein. Die Aufladesteuerung ordnet einer Witterungsgrösse (Aussentemperatur) einen bestimmten Wärmeinhalt innerhalb einer Freigabedauer der Stromlieferung zu. Die Grundlage für alle Speicherheizgeräte bildet die Verwendung von Schwachlast-Netzenergie. Es geht darum, die Heizenergie in kostengünstigen Schwachlastzeiten zu speichern. Über die Werkssteuerung werden entsprechende Freigabezeiten (Schwachlastzeiten im Versorgungsnetz) signalisiert. Die Aufladesteuerung muss in der jeweils vorangehenden Nacht (Freigabezeit) möglichst genau soviel Wärme speichern, wie mutmasslich am kommenden Tag (bis zur nächsten Freigabezeit) gebraucht wird. Dazu braucht die Steuerung Informationen: Freigabezeiten und -dauer; Witterung (Aussentemperatur); Restwärme im Speicher; zusätzlich Angaben über Gebäudecharakteristik. Für einen effizienten Betrieb ist es wichtig, dass die Steuerung mit den aktuellen Werten arbeitet! Kontrollen sind notwendig.

Die Aufladung erfolgt: manuell (EIN-AUS-Schalter); nach Zeitprogramm (Schaltuhr); automatisch in Abhängigkeit von Freigabezeit des EW, Aussentemperatur, Restwärme im Speicher. Innerhalb der Freigabezeit kann die Aufladung individuell erfolgen:
- ab Beginn Freigabezeit: Vorwärtssteuerung
- in der Mitte der Freigabezeit: Mittelspreizsteuerung
- bis Ende der Freigabezeit: Rückwärtssteuerung

Entladeregelung

Die Entladung erfolgt beim Einzelraumspeicher manuell über EIN-AUS- oder Stufenschalter beziehungsweise automatisch über einen Raumthermostaten. Zentralspeicher werden automatisch über Raumtemperatur, Aussentemperatur oder Objekttemperatur geführt. Aussentemperaturgeführte Systeme können zusätzlich Raumreferenztemperaturen berücksichtigen und selbstoptimierend sein.

Rationelle Verwendung von Elektrizität

Der Ersatz von Elektro- durch Öl- oder Gasheizungen ist wirtschaftlich und technisch die einfachste Lösung, weil die Heizanlagen billig, die Preise für fossile Energien vergleichsweise niedrig sind und leistungs- und verbrauchsseitig weder technische noch staatliche Einschränkungen bestehen. Aus ökologischen Gründen sind jedoch andere Lösungen anzustreben:
- Optimierung vorhandener Anlagen im Rahmen des Gesamtsystems
- Ergänzung bestehender Anlagen durch Zusatzsysteme (Solarenergie, Holz) und Wärmerückgewinnung
- Ersatz primär durch Systeme mit hohem Anteil an erneuerbarer Energie: Wärmepumpen

WÄRMEPUMPEN!

Die Verwendung von hochwertiger Elektrizität in einem sogenannten Elektro-Thermo-Verstärker ist **die** Alternative zur elektrischen Widerstandsheizung. Welcher Elektro-Thermo-Verstärker zum Einsatz kommt, richtet sich nach den vorhandenen «Energiequellen». Wärmerückgewinnung oder Abwärmenutzung erzielen bis zu zehnmal mehr Nutzwärme, als dafür Elektrizität eingesetzt werden muss. Als Ersatz von elektrischen Widerstandsheizungen ist die Wärmepumpe mit einem elektrothermischen Verstärkungsfaktor von rund 3 besonders geeignet. 50 bis 70 % des Elektrizitätsverbrauches können mit Wärmepumpen auf diese Weise eingespart werden. Das Kapitel 8 (Wärme) liefert zusätzliche Informationen.

Ist-Zustandsaufnahme

Als Basis für Sparmassnahmen dient eine einfache Aufnahme des energetischen Ist-Zustandes des Gebäudes und der Elektroheizung. Aus dem Vergleich mit Energiekennzahlen ähnlicher Objekte lässt sich feststellen, ob ein Sanierungsbedarf besteht. Aus Untersuchungen ist bekannt, dass elektrisch beheizte Häuser relativ niedrige Energiekennzahlen aufweisen. Zwei Hauptgründe werden dafür angegeben. Die meisten Elektrizitätswerke haben frühzeitig angefangen, Nachweise für gute Gebäudeisolationen als Grundlage für Anschlussbewilligungen zu verlangen. Zweiter Grund: Die elektrischen Energiekosten sind relativ hoch, so dass sehr haushälterisch mit dem Strom umgegangen wird. Die gute Regulierbarkeit für jedes Zimmer unterstützt solche Anstrengungen. Aus dem Vergleich des Ist-Zustandes mit gemittelten Standardwerten wird beurteilt, ob sich energetische Massnahmen aufdrängen.

Sanierung oder Ersatz

Das weitere Vorgehen hängt von der Situation ab. Primär sollen Sofortmassnahmen (Massnahmen, die mit geringem Aufwand eine grosse Einsparung bringen) unverzüglich eingeleitet werden. Im Vordergrund stehen Steuerungsanpassungen bzw. Sanierungen. Wenn längerfristige Änderungen geplant sind, gilt es, die energetischen und anlagetechnischen Randbedingungen aufzuzeigen, damit rechtzeitig – besonders im Zusammenhang mit An- und Umbauten – die bauseitigen Voraussetzungen geplant werden können. Dazu gehören beispielsweise Kamin und Luftführungen für Zusatzheizungen sowie Niedertemperatur-Heizsysteme für Wärmepumpenanlagen und Solarenergienutzungen.

Zusatzheizungen

Bei den Zusatzheizungen – in erster Linie Holzöfen und Cheminées – kommt der Abstimmung zwischen der Elektroheizung und dem Zusatzsystem entscheidende Bedeutung zu. Es muss gewährleistet werden, dass mit dem Zweitsystem nicht überheizte Zonen entstehen. Elektroheizungen mit Einzelraumgeräten und entsprechenden Einzelraumregulierungen bieten dafür im allgemeinen gute Voraussetzungen. Durch geschickte Ausnützung natürlicher Thermozirkulation lässt sich die Wirkung von einfachen Holzöfen und Cheminées ausweiten bzw. gezielt führen. In grösseren Anlagen sind für mehrere Wärmeerzeuger Steuerungen notwendig, die dafür sorgen, dass energieoptimal geheizt wird (Bivalenzanlagen).

Wärmepumpe statt Widerstandsheizung

Wärmepumpen verbrauchen bei gleicher Wärmeleistung nur 30 bis 50 % des Stromes der entsprechenden Elektroheizung. Luft-Wasser-Wärmepumpenheizungen sind heute Standardsysteme auf einem hohen technischen Stand. Bei gut isolierten, kleineren Häusern ist es heute möglich, mit einer minimalen Zusatzheizung, mechanischer Lüftung und integrierter Wärmerückgewinnung den grössten Teil des Wärmebedarfs zu decken. Mit kleinen Elektrowärmepumpen, allenfalls in Kombination mit einer Zusatzheizung, lässt sich so auf einfache Weise mit minimalem Energieeinsatz ein guter Heizkomfort erzielen.

Literatur

[1] HEA, Hauptberatungsstelle für Elektrizitätsanwendung e.V., Am Hauptbahnhof 12, D-6000 Frankfurt (Main) 1.
[2] RWE, Rheinisch-Westfälisches Elektrizitätswerk AG, Abt. Anwendungstechnik, Kruppstrasse 5, D-4300 Essen.
[3] INFEL, Informationsstelle für Elektrizitätsanwendung, Lagerstrasse 1, Postfach, 8021 Zürich.
[4] SKEW, Elektrische Raumheizung, Bericht Nr. 24, 1982.

8. Wärme

8.1 Strom und Wärme: Wertigkeit, Vorgehen

HANS RUDOLF GABATHULER, THOMAS BAUMGARTNER, ROBERT BRUNNER, HANSPETER EICHER, WERNER LÜDIN, PIERRE RENAUD

Abwärmenutzung, Wärmerückgewinnung, Wärmepumpen und Wärmekraftkopplung schöpfen die Wertigkeit des Stromes besonders gut aus. Diese hocheffizienten Massnahmen sind indessen den prioritären Bestrebungen zur Reduktion des Bedarfes (Raumtemperatur, Betriebszeiten) und der Verluste (Wärmedämmung, Wirkungsgrade) sowie der Nutzung der internen Wärmegewinne nachgeordnet. Der Beitrag beinhaltet auch eine Checkliste «Konzept, Planung, Betriebsoptimierung und Erfolgskontrolle».

→
1.4 Wärmeerzeugung, Seite 30
2.6 WRG, WP und WKK, Seite 84
3.6 WRG, AWN, WP und WKK, Seite 121

Wertigkeit von Energie

Bei den heute üblichen Wärmeerzeugungstechniken ist die Güte der Energieumwandlung sehr unterschiedlich. Um 100 Einheiten Wärme zu erzeugen, kann der Primärenergieaufwand, je nach Umwandlungstechnik, zwischen 38 und 333 Einheiten schwanken. Eine Umwandlungstechnik ist umso besser, je geringer der Wertigkeitsverlust ist. Eine Elektrowärmepumpe nutzt die hohe Wertigkeit der Elektrizität beispielsweise etwa dreimal besser als eine Elektrowiderstandsheizung. Wenn heute Verbrauchszahlen verschiedener Energieformen miteinander verglichen werden, geschieht dies in der Regel durch einen einfachen Kilowattstundenvergleich. Diese einfache Betrachtungsweise muss in Zukunft durch eine bessere Methode abgelöst werden, welche auch die Wertigkeit berücksichtigt. Doch wie kann die Wertigkeit einer bestimmten Energieform beschrieben werden? Eine Möglichkeit ist die physikalisch exakte Definition durch die Begriffe «Exergie» und «Anergie»:

$\dot{Q} = \dot{Q}_E + \dot{Q}_A$ $\dot{Q}_E = (1 - T_2 / T_1) \cdot \dot{Q}$ $\dot{Q}_A = T_2 / T_1 \cdot \dot{Q}$

$\dot{Q}$ = Wärmestrom (W) $\dot{Q}_E$ = Exergiestrom (W) $\dot{Q}_A$ = Anergiestrom (W)

T_1 = Absoluttemperatur des Wärmeträgers (K)

T_2 = Absoluttemperatur der Umgebung (K)

Beispiele:

- Mechanische, elektrische und chemisch gebundene Energie (z. B. Heizöl,

AWN: Abwärmenutzung
WKK: Wärmekraftkopplung
WP: Wärmepumpe
WRG: Wärmerückgewinnung

Erdgas) stellen praktisch reine Exergie dar. Sie können in beliebige andere Energieformen umgewandelt werden.
• Heizwärme enthält umso mehr Exergie, je grösser die Temperaturdifferenz zwischen dem Wärmeträger und der Umgebung ist.
• Umgebungswärme enthält praktisch nur Anergie.
• Mit Hilfe einer Wärmepumpe kann der Umgebungswärme (= Anergie) durch eine höherwertige Energie (z. B. Elektrizität) Exergie zugeführt und sie damit auf ein höheres Temperaturniveau «hochgepumpt» werden.
• Ein interessanter Lösungsansatz zur besseren Nutzung der Wertigkeit ist die dezentrale fossile Stromerzeugung, und zwar dort, wo die Wärme gleich an Ort und Stelle gebraucht werden kann: die Wärmekraftkopplung mit Gasmotor-Blockheizkraftwerken. Da dazu der heute noch in Heizkesseln verbrannte fossile Brennstoff verwendet werden kann, ergibt sich bei dieser Art der Stromerzeugung keine zusätzliche Umweltbelastung. Einzige Bedingung: Rund ein Drittel des produzierten Stromes muss zum Antrieb von Elektrowärmepumpen verwendet werden, zur Kompensation der zur Stromerzeugung gebrauchten fossilen Energie, die nun nicht mehr zur Wärmeerzeugung zur Verfügung steht. Falls mehr als dieses Drittel des produzierten Stromes für Wärmepumpen verwendet wird, kann sogar – trotz fossiler Stromerzeugung! – eine wesentliche Umweltentlastung erreicht werden.

Mit den angegebenen Formeln kann beispielsweise berechnet werden, dass bei 0° C Umgebungstemperatur nur gerade 15 % Exergie notwendig wären, um Heizwasser von 50° C zu erzeugen. Elektrizität (100 % Exergie) ist demnach exergetisch 6,5 mal wertvoller als Heizwärme von 50° C (15 % Exergie). Dieser Bewertungsfaktor von 6,5 ist aber für die Praxis nicht realistisch, wenn man bedenkt, dass mit einer Elektromotor-Wärmepumpe heute im günstigsten Fall eine Jahresarbeitszahl von etwa 3 realisiert werden kann. Deshalb ist es praxisnaher und anschaulicher, Bewertungsfaktoren in Form von Faustregeln anzugeben, die etwa den heutigen technischen Möglichkeiten entsprechen.

WERTIGKEIT VON ENERGIE

• Die Wertigkeit von Winter-Elektrizität ist etwa dreimal so hoch wie diejenige von Heizwärme.
• Die Wertigkeit von Öl oder Gas ist etwa anderthalbmal so hoch wie diejenige von Heizwärme.
• Die Wertigkeit von Winter-Elektrizität ist etwa doppelt so hoch wie diejenige von Öl oder Gas.

Integration von WKK, WP, WRG und AWN

In erster Linie sollten zuerst einmal Anlagen gebaut werden, bei denen besonders günstige Voraussetzungen vorliegen:
• Wärmekraftkopplung: gesicherte Wärmeabnahme für mindestens 4000 Betriebsstunden pro Jahr, günstige Voraussetzungen für eine Nahwärmeverteilung, günstige elektrische Anschlussbedingungen.
• Wärmepumpen: geeignete Wärmequelle mit genügend grosser Verfügbar-

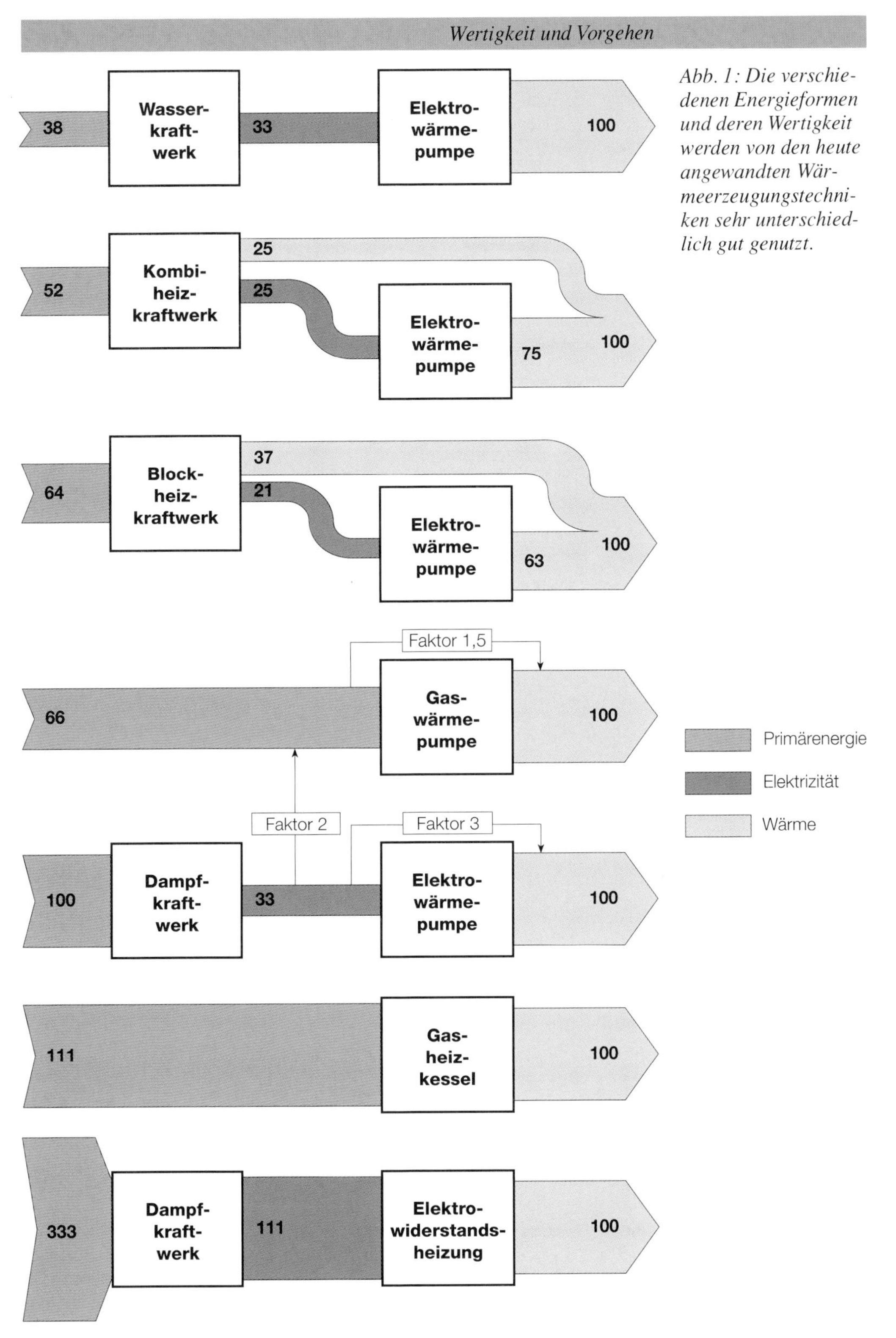

Abb. 1: Die verschiedenen Energieformen und deren Wertigkeit werden von den heute angewandten Wärmeerzeugungstechniken sehr unterschiedlich gut genutzt.

Abb. 2: Grundregeln zur rationellen Verwendung von Energie: Erst wenn alle aufgeführten Massnahmen ausgeschöpft sind, die einigermassen wirtschaftlich vertretbar sind, soll eine neue Wärmeerzeugungsanlage gebaut werden.

keit, möglichst kleiner Temperaturhub zwischen Wärmequelle und Wärmeabgabe (Niedertemperaturheizung).

• Wärmerückgewinnung und Abwärmenutzung: günstige örtliche, zeitliche und temperaturniveaumässige Verhältnisse zwischen Wärmequelle und Wärmebedarf.

Geeignete Anlagen lassen sich aufgrund von Grobanalysen aller in Frage kommenden Gebäude finden. Lohnende Objekte werden anschliessend einer Feinanalyse unterzogen. Schliesslich muss unbedingt beachtet werden, dass Wärmekraftkopplungs-, Wärmepumpen- und Wärmerückgewinnungsanlagen, im Vergleich zu konventionellen Anlagen, relativ komplex sind. Dem ganzen Planungsablauf muss deshalb besondere Beachtung geschenkt werden, wenn unangenehme Überraschungen vermieden werden sollen.

Vorgehen bei Sanierungen (Abb. 2)

Schritt 1: Vor der Sanierung: Bedarf reduzieren
- Temperaturniveau senken
- Betriebszeiten einschränken

Schritt 2: Verluste vermindern
- Wärmedämmung am Gebäude
- Wärmedämmung der Anlageteile
- Geräte mit besserem Wirkungsgrad (z. B. Stromsparlampen)

Schritt 3: Nutzung der Wärmegewinne
(Sonne, Personen, Geräte)
- Gute Steuerung/Regelung
- Jeder Raum einzeln regelbar (mindestens Thermostatventile)
- «Flinkes» Heizsystem mit möglichst tiefer Vorlauftemperatur

Schritt 4: Wärmerückgewinnung und Abwärmenutzung
- Rückgewinnung nutzbarer Wärme im gleichen Prozess (z. B. WRG in Lüftungsanlagen)
- Abwärme eines ersten Prozesses in einem zweiten Prozess nutzen (z. B. AWN zur Wassererwärmung)

Schritt 5: Ökologisch und ökonomisch angepasste Bereitstellung der notwendigen «Rest»-Energie
- Erneuerbare Energien
- Wärmepumpen
- Wärmekraftkopplung
- Erst jetzt: konventionelle Wärmeerzeugung ...

Checkliste: Konzept, Planung, Betriebsoptimierung und Erfolgskontrolle

Phase 1: Gesamtkonzept, Pflichtenheft, Projekt und Ausschreibung

Gewisse Grundregeln zur rationellen Verwendung der Energie müssen eingehalten werden (Abb. 2). Dies ist nur möglich, wenn die Probleme zuerst einmal

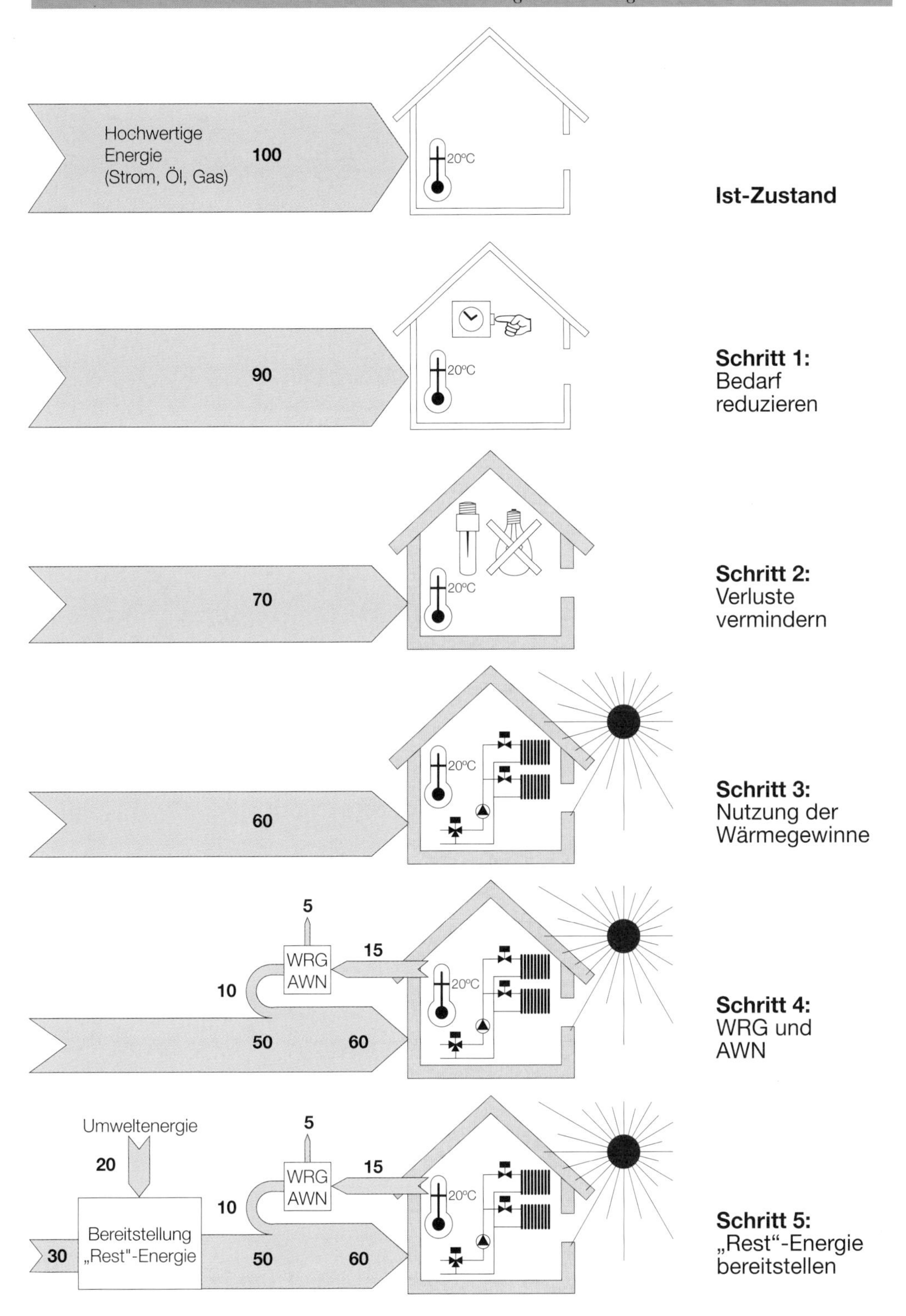
Hochwertige
Energie
(Strom, Öl, Gas)
100
20°C
Ist-Zustand
90
20°C
Schritt 1:
Bedarf
reduzieren
70
20°C
Schritt 2:
Verluste
vermindern
60
20°C
Schritt 3:
Nutzung der
Wärmegewinne
5
WRG
AWN
15
10
50
60
20°C
Schritt 4:
WRG und
AWN
Umweltenergie
20
5
WRG
AWN
15
10
30
Bereitstellung
„Rest"-Energie
50
60
20°C
Schritt 5:
„Rest"-Energie
bereitstellen

als Ganzes betrachtet werden und ein Gesamtkonzept mit Pflichtenheft erstellt wird. Da in dieser ersten Phase bereits alle wichtigen Weichen gestellt werden, wirken sich die hier gemachten Fehler besonders gravierend auf Energieverbrauch und Umwelt aus.

Insbesondere die zwingende Reihenfolge der Massnahmen gemäss Abb. 2 wird oft sträflich vernachlässigt! Früher oder später wird das definitive Projekt vorliegen, welches die Grundlage für die Ausschreibung bildet. Probleme bieten hier immer wieder Steuerung, Regelung und hydraulische Einbindung. Wichtige Punkte:

- Das gleiche Fabrikat für die Steuerung/Regelung von Heizung, Lüftung, Klima, Sanitär und Elektro entschärft die Schnittstellenprobleme.
- Wärmeerzeuger (Kessel, Wärmepumpe, BHKW), Speicher und Verteiler sollten möglichst nahe beisammen liegen, dies erspart viele hydraulische Probleme.
- Der hydraulische Abgleich wird durch Drosselorgane mit Messmöglichkeit wesentlich erleichtert.
- Nie mehr als eine Pumpe auf einen hydraulischen Kreis wirken lassen (hydraulische Entkopplung).
- Pumpen in Anlagen mit Thermostatventilen sollten eine flache Kennlinie und nicht mehr als 2 m Förderhöhe haben (Lärmprobleme), sonst müssen Druckdifferenzregler eingebaut werden.
- Drucklose Gruppen- und Verteileranschlüsse sowie Speicheranschlüsse müssen tatsächlich druckdifferenzlos oder doch wenigstens druckdifferenzarm erfolgen.
- Pufferspeicher müssen mindestens auf der Sekundärseite und Schichtspeicher auf beiden Seiten mit variablem Durchfluss betrieben werden.
- Lärmprobleme dürfen nicht vergessen werden. In komplizierteren Fällen ist der Beizug eines Akustikers unbedingt zu empfehlen.

Phase 2: Detailplanung, Ausführung, Einregulierung, Inbetriebsetzung und erste Abnahme

- Nach dem Abschluss der Werkverträge folgen Detailplanung und Ausführung. Wenn das Konzept von allem Anfang an stimmt, sollten hier nicht mehr Probleme auftauchen als beim Bau einer konventionellen Anlage.
- Besonders sorgfältig müssen die Einregulierung und Inbetriebsetzung durchgeführt werden. Da es sich bei Wärmerückgewinnungs-, Wärmepumpen- und Wärmekraftkopplungsanlagen in der Regel um Anlagen mit variablen Durchflüssen handelt, ist ein hydraulischer Abgleich unabdingbar notwendig.
- Mit der ersten Abnahme geht die Verantwortlichkeit für die Anlage vom Unternehmer auf den Bauherrn über. Es wäre aber ein schwerwiegender Irrtum, wenn angenommen würde, dass die Anlage zu diesem Zeitpunkt bereits optimal arbeitet und keine weitere Einregulierung mehr notwendig wäre.

Phase 3: Betriebsoptimierung, Erfolgskontrolle und zweite Abnahme

Zahlreiche Untersuchungen zeigen, dass sehr viele Anlagen nicht in der vom Planer vorgesehenen Betriebsweise arbeiten. (Dies gilt auch für konventionelle Anlagen!) Die Zeit zwischen der eigentlichen Abnahme (erste Abnahme) und der Garantieabnahme (zweite Abnahme) sollte deshalb besser genutzt werden. In diesem Zeitraum von zwei Jahren ist es problemlos möglich, eine befriedigende Betriebsoptimierung durchzuführen. Diese Arbeiten werden dann mit einer Erfolgskontrolle abgeschlossen, und der Bauherr hat damit die Gewissheit, dass er tatsächlich eine einwandfreie Anlage betreibt. Wichtige Punkte:

- Bereits in der Konzeptphase müssen die für die Betriebsoptimierung und Erfolgskontrolle notwendigen Messinstrumente eingeplant werden.
- Die Aufzeichnung der notwendigen Betriebsdaten erfolgt am besten wöchentlich (eventuell für eine gewisse Zeit auch täglich) durch den Hauswart auf vorbereiteten Formularen. Dieser sendet die Unterlagen dann monatlich an den verantwortlichen Planer, der die Daten sofort auswertet und entsprechende Optimierungsschritte veranlasst.
- Bei grösseren und komplexeren Anlagen ist oft auch eine automatische Aufzeichnung mittels Datalogger erforderlich.
- Rechnergesteuerte Anlagen (grössere speicherprogrammierbare Steuerungen, zentrale Leittechnik) sollten die Speicherung und den Abruf der wichtigsten Daten (z. B. als ASCII-Datenfile) erlauben.
- In der ersten Heizperiode läuft die Anlage oft noch nicht wirklich regulär (unvollständige Nutzung, Bauaustrocknung usw.); wenn möglich ist deshalb eine zweijährige Betriebsoptimierungsphase mit Erfolgskontrolle anzustreben.
- Die Garantiewerte für die Erfolgskontrolle müssen im Werkvertrag definiert sein.

Literatur

[1] Abwärmenutzung in Industrie und Gewerbe. Sammelordner mit technischem Vorspann und ausgeführten Beispielen. Infoenergie, Brugg 1988.

[2] Brunner, Robert; Kyburz, Viktor: Möglichkeiten der Wärmerückgewinnung. Kleinprojekt 31.56. Hrsg. Bundesamt für Konjunkturfragen, Impulsprogramm RAVEL, Bern 1990.

[3] Eicher, Hanspeter: Blockheizkraftwerk im Energiekreislauf. Sonderdruck aus: Technische Rundschau 1/90, 5/90, 13/90, 17/90. Zürich 1990.

[4] Gabathuler, Hans Rudolf; u. a.: Elektrizität im Wärmesektor. Wärmekraftkopplung, Wärmepumpen, Wärmerückgewinnung und Abwärmenutzung. Hrsg. Bundesamt für Konjunkturfragen, Impulsprogramm RAVEL, Bern 1991.

[5] Kurzgefasste Einführung in die Heizungs-, Klima- und Lüftungstechnik. Bd. 3: Wärmepumpen, Kältemaschinen. Technische Rundschau. Hallwag, Bern 1985.

[6] Praxis Kraft-Wärme-Kopplung. Bd. 1: K.–H. und W. Suttor, Handbuch Kraft-Wärme-Kopplung. Bd. 2: J. Klien und W. Gabler, Dokumentation Blockheizkraftwerke. Bd. 3: J. Klien, Planungshilfe Blockheizkraftwerke. Verlag C. F. Müller, Karlsruhe 1991.

[7] SIA-Empfehlung 384/2: Wärmeleistungsbedarf von Gebäuden. Hrsg. Schweizerischer Ingenieur- und Architekten-Verein (SIA), Zürich 1982.

8.2 Wärmerückgewinnung und Abwärmenutzung

HANS RUDOLF GABATHULER, THOMAS BAUMGARTNER, ROBERT BRUNNER, HANSPETER EICHER, WERNER LÜDIN, PIERRE RENAUD

→
1.4 Wärmeerzeugung, Seite 30
2.6 WRG, WP und WKK, Seite 84
3.6 WRG, AWN, WP und WKK, Seite 121
8.1 Strom und Wärme, Seite 257

Abwärmenutzung und Wärmerückgewinnung hängen naturgemäss von der Qualität der Wärmequelle und von der Übereinstimmung mit den jeweiligen Verbrauchern ab. Besonders geeignet zur Abwärmenutzung oder Wärmerückgewinnung sind elektrothermische Anwendungen im Niedertemperaturbereich (Beispiel: Wassererwärmung). Der zusätzliche apparative Aufwand für diese Techniken ist bei einfachen Konzepten und kurzen Distanzen wirtschaftlich vertretbar und ökologisch erwünscht.

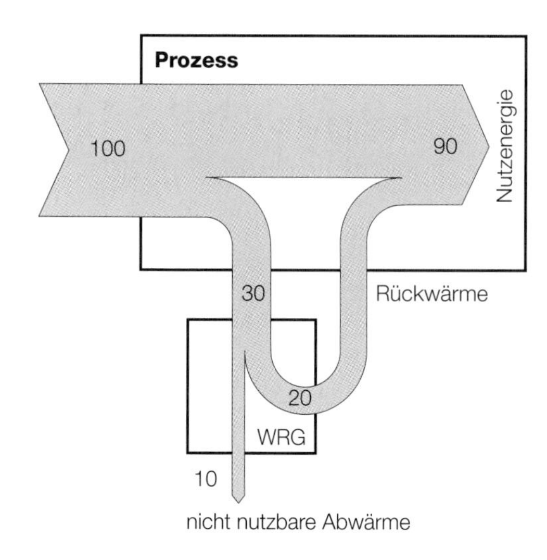

Abb. 1: Die Wärmerückgewinnung nutzt die anfallende Wärme für denselben Prozess.

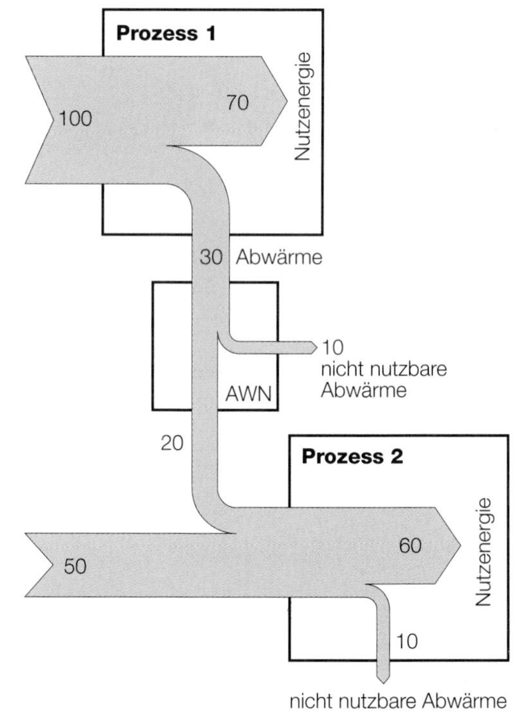

Abb. 2: Wird die Abwärme einem anderen Prozess zugeführt, handelt es sich um Abwärmenutzung.

Anwendungsbereiche

Aufgrund der Führung der Wärmeströme in einem System werden grundsätzlich zwei Nutzungsformen der Abwärme unterschieden. Die Abwärme kann innerhalb eines Systems oder die Systemgrenzen überschreitend genutzt werden. Im ersten Fall wird von Wärmerückgewinnung (Abb. 1) gesprochen, während im zweiten Fall Abwärmenutzung (Abb. 2) vorliegt. Bei der Wärmerückgewinnung (WRG) wird die bei einem Prozess oder in einer Anlage anfallende überschüssige nutzbare Wärme dem selben Prozess oder der gleichen Anlage ohne besondere Zeitverschiebung wieder als Nutzwärme zugeführt. Mit dieser Massnahme wird ein höherer Anlagennutzungsgrad erzielt. Ideal bei dieser Anwendung ist, dass der zeitliche und mengenmässige Anfall der Abwärme mit dem entsprechenden Wärmebedarf weitgehend übereinstimmt. Abwärmenutzung liegt dann vor, wenn die bei einem Prozess oder einer Anlage anfallende nutzbare Überschusswärme bei anderen Prozessen oder Anlagen gleichzeitig oder auch mit nennenswerten Zeitverschiebungen wieder genutzt wird. Damit wird keine Verbesserung eines Einzel-Anlagennutzungsgrades erreicht, hingegen wird die Energienutzung innerhalb mehrerer Anlagen durch den Verbund verbessert. Bei der Abwärmenutzung muss sichergestellt werden, dass sich das Wärmeangebot und der externe Bedarf zeitlich decken oder durch Wärmespeicherung in Übereinstimmung gebracht werden können.

Komponenten und Einsatzgebiete

Wärmerückgewinnung und Abwärmenutzung bedienen sich prinzipiell der gleichen Komponenten. Liegt die Temperatur der Wärmequelle über der Temperatur des Verbrauchers, so werden Wärmetauscher oder Wärmetauschersysteme eingesetzt. Liegen die Temperaturverhältnisse umgekehrt, so kommen Wärmepumpen zum Einsatz. Die Wärmetauscher werden von Wärmeträgern (gasförmig oder flüssig) durchströmt. Dabei wird die Wärme durch Leitung oder durch Konvektion übertragen. Treten Zustandsänderungen auf, so wird latente Wärme frei bzw. sensible Wärme gebunden. Der Wärmetausch kann direkt (Rekuperator) oder durch Zwischenspeicherung in einem Medium erfolgen (Regenerator). Der Wärmetauscher (Rekuperator) besteht aus Trennflächen, die wärme- aber nicht stoffdurchlässig sind. Die Wärmeübertragung erfolgt über die Trennflächen. Man unterscheidet Platten-, Doppelmantel-, Rohrbündel- und Röhrenwärmetauscher. Die Bauform muss dem jeweiligen Anwendungszweck angepasst sein (Materialwahl, Wärmeträgermedien). Der Wärmetauscher kann als Einzelkomponente oder als Teil der Anlage vorliegen. Das Kreislaufverbundsystem (Regenerator) besteht aus Wärmetauschern und einem Zwischenkreislauf mit Wärmeträgerflüssigkeit für Transport und Speicherung der Wärme. Die Umwälzung des Wärmeträgers erfolgt normalerweise mit einer Pumpe. Aber auch das Wärmerohr stellt ein Kreislaufverbundsystem dar: Hier wird ein Arbeitsmittel mittels Schwerkraft (senkrechte Bauart) oder Kapillarkraft (waagrechte Bauart) umgewälzt. Wird der Zwischenkreislauf in Form eines rotierenden Speicherrades ausgeführt, so erhält man den Regenerator mit Kontaktflächen. Die periodische Be- und Entladung der festen Speichermasse mit Wärme und Stoff (Feuchtigkeit) erfolgt räumlich getrennt über die Kontaktflächen. Bei der Wärmepumpe erfolgt der Wärmeaustausch mit Zusatzenergie unter Temperaturerhöhung. Die Qualität der Wärmequelle bestimmt dabei massgebend Auswahl und Einsatzbedingungen der Wärmepumpe. Der Wärmepumpenprozess kann in einer in sich abgeschlossenen Maschine oder integriert in einem industriellen Verfahren ablaufen.

Tabelle 1: Typische Temperaturwirkungsgrade für trockene Fortluft und gleiche Massenströme auf beiden Seiten der Wärmetauscher.

Wärmetauscher	Temperaturwirkungsgrad
Rekuperator (Platten-Wärmetauscher)	0,5 bis 0,6
Kreislaufverbund	0,5 bis 0,7
Wärmerohr	0,3 bis 0,6
Regenerator mit Kontaktflächen	0,5 bis 0,8

$$\eta = \frac{\vartheta AL,A - \vartheta AL,E}{\vartheta FOL,E - \vartheta AL,E}$$

η = Temperaturwirkungsgrad; ϑ = Temperatur; AL = Aussenluft; FOL = Fortluft; E = Eintritt; A = Austritt.

Kennzahlen: Sowohl Wärmetauscherkomponenten als auch Wärmetauschersysteme lassen sich durch die Betriebscharakteristik, die eine Übertragungskenngrösse darstellt, beschreiben. Die Betriebscharakteristik in WRG-Systemen gibt das Verhältnis der rückgewonnenen Energie zur maximal rückgewinnbaren Energie an. In WRG-Systemen wird diese Betriebscharakteristik durch den sogenannten Temperatur-Wirkungsgrad beschrieben (auch Rückwärmzahl genannt). Zum Vergleich und zur Beurteilung von WRG- und AWN-Systemen muss auch der zusätzliche Energiebedarf für den Antrieb und die Überwindung des Druckverlustes berücksichtigt werden.

Energieeinsparung

- Wirtschaftliche Abwärmenutzung und eine mögliche Energieeinsparung hängen von der Qualität der Abwärmequelle ab (Temperatur, Energiedichte, Energiemenge, Wärmeträgermedium, zeitlicher Verlauf). Die Abwärmequelle muss immer im Zusammenhang mit dem jeweiligen Verbraucher beurteilt werden.
- Mit Wärmerückgewinnung und Abwärmenutzung kann einerseits Energie eingespart werden, indem durch einen höheren Gesamtsystemnutzungsgrad weniger Energie zugeführt werden muss. Andererseits ergibt sich aber ein höherer apparativer Aufwand und ein zusätzlicher Einsatz von Elekrizität für Antrieb, Wärmetransport und Regelung. Der Nutzen muss deshalb den zusätzlichen Aufwand deutlich überwiegen.
- Abwärme tritt oft aus elektrischen Prozessen in Maschinen und Geräten mit praktikabler Energiedichte auf. Der Sammelaufwand für die Abwärmenutzung bei vielen verteilten Kleingeräten kann allerdings erheblich werden, so dass eine Nutzung leider oft unrentabel ist.
- Elektrothermische Anwendungen im Niedertemperaturbereich (Komfortanwendungen, Vorwärmung usw.) lassen sich oft ebenso gut mit Abwärme betreiben. So kann die Wassererwärmung, die häufig mit Elektrizität betrieben wird, oftmals mit Abwärme erfolgen.
- Zusätzliche Komponenten für Übertragung und Transport von Wärme (Pumpen, Ventilatoren usw.) in Wärmenutzungsanlagen führen zu einem höheren Elektrizitätsbedarf. Das Einbringen von zusätzlichen Wärmetauschern in Leitungen und Kanälen erhöht den Druckverlust und damit die

AWN: Abwärmenutzung
WRG: Wärmerückgewinnung

Wirtschaftlichkeit

Transformatoren

Bei kleinen geometrischen Abmessungen werden in Grosstransformatoren hohe Leistungen umgesetzt. Die relativen Verluste bewegen sich dabei im Bereich von 1 bis 3 % der übertragenen Leistung, so dass die Abwärme mit interessanter Energiedichte anfällt. Vorteilhaft ist dabei die schon bestehende Bindung der Wärme an das Trafokühlmedium. Das Temperaturniveau der Abwärmequelle von 60° C ist für Raumheizungszwecke geeignet. In der Elektra Birseck Münchenstein wird Transformatorabwärme in einem Wärmeverbund genutzt. Bei jährlichen Kapitalkosten von 55 000 Fr. und einer jährlichen Kostenersparnis von 18 700 Fr. ist die Einzelmassnahme zwar nicht wirtschaftlich, aber aus energetischer Sicht sehr nachahmenswert. Die Gesamtanlage kann wirtschaftlich betrieben werden. Daten: Wärme-Einsparung 400 MWh/a; Mehrinvestitionskosten 500 000 Fr.; Kapitalkosten 55 000 Fr./a; Kostenersparnis 18 700 Fr./a. Basis: Ölpreis 0,5 Fr./kg; Zins 7 %; Nutzungsdauer 15 Jahre.

Industrieprozess

In der Anox AG in Affoltern am Albis, einem Metallveredelungsbetrieb, wird dem Eloxierprozess Überschusswärme mittels Kühlanlage entzogen. Die Kältemaschinen-Abwärme wird via Speicher der Raumheizung, der Luftvorwärmung und den Niedertemperatur-Prozessanwendungen zugeführt. Bei vollem Speicher wird die Wärme über den Verdunstungskühler ungenutzt abgeführt. Mit einer jährlichen Kostenersparnis von 20 000 Fr. und jährlichen Kapitalkosten von bloss 5500 Fr. ist diese Massnahme nicht nur aus energetischer, sondern auch aus wirtschaftlicher Sicht sehr interessant! Daten: Wärme-Einsparung 428 MWh/a; Mehrinvestitionskosten 50 000 Fr.; Kapitalkosten 5500 Fr./a; Kostenersparnis 20 000 Fr./a. Basis: Ölpreis 0,5 Fr./kg; Zins 7 %; Nutzungsdauer 15 Jahre.

Wärmesenke

Abwärmenutzung, weit gefasst, beinhaltet auch die Nutzung von Wärmesenken (z. B. Freecooling). Eine Klima-Kälteanlage mit Kältespeicher bei Hoffmann-La Roche arbeitet nach diesem Prinzip. Ursprünglich arbeiteten die Kältemaschinen das ganze Jahr. Seit der Sanierung wird die Kühlung in der Schwachlastzeit im Winter über das Rheinwasser bewerkstelligt, und die Kältemaschinen werden nur noch in der Spitzenlastzeit im Sommer gebraucht. Neben der eigentlichen Stromeinsparung ergibt sich auch noch eine Reduktion der Leistungsspitzen. Dieses Beispiel zeigt, dass sehr einfache Massnahmen oft zu wirtschaftlich und energetisch sehr interessanten Ergebnissen führen können. Daten: Elektrizitäts-Einsparung 400 MWh/a; Mehrinvestitionskosten 125 000 Fr.; Kapitalkosten 13 750 Fr./a; Kostenersparnis 40 000 Fr./a. Basis: Strompreis 10 Rp./kWh; Zins 7 %; Nutzungsdauer 15 Jahre.

elektrische Leistungsaufnahme der bestehenden Fördermittel. Damit das Verhältnis der zusätzlich aufzuwendenden elektrischen Energie zur genutzten bzw. rückgewonnenen Abwärme möglichst klein wird, müssen Motoren, Pumpen und Ventilatoren mit optimalem Wirkungsgrad eingesetzt werden.

Kosten und Nutzen

Die Senkung des Energieverbrauches durch den Einsatz von Energienutzungstechniken muss in ihrem Nutzen durch eine Wirtschaftlichkeitsberechnung quantifiziert werden. Der Energiegewinn muss dem Mehraufwand des jeweiligen Anwendungsfalles gegenübergestellt werden. Neben den Investitionskosten einer Anlage zur Abwärmenutzung oder Wärmerückgewinnung geht in erster Linie die Reduktion der Energiekosten in eine Wirtschaftlichkeitsberechnung ein. Da die Kostenreduktion mit längeren Betriebszeiten einer Anlage wächst, ist bei der Dimensionierung besonders auf lange Laufzeiten zu achten. In raumlufttechnischen Neuanlagen gehört die Wärmerückgewinnung heute zum Stand der Technik, und sie ist in einigen Kantonen gesetzlich vorgeschrieben. Mit der Wärmerückgewinnung werden typischerweise gut zwei Drittel der Nutzenergie rückgeführt. Die elektrische Energie für die zusätzlichen Antriebe zur Wärmerückgewinnung bewegt sich um 10 bis 15 % der Rückwärme.

8.3 Wärmepumpen

HANS RUDOLF GABATHULER, THOMAS BAUMGARTNER,
ROBERT BRUNNER, HANSPETER EICHER, WERNER LÜDIN,
PIERRE RENAUD

Wärmepumpen veredeln niederwertige Wärmeströme unter Einsatz hochwertiger Antriebsenergie, meist Strom. Geeignete Verbraucher sind Niedertemperatursysteme, in industriellen Anwendungen Mittel- oder Hochtemperatursysteme. Jahresarbeitszahlen, also das Verhältnis von zugeführter kostenpflichtiger Energie und abgegebener Heizwärme, betragen bei Niedertemperaturanwendungen rund 3, bei speziellen Aggregaten mit geringer Temperaturanhebung bis zu 15. Heute werden vorwiegend Kompressionswärmepumpen eingesetzt.

→
1.4 Wärmeerzeugung, Seite 30
2.6 WRG, WP und WKK, Seite 84
3.6 WRG, AWN, WP und WKK, Seite 121
7.2 Wassererwärmung, Seite 237
8.1 Strom und Wärme, Seite 257

Bauarten und Einsatzgebiete

Zum Antrieb von Kompressionswärmepumpen werden heute vorwiegend Elektromotoren eingesetzt. Bei grösseren Wärmepumpen kommen auch Gas- und Dieselmotoren in Frage. Als mechanische Verdichter kommen vor allem Hubkolbenverdichter zum Einsatz, bei grösseren Anlagen auch Schrauben- und Turboverdichter. Als neue Bauart ist vor allem der Scroll-Verdichter im Gespräch, da dieser gut mit einem drehzahlgesteuerten Elektromotor betrieben werden kann. Neben der mechanischen Verdichtung gibt es auch die Möglichkeit der thermischen Verdichtung, wie sie in Absorptionswärmepumpen angewendet wird. Diese arbeiten mit einem Stoffpaar: dem eigentlichen Arbeitsmittel und dem sogenannten Absorptionsmittel. Als höherwertige Energie wird Wärme hoher Temperatur zugeführt (z. B. Abwärme hoher Temperatur). Elektrische Energie wird nur sehr wenig zum Antrieb der Lösungsmittelpumpe benötigt.

Wärmepumpen mit dem zum heutigen Zeitpunkt problemlosesten Arbeitsmittel R22 können nur mit Heizungsvorlauftemperaturen von maximal 50 bis 55° C betrieben werden. Diese Bedingung erfüllen über die ganze Heizperiode nur Niedertemperatur-Wärmeabgabesysteme. Dies sind in erster Linie Fussboden- und Deckenheizungen, aber auch neue Heizkörperheizungen können als Niedertemperatursysteme ausgelegt werden. Bestehende Heizkörperheizungen erfüllen diese Forderung leider nur in seltenen Fällen (auch alte, stark überdimensionierte Anlagen liegen leider meist knapp darüber bei etwa 55 bis 65° C). Aber auch hier ist eine Wärmepumpenheizung während des grössten Teiles des Jahres möglich, wenn für die wenigen Tage mit Vorlauftem-

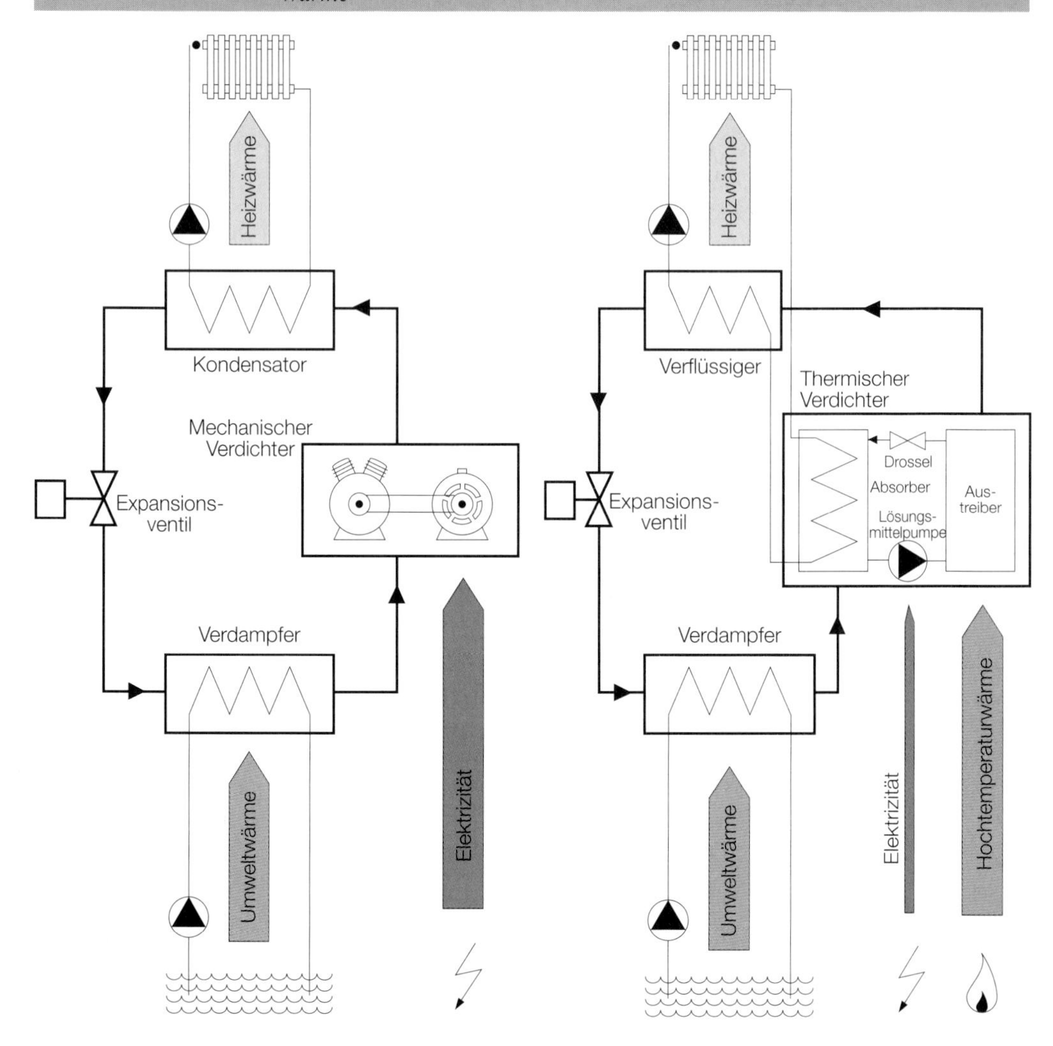

Abb. 1: Thermodynamischer Kreisprozess einer Kompressionswärmepumpe. Die Wärmequelle bringt das flüssige Arbeitsmittel (Kältemittel) im Verdampfer bei niedriger Temperatur zum Sieden. Der entstehende Dampf wird im Verdichter komprimiert. Dabei steigt die Temperatur stark an und die Wärme

peraturen über 50° bis 55° C ein zweiter Wärmeerzeuger für einen anderen Energieträger vorhanden ist (bivalenter Betrieb). Der Wärmeträger des Wärmeabgabesystems ist in der Regel Wasser. Dagegen werden auf der Wärmequellenseite unterschiedliche Wärmeträger verwendet. Deshalb ergeben sich auch unterschiedliche Bauarten (Abb. 3):

- Wasser-Wasser-Wärmepumpen für Wärmequellen über 0° C (z. B. Grundwasser, Oberflächenwasser, Abwasser)
- Sole-Wasser-Wärmepumpen für Wärmequellen auch unter 0° C (z. B. Erdsonden, Erdregister, evtl. mit Dachkollektor); als Sole wird heute meist ein Glykol-Wasser-Gemisch verwendet.
- Luft-Wasser-Wärmepumpen für Aussenluft als Wärmequelle; da sich bei Aussenlufttemperaturen nahe dem Nullpunkt am Verdampfer Reif bildet, muss periodisch abgetaut werden, was einen Energieaufwand bedeutet.

Wasser-Wasser- und Sole-Wasser-Wärmepumpen unter etwa 50 kW Heizleistung werden zusammen mit einer Niedertemperaturwärmeabgabe meist monovalent, d. h. ohne zweiten Wärmeerzeuger betrieben. Bei Aussenluft als Wärmequelle ist in der Regel ein bivalenter Betrieb mit einem zweiten Wärmeerzeuger erforderlich (Ausnahme: z. B. Anlage mit Kiesspeicher).

Heizungs-Wärmepumpen können auch zur Wassererwärmung eingesetzt werden. Speziell zur alleinigen Wassererwärmung gibt es sogenannte Wärmepumpenboiler. Diese entziehen einem unbeheizten Raum Wärme und brauchen so zwei- bis dreimal weniger Strom als ein konventioneller Elektroboiler. Hier muss aber besonders beachtet werden, dass der Wärmeentzug auch tatsächlich gewollt ist und nicht etwa die entzogene Wärme ungewollt wieder durch die Heizung zugeführt wird!

Arbeitsmittel und Umweltbelastung

R12 und einige andere Arbeitsmittel (oft auch «Kältemittel» genannt) wirken ozonzerstörend («Ozonloch») und sind deshalb ab 1994 in Neuanlagen verboten. Als Übergangslösung tritt hauptsächlich R22 in den Vordergrund, welches einerseits als relativ unschädlich gilt, andererseits aber nur mit Vorlauftemperaturen von maximal 50° bis 55° C gefahren werden kann. Als R12-Ersatzprodukt für Neuanlagen dürfte sich R134a in nächster Zeit durchsetzen, sofern keine toxikologischen Bedenken bleiben.

Anwendungen in der Industrie

• Bei der Brüdenkompression wird Abdampf (Brüden), wie er z. B. bei einem Eindampfprozess entsteht, durch Verdichter auf höheren Druck und höhere Temperatur gebracht. Der Brüden kann damit wieder zum Beheizen des gleichen Prozesses verwendet werden. Die erforderliche Temperaturanhebung beträgt oft nur einige Kelvin, entsprechend näherungsweise der Temperaturdifferenz zwischen Wärmetauscher und zu verdampfendem Medium. Mit dieser kleinen Temperaturdifferenz von weniger als 10 K werden entsprechend hohe Leistungsziffern von über 15 erreicht.
• Für den Prozesswärmebereich gibt es auch sogenannte Hochtemperatur- und Mitteltemperatur-Wärmepumpen. Bei der Hochtemperatur-Wärmepumpe liegt die Kondensationstemperatur über 300° C während diese bei der Mitteltemperatur-Wärmepumpe 150° C und mehr beträgt (diese Einteilungen sind allerdings nicht standardisiert).
• Ebenfalls zur Gruppe der aktiven Abwärmenutzungssysteme gehören die Wärmetransformatoren. Sie ermöglichen eine teilweise Umformung von Wärme mittlerer Temperatur (z. B. Abwärme) in Nutzwärme höherer Temperatur ohne nennenswerten Einsatz hochwertiger Energie. Notwendig ist dabei das Vorhandensein mindestens dreier unterschiedlicher Temperaturniveaus, bei denen dem Prozess die entsprechenden Wärmemengen zugeführt oder entnommen werden. Technische Realisationen liegen in der Absorptionswärmepumpe (Abb. 2) und im eigentlichen Wärmetransformator vor. Bei letzterem wird ein Teil der bei mittlerer Temperatur zugeführten Wärme auf ein höheres Temperaturniveau angehoben unter Zuhilfenahme der exergetischen Abwertung des restlichen Teiles der zugeführten Wärme (tiefes Temperaturniveau).

Elektrowiderstandsheizungen nutzen die hohe Wertigkeit der Elektrizität sehr schlecht. Deshalb sollten bestehende Zentralspeicherheizungen mit günstigen Randbedingungen für den Wärmepumpeneinsatz (Wärmequelle vor-

kann nun, auf höherem Temperaturniveau, im Verflüssiger (Kondensator) an das Heizungswasser abgegeben werden. Dabei geht das Arbeitsmittel wieder in den flüssigen Zustand über. Im Expansionsventil wird das Arbeitsmittel auf den Ausgangsdruck entspannt.

Abb. 2: Thermodynamischer Kreisprozess einer Absorptionspumpe. Im Absorber wird das Arbeitsmittel vom Absorptionsmittel absorbiert. Dabei wird ein erstes Mal Wärme an die Heizung abgegeben. Die Lösungsmittelpumpe fördert nun das Gemisch unter Druck zum Austreiber, wo – unter Hitzezufuhr – das Arbeitsmittel wieder ausgetrieben wird. Das Absorptionsmittel hat damit seine Schuldigkeit als «thermischer Kompressor» getan und fliesst wieder über eine Drossel zurück in den Absorber. Der weitere Kreislauf des Arbeitsmittels entspricht nun weitgehend demjenigen der Kompressionswärmepumpe: Wärmeabgabe an die Heizung in Verflüssiger, Entspannung im Expansionsventil und Aufnahme von niederwertiger Wärme im Verdampfer.

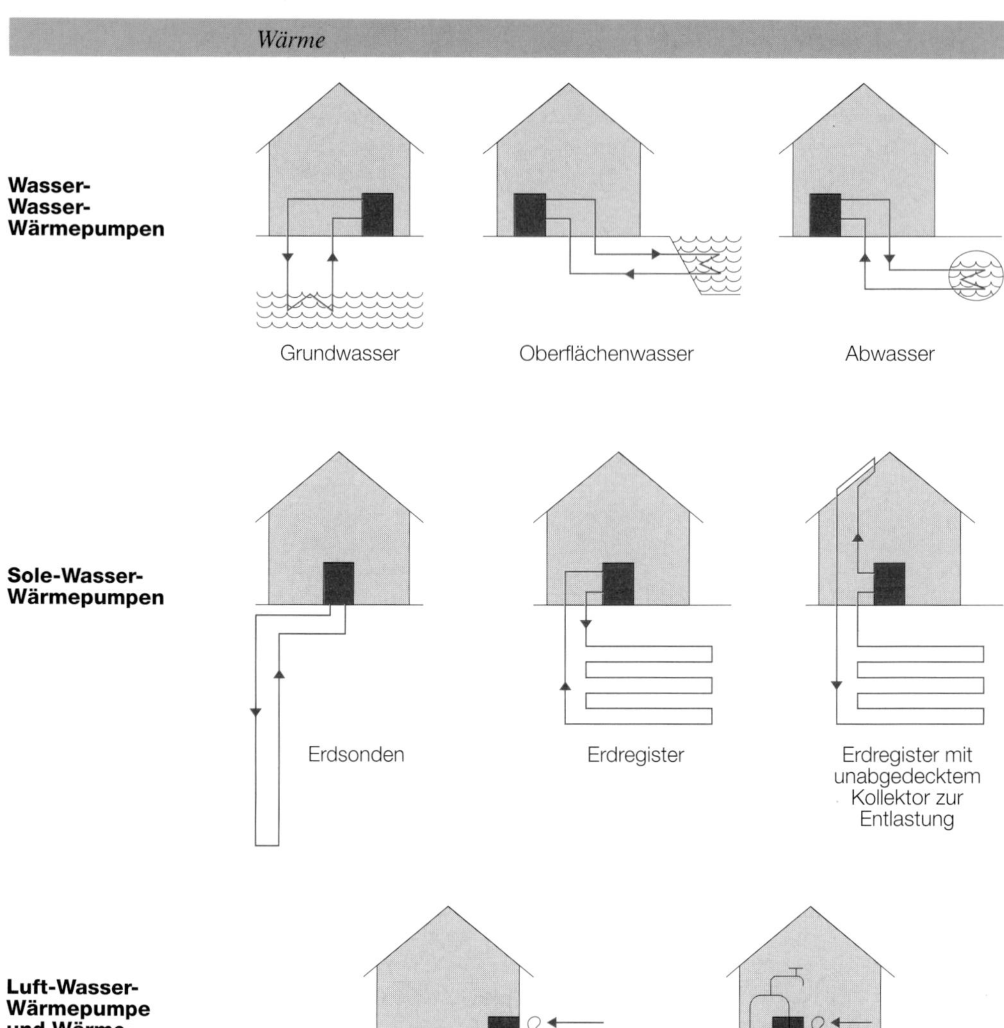

Abb. 3: Wärmepumpen-Bauarten.

handen, Niedertemperatur-Wärmeabgabe usw.) nach und nach durch Wärmepumpen ersetzt werden.

Wärmekraftkopplung in Verbindung mit Elektromotor-Wärmepumpen ist eine der effizientesten und flexibelsten Arten der Erzeugung von Heizwärme: Bei günstigen Randbedingungen kann 40 % Energie gespart und die Umweltbelastung durch Schadstoffe und Kohlendioxid ebenfalls entsprechend reduziert werden.

Kennzahlen

Aufschlussreich für die Evaluation einer Wärmepumpe ist das Verhältnis zwischen der aufgewendeten hochwertigen Energie und der gewonnenen Heizwärme. Dieses Verhältnis wird durch verschiedene Kennzahlen angegeben, die von mindestens drei Bedingungen abhängig sind, welche immer auch angegeben werden müssen: Bilanzgrenze, Beobachtungszeitraum sowie Temperaturhub zwischen Wärmequelle (Verdampfereintrittstemperatur) und Hei-

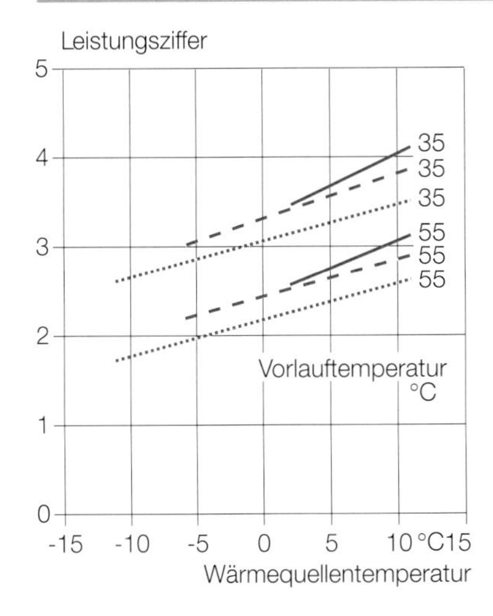

Abb. 4: Leistungsziffer in Abhängigkeit der Wärmequellen- und Vorlauftemperatur für verschiedene Wärmepumpenbauarten. Die Leistungsziffer ist umso besser, je höher die Wärmequellentemperatur und je tiefer die Heizungsvorlauftemperatur ist. Während die Wärmequellentemperatur kaum beeinflusst werden kann, wird die Heizungsvorlauftemperatur durch die Auslegung des Planers bestimmt!

zung (Verflüssigeraustrittstemperatur). Aus Tabelle 2 ist ersichtlich, dass – über alle Anlagen gesehen – heute eine durchschnittliche Jahresarbeitszahl von 3,0 für Elektromotor-Wärmepumpen möglich ist. Für Gasmotor-Wärmepumpen sind heute Werte von etwa 1,5 und für Absorptionswärmepumpen solche von 1,3 realistisch. Mindestens eine der Kennzahlen sollte überprüfbar sein, in der Regel die Jahresarbeitszahl. Dazu ist jedoch für die Wärmepumpenanlage ein separater Elektrozähler und auf der Heizungsseite ein Wärmezähler erforderlich.

Voraussetzungen für einen wirtschaftlich vertretbaren Betrieb

- Günstige Randbedingungen, d. h. möglichst uneingeschränkte Verfügbarkeit der Wärmequelle mit möglichst hoher, konstanter Temperatur sowie ein Niedertemperatur-Wärmeabgabesystem.
- Investitionskosten möglichst tief. Aber Achtung: Allzu billige Anlagen können kontraproduktiv sein. Einfamilienhaus-Wärmepumpen mit nur einer zu kurzen Erdsonde und/oder ohne Speicher haben sich beispielsweise nicht bewährt.
- Geringer Hilfsenergiebedarf, d. h. sorgfältig dimensionierte Pumpen, Ventilatoren usw.
- Günstiger Elektrizitätstarif (z. B. spezieller «WP-Tarif») und günstiges Verhältnis von Hoch- und Niedertarifverbrauch (z. B. Ausdehnung der Niedertarifzeit).

In der Nordostschweiz ist die Fördergemeinschaft Förderpumpen aktiv. Sie unterhält in Winterthur ein Testzentrum für Wärmepumpen (Attest); vorläufiger Schwerpunkt der Arbeit sind Luft-Wasser-Wärmepumpen mit einer Leistung zwischen 3 und 12 kW (thermisch). Geschäftsstelle: Fördergemeinschaft WP, Parkstrasse 23, 5401 Baden.

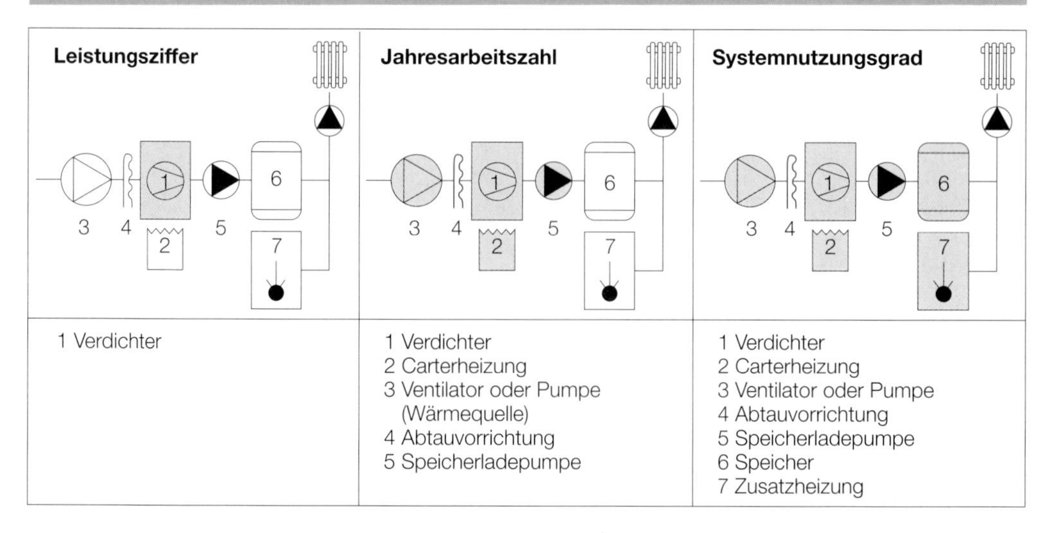

Abb. 5, Tabelle 1: Definition von Kennzahlen für Wärmepumpen-Systeme.

	Leistungs-zifffer	Jahres-arbeitszahl	Systemnutzungs-grad
Definition	$\frac{\text{Leistungsabgabe (kW)}}{\text{Leistungsaufnahme (kW)}}$	$\frac{\text{Abgegebene Heizwärme (kWh)}}{\text{Zugeführte kostenpflichtige Energie (kWh)}}$	
Bilanzgrenze	Wärmepumpe (1) (Verdichter, Verdampfer, Verflüssiger)	Wärmepumpe (1) Carterheizung (2) Wärmequellenförderung (3) allenfalls Abtauvorrichtung (4) Speicherladepumpe (5)	Je nach Problemstellung: auch Speicher (6) und Kessel (7)
Beobachtungs-zeitraum	Momentanwert	Jahr	Jahr
Temperaturen (als Randbedingung anzugeben)	Momentanwerte: Verdampfer-eintritt, Verflüssiger-austritt	Jahreswerte: Verdampfer-eintritt, Verflüssiger-austritt	Jahreswerte: Verdampfer-eintritt, Verflüssiger-austritt
Kennzahl durch wen garantiert?	WP-Hersteller	Anlage-Planer	Anlage-Planer

Tabelle 2: Zielwerte für die Kennzahlen von Elektromotor-Wärmepumpen gemäss Tabelle 1.

Bauart	Leistungsziffer*	Jahresarbeitszahl	Systemnutzungsgrad
Wasser-Wasser (monovalent)	3,5 bis 4,0	3,0 bis 3,5	2,8 bis 3,3
Sole-Wasser (monovalent)	3,0 bis 3,5	2,5 bis 3,0	2,3 bis 2,8
Luft-Wasser (bivalent)	2,9 bis 3,4	2,4 bis 2,9	1,5 bis 2,5**

* Bezogen auf eine Vorlauftemperatur von 35° C und Wärmequellentemperaturen von etwa 2° bis 10° C (Wasser), –5° bis 5° C (Sole), 0° bis 10° C (Luft).
** Kessel im Systemnutzungsgrad enthalten; je nach Deckungsgrad ergeben sich sehr unterschiedliche Werte.

KONTROLLE EINES PROJEKTES: FAUSTREGELN

- Erdsonden-Wärmepumpe: pro kW Heizleistung 15 m Sondenlänge. Beispiel: Für ein Einfamilienhaus mit 10 kW Heizleistung ergibt das zwei Sonden von je 75 m Länge.
- Erdregister-Wärmepumpe (wegen des grossen Platzbedarfs heute nur noch selten gebaut): pro kW Heizleistung 42 m^2 Registerfläche. Beispiel: Für ein Einfamilienhaus mit 10 kW Heizleistung ergibt das 420 m^2 Registerfläche.
- Grundwasser-Wärmepumpe: Es muss pro kW Heizleistung mindestens eine Grundwassermenge von 150 l pro Stunde zur Verfügung stehen; dies ergibt eine Abkühlung um etwa 4 bis 5 K. Beispiel: Für ein Einfamilienhaus mit 10 kW Heizleistung benötigt man eine Grundwassermenge von 1500 l/h.
- Oberflächenwasser-Wärmepumpe: Es muss pro kW Heizleistung mindestens eine Wassermenge von 310 l pro Stunde zur Verfügung stehen; dies ergibt eine Abkühlung um etwa 2 K. Beispiel: Für ein Einfamilienhaus mit 10 kW Heizleistung benötigt man eine Wassermenge von 3100 l/h.
- Luft-Wasser-Wärmepumpe: In der Regel ist ein zweiter Wärmeerzeuger erforderlich (bivalenter Betrieb).
- Bereits heute Arbeitsmittel vorsehen, die auch ab 1994 zugelassen sind (vorläufig R22, allenfalls R134a).
- Anlagen mit Heizwasser-Speicher bauen. Die Fussbodenheizung (eigentlich Unterlagsboden) als Speicher zu verwenden, ist in der Regel nicht sinnvoll (Ausnahme: z. B. Niedrigenergiehaus mit Wärmepumpe im Rücklauf).

Wirtschaftlichkeit

Eine Wasser-Wasser-Wärmepumpe beheizt drei Gebäude des Bahnhofs Rorschach. Als Wärmequelle dient der nahe gelegene Bodensee. Die Anlage wurde bivalent geplant. Da aber der tatsächliche Wärmebedarf um 47 % überschätzt wurde, arbeitet die Anlage heute nahezu monovalent. Beurteilung:

- Die Anlage stellt ein gutes Beispiel bezüglich Jahresarbeitszahl und Reduktion von Kohlendioxid und Luftschadstoffen dar. Es konnten 36 Tonnen Heizöl substituiert werden.
- Die jährlichen Energiekosten liegen zwar um 5000.– Fr. unter denjenigen einer konventionellen Vergleichsanlage, dem stehen aber Kapitalkosten für die Mehrinvestitionen von 26 800.– Fr. pro Jahr gegenüber.
- Der Fehler der Wärmebedarfsrechnung wirkt sich bei der realisierten Wärmepumpenanlage zwangsläufig gravierender auf die Investitionskosten aus, als dies bei einer konventionellen Anlage der Fall gewesen wäre. Der Einfluss auf die Wirtschaftlichkeitsrechnung sollte aber nicht überbewertet werden.

Eine Überschätzung des Wärmebedarfs kann bei zahlreichen analysierten Anlagen beobachtet werden. Lösungen:

- Neuanlagen: besonders sorgfältige Wärmebedarfsrechnung gemäss SIA-Empfehlung 384/2 und Verzicht auf Sicherheitszuschläge
- Sanierungen: messtechnische Bestimmung des Wärmebedarfs an der bestehenden Anlage

Fazit: Wärmepumpenanlagen weisen gegenüber konventionellen Anlagen vor allem im Zusammenhang mit der Luftreinhaltung und dem Kohlendioxidausstoss ganz entscheidende Vorteile auf. Mit der Energiekostenersparnis lassen sich die Mehrinvestitionskosten (bei der heutigen Energiepreissituation) aber kaum amortisieren.

DATEN ‹BAHNHOF RORSCHACH›

Wärmeleistungsbedarf gerechnet	184 kW
Wärmeleistungsbedarf tatsächlich	125 kW
Wärmeleistung Wärmepumpe	110 kW
Stromverbrauch Wärmepumpe	130 MWh/a
Ölverbrauch Kessel	10 MWh/a
Produzierte Nutzenergie	397 MWh/a
Substitution von Heizöl	36 000 kg/a
Jahresarbeitszahl	3,0
Systemnutzungsgrad (inkl. Kessel)	2,8
Mehrinvestitionen	243 600 Fr.
Kapitalkosten	26 800 Fr./a
Energiekosten	13 500 Fr./a
Zum Vergleich: Energiekosten einer konventionellen Ölheizung	18 500 Fr./a

Basis: Ölpreis 0,5 Fr./kg; Strompreis 10 Rp./kWh; Zins 7 %; Nutzungsdauer 15 Jahre.

8.4 Wärmekraftkopplung

HANS RUDOLF GABATHULER, THOMAS BAUMGARTNER,
ROBERT BRUNNER, HANSPETER EICHER, WERNER LÜDIN,
PIERRE RENAUD

Die kombinierte Erzeugung von Strom und Wärme ist überall dort angezeigt, wo genügend Wärmeabnehmer vorhanden sind. Gas- oder ölbetriebene Blockheizkraftwerke (BHKW), vielfach in Standard-Ausführung, erreichen gewichtete Jahresnutzungsgrade um 1,5 (konventioneller Gaskessel 0,9). Vorteilhafterweise deckt die Heizleistung des BHKW lediglich einen Teil (25 bis 40 %) des maximalen Wärmeleistungsbedarfes ab. Daraus resultieren lange Laufzeiten und bessere Kosten-Nutzen-Verhältnisse.

→
1.4 Wärmeerzeugung, Seite 30
2.6 WRG, WP und WKK, Seite 84
3.6 WRG, AWN, WP und WKK, Seite 121
7.4 Widerstandsheizungen, Seite 0251

Bauarten und Einsatzgebiete

Da der Transport von Wärme sehr viel aufwendiger ist als der Transport elektrischer Energie, wird heute die bei der thermischen Elektrizitätserzeugung in Grosskraftwerken anfallende Abwärme meist ungenutzt an die Umwelt abgegeben. Eine wirtschaftliche Nutzung der Abwärme ist nur möglich, wenn sich genügend Wärmeabnehmer in der näheren Umgebung finden lassen. Es muss deshalb die Frage gestellt werden, ob nicht ein Teil der Elektrizitätserzeugung an Orte dezentralisiert werden kann, wo genügend Wärmeabnehmer vorhanden sind.

Wärmekraftkopplungsanlagen können Heizkraftwerke in städtischen Gebieten sein, die Heizwärme über Fernleitungsnetze an die zu beheizenden Häuser abgeben und die Elektrizität ins öffentliche Netz einspeisen. Sogenannte Kombi-Heizkraftwerke sind speziell interessant. Mittels Kombination von Gas- und Dampfturbinen kann ein besonders hoher Stromanteil von etwa 50 % erreicht werden. Auch in grossen Industriebetrieben werden Kombi-Heizkraftwerke eingesetzt.

Die Industrie ist für die Wärmekraftkopplung von besonderer Bedeutung, weil hier sowohl Elektrizität wie Wärme oft gleich an Ort und Stelle gebraucht werden können. Infolge der stark verschärften Emissionsgrenzwerte müssen in naher Zukunft auch zahlreiche Industrieanlagen saniert werden. Bei entsprechend günstigen Randbedingungen steht hier der Einsatz von Gasturbinen-Blockheizkraftwerken zur Prozesswärmeerzeugung (Heisswasser, Dampf) im Vordergrund.

Im Haushalt- und Dienstleistungssektor werden heute noch vorwiegend

BHKW: Blockheizkraftwerk
WKK: Wärmekraftkopplung

Gas- und Ölheizkessel zur Wärmeerzeugung eingesetzt. Hier stellen Gasmotor-Blockheizkraftwerke eine interessante Alternative dar, wenn die Randbedingungen für Wärmekraftkopplung günstig sind (Wärmeabgabe an einen grösseren Gebäudekomplex oder über ein Nahwärmenetz an eine Siedlung). Als Brennstoff steht Erdgas im Vordergrund; aber auch Biogas (Kläranlagen) und Flüssiggas sind möglich. Gasmotor-Blockheizkraftwerke sind heute durchwegs mit Dreiwegkatalysatoren ausgerüstet und damit bezüglich Emissionen etwa gleich gut wie moderne Low-NOx-Gaskessel. Da der elektrische Leistungsbereich von 150 bis 200 kW bezüglich Wirtschaftlichkeit und Einsatzbereich besonders interessant ist, wurden solche Anlagen bis heute als Standard-Blockheizkraftwerke bezeichnet. Für die Zukunft wird aber vor allem eine Vereinfachung der Anlagen durch einbaufertige Module angestrebt werden müssen. Für den unteren elektrischen Leistungsbereich von etwa 7 bis 15 kW gibt es Klein-Blockheizkraftwerke mit Auto-Gasmotoren, die relativ einfach zu installieren sind. Sie sind mit einem Dreiwegkatalysator ausgerüstet, und für grössere Leistungen können mehrere Module zusammengeschaltet werden. Die Wartung ist allerdings verhältnismässig aufwendig, da der Automotor etwa alle 5 Jahre total revidiert werden muss (Austauschmotor).

Strom- oder Wärmeführung?

Prinzipiell kann eine Wärmekraftkopplungsanlage mit Wärmeführung oder mit Stromführung betrieben werden. Meistens wird die Wärmeführung angewendet, das heisst, die Anlage wird entsprechend dem momentanen Wärmebedarf gefahren. Die Elektrizität wird normalerweise mit konstanter Leistung im Netzparallelbetrieb abgegeben. Mit einer zusätzlichen elektrischen Ausrüstung kann eine WKK-Anlage bei Netzausfall auch als Notstromanlage im Inselbetrieb arbeiten und damit eine konventionelle Notstromgruppe ersetzen. Voraussetzung dazu ist allerdings, dass die Wärme jederzeit abgeführt werden kann. Da Gas ein leitungsgebundener Energieträger ist, ist die Verfügbarkeit gegenüber einem üblichen Diesel-Notstromaggregat etwas eingeschränkt. Um die Zahl der Anfahrvorgänge klein zu halten (Schadstoffausstoss), wird in der Regel ein Wärmespeicher zwischen das Blockheizkraftwerk und das Wärmeabgabesystem geschaltet.

Aus wirtschaftlichen Gründen ist eine möglichst lange jährliche Laufzeit des Blockheizkraftwerks anzustreben. Deshalb wird dieses nicht auf den maximalen Wärmeleistungsbedarf ausgelegt. Statt dessen sorgt ein Spitzenkessel für die Abdeckung der Leistungsspitzen bei kaltem Wetter. Bezogen auf einen maximalen Wärmeleistungsbedarf gemäss SIA 384/2 von 100 % wird das Blockheizkraftwerk lediglich auf eine Heizleistung von 25 bis 40 % ausgelegt. Damit können 60 bis 75 % des Jahreswärmebedarfs abgedeckt werden.

Kennzahlen

Allgemein wird die Güte einer Energieumwandlung als Nutzungsgrad ausgedrückt und zwar als das Verhältnis der nutzbaren Energie zur zugeführten Energie. Da der Nutzungsgrad in der Schweiz normalerweise auf den unteren Heizwert bezogen wird, sind Werte über 1 möglich (theoretischer Grenzwert für Erdgas: 1,11). Der Nutzungsgrad einer Wärmekraftkopplungsanlage ist nicht «besser» als derjenige einer konventionellen Wärmeerzeugungsanlage,

Tabelle 1: Systematik der Wärmekraftkopplung.

	Heizkraftwerke (HKW)		Blockheizkraftwerke (BHKW)		
	Heizkraftwerk mit Dampfturbine(n)	Kombi-Heizkraftwerk	Blockheizkraftwerk mit Gasturbine	Blockheizkraftwerk mit Industriemotor	Klein-BHKW mit Automotor
Antriebssystem	Dampfturbine(n)	Gasturbine(n) und Dampfturbine(n) kombiniert	Gasturbine	Industrie-Gasmotor mit Dreiwegkatalysator, Magermotor mit additiver Entstickung, Dieselmotor mit SCR-Katalysator[4)]	Auto-Gasmotor mit Dreiwegkatalysator
Brennstoff	Kohle, Schweröl (Wirbelschicht-feuerung); Erdgas, Heizöl (konv. Dampfkessel)	Erdgas/Flüssiggas, Heizöl EL, vergaste Kohle (in Zukunft)		Erdgas/Flüssiggas, Biotreibstoff, Biogas (z. B. in Kläranlagen), Heizöl EL[4)]	
Hauptsächlicher Einsatzbereich (Beispiele)	Fernwärmeverbund (z. B. mit Kehrichtverbrennung)	Fernwärmeverbund	Prozesswärme für Industrie, Spitäler (Dampf, Heisswasser)	Nahwärmeverbund, grössere Einzelgebäude	EFH-Siedlung, Einzelgebäude (z. B. Schulhaus, Hotel, Gewerbebau)
Leistungsbereich	5 ... 1000 MW_e	20 ... 100 MW_e	1 ... 10 MW_e	20 ... 1000 kW Standard-BHKW: 150 ... 200 kW_e[2)3)]	7 ... 15 kW_e[3)]
Stromkennzahl[1)]	0,3 ... 0,6	0,8 ... 1,2	0,4 ... 0,6	0,55 ... 0,65	0,35 ... 0,45

1) Stromkennzahl = Elektrizitätsproduktion / Wärmeproduktion
2) Günstiger Leistungsbereich in bezug auf Wirtschaftlichkeit und Einsatzpotential
3) Zusammenschaltung mehrerer Einheiten für grössere Leistungen möglich
4) SCR-Entstickung mit Ammoniak teuer, billigere Verfahren mit Harnstoff sind in der Erprobung

Tabelle 2: Jahresnutzungsgrade verschiedener Wärmeerzeugungsanlagen.

Anlage	Jahresnutzungsgrad nicht gewichtet	gewichtet
Konventioneller Gaskessel ohne Abgaskondensation	0,85 bis 0,92	0,9
Konventioneller Gaskessel mit Abgaskondensation	0,92 bis 1,02	1,0
Gasturbinen-BHKW – thermisch 0,50 bis 0,60 – elektrisch 0,20 bis 0,30	0,75 bis 0,85	1,3
Gasmotor-BHKW – thermisch 0,54 bis 0,58 – elektrisch 0,30 bis 0,34	0,85 bis 0,92	1,5
Gasmotor-BHKW mit WP zur Rückgewinnung der Strahlungsverluste sowie Abgaskondensation – thermisch 0,68 bis 0,73 – elektrisch 0,25 bis 0,30	0,95 bis 1,00	1,5
Kombi-Heizkraftwerk – thermisch 0,35 bis 0,45 – elektrisch 0,40 bis 0,50	0,80 bis 0,85	1,75

aber die bereitgestellte Energie ist (wegen des Stromanteils) viel hochwertiger. Deshalb wird oft ein thermischer und ein elektrischer Jahresnutzungsgrad angegeben. Die Summe dieser beiden Nutzungsgrade ergibt dann den Jahresnutzungsgrad «über alles».

Für einen anschaulichen Vergleich eignet sich der gewichtete Jahresnutzungsgrad besonders gut. In diesem Wert ist die Verwendung des produzierten Stromes berücksichtigt. Beispiel: Antrieb einer Wärmepumpe mit einer Jahresarbeitszahl von 3,0. Erst mit dieser Kennzahl wird deutlich, dass beispielsweise ein Gasmotor-BHKW die eingesetzte Energie etwa anderthalbmal so gut nutzt wie die modernste Kesselanlage! Als weitere Grösse muss noch die Stromkennzahl erwähnt werden (siehe Tabelle 1). Die Stromkennzahl stellt das Verhältnis der produzierten Elektrizität zur produzierten Heizwärme dar. (Achtung: Massnahmen zur Nutzungsgradverbesserung, wie z. B. Abgaskondensation, verschlechtern die Stromkennzahl, weil der Anteil Wärme steigt!)

Energieverbrauch und Kohlendioxidausstoss von WKK-WP-Strategien

Durch Wärmekraftkopplung in Kombination mit Elektromotor-Wärmepumpen kann, durch Ausnutzung der unterschiedlichen Wertigkeit der Energieformen, Energie gespart und die Umwelt geschont werden. Die Energiebilanzen in Abb. 1 zeigen drei typische Grenzfälle im Vergleich zu einer konventionellen Anlage A.

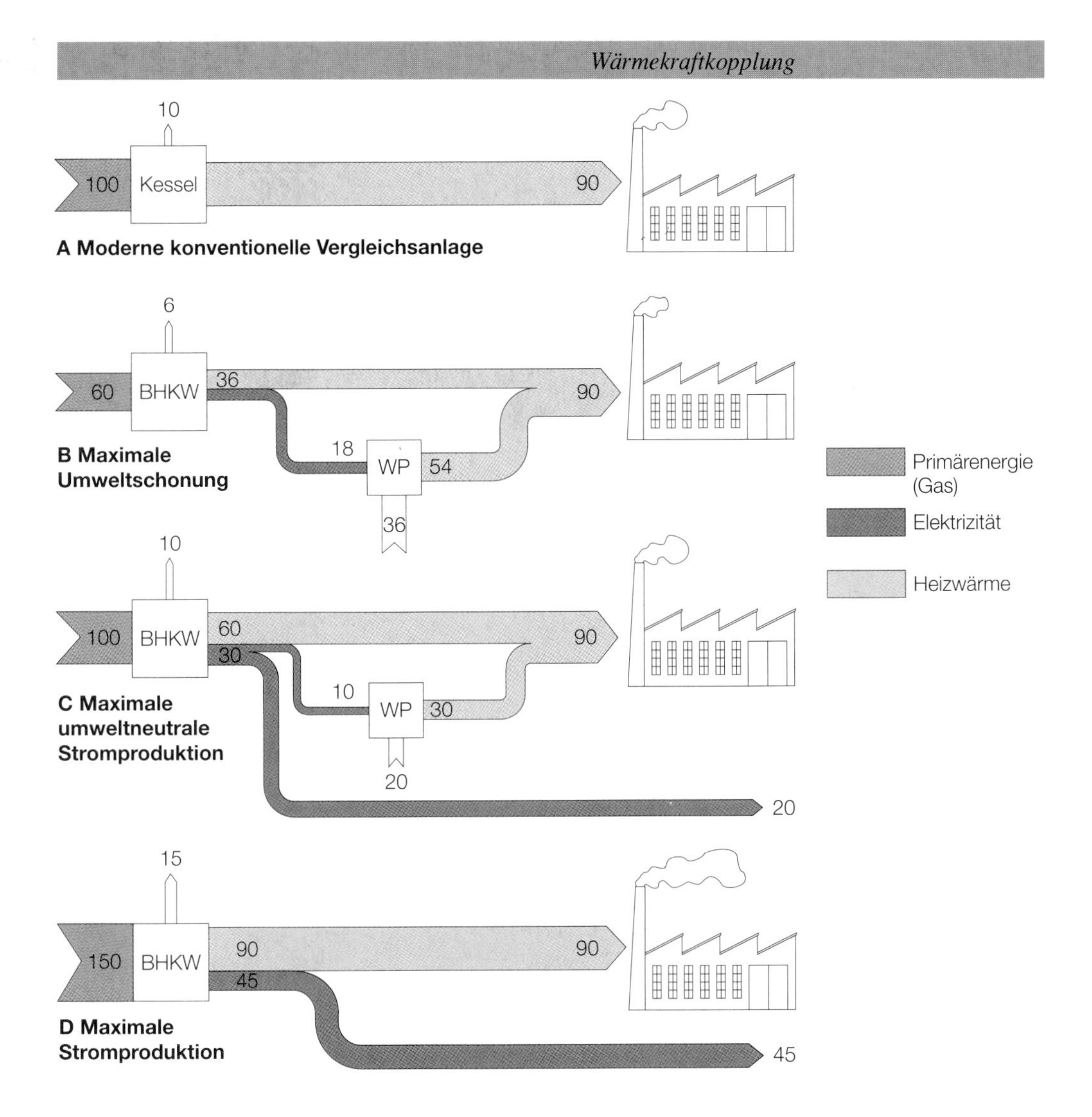

Abb. 1: Energiebilanzen einer konventionellen Vergleichsanlage A und der Grenzfälle B, C, und D gemäss Abb. 2.

- Grenzfall B: Eine maximale Umweltschonung ergibt sich, wenn der gesamte WKK-Strom zum Antrieb von Wärmepumpen verwendet wird. Dabei spielt es keine Rolle, ob dies eine Wärmepumpe in der gleichen Anlage ist, oder ob es sich um Wärmepumpen in anderen Anlagen handelt. Ergebnis: 40 % weniger Primärenergieverbrauch und entsprechend weniger Schadstoffe und Kohlendioxid.
- Grenzfall C: Eine maximale, umweltneutrale Stromproduktion ist möglich, wenn etwa ein Drittel des WKK-Stromes zum Wärmepumpen-Antrieb verwendet wird. Ergebnis: Bei gleichem Primärenergieverbrauch und ohne zusätzliche Umweltbelastung durch Schadstoffe und Kohlendioxid stehen zwei Drittel des WKK-Stromes zur Allgemeinversorgung zur Verfügung (entsprechend etwa 20 % des Primärenergieeinsatzes). Damit ist eine Stromerzeugung gewissermassen «zum ökologischen Nulltarif» möglich – und dies trotz fossiler Primärenergie!
- Grenzfall D: Wenn möglichst viel Elektrizität erzeugt werden soll, kann der

Abb. 2: Je nach dem, wieviel Strom für den Wärmepumpen-Antrieb verwendet wird, ergeben sich unterschiedliche Strategien. Die konventionelle Vergleichsanlage A und die Grenzfälle B, C und D entsprechen den Energiebilanzen in Abb. 1.

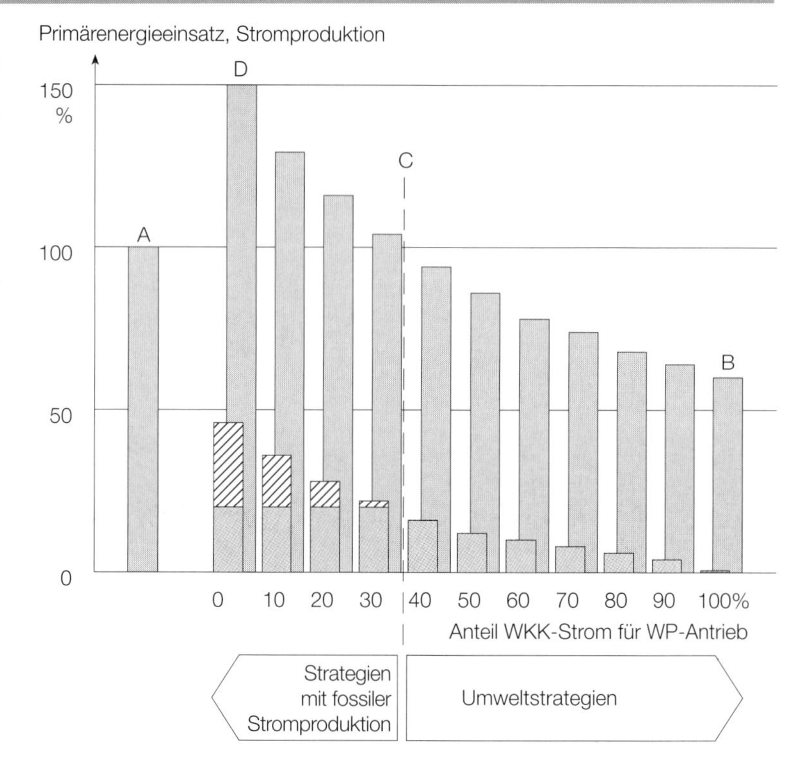

Energieeinsatz, ohne dass Heizwärme vernichtet werden muss, auf maximal 150 % gesteigert werden. Ergebnis: Maximale Stromproduktion von 45 %, dies allerdings bei 50 % Mehrverbrauch und entsprechend höherer Umweltbelastung durch Schadstoffe und Kohlendioxid. Diese Strategie hat nur zur Substitution von fossil erzeugter Elektrizität aus thermischen Kraftwerken ohne Wärmeauskopplung einen Sinn, da letztere zur Produktion der gleichen Elektrizitätsmenge zwei- bis dreimal mehr Energie verbrauchen als eine Wärmekraftkopplungsanlage und damit natürlich auch eine viel grössere Umweltbelastung darstellen.

Selbstverständlich wird wohl kaum, über alle Anlagen gesehen, einer der drei genannten Fälle exakt verwirklicht werden. Vielmehr wird sich eine Mischung aus zwei der drei Fälle ergeben. Abb. 2 zeigt, dass somit zwei grundsätzlich verschiedene Strategieziele möglich sind:

- Wenn mehr als ein Drittel des WKK-Stromes zum Antrieb von Wärmepumpen verwendet wird, ergibt sich eine Umweltstrategie. Dabei muss die gewünschte Umweltschonung und die Menge des umweltneutral erzeugten Stromes gegeneinander abgewogen werden.
- Wenn weniger als ein Drittel des WKK-Stromes zum Antrieb von Wärmepumpen eingesetzt wird, resultiert eine Strategie mit fossiler Stromproduktion und entsprechender zusätzlicher Umweltbelastung.

Da die Stromerzeugung heute in der Schweiz praktisch kohlendioxidfrei erfolgt, ist für unsere Verhältnisse eine Strategie mit fossiler Stromproduktion aus Umweltschutzgründen eher abzulehnen, da ja keine fossil erzeugte Elektrizität aus thermischen Kraftwerken ohne Wärmeauskopplung substituiert werden kann. In Abb. 2 wird eine konventionelle Gaskessel-Anlage mit einem Gasmotor-BHKW verglichen. Damit entspricht die Reduktion bzw. Erhöhung des Kohlendioxidausstosses derjenigen des Energieverbrauchs. Falls auch Öl durch Gas ersetzt wird, wird der Kohlendioxidausstoss sogar noch zusätzlich reduziert, da Erdgas pro Wärmeeinheit etwa ein Viertel weniger Kohlendioxid produziert als Heizöl.

Elektro-Thermo-Verstärker

Bei den bisher gemachten Betrachtungen zu den WKK-WP-Strategien wurde immer von Elektromotor-Wärmepumpen ausgegangen. Man könnte aber auch verallgemeinernd sagen, dass eine Elektromotor-Wärmepumpe ein Elektro-Thermo-Verstärker mit einer Verstärkung von 3 ist (aus Strom wird das dreifache an Heizwärme produziert). Dabei ist es letztlich nicht notwendig, dass das Endprodukt tatsächlich Wärme ist, entscheidend ist vielmehr, dass fossile Energie eingespart wird, damit der zusätzlich zur WKK-Stromerzeugung gebrauchte fossile Brennstoff kompensiert werden kann. Mit dieser Erweiterung des Begriffs lassen sich zahlreiche weitere Elektro-Thermo-Verstärker finden, die sogar noch höhere Elektro-Thermo-Verstärkungen aufweisen als Wärmepumpen:

- Mit als Hilfsenergie eingesetzter Elektrizität zur Wärmerückgewinnung oder Abwärmenutzung erzielt man problemlos Elektro-Thermo-Verstärkungen von 7 bis 10.
- Moderne Ersatzluftanlagen, welche nur gerade die hygienisch notwendige Luftrate zuführen, erzielen Elektro-Thermo-Verstärkungen von 5 bis 10 (im Vergleich zu konventionellen Anlagen).
- Elektro-Leichtfahrzeuge brauchen für die gleiche Strecke fünf- bis zehnmal weniger Energie als ein konventionelles Auto. Die dabei eingesparte fossile Energie entspricht einer Elektro-Thermo-Verstärkung von 7,5 bis 15 (fossiler Kraftstoff ist etwa 1,5 mal so wertvoll wie Heizwärme).

Tabelle 3: Spezifische Mehrkosten für Blockheizkraftwerke im Vergleich zu konventionellen, dezentralen Anlagen sowie spezifische Wartungs- und Unterhaltskosten (Stand 1991, ohne Wartungskosten Katalysator).

Anlagetyp	Mehrinvestitionen Zentrale		Wartung, Unterhalt
	Zentrale (Fr./kW$_e$)	Wärmeverteilung (Fr./kW$_e$)	(Rp./kWh$_e$)
Klein-BHKW Erdgas, Einzelgebäude, EFH-Siedlung			
15 kW$_e$	4000	0 bis 2500	6,0
Gasmotor-BHKW Erdgas, Überbauung, Nahwärme			
100 kW$_e$	3600	0 bis 1500	3,0 bis 3,5
200 kW$_e$	3200	0 bis 1500	2,3 bis 2,8
1000 kWe	2800	0 bis 1500	1,7 bis 2,2
Gasturbinen-BHKW Erdgas / Heizöl EL, Industrie, Prozesswärme			
1 MW$_e$	3000	0 bis 500	1,5 bis 2,5
5 MW$_e$	1600	0 bis 500	1,5 bis 2,5
10 MW$_e$	1300	0 bis 500	1,5 bis 2,5

Gezielte Verwendung des erzeugten Stromes

Die alleinige Betrachtung einer einzelnen Anlage genügt nicht. Vielmehr ist es notwendig, die Systeme in einem grösseren Rahmen zu beurteilen. Insbesondere das Verhältnis des produzierten WKK-Stromes zum in Elektro-Thermo-Verstärkern eingesetzten Strom spielt dabei eine wichtige Rolle. Falls die Umweltbelastung durch Luftschadstoffe und Kohlendioxid reduziert werden soll, muss eine Umweltstrategie verfolgt werden. Das heisst, es muss wenigstens ein Drittel des WKK-Stromes in Elektro-Thermo-Verstärkern eingesetzt werden. Wichtig ist die Erkenntnis, dass zwischen den Wärmekraftkopplungsanlagen und den Elektro-Thermo-Verstärkern weder örtlich noch von den Besitzverhältnissen her ein Zusammenhang bestehen muss. Auch die zeitliche Realisierung spielt im Rahmen einiger Jahre kaum eine Rolle.

Wirtschaftlichkeit

Käsezentrum

Die Coop Schweiz betreibt in Kirchberg (Kanton Bern) ein Käsezentrum, welches mit einem Gasmotor-BHKW ausgerüstet ist. Wärme wird für Heizung, Lüftung, Warmwasser und Gebindereinigung verwendet. Bei Stromausfall dient das BHKW als Notstromaggregat. Für die Spitzenlastdeckung sorgt ein Kessel mit Zweistoffbrenner. Die Anlage ist seit Herbst 1989 in Betrieb und arbeitet zufriedenstellend. Dank der sehr hohen jährlichen Laufzeit und der Tatsache, dass der produzierte Strom vollständig zur Eigenbedarfsdeckung verwendet werden kann, ist eine Stromproduktion möglich, die auch wirtschaftlich interessant ist.

Wärmeleistungsbedarf	900 kW
Jahresenergiebedarf (Wärme)	3000 MWh/a
Elektrische Leistung BHKW	125 kW
Laufzeit BHKW	7000 h/a
Mehrinvestitionen	400 000 Fr.
Stromgestehungskosten	11,5 Rp./kWh

Basis: Gastarife der industriellen Betriebe der Stadt Burgdorf; Stromtarife der Elektra Fraubrunnen; Servicekosten 3 Rp./kWh$_e$; Wärmegestehungskosten entsprechend einer konventionellen Kesselanlage; Annuität 10 %.

Anhang

Wirtschaftlichkeit

ROBERT LEEMANN

Die gebräuchlichen Rechenverfahren werden im folgenden einzeln beschrieben, unter Berücksichtigung einiger Besonderheiten der Analyse von Investitionen und Massnahmen im betrieblichen Energiebereich. Das Hauptgewicht liegt dabei auf der Behandlung der dynamischen Verfahren, welche für die Analyse von energietechnischen Massnahmen besser geeignet sind und daher besonders empfohlen werden.

Methoden der Wirtschaftlichkeitsanalyse

Man wird im allgemeinen davon ausgehen können, dass Massnahmen zur sparsamen und rationellen Energienutzung letztlich nur dann durchgeführt werden, wenn sie Kosteneinsparungen bringen. Bei der Planung von Rationalisierungsmassnahmen wird also stets auch die Frage nach der Wirtschaftlichkeit dieser Massnahmen gestellt, umso mehr, als gerade bei der Energie, stärker als bei anderen Produktionsfaktoren, eine Flexibilität der Kosten nach unten meist durchaus gegeben ist. Wirtschaftlichkeitsbetrachtungen orientieren sich nicht in erster Linie am Gewinn, meist steht die Kostenminimierung im Vordergrund.

Es ist üblich, bei den Verfahren der Wirtschaftlichkeitsrechnung zu unterscheiden zwischen einfachen Hilfsverfahren, den sogenannten «statischen» Methoden, und den genaueren, aber etwas aufwendigeren «dynamischen» Methoden. Bei den statischen Methoden wird vereinfachend mit über die Nutzungsdauer gleichbleibenden jährlichen Kosten und Erträgen gerechnet; Teuerung und andere künftige Veränderungen von Rechengrössen sowie die

Tabelle 1: Die betriebswirtschaftlichen Bewertungsverfahren.

Statische Verfahren (Hilfsverfahren)
- Statische Kostenvergleichs- und Gewinnvergleichsrechnung
- Statische Rentabilitätsrechnung
- Statische Amortisationsrechnung (Pay-back Methode)

Dynamische Verfahren (vollständige Wirtschaftlichkeitsrechnung)
- Kapitalwertmethode/Barwertmethode (dynamische Kostenvergleichs- oder Gewinnvergleichsrechnung)
- Annuitätenmethoden (Vergleich der durchschnittlichen Jahreskosten oder Jahresgewinne)
- Methode des internen Zinssatzes (dynamische Rentabilitätsrechnung)

unterschiedliche heutige und künftige Geldbewertung werden nicht berücksichtigt. Bei den dynamischen Methoden werden der Verlauf und die Veränderung aller Kosten und Erträge über die Nutzungsdauer abgeschätzt und erfasst und der Zeitwert des Geldes berücksichtigt (Konzept des Bar- oder Gegenwartswertes).

Rechengrössen

Bedeutung der Eingangsdaten

Ergebnis und Aussage der Wirtschaftlichkeitsrechnung werden direkt und entscheidend durch die Wahl der Eingangsdaten und Rechenparameter bestimmt. Oft genügt die besondere Festlegung einer einzigen Rechengrösse, um das Resultat einer Vergleichsrechnung in die eine oder andere Richtung zu lenken und damit einen Investitionsentscheid unter Umständen wesentlich zu beeinflussen. Eine möglichst vorurteilsfreie Bestimmung und plausible Begründung aller Datenannahmen gehören daher zu den Grundsätzen jeder Wirtschaftlichkeitsanalyse.

Bei vielen Eingangsdaten besteht allerdings in bezug auf ihre Bestimmung oder Festlegung erhebliche Unsicherheit und ein Ermessensspielraum. Die Unsicherheit vor allem der zukunftsgerichteten Daten sollte aber nicht dazu verleiten, die längerfristige Entwicklung unberücksichtigt zu lassen. Die Verwendung unsicherer Zukunftsannahmen wird in den meisten Fällen immer noch zu realistischeren Ergebnissen führen als die völlige Vernachlässigung der künftigen Datenveränderungen. Als Entscheidungshilfe für die Beurteilung von Rechenergebnissen bei unsicheren Eingangsdaten dient vor allem die Sensitivitätsanalyse. Mit der Sensitivitätsanalyse wird der Zusammenhang zwischen Eingangsdaten und dem Rechenergebnis sichtbar gemacht. Es geht also darum zu erkennen, in welchem Ausmass und in welcher Richtung die Veränderung eines Parameters das Rechenergebnis zu verändern vermag. In der Regel wird eine einzelne Rechengrösse (z. B. der Zinssatz, der Brennstoffpreis etc.) in mehreren Schritten verändert, während alle übrigen Daten unverändert bleiben. Das Rechenergebnis (die jährlichen Kosteneinsparungen oder die Rendite einer Massnahme etc.) wird dann z. B. grafisch als Funktion der veränderlichen Eingangsgrösse dargestellt (siehe Beispiel Abb. 1).

Investitionen

Die Investitionsausgaben, d. h. die Summe der finanziellen Mittel, welche für die Realisierung einer Investition benötigt werden, sind eine der Schlüsselgrössen jeder Wirtschaftlichkeitsrechnung. Sie stellen jenen Betrag dar, der in der Unternehmensbilanz aktiviert wird und über die Nutzungsdauer der Investition abgeschrieben werden muss. Folgende Komponenten gehören zu den Investitionsausgaben:

- Die direkten Anlagekosten (Material, Transport und Montage, Bauten, Land)
- Kosten für Planung, Beratung, Bauüberwachung, Inbetriebnahme
- Eventuell Personalausbildungskosten, Produktionsausfallkosten
- Kosten der Finanzierung während der Bauzeit (Bauzinsen)

Bei der wirtschaftlichen Untersuchung von energietechnischen Massnahmen sind nur jene Investitionsausgaben zu berücksichtigen, welche dieser Massnahme direkt zugeordnet sind. Eine solche Abgrenzung ist nicht immer einfach. Beispielsweise bei baulichen Sanierungsmassnahmen, die nicht nur dem Energiesparen dienen, ist eine genaue Zuordnung der Investitionskosten kaum möglich. Näherungsweise Kostenaufteilungen sind in diesen Fällen notwendig.

Die Nutzungsdauer (Lebensdauer) einer Anlage ist einer der wesentlichen Bestimmungsfaktoren der Wirtschaftlichkeit einer Investition. Im Rahmen der Analyse von Energiesystemen ist es sinnvoll, mit Nutzungsdauern zu rechnen, welche etwa den praktisch erreichbaren Lebensdauern der Anlagen entsprechen. Für elektrische und mechanische Anlagen gelten in der Regel rechnerische Nutzungsdauern von 15 bis 25 Jahren, für bauliche Anlagen von 30 bis 40 Jahren.

Jährliche Kosten

Kosten entstehen durch den Einsatz und die Nutzung von Produktionsfaktoren (z. B. Personal, Kapital, Energie) für eine betriebliche Leistungserstellung während einer bestimmten Zeitdauer. Die Kosten eines Produktionsfaktors ergeben sich also als Produkt aus Menge und Preis des Faktors. So ergeben sich beispielsweise die Heizölkosten für eine bestimmte Zeitperiode aus der in der Periode verbrauchten Heizölmengen mal die in der Periode massgeblichen Öleinkaufspreise. Hier geht es um die Kosten der betrieblichen Energieversorgung bzw. um die Kosten von Massnahmen zur rationelleren Nutzung von Energie. Meist wird nach den Jahreskosten gefragt, d. h. nach den in einem Jahr anfallenden Kosten. Wichtig ist dabei die Erkenntnis, dass die Kosten der betrieblichen Energieversorgung nicht einfach aus den Energiekosten im engeren Sinn, d. h. den Kosten der eingekauften Energieträger bestehen (aus dem Netz bezogene Elektrizität, Öl, Gas etc.), sondern dass zu den Energieversorgungskosten auch alle Kosten der betriebsinternen Energieumwandlung und -verteilung (einschliesslich der Kosten für die umweltgerechte Entsorgung) gehören, welche entstehen, bis die Energie schliesslich in der benötigten Form von Nutzenergie zur Verfügung steht. Die Ermittlung der Energieversorgungskosten erfordert eine sinnvolle Abgrenzung der zum betrieblichen Energiesystem gehörenden Anlagen. Die Abgrenzung wird zweckmässigerweise an jener Stelle vorgenommen, an der die Energieträger unmittelbar vor der letzten Umwandlungsstufe (Umwandlung zu Nutzenergie) bereitgestellt werden. Die an diesen Stellen bereitgestellte Energie bezeichnen wir als Einsatz-Energie (z. B. der Strom, welcher dem Motor zugeführt wird, oder das Heisswasser, welches in den Heizkörper strömt).

Kostenarten

Kapitalkosten
- Abschreibungen
- Zinsen

Betriebskosten
- Energiekosten im engeren Sinn (Kosten der eingekauften und verbrauchten Energieträger)
- Bedienungs- und Unterhaltskosten
- Übrige Kosten (z. B. Verwaltungskostenanteil, Versicherung, Steuern)

Kapitalkosten

Die Kapitalkosten, bestehend aus den Abschreibungen und den Zinskosten, sind die Kosten für die Nutzung eines Investitionsobjektes (hier des Energiesystems) und für die Beanspruchung des investierten Kapitals, des Fremd- und Eigenkapitals. Der Kalkulationszinssatz für unsere Wirtschaftlichkeitsrechnung ist im Prinzip die Mindestverzinsung, die wir für die geplante Investition erwarten: Liegt die Rendite der Investition oder Massnahme unter dem Kalkulationszins, so wäre das Vorhaben als «unwirtschaftlich», andernfalls als «wirtschaftlich» zu beurteilen. Für die Analyse von Rationalisierungsmassnahmen im Energiebereich, wo Gewinn- und Risikoüberlegungen von untergeordneter Bedeutung sind, sollte der Kalkulationszinssatz höchstens dem Zins für neues langfristiges Fremdkapital entsprechen. Vielfach wird auch ein etwas tieferer Kalkulationszinssatz verwendet, entsprechend dem Zinssatz für langfristige Kapitalanlagen.

In der Wirtschaftlichkeitsrechnung werden Abschreibung und Zins gewöhnlich nicht getrennt berechnet, sondern die Kapitalkosten werden als Annuität ermittelt, das heisst als ein über die Nutzungsdauer der Investition gleichbleibender, jährlicher Betrag. Bei einem Zinssatz von i und einer Nutzungsdauer von n Jahren berechnet sich die Annuität An eines Investitionsbetrages I wie folgt:

$$\text{Annuität:}\quad An = I \cdot \frac{(1+i)^n \cdot i}{(1+i)^n - 1} = I \cdot a \text{ (Fr./Jahr)} \qquad (1)$$

Der Faktor a wird als Annuitätenfaktor bezeichnet. Der Zinssatz i wird in obiger Formel in «per unit» eingesetzt (z. B. i = 0,07). Nach einer groben Näherungsformel kann der Annuitätenfaktor auch wie folgt berechnet werden (Zinssatz i in «per unit»):

$$a = 1/n + 0{,}5 \cdot i \qquad (2)$$

Der Annuitätenfaktor (oft auch einfach als Annuität bezeichnet) ist also näherungsweise gleich der Abschreibungsrate 1/n plus dem halben Zinssatz.

Betriebskosten

Als Energiekosten im engeren Sinn bezeichnen wir in unserem Kostenschema die Kosten der vom Betrieb eingekauften (und verbrauchten) Endenergie (Heizöl, Gas, die aus dem Netz bezogene Elektrizität, etc.), so wie sie gemessen und fakturiert wird. Der Energiepreis besteht im einfachsten Fall aus einem reinen Mengenpreis (Preis pro Mengeneinheit, z. B. Franken pro 100 kg Heizöl), welcher periodisch der Teuerung angepasst wird. Bei den leitungsgebundenen Energieträgern sind jedoch die Energiepreise vielfach mehrgliedrige Tarife, welche neben dem Mengenpreis (oder Arbeitspreis) in Fr./MWh noch z. B. einen Grundpreis und einen Leistungspreis enthalten.

Die Bedienungs- und Unterhaltskosten des Energiesystems (oft als Betriebskosten im engeren Sinn bezeichnet) bestehen hauptsächlich aus den Personalkosten sowie gewissen Materialkosten (Hilfsstoffe, Ersatzteile). Die Bestimmung der jährlichen Bedienungs- und Unterhaltskosten eines Energiesystems soll also wenn möglich durch Abschätzung des zugeordneten Personal- und Materialbedarfs erfolgen, wobei vielfach auf betriebliche Erfahrungswerte abgestellt werden kann. Oft wird vereinfachend angenommen, dass die jährlichen Personal- und Materialkosten (ohne Energie) proportional zum Kapitaleinsatz stehen und somit als einen bestimmten Prozentsatz der Investitionskosten geschätzt werden können. Der so ermittelte Kostenwert gilt jedoch nur für das erste Betriebsjahr; für die folgenden Jahre sind die Kosten entsprechend der Teuerung jährlich zu erhöhen.

Berücksichtigung der Teuerung

Damit die künftigen Kosten- und Nutzenströme in der Wirtschaftlichkeitsrechnung richtig gewichtet werden, muss die Preissteigerung grundsätzlich berücksichtigt werden. In der Regel kann vereinfachend für alle Betriebskostenelemente – mit Ausnahme allenfalls der Energiekosten – eine gleiche und jährlich gleichbleibende Preissteigerungsrate (die allgemeine Inflationsrate) angenommen werden. Für die Energiepreise wird vielfach eine von der allgemeinen Teuerung abweichende Preissteigerung unterstellt (z. B. eine höhere für die Ölpreise). Allgemein gültige Aussagen sind jedoch kaum möglich; die Annahmen müssen aufgrund der jeweiligen Beurteilung der langfristigen Marktsituation erfolgen. Man unterscheidet drei Kostenbegriffe.

Die Kosten zu laufenden Preisen (die nominellen Kosten): Die nominellen Kosten K_t eines Produktionsfaktors im Jahre t sind die effektiven, zu den erwarteten Preisen des Jahres t berechneten Kosten. Man bezeichnet sie auch als die Kosten zu laufenden Preisen. In dieser Kostengrösse ist also die erwartete laufende Preissteigerung eingeschlossen.

Die Kosten zu heutigen Preisen: Die Kosten K_{ot} zu heutigen Preisen eines Produktionsfaktors sind die im Jahre t anfallenden, aber zu den heutigen Faktorpreisen berechneten Kosten. Bei einer jährlichen Preissteigerung e_F für den Produktionsfaktor F gilt also die Beziehung: $K_t = K_{ot} \cdot (1+ e_F)^t$.

Die realen Kosten: Die realen Kosten K_{rt} eines Produktionsfaktors sind die im Jahre t anfallenden, aber um die allgemeine Teuerung bereinigten Kosten. Die massgebliche Teuerungsrate für die Bereinigung ist die allgemeine Inflationsrate (in der Regel Index der Konsumentenpreise, die Landesteuerung). Bei einer jährlichen Inflationsrate e gilt die Gleichung: $K_{rt} = K_t / (1 + e)^t = K_{ot} \cdot (1 + e_F)^t/(1 + e)^t$. Ist die Preissteigerung e_F für den Faktor F gleich der allgemeinen Inflationsrate e, so ist $K_{rt} = K_{ot}$. Oft bezeichnet man $(e_F - e)$ als die «reale Teuerungsrate» e_r. Es gilt dann näherungsweise $K_{rt} = K_{ot} \cdot (1 + e_r)^t$. Steigt z. B. der Brennstoffpreis jährlich um 5 % bei einer allgemeinen Teuerung von 4 %, so sagt man, die Brennstoffkosten seien einer realen Teuerung von 1 % unterworfen. In ähnlicher Weise wird beim Zinssatz unterschieden zwischen dem Nominalzins und dem Realzins. Der Realzins i_r stellt die über die allgemeine Teuerungsrate hinausgehende Verzinsung dar und ergibt sich näherungsweise als Differenz zwischen dem Zinssatz (Nominalzins) i und der Teuerungsrate e: $i_r = i - e$.

Statische Wirtschaftlichkeitsrechnungen

Merkmale

Bei den statischen Verfahren wird mit gleichbleibenden jährlichen Kosten und Erträgen gerechnet, d. h. Änderungen der Rechengrössen im Zeitablauf, z. B.

als Folge der Teuerung, bleiben unberücksichtigt. Die statische Betrachtung vernachlässigt zudem den Zeitwert des Geldes, also die Feststellung, dass ein Franken, über den man in der Gegenwart verfügt, mehr wert ist als ein Franken, den man in der Zukunft erhalten wird. Der Vorteil der Methoden liegt im einfachen Ansatz. Anderseits sind die Ergebnisse, insbesondere bei der Untersuchung von Investitionen von längerer Nutzungsdauer, relativ ungenau. Für die Analyse von Investitionen und Massnahmen im Energiebereich sollten die statischen Verfahren daher nur für Überschlagsrechnungen verwendet werden.

Statische Kosten- und Gewinnvergleichsrechnung

Bei der statischen Kosten- oder Gewinnvergleichsrechnung werden die durchschnittlichen Jahreskosten bzw. der durchschnittliche Jahresgewinn ermittelt. Bei Massnahmen im betrieblichen Energiebereich, wo keine Erlöse im eigentlichen Sinn entstehen, wird als «Gewinn» die Kosteneinsparung (z. B. gegenüber dem Ist-Zustand) ermittelt. Von mehreren Investitionsvarianten oder Massnahmen gilt diejenige als die vorteilhafteste, welche die geringsten Jahreskosten bzw. die grössten Kosteneinsparungen aufweist. Es wird dabei unterstellt, dass die für das erste Jahr ermittelten Kostenwerte im Durchschnitt über die ganze Nutzungsdauer der Investition oder Massnahme gelten. Die Teuerung und andere Datenveränderungen bleiben also unberücksichtigt. Im weiteren ist zu beachten, dass die Jahreskosten oder Kosteneinsparungen nur dann ein gültiger Massstab für den wirtschaftlichen Vergleich verschiedener Varianten sind, wenn alle Varianten den gleichen Erlös erzielen bzw. den gleichen «physikalischen Nutzen» erzeugen (z. B. gleiche Menge an bereitgestellter Nutzenergie). Die zu ermittelnden durchschnittlichen Jahreskosten K des Energiesystemes umfassen die Kapitalkosten K_K (Abschreibung und Verzinsung zum vorgegebenen Kalkulationszinssatz) sowie die Betriebskosten K_B (Energiekosten, Personalkosten etc.). In allgemeiner Form lautet die Gleichung für die durchschnittlichen Jahreskosten:

$$K = K_K + K_B = a \cdot I + K_B \quad \text{(Fr./Jahr)} \qquad (3)$$

wobei a der Annuitätenfaktor bedeutet (Gleichung 1 oder 2). Der durchschnittliche «Gewinn» G einer energiesparenden Rationalisierungsinvestition I_1 ergibt sich als Kosteneinsparung gegenüber dem Ist-Zustand K_{Bo} wie folgt:

$$G = (K_{Bo} - K_{B1}) - a \cdot I_1 \quad \text{(Fr./Jahr)} \qquad (4)$$

Statische Rentabilitätsrechnung

Bei diesem Verfahren wird näherungsweise die Rentabilität (Rendite) einer Investition über ihre Nutzungsdauer ermittelt, d. h. die durchschnittliche jährliche Verzinsung des eingesetzten Kapitals. Eine Investition gilt dann als wirtschaftlich, wenn die Rentabilität wenigstens dem vorgegebenen Kalkulationszinssatz entspricht. Von zwei Investitionsvorhaben gilt dasjenige als vorteilhafter, das die höhere Rentabilität aufweist. Die Rentabilität Re der Investition wird hier bestimmt als das Verhältnis des durchschnittlichen Jahresgewinnes (bzw. der durchschnittlichen jährlichen Kosteneinsparung) zum durchschnittlich über die Nutzungsdauer eingesetzten Kapital.

Kostenvergleichsmethode (Beispiel 1)

Mit der Kostenvergleichsmethode soll geprüft werden, ob sich die Sanierung einer grossen Heizungsanlage lohnt. Die bestehende Anlage ist betriebstüchtig und könnte noch über längere Jahre im Betrieb sein, doch die Energiekosten wie auch die übrigen Betriebs- und erwarteten Instandhaltungskosten sind hoch. Zwei mögliche Sanierungslösungen stehen zur Diskussion; beide Lösungen sehen den Ersatz der Wärmeerzeugungsanlage vor. Beim heutigen Ersatz der Anlage ergäbe sich ein Liquidationserlös von 30 000 Fr. Der Kalkulationszinssatz beträgt 7 %. In allen Fällen wird der gleiche Nutzwärmebedarf gedeckt.

Bestehende Heizungsanlage	
Energiekosten	260 000 Fr./a
Übrige Betriebs- und Instandhaltungskosten	100 000 Fr./a
Total Jahreskosten	360 000 Fr./a

(Die Kapitalkosten der bestehenden Anlage brauchen nicht berücksichtigt zu werden, da sie für alle Varianten gleichermassen anfallen.)

Sanierung Variante 1	
Investition (neue Wärmeanlage)	450 000 Fr.
Liquidationserlös alte Anlage	30 000 Fr.
Energiekosten	200 000 Fr./a
Übrige Betriebskosten	60 000 Fr./a
Kapitalkosten (Näherungsformel Gleichung (2))	
Nutzungsdauer der neuen Anlage 10 Jahre	
• Abschreibung: (450 000 – 30 000)/10 =	42 000 Fr./a
• durchschnittlicher Zins: 0,07 · (450 000 – 30 000)/2 =	14 700 Fr./a
• Total Kapitalkosten	56 700 Fr./a
Total Jahreskosten: 200 000 + 60 000 + 56 700 =	316 700 Fr./a

Sanierung Variante 2	
Investition (neue Wärmeanlage und Wärmedämmung)	1 100 000 Fr.
Liquidationserlös alte Anlage	30 000 Fr.
Energiekosten	150 000 Fr./a
Übrige Betriebskosten	60 000 Fr./a
Kapitalkosten (Näherungsformel, Gleichung (2))	
Nutzungsdauer der Investition (Mittel) 15 Jahre	
• Abschreibung: (1 100 000 – 30 000)/15 =	71 330 Fr./a
• Durchschnittlicher Zins:	
0,07 · (1 100 000 – 30 000)/2 =	37 450 Fr./a
• Total Kapitalkosten	108 780 Fr./a
Total Jahreskosten: 150 000 + 60 000 + 108 780 =	318 780 Fr./a

Statt mit der Näherungsformel, können die Kapitalkosten auch genauer mit Hilfe der exakten Formel für den Annuitätenfaktor berechnet werden (Gleichung (1)). Für die Kapitalkosten der zwei Sanierungsvarianten ergeben sich dann 59 800 bzw. 117 500 Fr. Die beiden Sanierungsvarianten sind beinahe kostengleich. Beide sind jedoch deutlich günstiger als die bestehende Heizanlage. Die gegenüber dem Ist-Zustand eingesparten Jahreskosten betragen 43 300 Fr. für Variante 1 und 41 220 Fr. für Variante 2. Die Sanierung im heutigen Zeitpunkt ist also grundsätzlich lohnend.

$$\text{Rentabilität} = \frac{\text{Durchschnittliche jährliche Kosteneinsparung}}{\text{Durchschnittlicher Kapitaleinsatz}} \cdot 100\ (\%)$$

Die jährliche Kosteneinsparung (z. B. für eine energietechnische Rationalisierungsinvestition) ergibt sich als die jährliche Betriebskosteneinsparung gegenüber dem Ist-Zustand abzüglich der jährlichen Mehrkosten für die Abschreibung der Investition: jährliche Kosteneinsparung gleich Betriebskosteneinsparung abzüglich Abschreibung. (Zu beachten ist hier, dass die Zinskosten nicht zu berücksichtigen sind; sonst würde man ja nicht die gesuchte Gesamtrentabilität, sondern nur die über den Kalkulationszinssatz hinausgehende Rentabilität erhalten.) Der durchschnittliche Kapitaleinsatz (das im Durchschnitt über die Nutzungsdauer gebundene Kapital) ist gleich der Hälfte des Investitionsbetrages. Man geht dabei von der Überlegung aus, dass der anfängliche Kapitaleinsatz über die Nutzungsdauer linear bis auf den Wert null getilgt wird; im Mittel über die Nutzungsdauer ist dann der Kapitaleinsatz die Hälfte des Anfangswertes.

Rentabilitätsrechnung (Beispiel 2)

Für die beiden Sanierungsvarianten von Beispiel 1 soll auch näherungsweise die Rentabilität der erzielten Kosteneinsparungen ermittelt werden. Die massgebliche Kosteneinsparung:

Sanierung Variante 1		
Einsparung Energiekosten	60 000	Fr./a
Einsparung übrige Betriebskosten	40 000	Fr./a
Mehrkosten Abschreibung	– 42 000	Fr./a
Total Kosteneinsparung (ohne Zins)	58 000	Fr./a

Sanierung Variante 2		
Einsparung Energiekosten	110 000	Fr./a
Einsparung übrige Betriebskosten	40 000	Fr./a
Mehrkosten Abschreibung	– 71 330	Fr./a
Total Kosteneinsparung (ohne Zins)	78 670	Fr./a

Rentabilität Variante 1: 58 000 / (0,5 · 420 000) · 100 = 27,6 %
Rentabilität Variante 2: 78 670 / (0,5 · 1 070 000) · 100 = 14,7 %

Wegen des verhältnismässig geringen Kapitaleinsatzes weist Variante 1, trotz kleinerer jährlicher Kosteneinsparungen, eine höhere Rendite auf als Variante 2. Grundsätzlich erscheinen aber beide Varianten als wirtschaftlich (Rentabilität höher als der Kalkulationszinssatz). Die endgültige Beurteilung erfordert jedoch noch eine differenziertere Betrachtung: Mit einem Mehreinsatz an Kapital von 650 000 Fr. (Variante 2 gegenüber Variante 1) ergibt sich eine zusätzliche jährliche Kostenersparnis von nur 20 670 Fr. Die Rentabilität dieses Kapitalmehreinsatzes ist nur 6,4 % (20 670 : 325 000), also tiefer als der vorgegebene Kalkulationszinssatz von 7 %. Die Wirtschaftlichkeit dieses Mehraufwandes ist somit nicht gegeben.

Statische Amortisationsrechnung (Pay-back Methode)

Mit der Amortisationsmethode wird die Zeitdauer (Anzahl Jahre) ermittelt, nach welcher das Kapital einer Investition wieder zurückgeflossen ist. Ist die Amortisationszeit kürzer als die Nutzungsdauer der Investition, so ist das Investitionsvorhaben grundsätzlich wirtschaftlich. Von zwei alternativen Investitionsvorhaben gleicher Nutzungsdauer gilt dasjenige mit der kürzeren Amortisationszeit als das vorteilhaftere. Die Amortisationsmethode ist sinnvoll für die Beurteilung von Investitionen, bei denen Risiko- oder Liquiditätsüberlegungen eine wichtige Rolle spielen. Dabei wird vielfach eine maximale Amortisationszeit (Soll-Amortisationszeit) vorgegeben, die weit unter der tatsächlichen Nutzungsdauer der Investition liegt. Für die Beurteilung von Investitionen im betrieblichen Energiebereich, welche langfristiger Natur sind und wo Investitions-Risikobetrachtungen eine geringe Bedeutung haben, ist die Methode allerdings wenig geeignet. Die Amortisationszeit (Kapitalrückflusszeit) m einer Investition I mit jährlichen Kapitalrückflüssen R berechnet sich nach der Formel:

$$m = I \;/\; R \quad \text{(Jahre)} \tag{5}$$

Die jährlichen Kapitalrückflüsse bestehen aus den künftigen Nettoeinnahmen, welche die Investition erzeugt, d. h. der Differenz aus den zusätzlichen Erlösen und den zusätzlichen Kosten (einschliesslich Verzinsung, jedoch ohne Abschreibung des eingesetzten Kapitals). Für Rationalisierungsinvestitionen im Energiebereich ist der jährliche Kapitalrückfluss gleich der jährlichen Kosteneinsparung (bestehend aus Betriebsminder- und Zinsmehrkosten, ohne Berücksichtigung der Abschreibungen): Kapitalrückfluss R = Jährliche Betriebskosteneinsparung abzüglich Zinsmehrkosten.

Grundlagen der dynamischen Wirtschaftlichkeitsrechnung

Ein Investitionsprozess erzeugt im Zeitablauf über die Nutzungsdauer jährliche Ausgaben und Einnahmen, welche sich im allgemeinen laufend verändern, z. B. als Folge von Preissteigerungen oder aus betrieblichen Gründen. Die dynamische Wirtschaftlichkeitsrechnung versucht, diese veränderlichen Ausgaben und Einnahmen wertmässig richtig zu berücksichtigen. Dabei müssen zwar vermehrt Annahmen über unsichere Zukunftsdaten getroffen werden, das Rechenergebnis wird aber insgesamt realistischer ausfallen als bei einer vollständigen Vernachlässigung zukünftiger Datenveränderungen. Grundlage der dynamischen Wirtschaftlichkeitsrechnung ist das Konzept des Barwertes (Gegenwartswertes), welches den Zeitwert des Geldes berücksichtigt. Geldbeträge gleicher Höhe sind ökonomisch nicht gleichwertig, wenn sie zu unterschiedlichen Zeitpunkten anfallen. Die künftigen Ausgaben und Einnahmen sind also nicht direkt untereinander vergleichbar oder addierbar. Damit die Grössen der Geldströme vergleichbar werden, müssen alle auf einen bestimmten Zeitpunkt bezogen, d. h. auf- oder abgezinst werden. Meist werden die Grössen auf den heutigen Zeitpunkt abgezinst. Bei der Untersuchung eines Investitionsvorhabens ist dies in der Regel der Investitionszeitpunkt. Den Vorgang der Abzinsung nennt man auch Diskontierung. Den auf den heutigen Zeitpunkt abgezinsten (diskontierten) Wert einer künftigen Grösse bezeichnet man als Barwert oder Gegenwartswert. In allgemeiner Form

Amortisationsmethode (Beispiel 3)

Zwei mögliche Varianten einer Rationalisierungsinvestition sollen mit Hilfe der Amortisationsmethode beurteilt werden. Der Kalkulationszinssatz ist 7 %; die durchschnittlichen jährlichen Zinsmehrkosten ergeben sich als Zins auf dem durchschnittlich gebundenen Kapital, d. h. auf der Hälfte des Investitionsbetrages.

Variante 1

Investitionskosten	100 000	Fr.
Nutzungsdauer der Investition 20 Jahre		
Energiekosteneinsparung (gegenüber heute)	16 000	Fr./a
Personalmehrkosten (gegenüber heute)	5 000	Fr./a
Durchschnittliche Zinsmehrkosten (7 % von 50 000 Fr.)	3 500	Fr./a
Kapitalrückfluss: 16 000 – 5000 – 3500 =	7 500	Fr./a
Amortisationszeit: 100 000 : 7500 =	13,3	Jahre

Variante 2

Investitionskosten	80 000	Fr.
Nutzungsdauer der Investition 12 Jahre		
Energiekosteneinsparung (gegenüber heute)	14 500	Fr./a
Personalmehrkosten (gegenüber heute)	5 000	Fr./a
Durchschnittliche Zinsmehrkosten (7 % von 40 000 Fr.)	2 800	Fr./a
Kapitalrückfluss: 14 500 – 5000 – 2800 =	6 700	Fr./a
Amortisationszeit: 80 000 : 6700 =	11,9	Jahre

Aufgrund der kürzeren Amortisationszeit erscheint Variante 2 zunächst als die vorteilhaftere. Die Berücksichtigung der Nutzungsdauer zeigt jedoch, dass aus wirtschaftlicher Sicht eine andere Beurteilung vorgenommen werden muss: Die Nutzungsdauer der Variante 2 beträgt 12 Jahre, nur wenig mehr als die Amortisationsdauer. Dann muss bereits wieder eine Ersatzinvestition vorgenommen werden. Die Rentabilität der Investition liegt somit etwa beim Kalkulationszinssatz von 7 %. Variante 1 hingegen hat eine Nutzungsdauer von 20 Jahren. Wegen der wesentlich längeren Nutzungsdauer ergibt sich hier trotz der höheren Investitionskosten bei nur geringfügig höherem Kapitalrückfluss eine viel höhere Rentabilität als bei Variante 2, nämlich rund 12 %. Fazit: Die Amortisationszeit eignet sich also nur dann für den Wirtschaftlichkeitsvergleich alternativer Investitionsvorhaben, wenn diese auch etwa die gleiche Nutzungsdauer aufweisen.

beträgt der gesamte Barwert B eines künftigen Ausgabenstromes A über die Nutzungsdauer n und bei einem Kalkulationszinssatz i:

$$B = \frac{A_1 \cdot (1 + e_A)}{(1 + i)} + \frac{A_2 \cdot (1 + e_A)^2}{(1 + i)^2} + ... \frac{A_n \cdot (1 + e_A)^n}{(1 + i)^n} \text{ (Fr.)} \qquad (6)$$

wobei A_1, ... A_n die jährlichen Ausgaben zu den Preisen von heute und e_A die jährliche Preissteigerung der Ausgaben darstellen. Wenn A_t (zu Preisen von heute) eine konstante, jährlich gleichbleibende Grösse A ist, kann die Berechnung des Barwertes mit Hilfe einer Summenformel vereinfacht werden:

$$B = A \cdot (1 + e_A) \cdot \frac{(1+i)^n - (1+e_A)^n}{(1+i)^n \cdot (i - e_A)} = A \cdot d \text{ (Fr.)} \qquad (7)$$

Den Faktor d nennt man dabei den Diskontierungssummenfaktor. Für die Berechnung des Diskontierungssummenfaktors d gilt mit guter Näherung auch:

$$d = \frac{(1+i_d)^n - 1}{(1+i_d)^n \cdot i_d} \qquad (8)$$

wo $i_d = (i - e_A)$ bedeutet. Entspricht die Preissteigerung e_A für die Ausgaben A der allgemeinen Teuerung e, so ergibt sich unter Verwendung des realen Zinssatzes $i_r = (i - e)$ für die Näherungsformel:

$$d = \frac{(1+i_r)^n - 1}{(1+i_r)^n \cdot i_r} \qquad (9)$$

Bei der dynamischen Wirtschaftlichkeitsrechnung werden also alle Ausgaben und Einnahmen, welche als Folge einer Investition entstehen, auf den Zeitpunkt der Investition abgezinst. Der Ausgabenstrom setzt sich dabei zusammen aus den Investitionsausgaben (im Investitionsjahr 0) sowie den jährlichen Betriebskosten in den Jahren 1 bis n. Die Kapitalkosten (Abschreibung und Zinsen) gehören hier nicht in den Ausgabenstrom; ihr Barwert ist ja schon berücksichtigt, wenn man im Investitionszeitpunkt die Investitionsausgaben I einsetzt.

Die Wirtschaftlichkeitsrechnung sollte sich grundsätzlich über die ganze Nutzungsdauer der Investition erstrecken. In der Praxis wird man für die Wirtschaftlichkeitsrechnung jedoch vielfach – jedenfalls wenn mehrere Investitionsvorhaben zu vergleichen sind – einen einheitlichen Betrachtungszeitraum wählen, welcher kürzer ist als die Nutzungsdauer einiger der untersuchten Investitionen. In die obigen Summenformeln muss man dann statt die Nutzungsdauer n die Betrachtungszeitdauer n_B einsetzen. Die Wahl eines einheitlichen, kürzeren Betrachtungszeitraumes ist ohne wesentliche Einbusse an Genauigkeit der Rechenergebnisse möglich, wenn eine Restwertberücksichtigung vorgenommen wird: d. h. der Restwert einer Investition am Ende des Betrachtungszeitraumes, bzw. dessen Barwert, muss in der Wirtschaftlichkeitsrechnung als «Einnahme» der betreffenden Investition berücksichtigt werden.

Kapitalwertmethode

Als Kapitalwert C einer Investition bezeichnet man die Differenz des Barwertes aller Einnahmen und des Barwertes aller Ausgaben über die Nutzungsdauer der Investition. Eine Investition ist dann wirtschaftlich, wenn der Kapitalwert null oder positiv ist. Ist der Kapitalwert gleich null, so ist die effektive Verzinsung des investierten Kapitals gerade gleich dem angesetzten Kalkula-

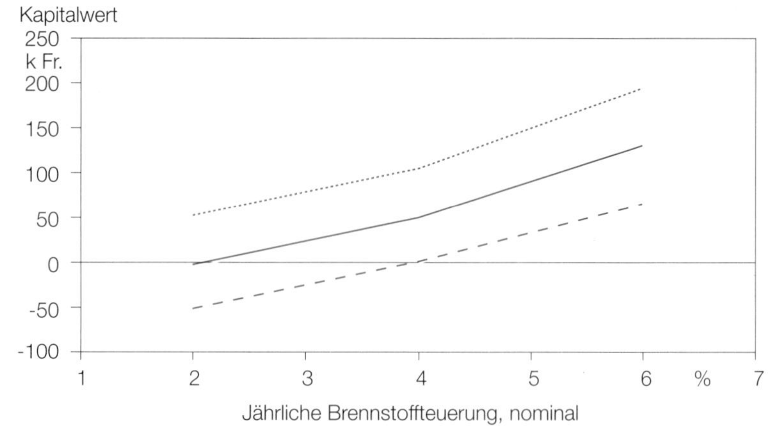

Abb. 1: Ergebnis einer Sensitivitätsanalyse, bei welcher der Kapitalwert in Funktion von Brennstoffpreis und Brennstoffteuerung berechnet wurde (für das Beispiel 4). Brennstoffpreis: Anfangspreis.

Brennstoffpreise:

- - 35 Fr/MWh
— 40 Fr/MWh
····· 45 Fr/MWh

tionszinssatz i. Ist der Kapitalwert eine negative Grösse, so liegt die Rentabilität unter dem Kalkulationszinssatz und die Investition gilt als nicht wirtschaftlich. Von zwei alternativen Investitionsvorhaben (welche beide den gleichen Nutzen erzeugen) ist dasjenige das wirtschaftlichere, das den höheren Kapitalwert aufweist. Entsprechend der allgemeinen Barwertformel ergibt sich folgende Gleichung für den Kapitalwert einer Investition I über die Nutzungsdauer n:

$$C = -I + \sum_{t=1}^{n} \frac{(1+e)^t \cdot N_t}{(1+i)^t} \quad \text{(Fr.)} \qquad (10)$$

Darin bedeuten N_t die Nettoeinnahmen im Jahre t zu Preisen von heute (jährliche Einnahmen E_t minus jährliche Betriebsausgaben A_t ohne Kapitalkosten) und e die (für alle Einnahmen- und Ausgabenelemente angenommene) allgemeine Inflationsrate. Ist N_t (zu Preisen von heute) eine konstante, jährlich gleichbleibende Grösse N, so gilt unter Verwendung des Diskontierungssummenfaktors d:

$$C = -I + N \cdot d \quad \text{(Fr.)} \qquad (11)$$

Alle für den PC gebräuchlichen Tabellenkalkulationsprogramme enthalten das Programm für die Barwertberechnung (Present Value); die Verwendung von Summenformeln erübrigt sich dann meist. Falls einzelne Einnahmen- oder Ausgabenelemente E_t oder A_t Preissteigerungsraten aufweisen, welche von der allgemeinen Teuerung e abweichen, so müssen die betreffenden Barwerte unter Verwendung der entsprechenden Teuerungsraten separat berechnet werden. Dieser Fall muss bei der Berechnung von Energiesystemen nicht selten behandelt werden, z. B. bei der Erwartung hoher Steigerungsraten des Brennstoffpreises.

Bei Investitionen oder Rationalisierungsmassnahmen im Energiebereich des Betriebes berechnet man als «Nettoeinnahmen» die erzielten Betriebskosteneinsparungen gegenüber einem Referenzsystem (z. B. Ist-Zustand). In den obigen Gleichungen (10) und (11) müssen dann also für N_t die jährlichen Betriebskosteneinsparungen EK_t zu Preisen von heute eingesetzt werden.

Barwertmethode als Variante der Kapitalwertmethode

Wenn es beim Vergleich von verschiedenen Investitionsvarianten oder Massnahmen (welche alle den gleichen Nutzen erzeugen) lediglich um die Bestimmung der kostengünstigsten Lösung geht, so reduziert sich die Rechnung auf die Bestimmung und den Vergleich der Barwerte der Ausgaben über die Nutzungsdauer, d. h. auf eine dynamische Kostenvergleichsrechnung. Man spricht in diesem Fall von der Barwertmethode. Die Variante mit dem geringsten Barwert der Ausgaben ist die kostengünstigste. Die Bestimmungsgleichung für den Barwert der Ausgaben lautet dann (mit den jährlichen Betriebskosten A_t zu Preisen von heute):

$$B = I + \sum_{t=1}^{n} \frac{(1+e)^t \cdot A_t}{(1+i)^t} \quad (\text{Fr.}) \qquad (12)$$

Ist A_t eine konstante Grösse A, so gilt unter Verwendung des Diskontierungssummenfaktors d wiederum:

$$B = I + A \cdot d \quad (\text{Fr.}) \qquad (13)$$

Bestimmung der langfristigen Durchschnittskosten

Bei energiewirtschaftlichen Analysen handelt es sich häufig um den Vergleich von Energieerzeugungssystemen (z. B. verschiedene Varianten von Stromerzeugungsanlagen). Der Barwert B der Ausgaben stellt also hier den Gegenwartswert aller Energiegestehungskosten über die Nutzungsdauer der Anlage dar. Daraus lassen sich nun ohne weiteres die langfristigen Durchschnittskosten der erzeugten Energie berechnen. Sind kE die langfristigen Durchschnittskosten zu laufenden Preisen (Fr./kWh) der erzeugten Energie und En_t die im Jahr t erzeugte Energie (kWh), so gilt für den Barwert:

$$B = \sum_{t=1}^{n} \frac{kE \cdot En_t}{(1+i)^t} = kE \cdot B_{En} \quad (\text{Fr.}) \qquad (14)$$

$$kE = B \,/\, B_{En} \quad (\text{Fr.} / \text{kWh}) \qquad (15)$$

Um die langfristigen Durchschnittskosten kE (zu laufenden Preisen) der erzeugten Energie zu bestimmen, muss man also den Barwert B der Ausgaben durch den «Barwert B_{En} der Energie» dividieren. Für die Berechnung von B_{En} muss dabei als Diskontierungssatz der Kalkulationszinssatz i eingesetzt werden. Eine bedeutungsvollere Grösse stellen in der Regel die langfristigen realen Durchschnittskosten dar, d. h. die teuerungsbereinigten Durchschnittskosten. Sind kE_r die langfristigen realen Durchschnittskosten der Energie, so gilt die Beziehung:

$$kE_r = B \,/\, B_{Enr} \quad (\text{Fr.} / \text{kWh}) \qquad (16)$$

Kapitalwertmethode (Beispiel 4)

Ein Betrieb plant den Ersatz der bestehenden Wärmeversorgungsanlage sowie verschiedene Rationalisierungsinvestitionen, um den Energieverbrauch zu senken. Die Wärmeversorgungsanlage ist zwar noch betriebstüchtig, doch müsste eine grössere Erneuerungsinvestition vorgenommen werden. Der Brennstoffpreis beträgt heute 40 Fr./MWh. Die erwartete allgemeine Teuerung ist 4 %, der Kalkulationszinssatz wird mit 6 % angenommen. Für die Rechnung wird ein Betrachtungszeitraum von 15 Jahren gewählt. Es wird erwartet, dass die Brennstoffpreise jährlich um 5 % steigen, während die übrigen Betriebskosten der allgemeinen Teuerung folgen. Lohnt sich die Ersatz- und Rationalisierungsinvestition?

Ist-Zustand, bestehende Anlage (Kosten zu heutigen Preisen)	
Brennstoffverbrauch	3 000 MWh/a
somit Brennstoffkosten	120 000 Fr./a
Übrige Betriebskosten	34 000 Fr./a
Erneuerungsinvestition	110 000 Fr.
(Nutzungsdauer 15 Jahre)	

Ersatz- und Rationalisierungsinvestition (zu heutigen Preisen)	
Investition (Nutzungsdauer 15 Jahre)	600 000 Fr.
Brennstoffverbrauch nach Sanierung	2 100 MWh/a
somit Brennstoffkosten	84 000 Fr./a
Übrige Betriebskosten nach Sanierung	30 000 Fr./a
Betriebskosteneinsparungen	
Brennstoffkosten	36 000 Fr./a
Übrige Betriebskosten	4 000 Fr./a

Barwert B der Betriebskosteneinsparungen: Berechnung der Diskontierungssummenfaktoren d mit der Näherungsgleichung (8) bzw. (9).

Brennstoffkosten (d = 13,9)	
$B_B = 36\,000 \cdot 13{,}9 =$	500 000 Fr.
Übrige Betriebskosten (d = 12,8)	
$BW = 4000 \cdot 12{,}8$	51 000 Fr.
Total Barwert Betriebskosteneinsparungen	
$B = B_B + B_W$	551 000 Fr.

Kapitalwert C der Ersatz- und Rationalisierungsinvestition:

$C = -(600\,000 - 110\,000) + 551\,000 =$ 61 000 Fr.

Das geplante Rationalisierungsvorhaben weist einen positiven Kapitalwert auf und ist daher wirtschaftlich. Wie würde sich nun jedoch eine andere Brennstoffpreisentwicklung auf die Wirtschaftlichkeit auswirken? Bei höheren Brennstoffpreisen wird sich die Wirtschaftlichkeit (der Kapitalwert) erhöhen, bei tieferen Preisen bzw. Preissteigerungen verschlechtern: Nimmt man z. B. an, dass sich die Brennstoffpreise durchschnittlich nur um 3 % jährlich erhöhen werden, so sinkt der Barwert der Brennstoffkosteneinsparungen um 70 000 Fr. auf 430 000 Fr. Der Kapitalwert wird dann negativ (61 000 – 70 000 = – 9000 Fr.); die Rationalisierungsmassnahme wäre nicht mehr lohnend.

Um die langfristigen realen Durchschnittskosten kE_r zu bestimmen, muss man wiederum den Barwert B der Ausgaben durch den «Barwert B_{Enr} der Energie» dividieren; für die Berechnung von B_{Enr} muss jedoch als Diskontierungssatz der reale Zinssatz $i_r = i - e$ verwendet werden.

Annuitätenmethode

Mit der Annuitätenmethode werden die durchschnittlichen jährlichen Kosten (bzw. Kosteneinsparungen (Gewinn)) einer Investition über ihre Nutzungsdauer bestimmt. Eine Investition ist dann wirtschaftlich, wenn beim vorgegebenen Kalkulationszinssatz die durchschnittlichen jährlichen Kosteneinsparungen einen positiven Wert darstellen. Die Annuitätenmethode ist eine Variante der Kapitalwertmethode. Die durchschnittlichen Jahreskosten (Kosteneinsparungen) stellen anschauliche Grössen dar, deren Berechnung kaum einen zusätzlichen Aufwand erfordert. Man bestimmt die durchschnittlichen jährlichen Kosteneinsparungen G zu laufenden Preisen, indem der Kapitalwert C der Investition mittels des Annuitätenfaktors a in gleiche Jahreswerte umgewandelt wird:

$$\text{Durchschnittliche Kosteneinsparungen} \quad G = C \cdot a \quad \text{(Fr./Jahr)} \qquad (17)$$

Falls mit Summenfaktoren gerechnet werden kann, so gilt für C die Gleichung (11), und es ergibt sich auch:

$$G = -I \cdot a + N \cdot d \cdot a = -I \cdot a + N \cdot m \quad \text{(Fr./Jahr)} \qquad (18)$$

wo I die Investitionskosten und N die jährlichen Betriebskosteneinsparungen zu Preisen von heute bedeuten. Das Produkt $(d \cdot a) = m$ wird als «Mittelwertfaktor» bezeichnet. Die Annuität G kann hier also direkt aus den Werten I und N, ohne «Umweg» über den Kapitalwert C, berechnet werden.

Setzt man in der Formel für den Annuitätenfaktor a statt des Kalkulationszinssatzes i den «realen» Zinssatz $i_r = i - e$ ein, so erhält man die durchschnittliche reale jährliche Kosteneinsparung.

Interessiert man sich nur für die Kostenseite (z. B. bei einer Kostenminimierungsaufgabe), so berechnet man mit der Annuitätenmethode die durchschnittlichen jährlichen Kosten einer Investition I. Mit der Gleichung (13) ergibt sich für die durchschnittlichen Jahreskosten K:

$$K = I \cdot a + A \cdot d \cdot a = I \cdot a + A \cdot m \quad \text{(Fr./Jahr)} \qquad (19)$$

wo A die jährlichen Betriebskosten (Energiekosten, Wartungskosten) zu Preisen von heute bedeuten. $(I \cdot a)$ sind die durchschnittlichen jährlichen Kapitalkosten (Abschreibung, Verzinsung) und $(A \cdot m)$ die durchschnittlichen jährlichen Betriebskosten über die Nutzungsdauer n, zu laufenden Preisen. Setzt man in der Formel für den Annuitätenfaktor a statt des Kalkulationszinssatzes i den «realen» Zinssatz i_r ein, so erhält man die durchschnittlichen realen Jahreskosten.

Annuitätenmethode (Beispiel 5)

Zwei Varianten für eine neue Heizungsanlage, eine Elektro-Wärmepumpenanlage und eine konventionelle Ölheizung, sollen mit Hilfe der Annuitätenmethode verglichen werden. Der Kalkulationszinssatz beträgt 6 %. Es wird zudem erwartet, dass die Heizölkosten einer jährlichen Teuerung von 6 % unterworfen sein werden, während die Stromkosten und die übrigen Betriebskosten der allgemeinen Teuerung von durchschnittlich 4 % folgen. Beide Anlagen haben eine Nutzungsdauer von 15 Jahren.
Berechnung der durchschnittlichen Jahreskosten über 15 Jahre:

Variante 1 (Elektro-Wärmepumpe)

Investitionskosten	45 000	Fr.
Jährliche Stromkosten (heutige Preise)	2 600	Fr./a
Jährliche Wartung (heutige Preise)	1 000	Fr./a
Annuitätenfaktor a (6 %, 15 Jahre)	0,11	
Diskontierungssummenfaktor d (Zins 6 %, Teuerung 4 %, 15 Jahre)	12,85	
Durchschnittliche Jahreskosten (zu laufenden Preisen)		
$K_1 = 45\,000 \cdot 0{,}11 + (2600 + 1000) \cdot 12{,}85 \cdot 0{,}11 =$	10 038	Fr./a

Variante 2 (Ölheizung)

Investitionskosten	35 000	Fr.
Jährliche Brennstoffkosten	3 200	Fr./a
Jährliche Wartungskosten	1 400	Fr./a
Diskontierungssummenfaktor d		
– Brennstoff (6 %, 6 %, 15 Jahre)	15,00	
– Wartung (6 %, 4 %, 15 Jahre)	12,85	
Durchschnittliche Jahreskosten (zu laufenden Preisen)		
$K_2 = 35\,000 \cdot 0{,}11 + 3200 \cdot 15 \cdot 0{,}11 + 1400 \cdot 12{,}85 \cdot 0{,}11 =$	11 109	Fr./a

Variante 1 ist die wirtschaftlichere Lösung; die durchschnittlichen Jahreskosten der Wärmepumpenanlage sind etwa 10 % niedriger als jene der Ölheizung. Das Ergebnis ist jedoch wesentlich abhängig von den geschätzten Eingangsdaten, z. B. den Teuerungsraten. Betrüge beispielsweise die jährliche Brennstoffteuerung nur 3 % statt 6 %, so würde die Ölheizung zur kostengünstigeren Variante.

Methode des internen Zinssatzes

Der «interne Zinssatz» stellt die durchschnittliche Verzinsung des investierten Kapitals während der Nutzungsdauer der Investition dar. Der interne Zinssatz ist derjenige Zinssatz, bei dem der Kapitalwert C der Investition gleich Null wird, wo also der Barwert der Einnahmen gerade gleich dem Barwert der Ausgaben ist. Ist der interne Zinssatz grösser als der Kalkulationszinssatz, so gilt die Investition als wirtschaftlich und umgekehrt. Von mehreren Varianten ist insgesamt diejenige die wirtschaftlichere, welche den höheren internen Zinssatz aufweist. Die Berechnung des internen Zinssatzes stellt eine wichtige

Ergänzung der Kapitalwertberechnung dar: Während der Kapitalwert (je nachdem, ob ein positiver oder negativer Wert) angibt, ob eine Investition beim vorgegebenen Kalkulationszinssatz grundsätzlich wirtschaftlich ist oder nicht, zeigt der interne Zinssatz die tatsächliche Rentabilität der Investition, d. h. die Effektivverzinsung. Ein interner Zinssatz von z. B. 6 % bedeutet also, dass die Einnahmen aus der Investition neben der Deckung der laufenden Betriebsausgaben und einschliesslich Rückzahlung des Kapitals über die Nutzungsdauer eine Verzinsung von 6 % ermöglichen. Rechnerisch wird der interne Zinssatz grundsätzlich dadurch bestimmt, dass man den Zinssatz solange variiert, bis C = 0 ist. Alle gebräuchlichen Tabellenkalkulationsprogramme für den PC enthalten das Rechenprogramm für die Bestimmung des internen Zinssatzes (Internal Rate of Return). Steht dieses Hilfsmittel nicht zur Verfügung, so kann der interne Zinssatz r auch mit gutem Ergebnis durch eine einfache (z. B. grafische) Interpolation bestimmt werden: Man rechnet den Kapitalwert für zwei bis drei verschiedene Zinssätze und zeichnet dann die Funktion C (r). Der Schnittpunkt der Kurve mit der Achse C = 0 gibt den Wert für den internen Zinssatz.

Methode des internen Zinssatzes (Beispiel 6)

Für die Rationalisierungsinvestition in Beispiel 4 soll der interne Zinssatz bestimmt werden. Für den Kapitalwert ergab sich die Gleichung:
$C = -(600\,000 - 110\,000) + 36\,000 \cdot d_1 + 4000 \cdot d_2$
wobei d_1 und d_2 die Diskontierungssummenfaktoren (nach Gleichung (7)) darstellen. Beim Kalkulationszinssatz von 6 % ergab sich ein Kapitalwert von 61 000 Fr. Berechnet man nun den Kapitalwert versuchsweise mit Zinssätzen von 7 % und 8 %, so wird der Kapitalwert + 20 400 Fr. bzw. – 15 700 Fr. Der interne Zinssatz liegt also zwischen 7 % und 8 %. Eine einfache Interpolation ergibt einen internen Zinssatz von 7,6 %. (Die Berechnung des internen Zinssatzes mit dem Tabellenkalkulationsprogramm ergibt einen Wert von 7,7 %; siehe Berechnung Tabelle 2.)

Wahl des geeigneten Rechenverfahrens

Die beschriebenen Methoden der Wirtschaftlichkeitsanalyse gelten grundsätzlich für die betriebswirtschaftliche Untersuchung eines beliebigen Investitionsvorhabens. Zu beachten ist:

- Für die betriebliche Energieversorgung gilt neben der Wirtschaftlichkeit eine Reihe weiterer wichtiger Anforderungen (Betriebssicherheit, Umweltverträglichkeit etc.). Massnahmen im Energiebereich des Betriebes sind also nicht primär gewinnorientiert; die Frage der Kostenminimierung steht im Vordergrund.
- Die Investitionen im Energiebereich sind gekennzeichnet durch eine lange Nutzungsdauer. Die Wirtschaftlichkeitsanalyse erfordert daher eine langfristige Betrachtungsweise.
- Teuerungs- und marktbedingt sind Preise, insbesondere auch Strom- und Brennstoffpreise, veränderliche Grössen. Bei der geforderten langfristigen Betrachtung muss der (oft unsicheren) Energiepreisentwicklung Rechnung getragen werden.

WAHL DER METHODE

Aufgrund von zwei typischen Fragestellungen ist die geeignete Methode zu wählen.

Fragestellung 1: Lohnt sich die geplante Rationalisierungs- oder Sanierungsmassnahme aus betriebswirtschaftlicher Sicht? Hier handelt es sich um einen Vergleich der Alternative «Rationalisierung» mit der Alternative «Verzicht auf Rationalisierung» (Ist-Zustand). Massgebend ist die erreichbare Kosteneinsparung. Die zweckmässige Analysemethode:

- Annuitätenmethode: Bestimmung der durchschnittlichen jährlichen Kosteneinsparungen über die Nutzungsdauer der Investition. (Falls nicht die einfachen Voraussetzungen für die Rechnung mit Summenfaktoren nach Gleichung (18) gelten, muss zuerst der Kapitalwert C nach Gleichung (10) ermittelt werden; daraus ergeben sich dann in einem zweiten Schritt die durchschnittlichen jährlichen Kosteneinsparungen nach Gleichung (17).)
- Sensitivitätsanalyse: Mit Hilfe einer Sensitivitätsanalyse ist der Einfluss einer Veränderung wichtiger Rechenparameter (vor allem Strom- und Brennstoffpreise) auf die Wirtschaftlichkeit der Rationalisierungsmassnahme zu untersuchen.

Fragestellung 2: Welche von den verschiedenen möglichen Varianten einer energietechnischen Massnahme ist die kostengünstigste? (Variantenvergleich) Hier geht es um die Ermittlung der kostengünstigsten Lösung. Es wird unterstellt, dass alle untersuchten Varianten bezüglich des «erzeugten Nutzens» (Energieerzeugung, Bereitstellung von Nutzenergie etc.) gleichwertig sind. Die zweckmässige Analysemethode:

- Annuitätenmethode: Bestimmung der durchschnittlichen jährlichen Kosten über die Nutzungsdauer der Investition. Die Variante mit den tiefsten durchschnittlichen Jahreskosten ist die vorteilhafteste. (Falls nicht die einfachen Voraussetzungen für die Rechnung mit Summenfaktoren nach Gleichung (19) gelten, muss zuerst der Barwert B aller Kosten nach Gleichung (12) ermittelt werden; daraus ergeben sich dann in einem zweiten Schritt die durchschnittlichen jährlichen Kosten.)
- Sensitivitätsanalyse: Wie bei Fragestellung 1.

Jahr	Teuerungsindex allg.	Teuerungsindex Brenn.	Bestehende Anlage Brennst.-kosten	Bestehende Anlage Betriebs-kosten	Bestehende Anlage Erneuer.-investit.	Bestehende Anlage Total Ausgaben	Neue Anlage Brennst.-kosten	Neue Anlage Betriebs-kosten	Neue Anlage Investit.	Neue Anlage Total Ausgaben	Netto Einsparung
0	1,00	1,00			110 000	110 000			600 000	600 000	(490 000)
1	1,04	1,05	126 000	35 360		161 360	88 200	31 200		119 400	41 960
2	1,08	1,10	132 300	36 774		169 074	92 610	32 448		125 058	44 016
3	1,12	1,16	138 915	38 245		177 160	97 241	33 746		130 986	46 174
4	1,17	1,22	145 861	39 775		185 636	102 103	35 096		137 198	48 438
5	1,22	1,28	153 154	41 366		194 520	107 208	36 500		143 707	50 813
6	1,27	1,34	160 811	43 021		203 832	112 568	37 960		150 528	53 305
7	1,32	1,41	168 852	44 742		213 594	118 196	39 478		157 674	55 919
8	1,37	1,48	177 295	46 531		223 826	124 106	41 057		165 163	58 663
9	1,42	1,55	186 159	48 393		234 552	130 312	42 699		173 011	61 541
10	1,48	1,63	195 467	50 328		245 796	136 827	44 407		181 234	64 561
11	1,54	1,71	205 241	52 341		257 582	143 669	46 184		189 852	67 730
12	1,60	1,80	215 503	54 435		269 938	150 852	48 031		198 883	71 055
13	1,67	1,89	226 278	56 612		282 890	158 395	49 952		208 347	74 544
14	1,73	1,98	237 592	58 877		296 469	166 314	51 950		218 265	78 204
15	1,80	2,08	249 471	61 232		310 703	174 630	54 028		228 658	82 045
Barwert			1 669 952	439 400	110 000	2 219 352	1 168 967	387 706	600 000	2 156 672	
Kapitalwert											62 680
Interner Zinssatz (%, nominal)											7,68

Tabelle 2: Die Berechnung des Kapitalwertes und des internen Zinssatzes mit Hilfe eines Tabellenkalkulationsprogrammes auf dem PC für die Beispiele 4 und 6. Der Kapitalwert ergibt hier 62 680 Fr. Der etwas tiefere Kapitalwert in obiger Handrechnung ergibt sich wegen der Verwendung der Näherungsformel für den Diskontierungssummenfaktor. (Alle Kosten in Fr. zu laufenden Preisen.)

Literatur

[1] Wohinz/Moor: *Betriebliches Energiemanagement*. Springer Verlag 1989.

[2] Winje/Witt: *Energiewirtschaft*. Handbuchreihe Energieberatung/Energiemanagement. Springer Verlag 1991.

Autoren

2.3 Zentrale Rechenanlagen	Aebischer Bernard, Dr. Forschungsgruppe Energieanalysen, ETH-Zentrum/ETL, 8092 Zürich
8. Wärme	Baumgartner Thomas, Ing. HTL Ingenieurbüro für Haustechnik, Bettlistrasse 35, 8600 Dübendorf
2.4 Unterbrechungsfreie Stromversorgung	Becker Karl Heinz, Ing. HTL Schweiz. Bankgesellschaft, LIEG/LIHE, Bahnhofstrasse 45, 8021 Zürich
5.1 Auswahlkriterien für Elektromotoren	Berg Fritz W., El. Ing. HTL ABB Normelec AG, Riedstrasse 6, 8953 Dietikon
5.5 Aufzugsanlagen	Bongard André, dipl. El. Ing. EPFL Schindler Management AG, Zugerstrasse 13, 6030 Ebikon
3.6 WRG, AWN, WP, WKK 8. Wärme	Brunner Robert, Dr. Dr. Brunner & Partner AG, Industriestrasse 5, 5432 Neuenhof
4.1 Energieanalysen	Bush Eric, Dr. Amstein + Walthert AG, Leutschenbachstrasse 45, 8050 Zürich
1.7 Planung	Chuard Pierre, dipl. Ing. ETH Sorane SA, Route du Châtelard 52, 1018 Lausanne
2.6 WRG, AWN, WP, WKK 8. Wärme	Eicher Hanspeter, Dr. Dr. Eicher & Pauli AG, Oristalstrasse 85, 4410 Liestal
7.2 Wassererwärmung	Fahrni Andreas, Ing. VDI/STV Rohrgasse 15, 4226 Breitenbach
5.3 Umwälzpumpen	Füglister Erich, El. Ing. HTL Intep AG, Lindenstrasse 38, 8034 Zürich
1.4 Wärmeerzeugung 8. Wärme	Gabathuler Hans Rudolf, El. Ing. HTL Gabathuler AG, Kirchgasse 23, 8253 Diessenhofen
2.1 Methode zur Optimierung des Energieverbrauches	Gasser Stefan, dipl. Ing. ETH Amstein + Walthert AG, Leutschenbachstrasse 45, 8050 Zürich
2.7 Integrale Gebäudeautomation	Graf Felix, El. Ing. HTL Graf & Reber AG, Arnold-Böcklin-Strasse 40, 4011 Basel

Gugerli Heinrich, Dr. Intep AG, Lindenstrasse 38, 8034 Zürich	5.4 Luftförderung
Hässig Werner, Dr. sc. techn. Basler & Hofmann Ingenieure und Planer AG, Forchstrasse 395, 8029 Zürich	3.7 Textildruckerei als Beispiel
Herbst Carl-Heinz, dipl. Ing. Heerenstrasse 40, 8706 Feldmeilen	1.1 Komfort und Energie 6.1 Systeme und ihre Komponenten
Holzer René, El. Ing. HTL Alfred Imhof AG, Jurastrasse 10, 4142 Münchenstein 1	3.4 Transportanlagen
Huser Alois, dipl. Ing. ETH INFEL, Lagerstrasse 1, 8021 Zürich	3.2 Energieerfassung 7.3 Informationstechnik
Jehle Felix, Energie-Ing. NDS-HTL Amt für Umweltschutz und Energie Kt. Baselland, Rheinstrasse 29, 4410 Liestal	4.2 Einsatz von Geräten
Kiss Miklos, dipl. Masch. Ing. ETH Elektrowatt Ing. Unternehmung AG, Bellerivestrasse 36, 8034 Zürich	5.4 Luftförderung
Kloss Albert ABB Drives AG / Abt. UES, 5300 Turgi	3.5 Antriebe mit grossen Motoren
Kneubühler Heinz, Dr. Stellvertretender Direktor, Bundesamt für Konjunkturfragen, Belpstrasse 53, 3003 Bern	Vorwort
Leemann Robert, dipl. El. Ing. ETH, lic. oec. publ. Elektrowatt Ing. Unternehmung AG, Bellerivestrasse 36, 8034 Zürich	3.1 Energiebewirtschaftung Wirtschaftlichkeit
Lüdin Werner, dipl. El. Ing. ETH Im Niederholzboden 28, 4125 Riehen	8. Wärme
Meyer Hanspeter, Ing. HTL DURENA AG, Sägestrasse 6, 5600 Lenzburg	7.4 Widerstandsheizungen
Miloni Reto P., dipl. Arch. ETH/SIA Burckhardt und Partner AG, Neumarkt 28, 8001 Zürich	1.1 Komfort und Energie 1.3 Sonnenschutz
Mörgeli Hanspeter, dipl. Masch. Ing. ETH Intep AG, Lindenstrasse 38, 8034 Zürich	5.4 Luftförderung
Neubauer Raimund E., Dr. ETH Zürich, ETL F24, Physikstrasse 3, 8092 Zürich	5.2 Elektrische Antriebe

2.5 Kühlmöbel und Kälteanlagen	Pauli Hans, Ing. HTL/Reg. A Dr. Eicher & Pauli AG, Oristalstrasse 85, 4410 Liestal
5.2 Elektrische Antriebe	Reichert Konrad, Prof. Dr. ETH Zürich, ETL F24, Physikstrasse 3, 8092 Zürich
8. Wärme	Renaud Pierre, dipl. Ing. ETH/SIA Planair, Crêt 108a, 2314 La Sagne
1.1 Komfort und Energie	Roulet Claude-Alain, Dr. LESO – EPFL, 1015 Lausanne
1.2 Tageslichtnutzung	Scartezzini Jean-Louis, Prof. Dr. Centre Universitaire d'Etudes des Problèmes de l'Energie, Chemin de Concher 4 / C.P. 81, 1231 Conches-Genève
Energiepolitik	Schmid Hans-Luzius, Dr. Vizedirektor, Bundesamt für Energiewirtschaft, Kapellenstrasse 14, 3003 Bern
5.3 Umwälzpumpen	Sigg René, Ing. HTL Intep AG, Lindenstrasse 38, 8034 Zürich
1.6 Wassererwärmung	Simmler Paul, Ing. HTL Herbert Hediger Haustechnik AG, Trottenstrasse 20, 8037 Zürich
7.1 Haushalt	Spalinger Ruedi, El. Ing. HTL INFEL, Lagerstrasse 1, 8021 Zürich
3.4 Transportanlagen	Strub Dieter, Ing. HTL Stöcklin Logistik AG, Postfach, 4143 Dornach
4.3 Beleuchtung 6.2 Dienstleistung und Gewerbe 6.3 Industrie	Vogt Christian, El. Ing. HTL Amstein + Walthert AG, Leutschenbachstrasse 45, 8050 Zürich
Impulsprogramm RAVEL	Walthert Roland, Dr. Amstein + Walthert AG, Leutschenbachstrasse 45, 8050 Zürich
1.1 Komfort und Energie 1.5 Raumkonditionierung 1.7 Planung	Weinmann Charles, Dr. Weinmann-Energies SA, Route d'Yverdon 4, 1040 Echallens
3.3 Energieanalyse	Wolfart Frieder, dipl. Wirtschaftsingenieur Ernst Basler & Partner AG, Zollikerstrasse 65, 8702 Zollikon
2.2 Erfassung und Beurteilung des Energieverbrauches	Wyss Andreas, Dr., dipl. Ing. ETH Institut Bau + Energie, Höheweg 17, 3006 Bern

Mitglieder der Arbeitsgruppe RAVEL-Handbuch, Koordinatoren der Kapitel, Lektoren und Redaktor

Name / Adresse	Funktion
Bush Eric Adresse bei Autoren	Arbeitsgruppe RAVEL-Handbuch
Chuard Jean Marc, Ing. HTL Enerconom AG, Hochfeldstrasse 34, 3012 Bern	Koordinator Kapitel 2
Gabathuler Hans Rudolf Adresse bei Autoren	Koordinator Kapitel 8
Humm Othmar, Ing. HTL Fachjournalist, Edisonstrasse 22, 8050 Zürich	Redaktor, Buch-Koordinator
Kunz Markus, lic. phil. I Intep AG, Lindenstrasse 38, 8034 Zürich	Lektor
Miloni Reto P. Adresse bei Autoren	Übersetzer, Redaktor und Koordinator Kapitel 1
Mosimann Eric, lic. rer. pol. Bundesamt für Konjunkturfragen, Belpstrasse 53, 3003 Bern	Arbeitsgruppe RAVEL-Handbuch
Nipkow Jürg, dipl. El. Ing. ETH ARENA, Schaffhauserstrasse 34, 8006 Zürich	Koordinator Kapitel 5
Schärer Ernst Verlag der Fachvereine, ETH-Zentrum, 8092 Zürich	Arbeitsgruppe RAVEL-Handbuch
Spalinger Ruedi Adresse bei Autoren	Arbeitsgruppe RAVEL-Handbuch Koordinator Kapitel 4 und 7
Spreng Daniel, Dr. ETH-Zentrum / ETL I 35, 8092 Zürich	Arbeitsgruppe RAVEL-Handbuch Koordinator Kapitel 3
Villa Heinz, El. Ing. HTL Energiefachstelle des Kantons Zürich, 8090 Zürich	Lektor
Vogt Christian Adresse bei Autoren	Koordinator Kapitel 6
Walthert Roland Adresse bei Autoren	Arbeitsgruppe RAVEL-Handbuch (Leitung)
Weinmann Charles Adresse bei Autoren	Koordinator Kapitel 1 und 6

Register

Strom
rationell nutzen

Umfassendes Grundlagenwissen und praktischer Leitfaden zur rationellen Verwendung von Elektrizität

Herausgegeben vom
Bundesamt für Konjunkturfragen, Bern
Impulsprogramm RAVEL

B. G. Teubner Stuttgart

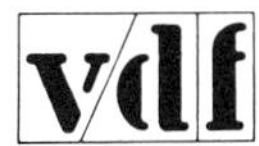

Verlag der Fachvereine Zürich

Die Deutsche Bibliothek – CIP-Einheitsaufnahme

Strom rationell nutzen : umfassendes Grundlagenwissen und praktischer Leitfaden zur rationellen Verwendung von Elektrizität ; Impulsprogramm RAVEL / hrsg. vom Bundesamt für Konjunkturfragen, Bern. – Stuttgart : Teubner ; Zürich : Verl. der Fachvereine, 1993
ISBN 3-519-03658-4 (Teubner)
ISBN 3-7281-1830-3 (Verl. der Fachvereine)
NE: Schweiz / Bundesamt für Konjunkturfragen

1. Auflage 1992

Einbandgestaltung: Fred Gächter, CH-9413 Oberegg
Satz, Illustrationen: Satzcentrum Jung GmbH, D-35633 Lahnau
Druck, Ausrüstung: AVD Druck, CH-9403 Goldach

Der Verlag dankt dem Schweizerischen Bankverein für die Unterstützung zur Verwirklichung seiner Verlagsziele

Vorwort zur Herausgabe des RAVEL-Handbuchs in der Bundesrepublik

Peter Hennicke und Eberhard Jochem

Das Handbuch „Strom rationell nutzen“ ist im Rahmen des Schweizer Impulsprogramms RAVEL (*Ra*tionelle *V*erwendung von *El*ektrizität) entstanden. Dieses beispielhafte Programm beruflicher Fortbildung, in dem Forschung, Aus- und Weiterbildung sowie zielgruppenorientierter Wissenstransfer miteinander verbunden werden, wird vom Schweizer Bundesamt für Konjunkturfragen mit 25 Mio. SFr. über 6 Jahre gefördert (Laufzeit von 1990–1995).

RAVEL ist Teil des umfassenderen Schweizer Aktionsprogramms „Bau und Energie“, das zwei weitere Impulsprogramme – IP BAU (Erhaltung und Erneuerung) und PACER (*P*rogramme d'*ac*tion *é*nergies *r*enouvelables resp. Impulsprogramm Erneuerbare Energien) – umfaßt. Mit allen drei Impulsprogrammen versucht der Schweizer Staat, die berufliche Qualifizierung in der Wirtschaft systematisch zu fördern, um den Ersatz nicht erneuerbarer Rohstoffe und Energien durch intelligentere Nutzungstechniken zu stimulieren und damit auch unnötige Umweltbelastungen zu vermeiden. Impulsprogramme zur Steigerung der Energieproduktivität führt das Schweizer Bundesamt für Konjunkturfragen (entspricht dem Bundeswirtschaftsministerium in der Bundesrepublik) seit 1978 mit einem jährlichen Budget von 10 Mio. SFr durch. Neben dem erklärten Ziel, Energie- und Naturressourcen zu schonen, wurden die Impulsprogramme immer auch als Instrumente einer aktiven Beschäftigungs- und Industriepolitik konzipiert. Als stark von Energieimporten abhängiges Land hat die Schweiz – wie auch die Bundesrepublik Deutschland – die Möglichkeit, durch rationellere Energienutzung einen Teil der Energieimporte durch inländische Wertschöpfung und technisches Know-how zu substituieren, seine Energiekostenrechnung dadurch zu senken und zusätzliche Beschäftigung in Industrie, Handwerk und Dienstleistungssektor zu schaffen. Die Schweizer Impulsprogramme fördern nicht die einzelnen Fortbildungsveranstaltungen selbst, sondern die inhaltliche und didaktische Vorbereitung von Fort- und Weiterbildungsseminaren und von Lehrmaterialien. Wo das Praxiswissen noch nicht ausreicht, werden entsprechende zielorientierte Forschungsvorhaben, vergleichende Meßreihen sowie Pilot- und Demoprojekte zur Datenermittlung und Sammlung von praktischen Erfahrungen gefördert.

Das RAVEL Handbuch „Strom rationell nutzen“ soll der Erweiterung und Vertiefung der beruflichen Kompetenz insbesondere von Fachleuten in Ingenieurbüros, Betrieben, Hochbauämtern, im Elektrohandwerk, in Energieagenturen und Energieversorgungsunternehmen dienen. Das Handbuch wurde durch Fachleute zielgruppengerecht und didaktisch überzeugend aufgearbeitet und ist daher gut geeignet, vorhandene Wissenslücken im Bereich der rationelleren Stromnutzung zu schließen. Das RAVEL-Team geht davon aus, daß in Schweizer Gebäuden je nach Alter und Nutzung zwischen 20% und 50% Elektrizität ohne Rendite- und Komfortverluste eingespart werden kann. Hierzu liegen in der Schweiz empirisch hinreichend abgesicherte Arbeiten vor. Im Bereich industrieller Prozesse und gewerblicher

Aktivitäten sind jedoch die Kenntnisse, wie auch in der Bundesrepublik, lückenhafter, die Stromanwendungstechniken und Einsparpotentiale vielfältiger und der Zugang zu betriebsinternen Daten schwieriger. Der Schwerpunkt des vorliegenden Handbuchs liegt daher auf der Gebäudetechnik und auf der Systematisierung und Bündelung vorhandenen Wissens. Aber auch für Querschnittstechnologien und Schlüsselprozesse in der Industrie (Motoren/Antriebe, Medienförderung, Transportanlagen) liefert das Handbuch wertvolle Grundlagen-Informationen.

Die Umsetzung dieses Wissens soll in der Schweiz inbesondere durch zwei Normenwerke flankiert werden: Im Bauwesen durch die Empfehlung 380/4 „Elektrische Energie im Hochbau" des SIA (Schweizerischer Ingenieur- und Architekten-Verein) und durch Maßnahmen im Rahmen des „Energienutzungsbeschlusses" (ENB) im Bereich der elektrischen Geräte. Die SIA-Normen entsprechen den deutschen DIN-Normen (Deutsches Institut für Normung) bzw. den VDI-Richtlininien (Verein Deutscher Ingenieure). Mit der Ausarbeitung der Empfehlung SIA 380/4 soll die bereits vorliegende SIA 380/1 „Energie im Hochbau" (Entwicklung von Kennziffern für den Wärmeverbrauch in Gebäuden) für den Bereich Elektrizität ergänzt werden. Es geht um die systematisierte und standardisierte Erfassung des Stromverbrauchs von Gebäuden mit Hilfe von „Elektrizitätsmatrizen" und um die Festlegung von Systemanforderungen sowie von normierten Grenz- und Bestwerten zur vergleichenden Analyse des Stromverbrauchs bei der Planung und Sanierung der Gebäudetechnik (vergl. auch S. 49 und S. 56ff des Handbuchs). Ein Entwurf der SIA 380/4 liegt seit 1992 vor, die Verabschiedung der Empfehlung ist für 1993 angekündigt.

Der Energienutzungsbeschluß des Schweizer Parlaments (am 1. 5. 1991 in Kraft getreten) ermächtigt die Schweizer Bundesregierung, Vorschriften über vergleichende Angaben und Zulassungsanforderungen zu spezifischen Energieverbräuchen von serienmäßig hergestellten Anlagen, Fahrzeugen und Geräten zu erlassen. Alle diese Initiativen stehen im Zusammenhang mit der Beschlußfassung über das Aktionsprogramm „Energie 2000" durch den Schweizer Bundesrat (27. 2. 1991). Ziel des Aktionsprogramms ist es, den Gesamtverbrauch der fossilen Energien und die CO_2-Emissionen zwischen 1990 und 2000 mindestens zu stabilisieren und anschließend zu senken, das Wachstum des Elektrizitätsverbrauchs zu dämpfen und nach 2000 konstant zu halten sowie den Einsatz erneuerbarer Energiequellen zu steigern. Dies ist eine Antwort auf die Volksabstimmung vom 23. 9. 1990, bei welcher ein Kernenergie-Moratorium angenommen, eine Ausstiegs-Initiative hingegen abgelehnt worden war.

Das RAVEL-Handbuch ist also in einem spezifischen nationalen bildungs- und energiepolitischen Kontext entstanden und häufig in technischen, rechtlichen und wirtschaftlichen Fragen nicht unmittelbar auf die Bundesrepublik übertragbar. Daher ist bei der nächsten Auflage auch eine Anpassung an deutsche Verhältnisse hinsichtlich der Sprache, der Terminologie, der Normen, der technischen Beispiele und der energiewirtschaftlichen Rahmenbedingungen wünschenswert. Wegen der besonderen Qualität des Handbuchs, wegen des rasch wachsenden Bedarfs an derartiger praxisnaher Information und wegen der vorbildlichen didaktischen Aufbereitung hielten es die Verlage und die Unterzeichner jedoch für geboten, das Handbuch unverändert zu übernehmen, um es ohne zeitlichen Verzug in der Bundesrepublik bekannt und zugänglich zu machen.

Rationelle Stromnutzung hat in den vergangenen Jahren auch in der Bundesrepublik zu geringe Aufmerksamkeit erhalten. Dies ist teilweise dadurch erklärbar, daß die hohen und sprunghaften Preissteigerungen bei den Brennstoffen und der Schock befürchteter Versorgungsengpässe beim Öl („autofreie Tage") zunächst die Aufmerksamkeit von Energieverbrauchern und -politik fast völlig auf die rationellere Nutzung von Brennstoffen und Wärme konzentriert haben. Durch die Arbeiten und Empfehlungen der Enquete-Kommission „Schutz der Erdatmosphäre", durch die Diskussion über einen „neuen Energiekonsens" und eine risikoärmere Stromerzeugung, durch die Erprobung innovativer Instrumente der Unternehmensplanung und der staatlichen Regulierung wie Least-Cost Planning (vergl. Hennicke 1991) sowie durch neue Akteure und Finanzierungsformen (Drittfinanzierungsmodelle, Contracting) hat jedoch das umfassendere Thema „Steigerung der Energieproduktivität" und effizientere Nutzung von Wärme *und* Strom im Bewußtsein der Fachöffentlichkeit und der Energiepolitik inzwischen einen höheren Stellenwert erhalten – trotz der Halbierung des Energiepreisniveaus im Vergleich zu Beginn der 80er Jahre. Hinsichtlich der Wirtschaftlichkeit der rationelleren Stromnutzung kommt hinzu, daß die Strompreise zwar nicht die Öl-Preis-Sprünge der 70er und 80er Jahre nachvollzogen haben, aber das Strompreisniveau bei relativ stetigem Anstieg nach wie vor das 3–4fache des Brennstoffpreisniveaus ausmacht.

Da die der Stromerzeugung zurechenbaren CO_2-Emissionen in der Bundesrepublik einschließlich der neuen Bundesländer etwa 400 Mio. t betragen (1990: etwa 36% der Gesamtemissionen) und eine risikoarme Stromerzeugung im dichtbesiedelten Industrieland Bundesrepublik von der Öffentlichkeit mit Nachdruck eingefordert wird, dürfte die Minimierung der Risiken, der Umweltbelastungen, der Klimagefährdung und der gesellschaftlichen Kosten der mittels Elektrizität bereitgestellten Energiedienstleistungen zu einer Kernfrage zukünftiger Energiepolitik in der Bundesrepublik werden. Auf diese Herausforderung hat die staatliche Energiepolitik bisher nur in Ansätzen reagiert, z. B. mit einer Änderung der Bundestarifordnung. Die Änderung der BTOElt hat durch eine stärkere Linearisierung der Stromtarife – allerdings nur im Tarifabnehmerbereich – mehr Anreize für die wirtschaftlich rentable Nutzung von Elektrizität gebracht. In Studien (Enquete-Kommission 1990) werden jedoch umfangreiche technische Stromsparpotentiale ausgewiesen, deren Umsetzung in der Praxis zahlreiche Hemmnisse entgegenstehen (Jochem/Gruber 1991); eine weitere einsparungsfördernde Änderung der Struktur und eine weitere Einbindung der energiebedingten Umweltschäden in die Strompreise würden weitere technische Einsparpotentiale rentabel machen.

So hat z. B. das Studienprogramm der Klima-Enquete-Kommission folgende technische Stromeinsparpotentiale (jeweils im Vergleich zum Jahr 1987) ausgewiesen:

- Elektrogeräte 30–70% (je nach Gerät und Anwendung)
- Warmwasserbereitung 10–50%
- Beleuchtung und Klimatisierung 40–50%
- industrielle Prozesse durchschnittlich 10–20%.

Von Bedeutung ist hierbei, daß ein Großteil dieser technischen Potentiale wirtschaftlich erschliessbar ist, aber die Realisierung in allen Zielgruppen gehemmt ist. Dabei handelt es sich um Stromsparmaßnahmen, deren Kosten pro eingesparter Kilowattstunde rechnerisch geringer sind im Vergleich zu den „anlegbaren" Strompreisen, die aber wegen besonderer Hemmnisse seitens der Nutzer am Markt nur teilweise realisiert werden. Wichtige Hemmnisse der Markteinführung und der weitgehenden Marktdurchdringung sind z. B.:

- die weit anspruchsvolleren Rentabilitätsanforderungen bei industriellen Anwendern von Stromspartechniken, für die – bewußt oder unbewußt – eine interne Ver-

zinsung von 20 bis 40% d. h. Amortisationszeiten von 3–5 Jahren im Vergleich zu 12 bis 15% beim Bau von Kraftwerken durch EVU (Elektrizitäts-Versorgungsunternehmen) erwartet werden; diese Unterschiede können nicht allein durch Risikounterschiede erklärt werden.
- andere Investitionsprioritäten, d. h. Energieeinsparung ist kein systematisch eingeplanter Aspekt von Kostenoptimierungen und von Prozeß- und Produktinnovationen; stattdessen liegen die Prioritäten zu einseitig auf dem arbeitsparenden technischen Fortschritt oder der Absatzmaximierung;
- Eigenkapital-, Liquiditäts- und Finanzierungsprobleme bei der Einführung von Effizienztechniken hemmen bei kleineren und mittleren Unternehmen mit geringem Eigenkapital die Kapitalintensivierung, die die rationellere Energienutzung erfordert;
- geringe Kenntnisse und mangelnder Marktüberblick über den Stand der Technik und insbesondere über die Kosteneinsparmöglichkeiten durch Stromspartechniken; hierzu kommen Vorbehalte, sich externer Beratung und Expertisen zu bedienen;
- hohe Spezialisierung und fehlendes breites Know-how bei der Planung und Sanierung der Vielzahl von energieeffizienten Anwendungstechniken und Prozessen.

Das vorliegende RAVEL-Handbuch soll mit dazu beitragen, diejenigen Hemmnisse abzubauen, die auf Kenntnislücken, mangelhaften Informationen sowie auf zu wenig energie- und kostenbewußtem Investitionsverhalten und Betriebsführung beruhen.

Interessierten Fachleuten sei empfohlen, die darüberhinaus erschienenen „Materialien zu RAVEL"* (z. B. zu Einsparpotentialen bei Bürogeräten, bei Umwälzpumpen, in gewerblichen Küchen) als Ergänzung zum RAVEL-Handbuch zu Rate zu ziehen und die jährlichen RAVEL-Fachtagungen des Bundesamts für Konjunkturfragen zu besuchen. Eine vergleichbare Datenbasis sowie Aufarbeitung und zielgruppenspezifische Vermittlung des Praxiswissens, wie sie im RAVEL-Handbuch und im RAVEL-Programm durchgeführt werden, sind in der Bundesrepublik bisher noch nicht vorhanden. Allerdings entsteht zur Zeit eine umfangreiche Datenbasis im Rahmen des IKARUS-Projekts, einem vom Bundesministerium für Forschung und Technologie (BMFT) geförderten Forschungsvorhaben zur Vermeidung energiebedingter Klimagas-Emissionen. Insbesondere im Teilprojekt 8 („Querschnittstechnologien") werden aktuelle Zahlen zur Stromeinsparung und die entsprechenden Investitionskosten für wesentliche Stromanwendungen zusammengetragen (z. B. für Beleuchtung, Elektromotoren, Pumpen, Kompressoren). Auch ein innovatives Fortbildungskonzept wie RAVEL und der überzeugend konzipierte Wissentransfer durch das RAVEL-Handbuch sind nur notwendige Bedingungen für eine tatsächlich umfassende Praxis der rationelleren Stromnutzung. Hier ist für die Bundesrepublik von besonderer Bedeutung, daß der durch RAVEL zusammengetragene Wissensfundus auch in die neuen Stromsparaktivitäten der Energieversorgungsunternehmen, der Energieagenturen und Contracting-Firmen einbezogen wird. Hierbei könnten sich die fortgeschrittenen Erfahrungen in der Bundesrepublik mit neuen Markteinführungsinstrumenten (Contracting, Least-Cost Planning) und die vorbildlichen RAVEL-Aktivitäten der Schweiz gegenseitig hervorragend verstärken. Erste Ansätze hierzu finden statt: Die Niedersächsische Energieagentur hat Anregungen aus dem RAVEL-Programm aufgenommen und die Hessen-Energie GmbH hat zusammen mit Fachleuten des RAVEL-Teams

---

* Bezug: Bundesamt für Konjunkturfragen; Impulsprogramm RAVEL; Belpstrasse 53; 3003 Bern; Fax 0041/31/464102

ein erstes Seminar „Elektrische Energie im Hochbau" (1./2. Oktober 1992) durchgeführt. Auch beim Stromsparprogramm der Landesregierung Schleswig-Holstein gibt es viele Berührungspunkte zu RAVEL. Ein führendes Ingenieurbüro des RAVEL-Teams bearbeitet die Feinanalysen für Pilotprogramme im Rahmen der von der EG, vom Umweltbundesamt und vom Land Niedersachsen geförderten und von den Stadtwerken Hannover durchgeführten „LCP-Fallstudie Hannover". Die Enquete-Kommission „Schutz der Erdatmosphäre" hat im Rahmen ihres Studienprogramms eine Konzeptstudie für ein Forschungs- und Markteinführungsprogramm „Rationelle und wirtschaftliche Nutzung von Elektrizität" (RAWINE) in Auftrag gegeben. Hiermit soll untersucht werden, wie ein Programm nach dem Vorbild von RAVEL in der Bundesrepublik initiiert und durchgeführt werden kann. Die Landesregierung von Nordrhein-Westfalen wird im Jahr 1993 mit einem auf 10 Jahre angelegten Programm der beruflichen Fortbildung zur rationelleren Energienutzung beginnen, dem das Schweizer Impulsprogramm Pate stand und das von der Energie-Agentur Nordrhein-Westfalen koordiniert wird.

Das Marktvolumen für rationellere Strom- und Wärmenutzung in der Bundesrepublik beträgt mehr als 100 Mrd. DM. Dieses Marktpotential läßt sich abschätzen, wenn die nach dem Stand der Technik möglichen Einsparpotentiale mit derzeitigen Energiepreisen bewertet werden. In 10–15 Jahren könnte dieser Einsparmarkt erschlossen und damit in der gesamten Volkswirtschaft etwa die Hälfte der derzeitigen Energiekosten eingespart werden. Dieser Kostenentlastungseffekt durch höhere Energieproduktivität gewinnt weiter an Bedeutung, wenn die Energiepreise steigen, z. B. auch wegen der zu erwartenden Internalisierung eines Teils der externen Kosten in Form einer Energiesteuer. Für die Hersteller und Anwender von Effizienztechniken, für beratende Ingenieure, für Architekten, für das Bau- und Elektrohandwerk, für Energieagenturen und Contracting-Firmen bieten sich dadurch aussichtsreiche Zukunftsmärkte, deren forcierte Entwicklung auch aus Gründen des Klima-, Umwelt- und Ressourcenschutzes dringend geboten ist.

Literatur:

Enquete-Kommission, „Vorsorge zum Schutz der Erdatmosphäre" (Hrsg.), Energie und Klima. Energieeinsparung und rationelle Energienutzung und -umwandlung, Bd.2, Economica Verlag, Bonn 1990

Hennicke, P. (Hrsg.), Den Wettbewerb in der Energiewirtschaft planen. Least-Cost Planning. Ein neues Konzept zur Optimierung von Energiedienstleistungen, Heidelberg/New York/Tokyo 1991

IKARUS (Instrumente für Klimagasreduktionsstrategien), Katscher W. (Hrsg.), Zusammenfassender Bericht für Projektphase 2, KFA/TFF Jülich 1992

Jochem, E./Gruber, E., Obstacles of rational electricity use and measures to alleviate them, in: Energy Policy 18 (1990), S. 340–350

Autoren:

Prof. Dr. Peter Hennicke
Wuppertal Institut für Klima
Umwelt Energie GmbH
im Wissenschaftszentrum
Nordrhein-Westfalen
Döppersberg 19
D-42103 Wuppertal

Dr. Eberhard Jochem
FhG-Institut für Systemtechnik und
Innovationsforschung (ISI)
Breslauer Strasse 48
D-76139 Karlsruhe

Heinloth

Energie und Umwelt

Klimaverträgliche Nutzung von Energie

Jede Nutzung von Technik und Energie hat bestimmte Schadensrisiken oder sogar Schäden zur Folge. Technologischer Fortschritt führte bisher meist auch zur Ausweitung entsprechender Risiken. Ein Verzicht auf weitere technische Entwicklung hätte – bei der heutigen Erdbevölkerung – jedoch weitaus schlimmere Folgen.
Deshalb muß es die Aufgabe des Menschen sein, Technik und Energie so nutzen zu lernen, daß die daraus unvermeidlich erwachsenden Risiken und Schäden minimal sind. Dies erreichen wir nicht durch Verzicht auf die Technik, sondern durch deren intelligente Nutzung.
Ziel dieses Buches ist es, den Problemkreis Energienutzung und Umweltbelastung – aus der Sicht eines Naturwissenschaftlers – möglichst vollständig darzustellen. Es vermittelt alle relevanten Informationen, qualitativ und quantitativ, aber ohne mathematische Formalismen. So ist es einerseits als Lehrbuch geeignet und bietet andererseits einen allgemeinverständlichen Überblick für alle Interessierten.

Der Autor, Professor für Physik an der Universität Bonn, befaßt sich als Mitglied verschiedener nationaler und internationaler Fachgremien seit Jahren mit dem Thema Energie und Umwelt.

Von Prof. Dr.
Klaus Heinloth,
Universität Bonn

1993. XVI, 253 Seiten.
16 x 23 cm.
Kart. DM 38,–
ÖS 297,– / SFr 35,–
ISBN 3-519-03657-6

Koprod. Verlag der Fachvereine, Zürich – B. G. Teubner, Stuttgart

Schweiz:
ISBN 3-7281-1937-7

Preisänderungen vorbehalten.

B. G. Teubner Verlag Stuttgart
Verlag der Fachvereine Zürich